高等学校理工科化学化工类规划教材

INORGANIC
CHEMICAL TECHNOLOGY

无机化工工艺学

仲剑初 主编

大连理工大学出版社
Dalian University of Technology Press

图书在版编目(CIP)数据

无机化工工艺学 / 仲剑初主编. — 大连 : 大连理工大学出版社，2016.2

ISBN 978-7-5685-0247-4

Ⅰ. ①无… Ⅱ. ①仲… Ⅲ. ①无机化工—工艺学—高等学校—教材 Ⅳ. ①TQ110.6

中国版本图书馆 CIP 数据核字(2015)第 321828 号

大连理工大学出版社出版

地址:大连市软件园路 80 号　邮政编码:116023

发行:0411-84708842　传真:0411-84701466　邮购:0411-84708943

E-mail:dutp@dutp.cn　URL:http://www.dutp.cn

大连理工印刷有限公司印刷　　大连理工大学出版社发行

幅面尺寸:185mm×260mm　印张:13.75　字数:312 千字

2016 年 2 月第 1 版　　2016 年 2 月第 1 次印刷

责任编辑:于建辉　　责任校对:许　蕾

封面设计:冀贵收

ISBN 978-7-5685-0247-4　　定价:30.00 元

前　言

化学工业按其产品的组成和性质可分为无机化学工业和有机化学工业。无机化学工业简称无机化工，是一个十分庞大的工业体系，其产品可分为三大类：基础无机化工产品，一般无机化工产品，精细无机化学品。产量大的氨、尿素、纯碱、烧碱、硫酸、硝酸、盐酸以及化学肥料等属于基础无机化工产品；品种繁多的无机盐、无机化合物、工业气体和单质元素等属于一般无机化工产品；其他一些产量小、附加值高的专用无机化学品及无机功能材料等归属于精细无机化学品。无机化工工艺学是研究由天然资源、化工原料、其他工业副产品及废弃物加工制备各种无机化工产品的生产过程中涉及的生产原理、生产方法、工艺流程及设备的一门综合性工程科学。无机化工产品广泛用于各个领域，在国民经济中占有重要的地位。因此，无机化工工艺学的不断创新与发展，对提高无机化工的技术水平和促进国民经济的发展具有重要作用。

化学工业按其产品的组成可分为两大类：无机化学工业和有机化学工业。其中，无机化学工业是一个十分庞杂的体系，大宗无机化工产品主要包括氨、纯碱、烧碱、硫酸、硝酸、尿素以及化学肥料等，还有其他产量小、品种多的无机盐和无机化合物。编者曾参与编写《化工工艺学》(大连理工大学出版社，2004 年，第 1 版；2012 年，第 2 版)中的“无机化工单元”部分。为适应现行化学工程与工艺专业对化工工艺学课程的需求，在“无机化工单元”基础上，进行了适当筛选和扩充，将一些主要的、具有行业特性的无机化工产品的生产工艺作为本书的主要内容。

本书共分为 7 章。从矿物原料出发，将主要的无机化工产品氨、硫酸与硝酸、纯碱与烧碱、尿素与硝酸铵、磷肥与钾肥等作为主线，将涉及无机化工行业诸多领域的盐水体系相图的应用以及化学矿物的加工利用作为补充。通过对一些典型无机化工产品的生产工艺原理、流程和主要设备的学习，使学生了解基础无机化工产品生产的特性和共性，掌握基本的化工工艺学知识和解决化学工程实际问题的能力，为其今后从事化工过程研究、开发、设计、建设和管理工作奠定坚实的基础。

在本书的编写过程中，作者深感囿于知识水平的局限，书中错误和不足之处在所难免，恳请读者不吝批评和斧正。

您有任何意见或建议，请通过以下方式与大连理工大学出版社联系：

电话　0411-84708947

邮箱　jcjf@dutp. cn

编　者

2015 年 12 月

目 录

第1章

绪 论

1.1 无机化学工业的分类和特点

无机化学工业(Inorganic chemical industry)简称无机化工,是指主要采用化学方法,由天然资源、化工原料、其他工业部门副产品及废弃物制造无机化工产品的制造工业,在国民经济中占有重要地位。无机化工产品不仅广泛用作农业、轻工业、重工业和国防工业等的生产资料,同时也与人们的日常生活密切相关。因此,无机化工的发展状况可以反映一个国家化学工业和科技的发展水平。

无机化工既是一门古老的传统工业,也是一门新兴的工业。说其古老是因为古代人们的生产活动就涉及无机化工的一些原理和过程,如烧陶、制盐、颜料、炼丹、火药等,再如公元 8 世纪阿拉伯人通过干馏绿矾($FeSO_4 \cdot 7H_2O$)得到硫酸等。17 世纪末,近代工业革命的发生促进了近现代化学工业的诞生。18 世纪后半叶,英、法两国开始了无机酸、无机碱的生产,这不仅是近代无机化工诞生的标志,也是近代化学工业的开端。至 20 世纪初叶,高压合成氨技术的工业化成功,极大地促进了现代化学工业的发展。如今无机化工进入了快速发展的时代,新技术、新工艺、新领域不断涌现,成为渗透到国民经济各个领域的举足轻重的重要行业。

无机化工是一个范围十分广的行业,但由于行业管理体系和生产性质的特殊性,有些本属于无机化工的部门已分离出来归属于其他行业,如硅酸盐、玻璃、陶瓷归属于轻工业,湿法冶金归属于有色金属冶炼业。目前,现代无机化工的产品可分为三大类:基础无机化工产品、一般无机化工产品和精细无机化工产品。基础无机化工产品主要包括产量大的氨、纯碱、烧碱、硫酸、硝酸、盐酸及尿素等化学肥料;品种多的无机盐、无机化合物、工业气体和单质元素等属于一般无机化工产品;其他一些产量小、附加值高的专用无机化学品及无机功能材料等属于精细无机化工产品。与有机化工产品的合成具有一定共同性和规律性(如裂解、催化氧化、加氢与脱氢、烷基化、羰基化、氯化、芳烃转化等)不同,每种无机化工产品的合成有其自身特性,一般自成体系,如合成氨工业、硫酸工业、纯碱工业、氯碱工业、化肥工业、无机盐工业等,其中无机盐工业的生产工艺更是十分庞杂,每一种无机盐的生产都有其特殊性。

无机化工的特点是:

(1)在化学工业中是发展较早的部门,为单元操作的形成和发展奠定了基础。例如:合成氨生产过程需在高压、高温以及有催化剂存在的条件下进行,它不仅促进了这些领域的技术发展，也推动了原料气制造、气体净化、催化剂研制等方面的技术进步，而且对于催化技术在其他领域的发展也起了推动作用。

(2)主要产品多为用途广泛的基本化工原料。除无机盐品种繁多外，其他基础无机化工产品的品种不多。例如：硫酸工业仅有工业硫酸、蓄电池用硫酸、试剂用硫酸、发烟硫酸、液体二氧化硫、液体三氧化硫等产品；氯碱工业只有烧碱、氯气、盐酸等产品；合成氨工业只有合成氨、尿素、硝酸、硝酸铵等产品；纯碱工业只有纯碱、石灰和氯化铵等产品。但硫酸、烧碱、合成氨和纯碱等主要产品都与国民经济有着密切的关系，其中硫酸曾有“化学工业之母”之称，它的产量在一定程度上标志着一个国家工业的发达程度。

(3)与其他化工产品比较，无机化工产品的产量较大。如，2015 年世界硫酸产量超过 2.5 亿吨，我国硫酸产量为 9 000 万吨；2015 年世界尿素产量超过 2 亿吨，我国尿素产量为 3 446 万吨；2015 年世界合成氨的产量超过 1.7 亿吨，我国合成氨产量为 5 791 万吨；2015 年世界纯碱产量超过 7 000 万吨，我国纯碱产量超过 3 000 万吨；2015 年世界钾肥产量超过 8 000 万吨，我国钾肥产量为 630 万吨。

1.2 从原料到无机化工产品

无机化工工艺(Inorganic chemical technology)是指利用适宜的方法将原料物质经过化学反应转变为无机化工产品的过程，即由原料到无机化工产品的转变工艺，包括实现这种转变的全部化学的和物理的措施以及相应的设备。

无机化工生产的原料可以是自然资源，也可以是无机化工生产的阶段性产品，还可以是其他工业部门的副产物和废弃物。自然资源包括石油、天然气、煤、空气、水、盐、无机非金属矿物和金属矿物等；阶段性产品包括氨、纯碱、烧碱、硫酸、硝酸、硫黄、溴及各种工业气体等；其他工业部门的副产物和废弃物如钢铁工业中炼焦生产过程的焦炉煤气，黄铜矿、方铅矿、闪锌矿的冶炼废气中的二氧化硫等。利用这些原料可以生产各种无机化工产品，例如，由煤(或天然气、渣油)、水和空气等合成氨和二氧化碳；由氨和二氧化碳生产尿素；由氨和氧气生产硝酸；由氨和硝酸生产硝酸铵；由食盐、石灰石和氨生产纯碱；由食盐电解生产烧碱、氯气和盐酸；由硫铁矿或硫黄生产硫酸；由硼矿生产硼酸和硼砂；由磷矿和硫酸生产磷酸。利用硫酸、盐酸、硝酸、硼酸、烧碱、纯碱、硼砂、氨、工业气体(如氧、氯、氮、氢、一氧化碳、二氧化碳、二氧化硫等)等无机物，经各种反应途径，可衍生出其他无机化工产品，故又将它们称为基础无机化工原料。因此，基础无机化工原料既可直接作为商品出售，也可作为其他无机化工产品的生产原料。由基础无机化工原料制得的其他无机化工产品称作一般无机化工原料，例如各种无机盐、无机酸、无机碱、无机气体和无机化学肥料等。基础无机化工原料和一般无机化工原料统称为基本无机化工产品。

到目前为止，常用的无机化合物品种在 2 000 种以上，作为商品出售的有近千种。其中有的产品产量(吨位)极大，年产亿吨以上的有硫酸、尿素和氨等。有的产品产量则很小，每年仅产几百吨甚至几吨，例如，硼、硼 10 酸等。

重要的基本无机化工产品可用空气、焦炭(或者其他含碳产品)、水、硫黄、盐、石灰石、磷石灰和黄铁矿等原料制取，如图 1-1 所示。图中无机化工的重要原料硫酸是最重要的基本无机化工产品，其次为氧和氨。重要的工业原料钢和石灰石(CaO＋助熔剂)也一起列入图 1-1 中。重要的无机化工最终产品种类有：化肥、金属材料、无机非金属材料、无机颜料、催化剂、无机聚合物等。

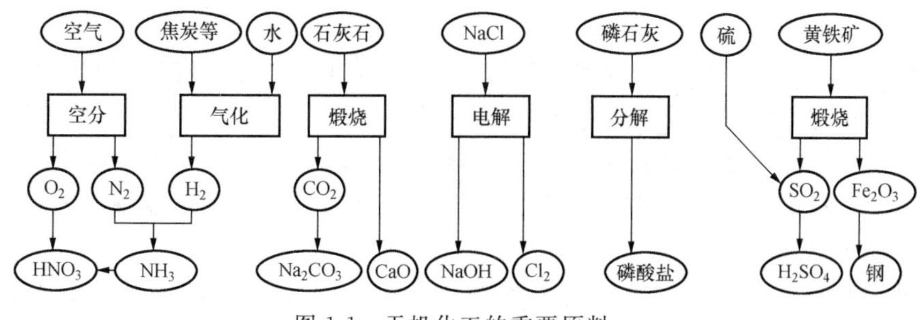

图 1-1 无机化工的重要原料

1.3 无机化学工业发展的历史与趋势

化学工业是随着人类生活和生产的需要而发展起来的，同时化学工业的发展也推动了社会的进步。18 世纪以前，化工生产为作坊式手工工艺，如早期的制陶、酿造、冶炼等，是古代化学工艺的代表。18 世纪初，无机酸、无机碱、无机盐、煤化工以及以此为基础的合成染料、医药、涂料工业的兴起，标志着近代化学工业的诞生，首先建立起来的是无机化学工业。

18 世纪中叶，由于纺织、印染工业的发展，硫酸用量迅速增加，1746 年英国人 J. 罗巴克采用铅室代替玻璃瓶，在伯明翰建成世界上第一座间歇式铅室法硫酸厂，1810 年英国人金·赫尔克采用连续方式焚硫开始了连续法硫酸生产，至 1859 年铅室法脱销技术实现，标志着铅室法生产硫酸工艺基本成熟。

18 世纪末叶，随着玻璃、肥皂和皮革等工业用碱的需要，天然碱的产量已不能满足要求，因此提出人工制碱的问题。1775 年法国科学院征求制碱方法，1787 年法国人 N. 路布兰提出以食盐为原料与硫酸作用生产纯碱的方法，1791 年获得成功，工业上称为路布兰法。此法除了可制取纯碱外，还能生产硫酸钠、盐酸等产品。硫酸工业和纯碱工业成为无机化工生产最早的两个行业。

至 19 世纪，人们认识到由土壤和天然有机肥料提供作物的养分已经不能满足需要。1842 年，英国人默雷和劳斯申请了生产过磷酸钙的专利，于 1854 年建成了生产过磷酸钙的工厂，这是世界上最早的磷肥工厂。由于路布兰法制碱原料消耗多、劳动条件差、成本高，1861 年比利时人 E. 索尔维开发了索尔维法，又称氨碱法。随着造纸、染料和印染等工业的发展，对烧碱和氯气的需要不断增加，由苛化法制得的烧碱已不能满足要求。在直流发电机制造成功之后，1893 年开始用饱和食盐水溶液以电解法生产烧碱和氯气。到 19 世纪末叶，形成了以硫酸、纯碱、烧碱、盐酸为主要产品的无机化学工业。

20 世纪初，由于农业发展和军工生产的需要，以天然有机肥料及天然硝石作为氮肥的要来源已不能满足需要，迫切要求解决利用空气中的氮气的问题。因此，很多化学家积极从事合成氨的基础理论研究和工艺条件试验，德国物理化学家 F. 哈伯和工程师 C. 博施于高压、高温和有催化剂存在的条件下，成功地利用氮气和氢气直接合成了氨。1913 年，世界上第一座日产 30 t 氨的装置在德国建成投产，从而在工业上第一次实现了利用高压，由元素直接合成无机产品的生产过程。1922 年，氨和二氧化碳合成尿素在德国实现了工业化。由于两次世界大战的军火生产需要大量硝酸、硫酸和硝酸铵等，促使这些相关工业迅速发展。

20 世纪 50 年代以来，各企业间竞争激烈，为了降低成本、减少消耗，力求在技术上取得进步。20 世纪 60 年代，对于硫酸生产，开发了二次转化、二次吸收的接触法新流程，提高了原料利用率，并降低了尾气中的 SO_2 浓度；对于尿素生产，开发了二氧化碳气提法和氨气提法等工艺方法；对于合成氨生产，开发了低能耗新流程等对于氯碱生产；20 世纪 70 年代，开发了离子膜电解法等。

20 世纪 60 年代后期，生产装置的规模进一步扩大，降低了基建投资费用和产品成本，建成了日产 1 000～1 500 t 氨的单系列装置；20 世纪 80 年代初期，建成了日产2 800 t 硫酸的大型装置。随着装置规模大型化，热能综合利用有了较大发展，工艺与热力、动力系统的结合，降低了单位产品的能耗，也推动了化工系统工程的发展。

无机化工生产技术比较先进的国家和地区主要在西欧、北美、东欧、俄国、中国、日本等。第一次世界大战前，美国主要生产硫酸、纯碱、烧碱等，从 20 世纪 20 年代开始生产氮肥。长期以来，美国在世界无机化工的生产量和技术上均处于领先地位。第二次世界大战后，苏联实行优先发展化学工业的政策，无机化工产品产量大幅度上升，合成氨和化肥的产量均居世界首位，其他很多无机化工产品产量仅次于美国而居世界第二位。日本天然资源不丰富，原料多依靠进口，在第二次世界大战后，为了解决国内衣食问题，大力恢复化肥生产，由此推动了硫酸、纯碱和氯碱等工业的发展。过去，我国无机化工基础十分薄弱，1949 年后通过自主创新和引进吸收，主要无机化工产品的产量和生产技术都取得了很大的提高；21 世纪后，我国合成氨、硫酸、纯碱、尿素的产量已居世界第一位。

在无机化工产品生产过程中，原料和能源消耗占有较大比重，如合成氨工业、氯碱工业等均耗能较大，技术改造的重点将趋向采用低能耗工艺和原料的综合利用。化肥工业、无机盐工业均是产品数量发展较快的工业，它们将进一步淘汰落后产品，发展新产品；化肥工业今后将向高浓度复合肥料方向发展，无机盐工业将向高附加值专用和精细化学品方向发展。在“十三五”期间倡导工业绿色环保可持续发展的大趋势下，硫酸、纯碱、合成氨、磷肥、无机盐等生产所排放的废渣、废液、废气给环境带来的危害已引起人们重视，今后将继续采取有效措施，解决“三废”问题。进一步发展新的高效化工分离技术，将会减少设备投资、降低能耗和实现高效分离。无机化工生产除了采用先进工艺、高效设备、新型检测仪表外，还将更多地借助信息技术进行化工开发与设计，计算分子科学、计算流体力学、过程模拟与优化、操作最佳化控制等科学与技术均会对无机化学工业产生重要作用和影响。

进入 21 世纪，以产品批量小、品种多、功能优良、附加值高为特征的精细无机化工产品逐渐引起人们的关注，其中先进陶瓷材料、纳米无机材料、功能无机材料、专用无机化学品等方面是今后无机化工发展的重点领域之一。

1.4 无机化工工艺学的任务

无机化工工艺学是研究将化工原料加工成无机化工产品的化工生产过程的一门工程

科学，涉及的内容有生产方法、生产原理、工艺流程和设备。无机化工工艺具有个别生产的特殊性，即生产不同的无机化工产品要采用不同的工艺，即使生产相同产品但原料路线不同时，也要采用不同的工艺。

无机化工工艺学研究的具体内容包括：原料的选择和预处理，生产方法的选择及方法原理，设备（反应器和其他）的作用、结构和操作，催化剂的选择和使用，其他物料的影响，操作条件的影响和选定，流程组织，生产控制，产品规格和副产物的分离与利用，能量的回收和利用，对不同工艺路线和流程的技术经济评比和环境评价等问题。

无机化工工艺学与无机化工的发展紧密联系在一起，相互依存，相互促进。早期化工生产仅处于感性认识的水平。随着生产规模的发展，各种经验的积累，特别是许多化学定律的发现和各种科学原理的提出，使人们从感性认识提升到理性认识的水平。利用这些定律和原理来研究和指导无机化工生产，从而产生了无机化工工艺学这门学科。无机化工的发展不断赋予无机化工工艺学新的内涵，例如伴随路布兰法制碱产生的洗涤、结晶、过滤、干燥、煅烧等化工单元过程的原理和设备；又如，合成氨工艺是工业上实现高压催化反应的一个里程碑，在原料气制造及其精制方法、催化剂研制和开发应用、工艺流程组织、高压设备设计、耐高温高强度材料的制造、能量合理利用等方面均创造了新的知识，积累了丰富的资料和经验，有力地促进了无机和有机化工的发展。热力学的发展日臻完善，化学反应动力学的蓬勃发展，各种高效反应器相继开发出来，使各种反应单元工艺得到进一步的改良，提高了生产效率，改进了产品质量，取得了明显的经济效益。所有这些成果都大大推动了无机化工的发展。原料路线的改变，也大大促进了无机化工工艺学的发展。进入21世纪，随着科技和化学工业的发展，无机化工工艺学也迎来了新的发展机遇，并具有了一些新的特征，这些特征体现在无机化工产品的精细化、个性化、原料路线的转变以及发展绿色化工工艺等。无机化工产品的精细化和个性化对无机化工工艺也提出了相应的要求，表现在必须根据用户要求、资源、设备、技术和管理等条件，开发经济、有效的新的化工工艺。绿色化工的发展必须以新工艺和新技术为依托，通过高收率、零排放、低成本、废物再生利用和循环利用为特征的绿色化工工艺来实现。

21世纪无机化工工艺学研究也将因学科的交叉和融合得到扩展，特别是能源科学、信息科学、催化科学、纳米科学、材料科学和生命科学的发展将为无机化学工业的升级换代提供巨大的动力和强有力的技术支持，也将大大推动无机化工工艺学的发展。纳米尺度上的研究将为化工工艺学提供更广阔的空间。理论和计算方法的应用将大大加强，理论和实践结合将更加密切。无机化工工艺学从无机化工实践中不断获取养分，同时无机化工工艺学在无机化工生产中的指导作用也日益重要。

参考文献

[1] 北京化工学院化工史编写组. 化学工业发展简史［M］. 北京：科学技术文献出版社，1985.

[2] 徐绍平，殷德宏，仲剑初. 化工工艺学［M］. 2版. 大连：大连理工大学出版社，2012.

[3] 廖巧丽，米镇涛. 化学工艺学［M］. 北京：化学工业出版社，2001.

［4］ 吴指南．基本有机化工工艺学［M］．北京：化学工业出版社，1994．
［5］ 洪仲苓．有机化工原料深加工［M］．北京：化学工业出版社，1997．
［6］ 威凯姆．工业化学基础：产品和过程［M］．金子林，译．北京：中国石化出版社，1992．
［7］ 黄仲九，房鼎业．化学工艺学［M］．北京：高等教育出版社，2001．

第2章

无机化学工业原料

2.1 化学矿物

化学矿物是化肥工业、硫酸工业、纯碱工业、无机盐工业、湿法冶金工业、耐火材料工业、无机非金属材料工业、化工及其他相关工业的原料，是除石油、天然气和煤以外的一类重要的矿物资源，用途十分广泛。

我国化学矿产资源丰富，现已探明储量的矿产有磷矿、硫铁矿、自然硫、钾盐、钾长石、含钾页岩、明矾石、菱镁矿、硼矿、稀土矿、石灰矿、天然碱、化工灰岩、重晶石、芒硝、钠硝石、蛇纹石、砷矿、锶矿、金红石、镁盐、溴、碘、沸石等20多种。在这些矿物中，硫铁矿、硼矿、菱镁矿、重晶石、芒硝及磷矿储量居世界前列，稀土矿的储量居世界首位。下面简要介绍磷矿、硫铁矿、菱镁矿及硼矿的分布情况、资源特点和加工概况。

2.1.1 磷　矿

磷矿是生产磷肥、磷酸、单质磷、磷化物和磷酸盐的原料。磷矿分磷块岩、磷灰石和岛磷矿三种，其中有工业价值的为磷块岩和磷灰石。世界上磷矿资源较丰富的国家有摩洛哥、南非、美国、俄罗斯及中国。我国磷矿主要分布在西南和中南地区。虽然我国磷矿储量居世界第四位，但高品位矿储量较少，选矿和矿石富集任务繁重，原料成本也因此升高。所以，立足我国磷矿资源的特点，开发适宜的工艺技术对合理有效地利用我国磷资源有重要意义。85%以上的磷矿用于制造磷肥。根据生产方法，磷肥主要分为酸法磷肥和热法磷肥两类。

(1)酸法磷肥

酸法加工又称湿法工艺，它利用硫酸、硝酸、磷酸或混酸分解磷矿粉，可获得过磷酸钙、重过磷酸钙、富过磷酸钙、半过磷酸钙、沉淀磷酸钙、磷酸铵及硝酸磷肥等。

(2)热法磷肥

热法加工是指添加某些助剂在高温下分解磷矿石，经过进一步处理，制成可被农作物吸收的磷酸盐。热法加工可获得的磷肥主要有：钙镁磷肥、脱氟磷肥及钢渣磷肥。

2.1.2 硫铁矿

硫铁矿是硫化铁矿物的总称，包括黄铁矿(FeS_2)和磁硫铁矿(Fe_nS_{n+1}，$n\geqslant5$)。我国硫铁矿主要集中在广东、内蒙古、安徽和四川等地，其储量占全国总储量的85%。硫铁矿主要用于制硫酸。制硫酸用的硫铁矿有普通硫铁矿、浮选尾砂和含煤硫铁矿三种。普通硫铁矿是带有金色光泽的灰色矿石，其有效成分为二硫化铁，此外还含有有色金属(铜、锌、铅、镍等)的硫化物、钙镁的硫酸盐和碳酸盐、石英以及砷化物和硒化物等杂质。浮选尾砂是有色金属工业中精选硫化物矿(铜、锌、铅矿等)的副产品，主要成分是硫化铁；浮选尾砂也称为浮选硫铁矿或硫精矿，含硫量为30%～45%；我国硫精矿的含硫量约为35%，由于是浮选的副产品，矿石粒度小，适宜于沸腾焙烧。含煤硫铁矿也称为黑矿，主要分布在我国云贵地区，这种矿石的含硫量一般为30%～40%，含煤量为6%～12%。由于硫铁矿开采成本较高，且硫铁矿制酸程序又比硫黄制酸程序复杂，因此为提高硫铁矿的竞争能力，很多国家对硫铁矿进行精选，并将焙烧制二氧化硫炉气后的烧渣加以综合利用或作为炼铁原料。

近年来，随着石油和天然气中硫化氢回收制硫黄技术的发展，以硫黄为原料制硫酸的比例显著增大。此外，有色金属冶炼烟气制酸工艺也有长足的发展。我国用硫铁矿制硫酸的比例有所下降，目前约占30%。

2.1.3 镁　矿

镁元素在地壳中分布广泛，含量位居世界第八位。由于镁元素的化学活性高，在自然界中它只以化合物形式存在。自然界中的大部分镁化合物以含镁非金属矿物形式存在，只有小部分以氯化物和硫酸盐状态存在于海水和盐湖水中。主要的镁矿有：菱镁矿、白云石、水镁石、滑石、蛇纹石等。菱镁矿是非常重要的一类含镁非金属矿物，根据矿床成因可分为三类：沉积变质型矿床、风化残积型矿床和热液交代型矿床。菱镁矿资源是我国的优势资源之一，主要分布在辽宁和山东，在西藏、新疆、甘肃、河北、四川、安徽和青海等省也有少量分布。我国最大的菱镁矿床，位于辽宁海城-大石桥。

国内生产利用的菱镁矿石绝大部分是分布于辽宁和山东的沉积变质型矿床的镁矿，主要用于耐火材料、镁化合物的制造。镁矿在工业中的应用主要有四种：原矿经预处理直接粉碎加工制成粉体产品；原矿经煅烧后进行粉碎制成粉体产品；原矿经煅烧、消化、合成等化学加工制成各类镁盐等化工产品；原矿直接粉碎，进行化学加工制取化工产品。

2.1.4 硼　矿

硼矿是生产硼酸、硼砂、单质硼及硼酸盐的原料。世界上拥有硼资源的国家不多，目前我国硼资源储量居世界第四位，约有3 900万吨(以B_2O_3计)，排在前三位的为美国、土耳其、俄罗斯。除青海、西藏等地的盐卤型和盐湖固体型硼矿外，目前我国多数硼矿埋藏于地下，主要集中于辽、吉、湘、皖、苏等省区，其中辽宁省拥有2 516万吨，占全国总储量的65%。虽然我国硼资源相对较丰富，但绝大多数硼矿品位较低，加工利用难度较大。

以辽东-吉南地区的硼镁铁矿为例，尽管其储量占全国的 60%，但由于该类硼矿结构复杂，共生矿物多，硼品位低，自 20 世纪 60 年代至今一直作为“待置矿量”。目前用于生产硼酸和硼砂的硼矿主要为硼镁矿。由硼镁矿制硼砂的工艺主要有：碱法加工硼镁矿（又分为常压碱解法和加压碱解法）、碳碱法加工硼镁矿。由于碱法不适宜加工品位低的矿粉，且工艺流程长、设备多，现已逐步被碳碱法取代。由硼镁矿制硼酸的工艺主要有：盐酸分解萃取分离工艺、硫酸分解盐析分离工艺。

化学矿产绝大部分为非金属矿物，在化学工业中主要用于制硫酸、磷肥、钾肥、纯碱及其他无机盐化工、精细化工的原料，还可作为其他工业领域（如冶金、轻工、石油、电子、金属、陶瓷、医药、水泥、玻璃、饲料及食品等）中的基本原料和配料。因此，其加工利用方法众多，工艺过程繁简不一，比较庞杂。但粗略划分，可分为火法工艺和湿法工艺。

2.2 天然气

天然气是埋藏在地下的可燃性气体，其主要成分是甲烷。中国天然气资源较丰富，主要气田产区位于陕甘宁盆地、新疆、四川东部及南海等地区。天然气既可单独存在，又可与石油、煤等伴生（称为油田气和煤层气）。根据组成及性质的差别，天然气可分为干气和湿气。干气中甲烷含量高于 90%，还含有 $C_2 \sim C_4$ 的烷烃及少量 C_5 以上重组分，稍加压缩不会有液体析出，所以称为干气；湿气中除含甲烷外，还含有 15%～20%（或以上）的 $C_2 \sim C_4$ 的烷烃及少量轻汽油，稍加压缩有汽油析出，故称湿气。天然气中的甲烷等低碳烷烃，燃烧时热值高、污染少，是一种清洁能源，既可作为工业燃料，也可作为民用燃料，如民用液化石油气等；同时，这些低碳烷烃又是石油化工的重要原料资源，如甲烷等是制氢气和合成氨的原料，乙烷等低碳烷烃可作为热裂解原料制乙烯、丙烯、丁烯等，C_5 以上烷烃也是裂解制低级烯烃的原料。由于天然气中含有一些其他杂质，如 H_2O、CO_2、H_2S 等，须将这些杂质去除后才能作为化工原料使用。硫化氢回收后，可采用克劳斯工艺流程将其转化为硫黄，硫黄目前主要用于制造硫酸。目前天然气主要用于制合成氨的原料气、合成甲醇的合成气、羰基合成的合成气以及热裂解制低碳炔烃、烯烃及甲烷的各种衍生物。下面简要介绍天然气在上述几个方面的加工利用。

2.2.1 天然气制合成氨的原料气

目前国内天然气 50%以上用于制合成氨的原料气，即采用烃类水蒸气催化转化工艺将甲烷等低碳烷烃转化为氢气和一氧化碳，再引入空气进行部分燃烧转化，使残余的甲烷浓度降低至 0.3%左右，同时引入氮气。这种 $H_2/N_2=3$ 的粗原料气经过变换、脱碳、最终净化后，就成为合成氨的原料气。氨是制造氮肥（如尿素）、硝酸及许多无机和有机化合物的原料。有关合成氨的原理及工艺见本书第 4 章。

2.2.2 天然气制合成甲醇的合成气

合成气是以氢气和一氧化碳为主要组分供化学合成用的一种原料气。合成气除用于合成氨外，还广泛用于合成甲醇、费托法合成液体燃料、羰基合成法生产脂肪醛和醇等，现

已发展成为 C_1 化学的重要原料。C_1 化学是以一个碳原子的化合物为原料，如一氧化碳、甲醇等，来合成各种基本有机化工产品的化学体系。甲醇不仅是 C_1 化学的重要产品，同时也是重要原料，是合成气化学加工的起点，故称其为 C_1 化学的重要支柱并不为过。

几十年来合成甲醇的原料构成发生了很大变化。早期主要以煤和焦炭为原料来制合成甲醇的合成气。20 世纪 50 年代以后，由于天然气和石油资源的大量开采，加之天然气易于输送，适合加压操作，降低了装置的投资，因而在性能较好的催化剂及耐高温合金钢管出现后，以天然气为原料的甲醇生产流程被广泛采用。国内既有单一生产甲醇的工艺，也有合成氨联产甲醇（简称联醇）的工艺。联醇与我国的联碱、联尿、联碳（碳酸氢铵）等一样，均是以合成氨工艺为主体的衍生技术，是结合我国实际而开发的技术。

甲醇是由一氧化碳、二氧化碳加氢合成的：

$$CO+2H_2 \rightleftharpoons CH_3OH$$

$$CO_2+3H_2 \rightleftharpoons CH_3OH+H_2O$$

上述反应是可逆、放热反应。为加速反应，需采用催化剂。采用的催化剂有两类：其一为锌、铬催化剂，操作压力高达 30 MPa，反应温度 350～420 ℃，出塔甲醇含量 3%～5%，该类工艺副反应较多，能耗高，产品质量差；其二为铜基催化剂，操作压力 5～10 MPa，反应温度 230～290 ℃，出塔甲醇含量 5%～7%，副反应少，能耗低，产品质量好。合成甲醇的催化反应与合成氨的催化反应相似：第一，均是可逆、放热、体积缩小的反应；第二，反应一次转化率不高；第三，系统中有惰气累积。因此，合成甲醇也采用了加压循环合成气、冷却分离甲醇、少量施放部分循环合成气、合成塔内换热等与合成氨类似的工艺和设备。

2.2.3 天然气制羰基合成的合成气

合成气除用于合成氨、合成甲醇外，还作为羰基合成（氢甲酰化反应）工艺的原料用于合成脂肪醛和醇。所谓“羰基合成”是指不饱和化合物与一氧化碳和氢发生催化加成反应生成各种结构的醛，醛再经催化加氢制各种脂肪醇的合成过程。羰基合成反应是一类典型的络合催化反应。工业上采用的催化剂是钴或铑的羰基络合物。它不仅对现代络合催化理论的形成与发展起了重要作用，而且也是工业生产中最早应用的实例。不同羰基合成方法所需的合成气的组成以及合成气的消耗量是不同的。根据氢甲酰化反应方程式，消耗的氢与一氧化碳的摩尔数是相等的。但实际上由于在氢甲酰化过程中会发生醛加氢生成醇等副反应，故氢的消耗要比一氧化碳多 10%～20%。早期合成气的制备方法是高温焦炭和水蒸气转化，现在应用最多的方法是天然气、炼厂气和轻石脑油转化法，以及天然气、炼厂气和重燃料油部分氧化法。其中以天然气为原料制合成气的方法有以下几种。

天然气部分氧化法：

$$2CH_4+O_2 \longrightarrow 2CO+4H_2$$

天然气 CO_2 转化法：

$$CH_4+CO_2 \longrightarrow 2CO+2H_2$$

天然气水蒸气转化法：

$$CH_4+H_2O \longrightarrow CO+3H_2$$

2.2.4　天然气热裂解制有机化工原料

天然气中的低碳烷烃经热裂解可制乙炔、乙烯、丙烯、丁烯和丁二烯等基本有机化工原料，如甲烷热裂解可得乙炔和炭黑，乙烷、丙烷热裂解得乙烯和丙烯等。虽然以天然气等气态烃为原料热裂解制低碳烯烃工艺简单、收率高，但与液态烃相比其来源有限，往往不能满足工业生产的需要，因此目前主要以液态烃为热裂解原料。

2.3　煤

煤是全世界分布最广、储量最丰富的化石燃料，储量占全部化石燃料的75%。BP公司2011年公布：截至2010年底，世界煤炭可采储量为860.9×10^9 t。我国煤炭可采储量为114.5×10^9 t，占世界煤炭可采储量的13.3%，居世界第三位。2010年我国煤炭生产量为$1\,800.4\times10^6$ t，占世界煤炭总产量的48.3%。全球总计的煤炭储产比为118，远高于石油(46.2)和天然气(58.6)。从19世纪到20世纪中叶，煤炭作为能源和化工原料的主导，为人类文明的发展做出了巨大贡献。20世纪50年代后，煤炭被大量廉价石油和天然气所取代。但其后发生的几次石油危机，使人们开始重新认识煤炭在能源结构和化工原料中的重要地位。煤化工研究也在经历了20世纪后半叶的衰落后开始走向复兴。煤炭在化工原料中的地位将随着煤化工研究技术的进步而不断提高。

煤是由远古时代植物残骸在适宜的地质环境下经过漫长岁月的天然煤化作用而形成的生物岩。由于成煤植物和生成条件不同，煤一般可以分为三大类：腐殖煤、残植煤和腐泥煤。由高等植物形成的煤称为腐殖煤；由高等植物中稳定组分(角质、树皮、孢子、树脂等)富集而形成的煤称为残植煤；由低等植物(以藻类为主)和浮游生物经过部分腐败分解形成的煤称为腐泥煤，包括藻煤、胶泥煤和油页岩。腐泥煤中藻煤和胶泥煤的区别是由于藻类在成煤过程中分解的程度不同造成的，藻煤主要由藻类构成，在显微镜下可以清楚地看出；胶泥煤是无结构的藻煤，不含任何可分辨的植物残体；油页岩是带有大量矿物质(矿物质含量大于40%)的藻煤。在自然界中分布最广、最常见的是腐殖煤，如泥炭、褐煤、烟煤、无烟煤就属于这一类。残植煤的分布则非常少，如我国云南省禄劝的角质残植煤，江西乐平、浙江长广的树皮残植煤等。藻煤和胶泥煤在山西浑源等地有少量存在。辽宁抚顺、广东茂名及吉林桦甸等地有丰富的油页岩资源。另外，还有主要由藻类和较多腐殖质所形成的腐殖腐泥煤，如山西大同、山东枣庄等地的烛煤，以及用于雕琢工艺美术品的抚顺的煤精等。

根据煤化程度的不同，腐殖煤又可分为泥炭、褐煤、烟煤及无烟煤四大类，它们的特征简述如下。

(1)泥炭

泥炭是棕褐色或黑褐色的不均匀物质。含水量高达85%～95%。经自然风干后水分可降至25%～35%，其相对密度可达1.29～1.61。泥炭中含有大量未分解的植物根、茎、叶的残体，有时用肉眼就可以看出，因此泥炭中的木质素和碳水化合物的含量较高。

含碳量小于 50%(质量分数)。此外,泥炭中还含有一种在成煤过程中形成的新物质,即腐殖酸,以及可被某些有机溶剂抽出的沥青质等。

(2)褐煤

褐煤大多呈褐色或黑褐色,因而得名。无光泽,相对密度为 1.1~1.4。随煤化程度的加深,褐煤颜色变深变暗,相对密度增加,紧密程度增加,水分减少,腐殖酸开始增加,然后又减少。含碳量为 60%~70%,热值为 23~27 MJ/kg。褐煤与泥炭的区别是,前者外表上已看不到未分解的植物组织残体,不具有新开采出的泥炭所特有的无定型形态。

(3)烟煤

烟煤呈灰黑色至黑色,燃烧时火焰长而多烟。不含腐殖酸,硬度较大,相对密度为 1.2~1.45。多数能结焦,含碳量为 75%~90%,热值为 27.2~37.2 MJ/kg。烟煤是自然界最重要和分布最广的煤种。

(4)无烟煤

无烟煤呈灰黑色,带有金属光泽,是腐殖煤中煤化程度最高的一种煤。相对密度为 1.4~1.8。燃烧时无烟,火焰较短,不结焦,含碳量一般在 90%以上,热值为 33.4~33.5 MJ/kg。

在无机化工行业中,煤主要作为合成氨的原料。目前,主要采用粉煤灰或水煤浆的富氧水蒸气气化技术制造合成氨的原料气。此外,还可作为某些非金属矿石,如硼矿、石灰石矿、白云石矿焙烧的原料。

参考文献

[1] 徐绍平,殷德宏,仲剑初. 化工工艺学 [M]. 2 版. 大连:大连理工大学出版社,2012.

[2] 吴志泉. 工业化学 [M]. 上海:华东化工学院出版社,1991.

[3] 胡庆福. 镁化合物生产与应用 [M]. 北京:化学工业出版社,2004.

[4] 中国化工产品大全编委会. 中国化工产品大全:上卷 [M]. 北京:化学工业出版社,1994.

[5] 仲剑初. 硼镁铁矿综合利用研究进展及开发前景 [J]. 辽宁化工,1995(5):20-24.

[6] 房鼎业. 甲醇生产技术及进展 [M]. 上海:华东化工学院出版社,1990.

[7] 冯元琦. 联醇生产 [M]. 2 版. 北京:化学工业出版社,1994.

[8] 王锦惠. 羰基合成 [M]. 北京:化学工业出版社,1987.

[9] 郭树才. 煤化学工程 [M]. 北京:冶金工业出版社,1991.

[10] BP 公司世界能源统计年评(BP Statistical Review of World Energy,2011). http://www.bp.com.

第3章

盐水体系相图及应用

3.1 概　述

对于化学矿物综合利用、化学肥料和无机盐的工业生产，在制订新的工艺流程、生产工艺条件及改善和强化生产操作过程时，往往会遇到盐类在水中的溶解度问题；此外，在海洋盐湖化学和化工、三废处理及盐矿地质等生产和研究领域中，也涉及盐类在水中的溶解度问题。生产实践中遇到的盐水体系，往往是几种盐同时溶解在水中。处理这类多组分盐水体系，需使用盐水体系相图这一工具。

某种盐类之所以能从几种盐的混合溶液中以纯态析出，是由于它们的溶解度各不相同，而且随温度的变化也有区别。相图是多相体系在平衡时各相组成与温度或压力的关系图。工业生产中就是利用盐类溶解度的变化规律，通过对其相图的分析来分离混盐；制备盐类的水合盐；由单盐合成各种复盐；或将复盐分解为单盐。相图不仅可以指导人们应该如何安排生产流程，如何选择生产工艺条件，还可以告诉人们制备合格的产品应该蒸发或添加多少水。

3.1.1 相　律

在多相平衡中，体系的自由度、相数和组分数之间存在着一定的关系，这种关系称为相律。在介绍相律之前，我们先介绍一些术语。

1. 相

相是一个不均匀体系中的均匀部分，各相之间存在着明显的界限，用肉眼或借助仪器可将不同的相区分出来。这里所讲的均匀是指宏观上物理性质和化学性质的均匀。

自然界中物质存在的状态主要有气态、液态和固态。对于各种气体，通常能相互混合均匀，所以不论气体种类多少，只有一个气相。至于液体，若彼此能混溶，也是一个相；但有时液体不能混溶而分层，例如，机油和水，彼此分离成为两个相。除极个别的情况外，盐类的水溶液都只能是一个液相。对于固体，则体系中有几种固体物质就是几个固相，这是因为各种固体即便将它们研磨得很细并混合均匀，在显微镜下仍可观察到它们各自不同的晶体；但形成固溶体的体系例外，这时只有一个固相。

2. 独立组分

一个体系往往是各种化学物质的混合体，当体系中的每种化学物质各自独立时，称它们为体系的独立组分。但实际上，体系中的一些物质间会发生联系，这时就不再是独立组分了。例如，碳酸钙煅烧成为石灰石和二氧化碳，体系中虽然有三种物质，但在平衡时其中任何一者都可以由其他二者生成。所以，在该体系中只有两种物质是独立组分。至于选择哪两种物质作为独立组分，以对研究是否方便而定。

事实上，在许多复杂情况下要确定体系的独立组分数，有时是很困难的。为此，人们提出了下面一种确定独立组分数的方法：

$$C = N - (s + r) \tag{3-1}$$

式中 C——独立组分数；

N——体系中的化学物质种类数；

s——体系中能进行的化学反应数；

r——限制条件数。

例如，在 Na_2CO_3-H_2O 体系中，共有 Na_2CO_3、$Na_2CO_3 \cdot H_2O$、$Na_2CO_3 \cdot 7H_2O$、$Na_2CO_3 \cdot 10H_2O$ 及 H_2O 5 种物质，故 $N=5$，但由于存在下面三个化学反应：

$$Na_2CO_3 + H_2O = Na_2CO_3 \cdot H_2O$$

$$Na_2CO_3 + 7H_2O = Na_2CO_3 \cdot 7H_2O$$

$$Na_2CO_3 + 10H_2O = Na_2CO_3 \cdot 10H_2O$$

故 $s=3$，独立组分数 $C=5-(3+0)=2$。

但有人会从另一个角度考虑，Na_2CO_3 在水中可发生电离：

$$Na_2CO_3 = 2Na^+ + CO_3^{2-}$$

那么在 Na_2CO_3-H_2O 体系中，至少有 Na_2CO_3、H_2O、Na^+、CO_3^{2-} 4 种物质，此时体系只存在一个化学反应，即 $s=1$，怎么会是二元体系呢？这是因为我们忽视了一个限制条件，即电中性原则：$2[Na^+]=[CO_3^{2-}]$，即 $r=1$。如此，独立组分数 $C=4-(1+1)=2$，仍是二元体系。

对盐水体系，有更为简便的方法来确定体系的独立组分数，即体系中各种盐的不同离子数（注意：不考虑它们进一步电离和水解生成的离子数）为体系的独立组分数。

3. 自由度

自由度是指体系达到平衡时，在不引起新相产生和旧相消失的情况下，可在一定范围内自由改变的独立变量数。独立变量可以是温度、压力和各物质的浓度，在盐水体系中为温度和盐类的浓度。

4. 相律

相律是 Gibbs 用热力学原理推导出来的，其数学表达式为

$$F = C - P + n \tag{3-2}$$

式中 F——体系的自由度；

C——独立组分数；

P——相数；

n——影响平衡的外界因素数。

由于影响相平衡的外界因素一般只有温度和压力，故相律又可写为

$$F = C - P + 2 \tag{3-3}$$

对盐水体系，通常不必研究气相的组成；而且压力对液固平衡的影响也极其微弱，可不予考虑。因此当压力和气相组成都不考虑时，相律可简化为

$$F = C - P + 1 \tag{3-4}$$

但需要强调的是，此式中的相数 P 不包含气相，故式(3-4)又称为凝聚体系相律。

3.1.2　溶解度的表示方法及单位换算

溶解度数据是盐水体系相图绘制的基础，因此需了解溶解度有哪些表示方法及各种单位之间的换算。在相图中应用的浓度可以是质量分数、摩尔分数、g 盐/(100 g 水)、mol 盐/(1 000 g 水)、mol/(mol 干盐)等单位，但不可用 g/L、mol/L 等浓度单位，这是因为当溶液混合时，体积不具有加和性。

各种浓度单位之间可根据需要进行换算。

【例 3-1】　25 ℃时 NaCl 和 NH_4Cl 的共饱液，其中含 NaCl 17.28%(质量分数)、NH_4Cl 15.86%(质量分数)，试将其换算为其他浓度单位表示。

(1)以 g 盐/(100 g 水)表示

NaCl：$$\frac{17.28}{100-(17.28+15.86)}\times 100 = 25.85\ \text{g/(100 g 水)}$$

NH_4Cl：$$\frac{15.86}{100-(17.28+15.86)}\times 100 = 23.72\ \text{g/(100 g 水)}$$

(2)以 mol 盐/(1 000 g 水)表示

NaCl：$$\frac{25.85}{58.5}\times\frac{1000}{100} = 4.419\ \text{mol/(1 000 g 水)}$$

NH_4Cl：$$\frac{23.72}{53.5}\times\frac{1000}{100} = 4.434\ \text{mol/(1 000 g 水)}$$

(3)以 mol/(mol 干盐)表示

NaCl：$$\frac{25.85/58.5}{25.85/58.5+23.72/53.5} = 0.499\,2\ \text{mol/(mol 干盐)}$$

NH_4Cl：$$\frac{23.72/53.5}{25.85/58.5+23.72/53.5} = 0.500\,8\ \text{mol/(mol 干盐)}$$

H_2O：$$\frac{100/18}{25.85/58.5+23.72/53.5} = 6.275\ \text{mol/(mol 干盐)}$$

3.2　二元盐水体系相图及应用

3.2.1　二元盐水体系相图的绘制及杠杆规则

盐水体系相图是以溶解度数据为依据的，要绘制某一体系的相图，获取溶解度数据有两条途径：其一，可查阅有关资料和文献，查找该体系的溶解度数据；其二，当从文献上查

不到该体系的溶解度数据时，则必须进行实验测定。获取溶解度数据后，需选择合适的相图表示方法，将这些溶解度数据标绘在相图上，并将每种盐的溶解度数据代表点连接起来，就得到溶解度曲线或饱和曲线。

下面以 NH_4Cl-H_2O 二元体系为例，讨论二元相图的绘制。表 3-1 为该体系的主要溶解度数据。

表 3-1　NH_4Cl-H_2O 二元体系溶解度

温度/℃	NH_4Cl 含量/%	固相	温度/℃	NH_4Cl 含量/%	固相
0	0	冰	15	26.0	NH_4Cl
−7.63	10.9	冰	60	35.6	NH_4Cl
−15.36	19.65	冰＋NH_4Cl	115.6(常压沸点)	46.6	NH_4Cl

该体系有 2 个独立组分，最少相数为 1，有一个外界影响因素(温度)。根据相律，$F=C-P+1=2-1+1=2$。在此我们选择温度和 NH_4Cl 的质量分数为独立变量，以纵轴表示温度，横轴表示 NH_4Cl 的质量分数。横轴的左端点 $w(NH_4Cl)=0$(质量分数)，表示纯水。右端点代表 $w(NH_4Cl)=100\%$(质量分数)，表示纯 NH_4Cl。将表 3-1 中的数据标绘在直角坐标中，并把相关各点用光滑曲线连接起来就可得到该二元体系的相图(图 3-1)。

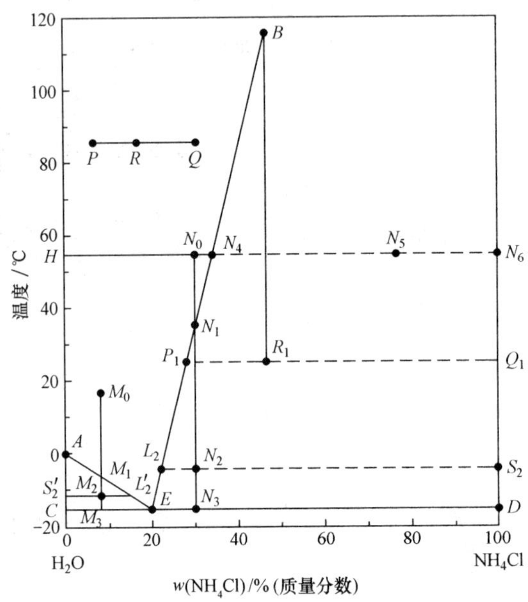

图 3-1　NH_4Cl-H_2O 二元体系相图

纵坐标可以从某一方便的温度算起。横坐标左端点表示 $w(H_2O)=100\%$(质量分数)，右端点表示 $w(NH_4Cl)=100\%$(质量分数)，中间任何一点既表示 NH_4Cl 的含量也表示水的含量。

曲线 AE 有两重物理意义。其一，不同 NH_4Cl 浓度溶液的冰点曲线；其二，在不同温度下冰在 NH_4Cl 中的溶解度曲线。曲线 EB 是 NH_4Cl 在水中的溶解度曲线。在 AE 线上，冰固相与溶液共存；在 EB 线上则为 NH_4Cl 固相与溶液共存。两线的交汇点 E 为冰、NH_4Cl 两种固相和溶液共存，称为冰与 NH_4Cl 的低共熔点。过 E 点作水平线将图面分为四个区域，就构成一个完整的 NH_4Cl-H_2O 二元体系相图。AE、BE 与纵轴所围成的区域为不饱和溶液区；*ACE* 区为冰和溶液共存的两相区；*BED* 区为 NH_4Cl 固相与其饱和液共存的两相区；*CD* 线以下的区域为 NH_4Cl 和冰两种固相的共存区。

介绍杠杆规则前，首先要了解二元相图的连线规则。连线规则：组成不同的两个体系在等温条件下混合成为一个新体系，或一个体系在等温条件下分为两个不同组成的新体系，那么在二元盐水体系相图中，三个体系在同一水平线上，且两个分体系各居于总体系的两侧。杠杆规则：两个分体系的量与其到总体系的距离成反比。由于它与力学上的杠杆规则相似，故称其为杠杆规则。

下面利用质量平衡来证明杠杆规则。设有两个温度相同而组成不同的体系 P 和 Q，质量分别为 p 和 q(kg)，NH_4Cl 含量分别为 x_P 和 x_Q，在等温下将其混合成为一个新体系 R，设其 NH_4Cl 浓度为 x_R，做混合前后的 NH_4Cl 物料衡算：

$$(p+q)x_R = px_P + qx_Q \tag{3-5}$$

整理后得

$$\frac{p}{q} = \frac{x_Q - x_R}{x_R - x_P} = \frac{\overline{RQ}}{\overline{RP}} \tag{3-6}$$

根据和比定理，并令 $p+q=r$，则可推导出：

$$\frac{p}{r} = \frac{x_Q - x_R}{x_Q - x_P} = \frac{\overline{RQ}}{\overline{PQ}} \tag{3-7}$$

$$\frac{q}{r} = \frac{x_R - x_P}{x_Q - x_P} = \frac{\overline{PR}}{\overline{PQ}} \tag{3-8}$$

3.2.2　各种化工过程在相图上的表示

无机盐生产过程中经常涉及加热、冷却、蒸发、加水、溶解、结晶及盐析等工艺过程，这些过程的变化和物料关系都可以用相图表示和计算。下面以 NH_4Cl-H_2O 二元体系为例来讨论这些过程在相图中的表示方法。

1. 加热和冷却过程

在二元盐水体系相图上，改变温度，体系点将沿着垂直于横轴的直线移动，而保持体系的组成不变。对于加热过程，体系点向上移动；而对于冷却过程，体系点向下移动。

例如，有某 17 ℃不饱和溶液 M_0（图 3-1），将其冷却至 M_1 时开始结冰；冷却至 M_2 时析出冰 S_2'，溶液则浓缩为 L_2'。可根据杠杆规则计算浓缩液 L_2' 和冰的质量比：

$$\frac{L_2'\text{溶液量}}{\text{冰量}} = \frac{\overline{M_2S_2'}}{\overline{M_2L_2'}}$$

继续冷却至 M_3 时，固相点为 C，液相点至 E。再进一步冷却，体系全部转化为冰和固体 NH_4Cl 的混合物。

再如，55 ℃的不饱和溶液 N_0。当体系冷却到 N_1 时，NH_4Cl 开始饱和；当体系冷却到 N_2 时，固相点为 S_2(NH_4Cl)，液相点为 L_2；继续降温，体系点至 N_3 时，液相点为 E，固相点为 D，此时 NH_4Cl 的析出量最大；再降温时，体系转化为冰和固体 NH_4Cl 的混合物。

除纯水和 NH_4Cl 外，不论何种组成的体系，冷却过程中最后一滴液相均为低共熔组成 E。加热过程与冷却过程相反，即冷却过程的逆过程。

2. 等温蒸发和加水过程

对二元盐水体系，溶液在等温下蒸发时，在相图上体系点是沿着平行于横轴的直线自左向右移动。加水过程是蒸发的逆过程，在相图上体系点是自右向左移动。

图 3-1 中的 N_0 为不饱和溶液，在 55 ℃下等温蒸发，当蒸发至 N_4 时 NH_4Cl 饱和；继续蒸发，NH_4Cl 固体不断析出。当体系点蒸发至 N_5 时，根据杠杆规则可分别计算蒸发的水量和析出的固体 NH_4Cl 的量：

$$\frac{蒸发水量}{N_0\ 量}=\frac{\overline{N_0N_5}}{\overline{HN_5}},\quad 蒸发水量=N_0\ 量\frac{\overline{N_0N_5}}{\overline{HN_5}}$$

$$\frac{N_5\ 量}{N_0\ 量}=\frac{\overline{HN_0}}{\overline{HN_5}},\quad N_5\ 量=N_0\ 量\frac{\overline{HN_0}}{\overline{HN_5}}$$

$$\frac{NH_4Cl\ 固相量}{N_5\ 量}=\frac{\overline{N_4N_5}}{\overline{N_4N_6}},\quad NH_4Cl\ 固相量=N_5\ 量\frac{\overline{N_4N_5}}{\overline{N_4N_6}}$$

蒸干时，体系点到达 N_6，此时全部为 NH_4Cl 固体。

3. 溶解过程

以图 3-1 中的不饱和溶液 N_0 为例，当在 55 ℃下向其中加入 NH_4Cl 固体（组成点为 N_6）时，NH_4Cl 固体就要溶解。当加 NH_4Cl 固体使体系成为饱和溶液 N_4 时，再向体系中加 NH_4Cl 固体便不能溶解了。NH_4Cl 固体的加入量也可用杠杆规则计算：

$$\frac{加入\ NH_4Cl\ 量}{N_0\ 量}=\frac{\overline{N_0N_5}}{\overline{N_6N_4}},\quad 加入\ NH_4Cl\ 量=N_0\ 量\frac{\overline{N_0N_4}}{\overline{N_6N_4}}$$

3.2.3 二元盐水体系相图应用

在联合制碱工艺中副产大量的粗 NH_4Cl，其中 NH_4Cl 的含量为 96%～98%，用于农业用途时其纯度可满足要求；但在干电池、焊条、电镀等工业部门使用时，则要求 NH_4Cl 的含量大于 99.5%。下面利用 NH_4Cl-H_2O 二元体系相图讨论 NH_4Cl 的精制过程。

首先用热水溶解粗 NH_4Cl，形成常压沸腾状态下的饱和溶液。通过静置沉降去除不溶性杂质，如 $CaCO_3$、$MgCO_3$、Fe_2O_3 等。清液在结晶器中冷却至室温，使 NH_4Cl 晶体析出，经过滤、洗涤、气流干燥制成精 NH_4Cl，可溶性杂质 NaCl 等仍留在母液中，返回用其重新加热溶解粗 NH_4Cl。当母液循环多次后，可溶性杂质累积会影响精制 NH_4Cl 的纯度，需将循环母液排放一部分。

下面利用图 3-1 来表示上述精制过程。25 ℃的 NH_4Cl 母液 P_1 在加热的情况下不断将粗 NH_4Cl 溶解，当温度达 115.6 ℃时可制得 NH_4Cl 饱和溶液 B。在此温度下去除不溶性杂质，然后将溶液 B 冷却至 R_1，析出固体 NH_4Cl Q_1，得到母液 P_1，母液继续加热溶解粗 NH_4Cl 并得饱和液 B，如此循环生产。以精制 1 000 kg NH_4Cl 为基准，由杠杆规则可计算所需的循环母液 P_1 的量：

$$G_{P_1}=1\,000\times\frac{\overline{R_1Q_1}}{\overline{R_1P_1}}=1\,000\times\frac{100-46.6}{46.6-28.2}=2\,902\ \text{kg}$$

实际生产并不是在常压沸点 115.6 ℃下操作，而是在 100 ℃下进行。如此可避免恶劣的操作环境，但温度也不宜低于 100 ℃，以免过滤去除不溶性杂质时因温度降低使 NH_4Cl 也析出。因此，上述计算值是理论上的极限值（最小值），实际工艺过程中循环母液量要大于 2 902 kg。

由 NH_4Cl-H_2O 二元体系相图可知，随温度的变化，NH_4Cl 的溶解度变化也较大，因此粗 NH_4Cl 可采用加热溶解、冷却结晶的方法进行提纯。某些盐类的溶解度随温度的改变变化很小，如 NaCl。这些盐类的精制不能采用 NH_4Cl 那样的方法，而是先将其溶解，采用适宜的方法去除各种杂质，然后将净化液送至蒸发器蒸发，析出所需的精制品。总之，当温度变化时，溶解度变化较小的盐类必须采用蒸发结晶的方式精制。

3.3　三元盐水体系相图及应用

三元盐水体系种类较多，例如 NaCl-KCl-H_2O、$NaHCO_3$-Na_2CO_3-H_2O、NH_3-CO_2-H_2O、CaO-P_2O_5-H_2O、$MgSO_4$-H_3BO_3-H_2O、$MgCl_2$-H_3BO_3-H_2O 等。前两种是由具有一种相同离子的两种盐和水组成的三元盐水体系；中间两种是由碱性氧化物、酸性氧化物和水组成的三元盐水体系；后两种则是由一种盐、一种弱电解质和水组成的三元盐水体系。

在三元盐水体系中，平衡固相中的两种盐如果都以无水物形式存在，则为简单的三元盐水体系；若固相以水合盐或复盐形式存在，则构成复杂三元盐水体系；如固相以固溶体形式存在，则形成固溶体三元盐水体系。因此，与二元盐水体系相比，三元盐水体系不仅种类繁多，而且相图也较复杂。

3.3.1　三元盐水体系相图通论

1. 三元盐水体系相图表示法

在三元盐水体系中，独立组分数 $C=3$，体系中最少相数为 1，根据凝聚相相律 $F=C-P+1$知，体系最大自由度 $F=3-1+1=3$，这说明温度和两种盐浓度都可以独立变化。因此，必须用三维空间才能完全表达这三个量的变化，即需用立体图来描述三元盐水体系的平衡状态。但是，立体图在绘制和应用上都很不方便。为便于使用，人们往往将温度固定，从而使自由度减少一个，这样便可以用平面图表示出三元盐水体系的平衡状态，这种相图就是所谓的等温相图。如果在平面相图中同时绘出不同温度下两种盐的溶解度曲线，就构成了多温相图。

等温相图有三种表示方法：等边三角形表示法、等腰直角三角形表示法及直角坐标表示法等。下面分别介绍。

（1）等边三角形表示法

等边三角形表示法如图 3-2 所示。用这种表示法时，体系的组成常以质量分数或摩尔分数为单位，即体系中三个组分的浓度之和为 100%。所以只要确定体系中任意两种组分的含量，第三种组分的含量也就随之而定了。三角形的三个顶点分别代表一种纯物质，每条边表示一个二元体系，三角形内各点代表三元体系。例如，以 B 点代表纯水，则 BC 边、BA 边分别表示 C 物质的水溶液和 A 物质的水溶液，而 AC 边表示 A、C 两种物质的混合物，三角形内的 M 点表示 A 物质和 C 物质的水溶液。

等边三角形的第一个特点为：过等边三角形内任一点 M 作平行于各边的直线，在各边所截线段 a、b、c 之和等于等边三角形的一边之长，即 $a+b+c=AB=AC=BC$。所以，要确定图 3-2 中的 M 体系内 A 组分的含量，可通过 M 点作顶点 A 所对应的 BC 边的平行线，在另外两边（AC 边和 AB 边）上所截线段的长度 a 即表示 A 组分的含量；同理，可获得 B、C 组分的含量 b 和 c。另一特点为：从等边三角形内任一点 N 分别向三条边作垂线，则各垂线之和等于等边三角形之高，即 $ND+NE+NF=AG$。因此，各组分含量也可以用体系点到组分点所对边的距离表示，如图中 N 体系中 A 组分的含量可用 NF 表示，B、C 组分含量分别用 ND 和 NE 表示。

（2）等腰直角三角形表示法

等腰直角三角形表示法如图 3-3 所示。这种表示法的优点是可用普通坐标纸绘制相图。由于绘图、读图和计算均很方便，此法在三元盐水体系中应用最多。其组成也常以质量分数或摩尔分数表示。

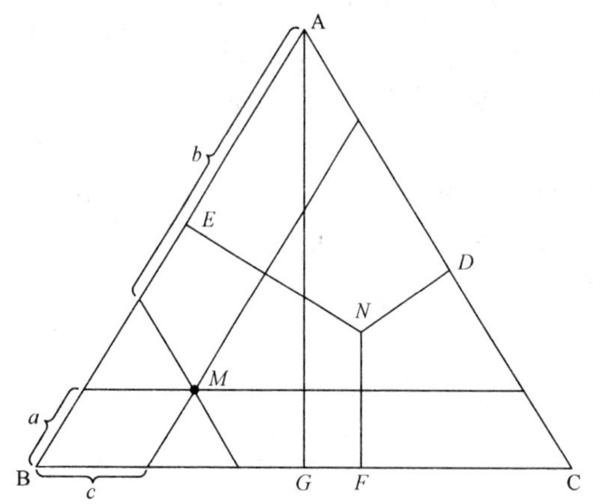

图 3-2 等边三角形表示法

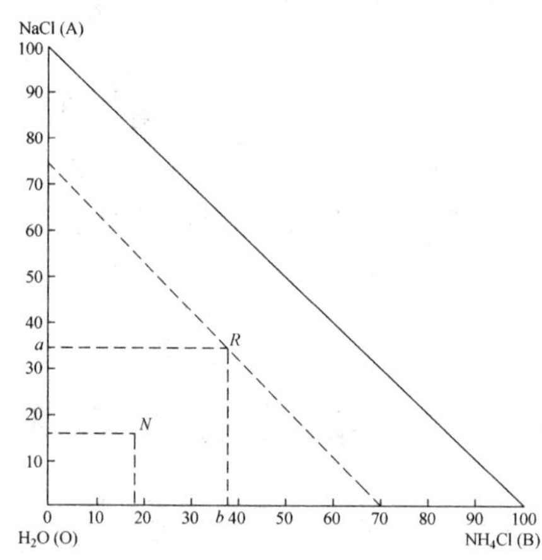

图 3-3 等腰直角三角形表示法

此法与等边三角形表示法类似，只是直角三角形的直角顶点 O 代表纯水，其他两个顶点分别代表两种纯盐。两条直角边分别表示两种盐的水溶液，斜边表示两种盐的混合物。水的含量不能从图上直接读出，但显然是已知的。此外，两种盐组成的二元体系（斜边）的坐标比例与另外两个二元体系（直角边）不同，应用时应注意。

要读出图中某一点 R 的组成，可自点 R 分别作两条直角边的垂线，垂足分别为点 a 和点 b，那么点 a 处的刻度即为 A 盐的百分含量，点 b 处的刻度即为 B 盐的百分含量，水的含量可用 100%减去两盐的含量求出。反之，如果已知某一溶液中两种盐的百分含量，可在两条直角边上两盐浓度的刻度处引垂线，它们在三角形内的交点即为该溶液在相图上的组成点（如点 N）。

（3）直角坐标表示法

直角坐标表示法有两种：一种是以 100 g(mol) 水为基准，另一种是以 100 g(mol) 干盐为基准。

图 3-4 是以 g(mol)盐/[100 g(mol)水]为浓度单位的直角坐标表示的三元盐水体系等温相图。在该相图中，直角坐标的原点代表纯水，两种盐的组成点在两坐标轴的无穷远处，点 a、点 b 分别表示 A、B 单盐的溶解度。aE 和 bE 分别为 A 盐和 B 盐的溶解度曲线。

点 E 为两盐共饱点。aE、纵轴及过点 E 平行于纵轴直线所构成的Ⅱ区为 A 盐的结晶区；同理，B 盐结晶区为由 bE、横轴与过点 E 平行于横轴直线所构成的Ⅲ区；Ⅰ区为不饱和溶液区；Ⅳ区为两盐共晶区。

与等腰直角三角形法类似，当已知某溶液组成，要确定其在相图中的位置时，可自两盐含量处作垂线，两垂线的交点即为所求体系的组成点。

图 3-5 是以 g(mol)/[100 g(mol)干盐]为浓度单位的直角坐标表示的三元盐水体系等温相图。横轴为两种干盐的组成轴，横轴左端点表示纯 A 盐(即 A 盐为 100%，B 盐为 0)，右端点为纯 B 盐。由左右两端点引出的纵轴为水轴，纯水点在纵轴无穷远处。由于是以 100 g(mol)干盐为基准的，因此只要知道一种盐的含量，另一种盐的含量就是已知的。知道一种盐和水的含量便可确定体系在相图中的位置，即从横轴和纵轴已知盐含量和水含量的刻度处分别作垂线，两垂线的交点为体系点。

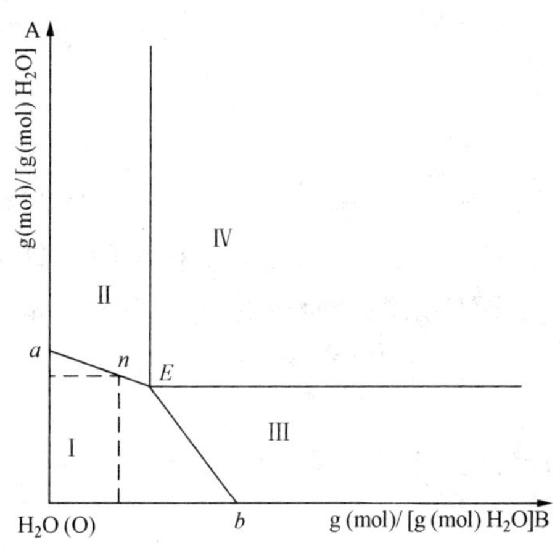

图 3-4　直角坐标的三元盐水体系相图（以水量为基准）

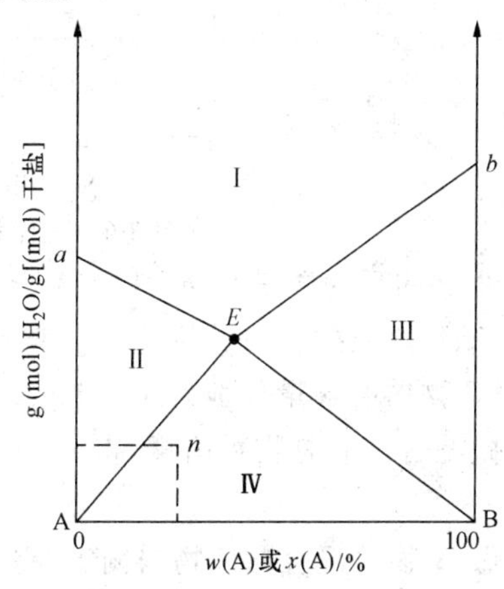

图 3-5　直角坐标的三元盐水体系相图（以干盐量为基准）

相图中 a、b 两点代表 A、B 单盐的溶解度；aE 和 bE 分别为 A 盐和 B 盐的溶解度曲线，E 点为 A、B 两盐共饱点。Ⅰ区在两盐的饱和线以上，比饱和溶液的含水量大，故为不饱和溶液区；Ⅱ、Ⅲ区分别为 A 盐和 B 盐的结晶区，在此区内固相盐和此盐的饱和溶液共存；Ⅳ区为 A、B 两盐的共晶区，该区内的体系为 A、B 两盐固相和共饱液 E。

2. 三元盐水体系的连线规则和杠杆规则

通过相图能够清楚地了解盐水体系相平衡间的各种变化情况。但要利用相图对化工过程进行分析和工艺计算，则必须掌握两个基本规则——连线规则和杠杆规则。

连线规则——两个不同组成的体系(单相体系或多相体系单物质或多物质)P 和 Q 混合成为一个新体系 R，或一个体系 R 分为两个不同组成的新体系 P 和 Q，在相图上，P、Q 和 R 三点在一条直线上，并且 R 点在 P 点和 Q 点的中间，P、Q 两体系分别位于 R 体系的两侧。

杠杆规则——R 体系分为不同组成的 P 和 Q 体系，或不同组成的 P 和 Q 两体系混合为一个 R 体系，则 P 和 Q 体系的量与其到 R 体系的距离成反比。

下面以用质量百分含量表示浓度的等腰直角三角形为例(图 3-6)，来证明这两条规则。

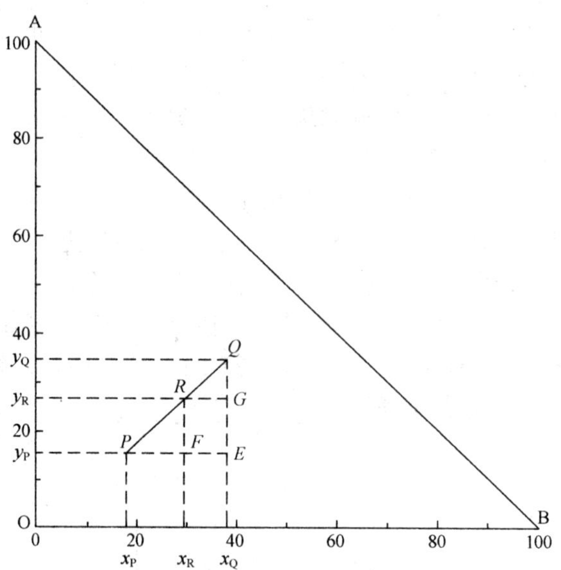

图 3-6　三元相图的连线规则和杠杆规则

设 P 体系的质量为 p，其中 A、B 物质的含量分别为 y_P 和 x_P；Q 体系的质量为 q，体系中 A、B 物质的含量分别为 y_Q 和 x_Q；P 和 Q 两体系混合而成的 R 体系的质量为 r，其中 A、B 物质的含量分别为 y_R 和 x_R。

做混合前后总物料衡算，得

$$p+q=r \tag{3-9}$$

做 A 物质混合前后物料衡算，得

$$py_P+qy_Q=ry_R \tag{3-10}$$

做 B 物质混合前后物料衡算，得

$$px_P+qx_Q=rx_R \tag{3-11}$$

将式(3-9)代入式(3-10)，得

$$py_P+qy_Q=(p+q)y_R \tag{3-12}$$

移项整理得

$$p(y_R-y_P)=q(y_Q-y_R) \tag{3-13}$$

将式(3-9)代入式(3-11)，移项整理得

$$p(x_R-x_P)=q(x_Q-x_R) \tag{3-14}$$

用式(3-13)除以式(3-14)得

$$\frac{y_R-y_P}{x_R-x_P}=\frac{y_Q-y_R}{x_Q-x_R} \tag{3-15}$$

式(3-15)表明 PR 线的斜率与 QR 线的斜率相等。由解析几何可知，通过同一点 R 的两条直线，如果它们的斜率相等，则两条直线必重合，即证明 P、Q 和 R 三点在一条直线上，且 P 点和 Q 点分别位于 R 点的两侧。

过点 P、R 和 Q 分别作横轴的平行线和垂线，则有

$$\overline{PF}=x_R-x_P,\quad \overline{RG}=x_Q-x_R$$

由式(3-14)及相似三角形对应边的比例关系得

$$\frac{p}{q}=\frac{x_Q-x_R}{x_R-x_P}=\frac{\overline{RG}}{\overline{PF}}=\frac{\overline{QR}}{\overline{PR}} \tag{3-16}$$

根据和比定理可得

$$\frac{p}{r}=\frac{\overline{QR}}{\overline{QP}} \tag{3-17}$$

$$\frac{q}{r}=\frac{\overline{PR}}{\overline{QP}} \tag{3-18}$$

式(3-16)～式(3-18)说明了杠杆规则的原理。

在应用杠杆规则时应注意的是，各体系的量应根据相图所采用的单位而定。如果浓度为质量分数，则各体系的量为它们各自的质量；如果用 g(mol)盐/[100 g(mol)水]为浓度单位，则为各体系中水的质量(g)[物质的量(mol)]；如果浓度单位采用 g(mol)组分/[100 g(mol)干盐]，则为各体系中干盐的质量(g)[物质的量(mol)]。

3. 各种化工过程在相图上的表示

无机盐、碱生产中经常涉及蒸发、加水、结晶、盐析、冷却、加热等操作，这些过程均可在相图上表示，通过在相图上表示的变化关系和物料关系来制订工艺过程并进行工艺计算。下面以 $NaCl$-NH_4Cl-H_2O 三元盐水体系为例加以讨论。

(1)等温蒸发和结晶过程

图 3-7 是 100 ℃下 $NaCl$-NH_4Cl-H_2O 三元盐水体系相图。图中有一不饱和溶液 m_0，其质量为 g_{m_0}。当其在 100 ℃下等温蒸发时，由于水分不断减少，体系将沿 Om_0 线的延长线移动。这种从水点出发，经过原始体系点 m_0 的射线，称为蒸发射线或蒸发向量。它表示蒸发过程中体系点的变化轨迹，蒸发水量越多，体系点离 m_0 就越远。

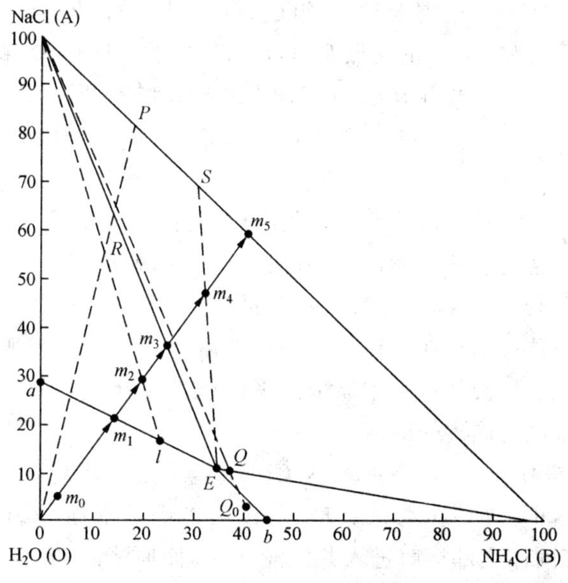

图 3-7　100 ℃下 $NaCl$-NH_4Cl-H_2O 三元盐水体系的加水、蒸发和加盐相图

在蒸发过程中，体系点到达 NaCl 饱和线 aE 上的点 m_1 时，NaCl 达到饱和并开始析

出。m_1 体系继续蒸发至 m_2 时，体系点便落在 NaCl 结晶区内，这时体系由固体 NaCl(A)和其饱和溶液(l)构成。饱和液的组成点可通过连接 NaCl 固相点 A 与 m_2 并延长至与 NaCl 饱和线 aE 的交点 l 求出。从 m_0 蒸发到 m_2 的过程中，蒸发水量和新体系 m_2 的量可用杠杠规则计算，而析出的 NaCl 固体及其饱和溶液量可用两次杠杆规则计算。从 NaCl 固相点 A 出发经过 m_2 的射线 Am_2 称为 NaCl 的结晶射线或结晶向量。

当 m_2 继续蒸发时，则不断析出固体 NaCl，固相点停留在 A 点不动；这时我们来看液相 l 的移动趋势：由于要析出 NaCl，液相应沿 Al 连线的延长线移动，而另一方面还有水分蒸发，液相又将沿 Ol 连线的延长线移动，因此液相 l 的移动应向结晶向量 Al 和蒸发向量 Ol 的合向量方向进行，即由 l 点向 E 点移动。

上面判断液相 l 移动趋势时，我们应用了向量法则，它是杠杆规则的一个应用。向量法则可表述为：当一个体系或一种液相同时进行结晶、溶解、加水和蒸发等多种过程时，溶液的移动方向为各过程向量的合向量方向。

当蒸发到 m_3 时，固相点仍为 A 点，液相点到达共饱点 E。由于此时 NH_4Cl 也已达饱和将要析出，因此液相达 E 点时析出的 NaCl 固体量最大。m_3 继续蒸发，NH_4Cl 和 NaCl 共同析出，固相点将由 A(NaCl)向 B(NH_4Cl)移动，而液相点则停留在 E 点不动，这是因为液相 E 涉及三个过程，即 NH_4Cl 的结晶、NaCl 的结晶及水分的蒸发，而这三个向量的合向量为零。

当蒸发到 m_4 时，由于体系落在 NH_4Cl 和 NaCl 的共晶区内，析出混合盐 S，液相点仍在点 E。m_4 继续蒸发，液相点在点 E 不动，固相点沿 AB 边向点 B 移动。蒸干时体系点到达 AB 边的点 m_5，最后一滴液相组成仍为点 E，故点 E 称为干涸点。

(2)加水溶解过程

加水溶解过程是蒸发过程的逆过程。工业生产中也常采用加水溶解来分离两种盐的混合物。例如有 NH_4Cl 和 NaCl 的混合物，其组成表示在相图上为 AB 边上的点 P(图3-7)。当加水使体系达到 OP 线和 AE 线的交点 R 时，混合物中的 NH_4Cl 全部溶解，剩下固相为纯 NaCl。如果继续加水，体系超过点 R 处，则 NaCl 也部分溶解，所得固体 NaCl 量减少。反之，若加水不足，就不足以使混合物中的 NH_4Cl 全部溶解，所得 NaCl 便不纯。

(3)加盐和盐析过程

向一个体系中加入某种盐，以改变体系的组成，使体系改变后落在我们所需要的盐的结晶区内，从而分离出这种盐的固体，这种方法工业上称为盐析。如联合制碱过程中，向氨母液Ⅱ中加入 NaCl 使 NH_4Cl 析出就是盐析的一个典型例子。

盐析的原理是，一种盐的存在会使另一种盐的溶解度下降。当所加入的盐与原体系中的盐具有同一种离子时，会使体系中原来的平衡被破坏，为达到新的平衡，则某一种盐就要析出，这也就是常说的同离子效应。

在图 3-7 中的不饱和溶液 Q_0 中加入 NaCl 固体，根据连线规则，体系将沿 Q_0A 线向点 A 移动。当加入 NaCl 固体量为某一适宜值时，体系点落在 Q_0A 和 BE 线的交点 Q 处，则所加入的 NaCl 固体全部溶解进入共饱液 E 中，而原溶液 Q_0 中的 NH_4Cl 将部分析出，此时所得的 NH_4Cl 固体量最大。若加入的 NaCl 过多，体系点会超过 Q 点进入到两盐共晶区，析出 NH_4Cl 和 NaCl 的混合物，得不到纯 NH_4Cl。

(4)加热和冷却过程

如果不从某一体系中取出物质或不向体系中加入物质而只是改变体系的温度,则体系点在相图中的位置是不会改变的。但通过改变温度,有可能使体系从一个相区移到另一相区。因此,可借改变温度达到分离体系中盐类的目的。

图 3-8 是 $NaCl-NH_4Cl-H_2O$ 三元盐水体系的多温相图(25 ℃和 100 ℃)。图中某一体系 Q,在 25 ℃时位于两盐共晶区内,但是当升温到 100 ℃时,便处于 NaCl 的结晶区中,即升温后 NH_4Cl 固体全部溶解而只余下 NaCl。再如图中体系点 M,在 100 ℃时处于不饱和区,但冷却到 25 ℃时,它又落在 NH_4Cl 结晶区而析出 NH_4Cl 固体。

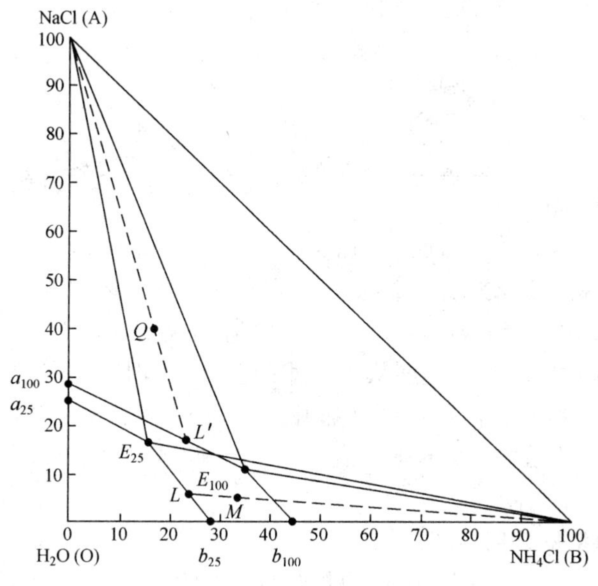

图 3-8　$NaCl-NH_4Cl-H_2O$ 体系的多温相图

3.3.2　简单三元盐水体系相图及应用

1. 浸取法分离钾石盐矿

钾石盐是制造 KCl 的主要原料之一。世界上钾资源主要集中在俄罗斯、白俄罗斯和加拿大,其次为德国。我国的钾资源主要分布在青海的盐湖,在云南也发现有钾石盐矿。由于用晶间卤水加工提取 KCl 的过程中,一般也要经过制取钾石盐和光卤石的中间工序,故对钾石盐分离制取 KCl 工艺的分析与探讨具有普遍的意义。

较优质的钾石盐矿中含 KCl、NaCl 约为 25%和 71%,其余为少量的 $CaSO_4$、$MgCl_2$ 和不溶性黏土。从钾石盐中提取 KCl 的方法主要为浸取法,即通过溶解和结晶的方法将 KCl 和 NaCl 分离。其工艺过程和操作条件的确定便涉及 $KCl-NaCl-H_2O$ 简单三元盐水体系相图的应用。

由 3.3.1 节的讨论可知,在某一温度下对三元盐水体系进行加水、蒸发、盐析等操作时,只能析出一种纯盐。若要分离出两种纯盐,则需在两个温度下进行。图 3-9 是 25 ℃和 100 ℃下 $KCl-NaCl-H_2O$ 三元盐水体系相图,下面利用该相图来讨论钾石盐的分离。

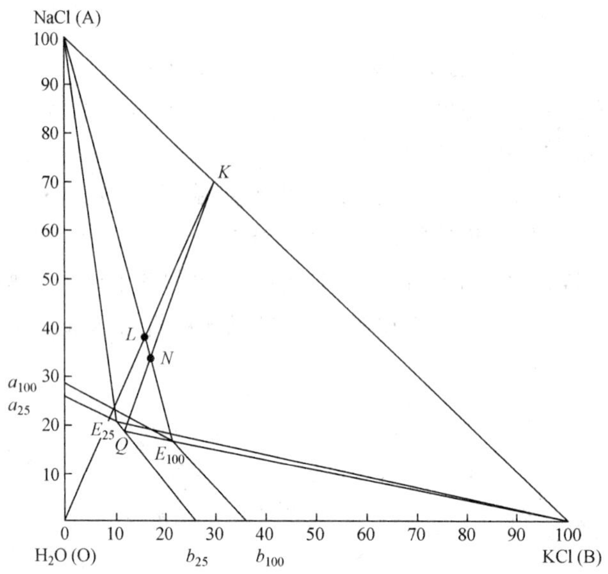

图 3-9　25 ℃和 100 ℃下 KCl-NaCl-H_2O 三元盐水体系相图

图中 $a_{100}E_{100}$ 与 $b_{100}E_{100}$ 分别为 NaCl、KCl 在 100 ℃下的溶解度曲线；$a_{25}E_{25}$、$b_{25}E_{25}$ 分别为 NaCl、KCl 在 25 ℃下的溶解度曲线；E_{25} 和 E_{100} 分别为 25 ℃及 100 ℃时 KCl、NaCl 两盐的共饱点。从图中可知，当温度从 100 ℃降至 25 ℃时，KCl 的溶解度降低较多，而 NaCl 的溶解度降低很少；此外，25 ℃共饱液中 NaCl 的含量比 100 ℃共饱液中 NaCl 的含量要高；100 ℃共饱液落在 25 ℃的 KCl 结晶区内。根据上述相图特点，含 KCl 和 NaCl 的混合物的分离有如下方案：

(1)钾石盐高温溶解分离 NaCl

钾石盐中含 KCl 30%、NaCl 70%，为相图斜边上的 K 点。在 100 ℃下加水溶解至 L 点，这时钾石盐中的 KCl 在 100 ℃下全部溶解，部分 NaCl 仍以固相存在。体系 L 在 100 ℃下过滤分离出 NaCl 固体产品和共饱液 E_{100}。

(2)共饱液 E_{100} 冷却至 25 ℃分离 KCl

将共饱液 E_{100} 冷却至 25 ℃，由于在 25 ℃下 E_{100} 处于 KCl 的结晶区内，故有部分 KCl 析出。在 25 ℃下分离出固体 KCl 产品，得 KCl 饱和液 Q。

(3)100 ℃下滤液 Q 溶解钾石盐分离 NaCl

用加热到 100 ℃的滤液 Q 溶解钾石盐至点 N，钾石盐中的 KCl 全部溶解进入液相，部分 NaCl 仍以固体形式存在。在 100 ℃下分离固体 NaCl，并得共饱液 E_{100}。此后依次按(2)、(3)步骤重复进行 NaCl 和 KCl 的分离操作，稳定生产时按三角形 $NE_{100}Q$ 循环进行。

钾石盐分离的原则流程如图 3-10 所示。

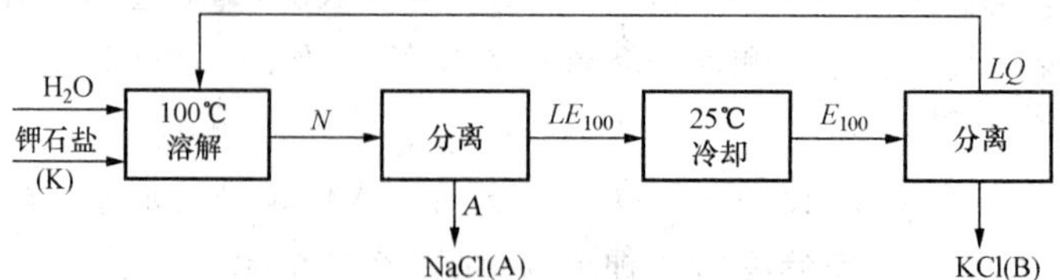

图 3-10　浸取法钾石盐分离的原则流程

2. 相图计算

根据相图确定了盐类的分离方案之后，如何评价其是否经济可行及进行设备设计，均需结合相图进行工艺计算。相图的计算实质上就是物料衡算，方法有 3 种：图解法、待定系数法和比值法。

(1)图解法

图解法是运用连线规则和杠杆规则进行相图计算的一种方法，其特点是简单、直观及计算快捷，但应注意所用相图必须准确，否则会产生很大误差。

下面以 100 kg 钾石盐(NaCl 70%，KCl 30%)为计算基准，结合 KCl-NaCl-H_2O 三元盐水体系相图(图 3-9)进行图解法计算。

首先需从相图上读取一些体系点的组成：

体系点	w(KCl)%	w(NaCl)%	w(H_2O)%
钾石盐 K	30	70	
E_{100}	21.6	16.8	61.6
L	16.2	38	
Q	12.5	18.7	68.8
N	17.4	33.0	

第一步：100 ℃下加水溶解钾石盐，分离 NaCl。设加水量为 G_{H_2O}(kg)，分离固体 NaCl 为 G_{NaCl}(kg)。根据杠杆规则有

$$\frac{G_{H_2O}}{100}=\frac{\overline{KL}}{\overline{OL}}$$

$$G_{H_2O}=100\times\frac{30-16.2}{16.2-0}=85.2\text{ kg}$$

体系 L

$$G_L=100+85.2=185.2\text{ kg}$$

得固体 NaCl

$$G_{NaCl}=G_L\cdot\frac{\overline{LE_{100}}}{\overline{E_{100}A}}=185.2\times\frac{21.6-16.2}{21.6-0}=46.3\text{ kg}$$

共饱液 E_{100}

$$G_{E_{100}}=185.2-46.3=138.9\text{ kg}$$

第二步：E_{100}降温至 25 ℃冷却析出 KCl。设析出固体 KCl 为 G_{KCl}(kg)，得母液 Q 为 G_Q(kg)。

$$\frac{G_{KCl}}{G_{E_{100}}}=\frac{\overline{QE_{100}}}{\overline{QE}}$$

$$G_{KCl}=G_{E_{100}}\cdot\frac{\overline{QE_{100}}}{\overline{QB}}=138.9\times\frac{21.6-12.5}{100-12.5}=14.45\text{ kg}$$

$$G_Q=138.9-14.45=124.45\text{ kg}$$

第三步：稳定生产阶段，用母液 Q 溶解钾石盐，高温分离 NaCl，共饱液 E_{100} 降温析出 KCl。以 100 kg 钾石盐为计算基准，设需母液 Q G_Q(kg)，分离 NaCl、KCl 各为 G_{NaCl}(kg)

和 G_{KCl}(kg)。

$$G_Q=100\cdot\frac{\overline{KN}}{\overline{QN}}=100\times\frac{30-17.4}{17.4-12.5}=257\ \text{kg}$$

$$G_N=100+257=357\ \text{kg}$$

100 ℃分离出固体 NaCl

$$G_{NaCl}=G_N\cdot\frac{\overline{NE_{100}}}{\overline{AE_{100}}}=357\times\frac{21.6-17.4}{21.6-0}=69.4\ \text{kg}$$

$$G_{E_{100}}=357-69.4=287.6\ \text{kg}$$

冷却至 25 ℃分离固体 KCl

$$G_{KCl}=G_{E_{100}}\cdot\frac{\overline{QE_{100}}}{\overline{BQ}}=287.6\times\frac{21.6-12.5}{100-12.5}=30\ \text{kg}$$

$$G_Q=G_{E_{100}}-G_{KCl}=287.6-30=257.6\ \text{kg}$$

(2)待定系数法

待定系数法是利用质量守恒定律,对各种组分进行物料平衡计算,求出未知物料量。

第一步:100 ℃下加水溶解钾石盐,分离 NaCl。设加水量为 w(kg),母液 E_{100} 为 x(kg),分离固体 NaCl 为 y(kg),做该过程总物料衡算:

$$100\left|\begin{matrix}KCl & 0.3\\ NaCl & 0.7\\ H_2O & 0\end{matrix}\right|+wH_2O=x\left|\begin{matrix}KCl & 0.216\\ NaCl & 0.168\\ H_2O & 0.616\end{matrix}\right|+y\text{NaCl}$$

做各组分物料衡算:

KCl 平衡: $100\times0.3=0.216x$

NaCl 平衡: $100\times0.7=0.168x+y$

H_2O 平衡: $w=0.616x$

解上述方程组,得

$$x=139\ \text{kg},\quad y=46.7\ \text{kg},\quad w=85.6\ \text{kg}$$

第二步:E_{100}降温至 25 ℃冷却析出 KCl。设母液 Q 为 m(kg),析出 KCl 为 n(kg),总物料衡算式为

$$138.9\left|\begin{matrix}KCl & 0.216\\ NaCl & 0.168\\ H_2O & 0.616\end{matrix}\right|=m\left|\begin{matrix}KCl & 0.125\\ NaCl & 0.187\\ H_2O & 0.638\end{matrix}\right|+n\text{KCl}$$

做各组分物料衡算:

KCl 平衡: $138.9\times0.216=0.125m+n$

NaCl 平衡: $138.9\times0.168=0.187m$

解上述方程组,得

$$m=124.8\ \text{kg},\quad n=14.4\ \text{kg}$$

待定系数法虽然较繁杂,但计算时条理明晰,不会造成遗漏,因此对于复杂体系和过程的计算推荐使用该法。

(3)比值法

比值法是利用进行某一过程前后，某一组分的量不变，而组成发生变化的特点，求出该过程中的未知物料量。

第一过程：100 ℃下加水溶解钾石盐，分离 NaCl。在该过程中，钾石盐加水后，部分 NaCl 溶解转入共饱液 E_{100} 中，余下的 NaCl 仍为固体，从系统中分离出来；而 KCl 则完全溶解进入共饱液 E_{100} 中，KCl 在钾石盐中的含量为 30%，转入共饱液 E_{100} 后含量变为 21.6%。根据这一特点可求出共饱液 E_{100} 的量为

$$G_{E_{100}} = 100 \times 0.3 \times \frac{1}{0.216} = 138.9\ \text{kg}$$

由于加入的水全部留在母液 E_{100} 中，故加水量为

$$G_{H_2O} = 138.9 \times 0.616 = 85.6\ \text{kg}$$

分离出固体 NaCl 的量为

$$G_{NaCl} = G_K + G_{H_2O} - G_{E_{100}} = 100 + 85.6 - 138.9 = 46.7\ \text{kg}$$

第二过程：E_{100} 降温至 25 ℃冷却析出 KCl。在此过程中，NaCl 没有从体系中分离出来，而全部进入母液 Q 中，这时母液 Q 中 NaCl 的含量由原母液 E_{100} 中的 16.8%增加到 18.7%。据此，可计算出母液 Q 和析出 KCl 的量：

$$G_Q = G_{E_{100}} \times \frac{0.168}{0.187} = 138.9 \times \frac{0.168}{0.187} = 124.8\ \text{kg}$$

$$G_{KCl} = 138.9 - 124.8 = 14.1\ \text{kg}$$

显然在上述几种方法中，比值法最为简捷方便，但需能准确找出数量不发生变化的组分在过程中的浓度变化关系。

需指出的是，上面这些计算只是理论上的结果。因为实际操作过程中各相之间不可能完全处于平衡状态，而且固液分离时既不可能使分离出的固体中不包含母液，也不可能保证母液中不含有晶体。因此，上面相图计算的结果是一种极限情况下的结果，但仍可作为指导生产过程的重要依据。

3.3.3 复杂三元盐水体系相图及应用

前已述及，由于盐类本身的性质不同或温度变化，当体系处于平衡时，盐类还可能以水合物或复盐的形态析出，由于该类体系的平衡较复杂，把它们的相图称为复杂三元盐水体系相图。下面分别叙述。

1. 生成水合物的三元盐水体系相图

(1)17 ℃下 NaCl-Na_2SO_4-H_2O 三元盐水体系相图

17 ℃下 NaCl-Na_2SO_4-H_2O 三元盐水体系相图如图 3-11 所示。首先介绍该相图的特点和相图中点、线、面的意义。在 17 ℃时，该平衡体系中有固体 $Na_2SO_4 \cdot 10H_2O$(S_{10})存在。a 点和 b 点分别为 NaCl 和 $Na_2SO_4 \cdot 10H_2O$ 的单盐溶解度，E 点为 NaCl 和$Na_2SO_4 \cdot 10H_2O$两盐共饱点，S_{10} 为纯 $Na_2SO_4 \cdot 10H_2O$ 固相点，由于它由 H_2O 和 Na_2SO_4 组成，故在 OB 边上。aE、bE 线分别表示三元体系中 NaCl 和 $Na_2SO_4 \cdot 10H_2O$ 的饱和线，AE、ES_{10} 和 AS_{10} 为结线。aObE 区表示不饱和溶液区，aEA 区为 NaCl 结晶区，bES_{10} 区表示 $Na_2SO_4 \cdot 10H_2O$ 结晶区，

AES_{10}区为 NaCl 和 $Na_2SO_4 \cdot 10H_2O$ 的两盐共晶区，$AS_{10}B$ 区为 NaCl、$Na_2SO_4 \cdot 10H_2O$ 和 Na_2SO_4 的三盐结晶区。

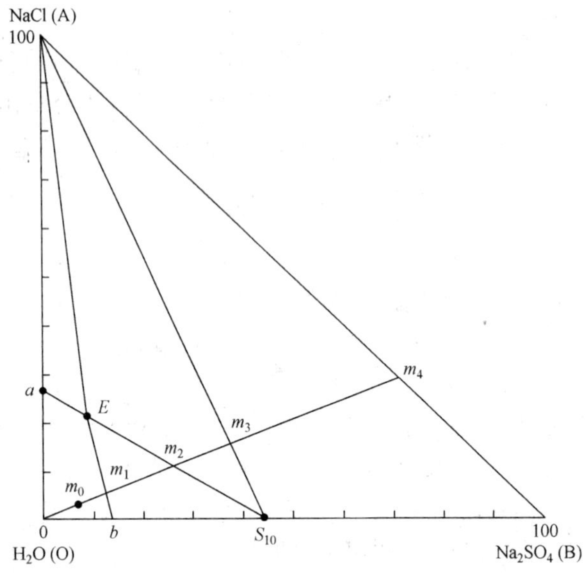

图 3-11　17 ℃下 NaCl-Na_2SO_4-H_2O 三元盐水体系相图

其次讨论图中某一不饱和溶液 m_0 在 17 ℃下的蒸发过程。由 m_0 蒸发至 m_1 时，$Na_2SO_4 \cdot 10H_2O$ 开始饱和；由 m_1 到 m_2 的蒸发过程中，析出固体 $Na_2SO_4 \cdot 10H_2O$，饱和液相点则由 m_1 向两盐共饱点 E 移动，至 m_2 析出固体 $Na_2SO_4 \cdot 10H_2O$ 的量最大，此时液相在点 E；继续蒸发，体系组成点超过 m_2，NaCl 也开始析出，体系进入两盐共晶区，此时液相固定在点 E，而固相点由 S_{10} 向 m_3 移动；蒸至 m_3 时，液相即将消失，最后一滴液相组成为共饱液 E；再继续蒸发，体系进入三盐结晶区，在该区内没有液相存在，此时 $Na_2SO_4 \cdot 10H_2O$ 脱水转变为 Na_2SO_4，当其脱水完毕时体系组成点至 AB 边上的 m_4，成为 NaCl 和 Na_2SO_4 的混合干盐。

(2)25 ℃下 NaCl-Na_2SO_4-H_2O 三元盐水体系相图

25 ℃下 NaCl-Na_2SO_4-H_2O 三元盐水体系中，Na_2SO_4 存在两种平衡固体：无水物 Na_2SO_4 和水合物 $Na_2SO_4 \cdot 10H_2O$，因此温度发生变化时同一体系的相图形式也会发生改变，这一点与简单三元盐水体系相图不同。25 ℃下 NaCl-Na_2SO_4-H_2O 三元盐水体系相图如图 3-12 所示。

在相图中，a 点和 b 点分别为 NaCl 和 $Na_2SO_4 \cdot 10H_2O$ 的单盐溶解度。图中有两个共饱点，其中 E 点为 NaCl 和 Na_2SO_4 两盐共饱点，E' 点为无水物 Na_2SO_4 和水合物 $Na_2SO_4 \cdot 10H_2O$ 两盐共饱点。此相图中有三条溶解度曲线，aE 线为 NaCl 的饱和曲线，EE'线为无水物 Na_2SO_4 的饱和曲线，bE'线为水合物 $Na_2SO_4 \cdot 10H_2O$ 的饱和曲线。其他连线称为结线，这些结线与溶解度曲线将整个相图分成六个相区。$aObE'E$ 区表示不饱和区，aEA 区为 NaCl 结晶区，$bE'S_{10}$ 区表示 $Na_2SO_4 \cdot 10H_2O$ 结晶区，$EE'B$ 区为无水物 Na_2SO_4 的饱和区，$S_{10}E'B$ 区表示无水物 Na_2SO_4 和水合物 $Na_2SO_4 \cdot 10H_2O$ 两盐共饱区，AEB 区为 NaCl 和无水物 Na_2SO_4 两盐共晶区。

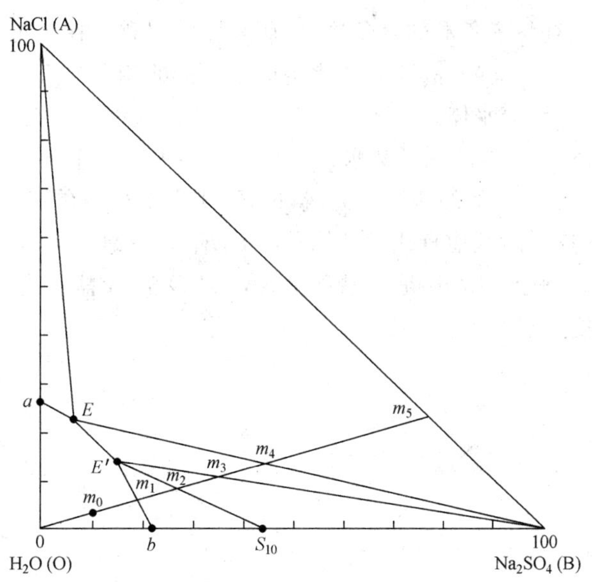

图 3-12　25 ℃下 $NaCl$-Na_2SO_4-H_2O 三元盐水体系相图

现以不饱和溶液 m_0 为例，讨论其在 25 ℃下的等温蒸发历程。当体系蒸发至 m_1 时，体系达到饱和，将有 $Na_2SO_4 \cdot 10H_2O$ 固体析出；继续蒸发，体系进入 $Na_2SO_4 \cdot 10H_2O$ 结晶区，并分为 $Na_2SO_4 \cdot 10H_2O$ 固相和 Na_2SO_4 饱和液相，固相在 S_{10} 不动，而液相则由 m_1 向共饱点 E' 移动，至 m_2 点析出固体 $Na_2SO_4 \cdot 10H_2O$ 的量最大，此时液相在 E' 点；当体系越过 m_2 时，进入 $Na_2SO_4 \cdot 10H_2O$ 和 Na_2SO_4 两盐共饱区，液相组成在 E' 保持不变，固相由 S_{10} 向 B 点移动，此过程中 $Na_2SO_4 \cdot 10H_2O$ 固相量不断减少，而 Na_2SO_4 固体量不断增加，说明此过程是 $Na_2SO_4 \cdot 10H_2O$ 在液相存在下的脱水或转溶过程；当体系到达 m_3 点时，$Na_2SO_4 \cdot 10H_2O$ 固相完全消失，此时液相仍在 E' 点，固相则移至 B 点；继续蒸发体系将进入 Na_2SO_4 无水物结晶区，此时固相在 B 点保持不变，而液相将由 E' 点向 E 点移动；当体系到 m_4 点时，无水盐 Na_2SO_4 析出量最大，液相也移至 E 点；再继续蒸发，NaCl 和 Na_2SO_4 将共同结晶析出，而液相组成保持在 E 点不变，直到蒸干为止，此时体系到达斜边的 m_5 点。

从上述的介绍中可见，共饱点 E 和 E' 的性质是不同的。当液相到达点 E' 时，继续蒸发原先析出的 $Na_2SO_4 \cdot 10H_2O$ 要重新溶解而转化为无水物 Na_2SO_4，所以 E' 为转溶点；而当液相到达 E 点时，继续蒸发将同时析出两种固相 NaCl 和 Na_2SO_4，直至蒸干，所以 E 为干涸点。此外，共饱点 E 和 E' 的几何性质也不同。E 是 NaCl 和 Na_2SO_4 的共饱液，E 点落在 NaCl 固相点、Na_2SO_4 固相点和 H_2O 三者所构成的三角形 AOB 之内。其固相和液相的组成一致，即共饱液是由与其共饱的两种盐 NaCl、Na_2SO_4 和 H_2O 组成，所以 E 是相称共饱点，这是干涸点的必要条件。而 E' 是 $Na_2SO_4 \cdot 10H_2O$ 和 Na_2SO_4 两盐共饱点，它落在 $Na_2SO_4 \cdot 10H_2O$、Na_2SO_4 和 H_2O 三者构成的三角形（实际上为一条直线）之外。液相 E′中含有 NaCl 和 Na_2SO_4 两种组分，而与之平衡的固相中却不含 NaCl，这种共饱点称为不相称共饱点，当它蒸发时必然要发生某一固相的转溶。

2. 生成复盐的三元盐水体系相图

在一些三元体系中，两种盐还可能以复盐形式存在，如芒硝碱 $2Na_2SO_4 \cdot Na_2CO_3$。

水合盐的固相点都在直角三角形的直角边上，而复盐的固相点在直角三角形的斜边（无水复盐）或三角形内（水合复盐）。故其相图比生成水合盐的相图复杂一些。

（1）相称复盐的三元盐水体系相图

图 3-13 是生成相称复盐的三元盐水体系相图。图中有两个共饱点 E_1 和 E_2，复盐固相点为 D；其中 aE_1 线为 A 盐的溶解度曲线，E_1E_2 线为复盐 D 的溶解度曲线，bE_2 线为 B 盐的溶解度曲线，三角形内其他直线为结线；$aObE_2E_1$ 为不饱和区，AaE_1 是 A 盐结晶区，E_1E_2D 为复盐 D 的饱和区，E_2bB 是 B 盐结晶区，AE_1D 为 A 盐和复盐 D 的两盐共晶区，BE_2D 为 B 盐和复盐 D 的两盐共晶区。

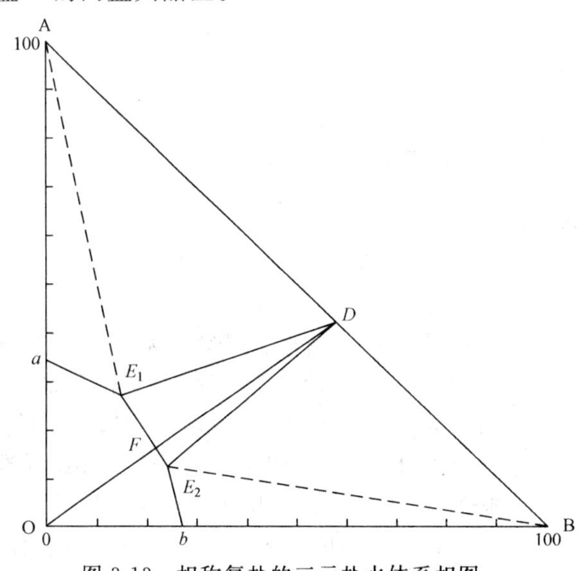

图 3-13 相称复盐的三元盐水体系相图

将纯水点 O 和复盐点 D 相连，相图被分成两个简单三元盐水体系（A-D-H_2O 和 B-D-H_2O）相图，且分别有各自的共饱点 E_1 和 E_2。由图 3-13 可知，这种体系相图的特点是复盐组成点与纯水点的连线穿过复盐的溶解度曲线。因此，复盐加水溶解后液相中两盐含量比和固相中两盐含量比相同。这种复盐称为相称复盐，其加水溶解过程称为相称溶解，所对应的共饱点 E_1 和 E_2 称为相称共饱点，相称共饱点也是体系的最终干涸点。

当蒸发时，若原始体系点落在 OD 线下侧，可先析出 B 盐或 D 盐，溶液的最终干涸点为 E_2；如原始体系点落在 OD 线上侧，可先析出 A 盐或 D 盐，最终干涸点为 E_1；当原始体系点在 OD 线上，蒸发时复盐不断析出，液相点保持在 F 点不变，直至蒸干。这种复盐不能用加水溶解的方法将它分离成为两种纯盐。

（2）不相称复盐的三元盐水体系相图

有些生成复盐的三元体系，其两个共饱点落在复盐固相点与 H_2O 连线的同一侧，加水溶解时，复盐中两种盐不是按其自身比例溶解进入液相，这种复盐称为不相称复盐。图 3-14 即为这类体系的相图。

相图中 D 为复盐固相点，E_1 是复盐 D 和 A 盐的两盐共饱点，E_2 为复盐 D 和 B 盐的两盐共饱点；aE_1 是 A 盐溶解度曲线，E_1E_2 为复盐 D 的溶解度曲线，bE_2 为 B 盐的溶解度曲线；$aObE_2E_1$ 为不饱和区，AaE_1 是 A 盐结晶区，E_1E_2D 为复盐 D 的饱和区，E_2bB 是 B

盐结晶区，AE_1D 为 A 盐和复盐 D 的两盐共晶区，BE_2D 为 B 盐和复盐 D 的两盐共晶区。

E_1 是复盐 D 和 A 盐的两盐共饱点，它落在与其共饱的 A 盐、复盐 D 和 H_2O 构成的三角形内，所以是相称共饱点；E_2 为复盐 D 和 B 盐的两盐共饱点，它落在与其共饱的 B 盐、复盐 D 和 H_2O 构成的三角形之外，故为不相称共饱点。

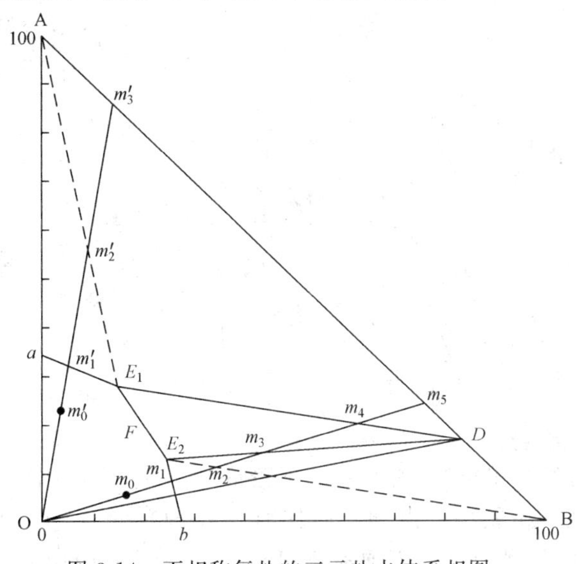

图 3-14　不相称复盐的三元盐水体系相图

首先讨论从原始体系点 m_0 至 m_5 的蒸发过程。当体系蒸发至 m_1 时，B 盐达到饱和，继续蒸发将进入 B 盐结晶区，液相由 m_1 向 E_2 移动，固相保持在 B 点不动；至 m_2 时，B 盐单盐的析出量达到最大量，液相到达 E_2；再蒸发时，体系进入复盐 D 和 B 盐的共晶区，液相组成保持在 E_2，固相则由 B 点向 D 点移动，在此蒸发过程中 B 盐不断溶解，当至 m_3 时，液相仍在 E_2 点，固相至 D 点，B 盐转溶完毕，所以 E_2 点为转溶点；继续蒸发体系将进入复盐 D 的结晶区，在此区内固相在 D 点保持不动，而液相则由 E_2 向 E_1 移动，蒸发至 m_4，复盐 D 单盐析出量达到最大，液相移至 E_1；进一步蒸发，A 盐将析出，体系进入两盐共晶区，液相组成保持在 E_1 不变，固相由 D 向 A 移动，直至蒸干，体系到达 m_5，所以 E_1 为干涸点。

在这类相图中，原始体系点的位置不同，蒸发的过程有很大差别。下面讨论另一原始体系点 m_0' 至 m_3' 的蒸发过程。当原始体系点蒸发至 m_1' 时，A 盐开始饱和，继续蒸发，体系将进入 A 盐的饱和区，固相在 A 点保持不动，液相由 m_1' 向 E_1 移动；蒸发至 m_2' 时，A 盐单盐析出量最大，液相移至 E_1 点，这时复盐 D 也达到饱和；进一步蒸发，体系则进入两盐共饱区，液相组成在 E_1 点保持不变，固相则由 A 向 D 移动，直至蒸干，体系到达 m_3' 点，最后一滴液相组成为 E_1。

3.3.4　生成固溶体的三元盐水体系相图及应用

当两种离子半径相差不多时，由于它们的盐类能彼此互溶，结晶时析出的不是单一的化合物，而是固溶体。在这类相图中，固相中两盐的含量随液相组成的改变而不断变化。这一点与复盐不同，复盐中两盐的比例固定不变。由于在固溶体相图中平衡固相与平衡液相之间是一一对应的关系，因此在固溶体相图中两相区的结线不能省略。

1. 溶解度无限制的固溶体相图

25 ℃下$(NH_4)_2SO_4$-K_2SO_4-H_2O三元盐水体系就属于这类溶解度无限制的固溶体体系，其相图如图3-15所示。

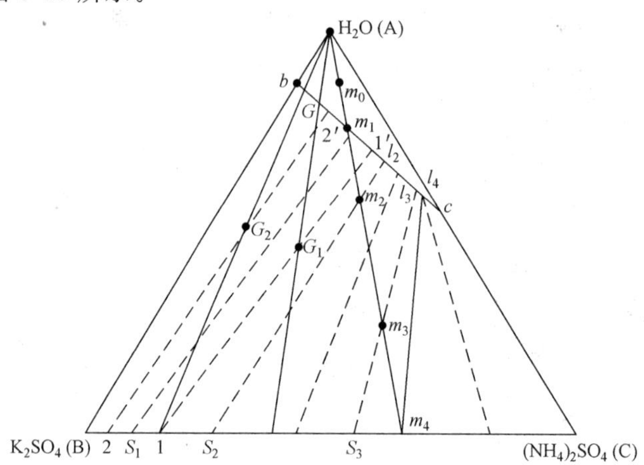

图3-15　25 ℃下$(NH_4)_2SO_4$-K_2SO_4-H_2O三元盐水体系相图

在这类相图中必须绘出结线，否则相图不完整；另一特点是相图中只有不饱和液相区和液固两相区两个区。相图中b点和c点分别为K_2SO_4和$(NH_4)_2SO_4$单盐溶解度，bc线为固溶体溶解度曲线，其上部为不饱和液相区，下部为液固两相区。

以图3-15中某一不饱和溶液m_0为例讨论其蒸发过程。在25 ℃下等温蒸发至m_1点时，将有固溶体析出，固相组成点为BC边上的S_1点，此固溶体中K_2SO_4含量相对较高；进一步蒸发时，平衡液相由m_1向c移动，固相由S_1向C移动；当蒸发至m_2时，液相点为l_2，固相点至S_2；当体系点至m_3时，液相点为l_3，固相点为S_3；蒸干时体系点至BC边上的m_4，对应的液相组成点为l_4。从上述蒸发过程可知，固溶体中$(NH_4)_2SO_4$的含量不断增大，但不能得到一种纯盐，只能使某一种盐富集。

例如有一原料溶液G，将其蒸发至G_1，得到平衡液$1'$和固溶体1，加水溶解固溶体1至G_2，获得饱和液$2'$和固溶体2，显然固溶体2中K_2SO_4的含量比固溶体1中的含量高，这样经过几次加水溶解和分离，最终可得到K_2SO_4含量较高的硫酸钾和硫酸铵固溶体。这种通过几次加水或饱和液溶解固溶体，利用多次固液接触达到富集某一种盐的过程与精馏提纯极其相似。由氨浸取明矾石制硫酸钾即采用这种方法。

2. 溶解度有限制的固溶体相图

在某些固溶体盐水体系中，固溶体中的两种盐不能无限制地相互混溶，NH_4Cl-KCl-H_2O体系就是这类体系的典型例子，该三元盐水体系25 ℃下的相图如图3-16所示。

图中b点和c点分别代表KCl和NH_4Cl单盐溶解度，E点为两种不同组成固溶体D和F的共饱点。该三元体系中的固相有两种固溶体，一种固溶体可认为是NH_4Cl溶于KCl固体中，其中以固溶体D中NH_4Cl溶解度最大；另一种固溶体可认为是KCl溶解在NH_4Cl固体中，其中以固溶体F中KCl溶解度最大。因此，第一类固溶体可表示为$(K\cdot NH_4)Cl$，而第二类固溶体可用$(NH_4\cdot K)Cl$表示。bE线为B-D固溶体$(K\cdot NH_4)Cl$的溶解度曲线，cE线表示C-F固溶体$(NH_4\cdot K)Cl$的溶解度曲线。Ⅰ区为不饱和区，Ⅱ区为固溶体B-D结晶区，Ⅲ

区为固溶体 C-F 结晶区，Ⅳ区为固溶体 D 和固溶体 F 的共晶区。

以某一不饱和溶液 n_0 为例，讨论其 25 ℃下的等温蒸发过程。当体系蒸发至 n_1 点时，固溶体$(K\cdot NH_4)Cl$将结晶析出；继续蒸发至 n_2 点时，液相点为 bE 线上的 l_2 点，与之平衡的固相点为 BD 线上的 S_2 点；当蒸发到 n_3 点时，液相点移动至 E，固相点为 D；进一步蒸发，液相点保持在 E 点不动，固相点由 D 点向 F 点移动；至蒸干时，液相点仍在 E 点，固相点到达 BC 边上的 n_4 点。

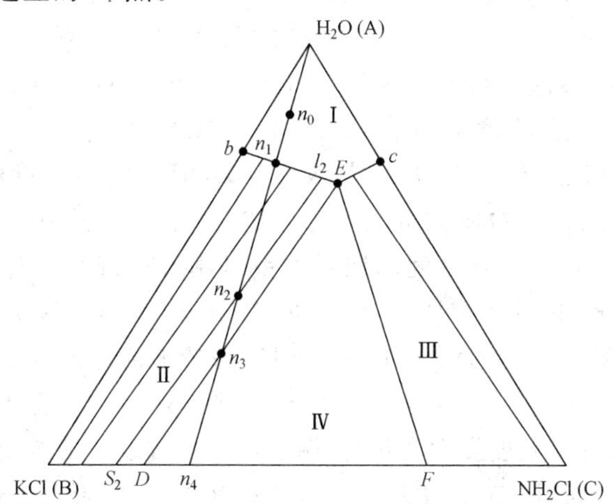

图 3-16　25 ℃下 NH_4Cl-KCl-H_2O 三元盐水体系相图

3.3.5　酸性化合物-碱性化合物-水三元体系相图及应用

酸性化合物-碱性化合物-水体系是无机化工生产中经常遇到的体系。例如在尿素、碳酸氢铵、纯碱（氨碱法）生产过程中就涉及 NH_3-CO_2-H_2O 体系，而磷酸盐、磷肥及磷复肥生产过程中又涉及 NH_3-H_3PO_4-H_2O 和 CaO-P_2O_5-H_2O 体系。由于酸性氧化物和碱性氧化物在水溶液中，随其浓度的不同及温度的变化会生成单盐、复盐或水合盐等，这类体系的相图也属于复杂的三元盐水体系相图。下面以 NH_3-CO_2-H_2O 体系为例介绍这类相图及其应用，在此我们重点讨论与氨基甲酸铵结晶有关联的区域，因为这个区域与尿素生产过程有密切关系。

1. NH_3-CO_2-H_2O 体系恒温相图

在讨论该体系相图之前，先了解在此区域内都存在哪些盐类。随温度和浓度的不同，该体系可形成 NH_4HCO_3（以 C 表示，下同）、$(NH_4)_2CO_3\cdot H_2O$（S）、NH_4COONH_2（A）、$NH_4HCO_3\cdot NH_4COONH_2$（G）、$2NH_4HCO_3\cdot(NH_4)_2CO_3\cdot H_2O$(P)等盐类。这些盐均可认为是由不同数量的 CO_2、NH_3 和 H_2O 组成。因此，可用 CO_2、NH_3 和 H_2O 作为独立组分。

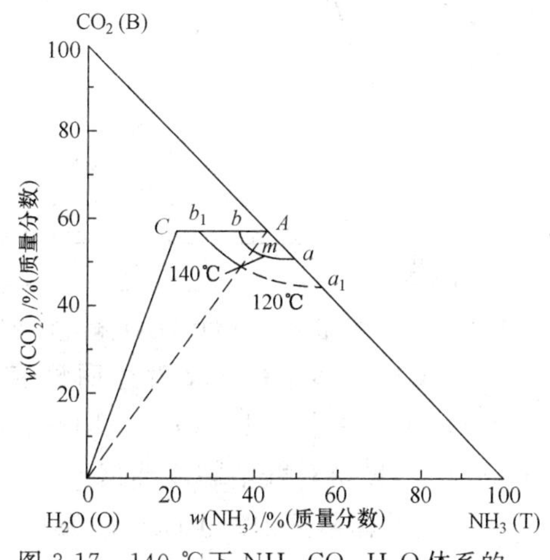

图 3-17　140 ℃下 NH_3-CO_2-H_2O 体系的等温相图

图 3-17 是用直角等腰三角形表示的 140 ℃

下 NH_3-CO_2-H_2O 体系的等温相图。图中 A 点表示 NH_4COONH_2 的组成点，C 点代表 NH_4HCO_3 的组成点。OC 是 NH_4HCO_3 和 H_2O 的连线。OC 线段左方和 AC 线段上方与尿素生产无关，故不进行研究。从图中可见，在 140 ℃时只有 NH_4COONH_2 一种固相存在，曲线 ab 是其溶解度曲线，Aba 区为 NH_4COONH_2 的结晶区。随着温度的降低，NH_4COONH_2 的结晶区扩大，至 120 ℃时其溶解度曲线变为 a_1b_1。

当温度降至 120 ℃以下时，相图发生变化，这时不仅液相发生分层，而且还出现了 NH_4HCO_3 溶解度曲线。图 3-18 为 100 ℃ 的等温相图。图中 E 为 NH_4HCO_3 和 NH_4COONH_2 的两盐共饱点，ACE 区是 NH_4HCO_3 和 NH_4COONH_2 的两盐共晶区。cE 线为 NH_4HCO_3 的溶解度曲线，CcE 区为 NH_4HCO_3 的结晶区。在此温度下，NH_4COONH_2 的结晶区明显扩大，Ea_1 为 NH_4COONH_2 的溶解度曲线，其中线段 a_1a_2 是分层结线。在分层结线上的任一组成点都分成两个液相层，一层液相的组成为 a_1，另一层液相的组成为 a_2，它们相互之间的数量关系可用杠杆规则计算。组成点 a_1 是液体 NH_4COONH_2 中溶解少量的 NH_3，而组成点 a_2 为液体 NH_3 中溶解了少量的 NH_4COONH_2，两层液相均与固相 NH_4COONH_2 保持平衡。根据相律知，此时相数 $P=3$，组分数 $C=3$，当温度恒定时，自由度 $F=C-P=3-3=0$。故温度不变时，两层液相的浓度均不能改变。只有当温度发生变化时，两层液相的浓度才能改变。

当温度降至 70 ℃时，除 NH_4HCO_3 和 NH_4COONH_2 结晶外，还会出现倍半碳酸铵 P[$2NH_4HCO_3\cdot(NH_4)_2CO_3\cdot H_2O$]结晶，液相仍分层。70 ℃下 NH_3-CO_2-H_2O 体系的等温相图如图 3-19 所示。图中 cE 线表示 NH_4HCO_3 的溶解度曲线，EE_1 线代表 P 盐的溶解度曲线，E_1a_1 为 A 盐的溶解度曲线。E 为 C 盐和 P 盐的共饱点，E_1 为 P 盐和 A 盐的共饱点。线段 a_1a_2 仍为分层结线，其含义与 100 ℃下 NH_3-CO_2-H_2O 体系的等温相图相同。CcE 区为 C 盐饱和区，PEE_1 区为 P 盐结晶区，AE_1a_1 区为 A 盐结晶区。CEP 区和 PAE_1 区分别为 C 盐和 P 盐、P 盐和 A 盐的两盐共晶区。ACP 为 A 盐、P 盐和 C 盐三盐共晶区。$OcEE_1a_1$ 以下区域为不饱和溶液区。由图可知，70 ℃下 NH_4COONH_2 的结晶区比 100 ℃下又有所扩大。

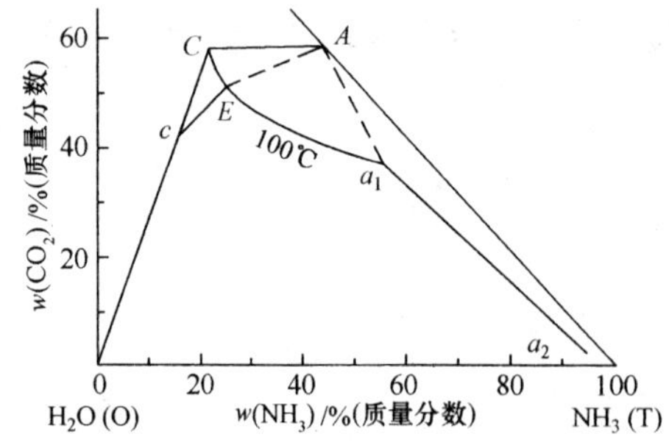

图 3-18　100 ℃下 NH_3-CO_2-H_2O 体系的等温相图

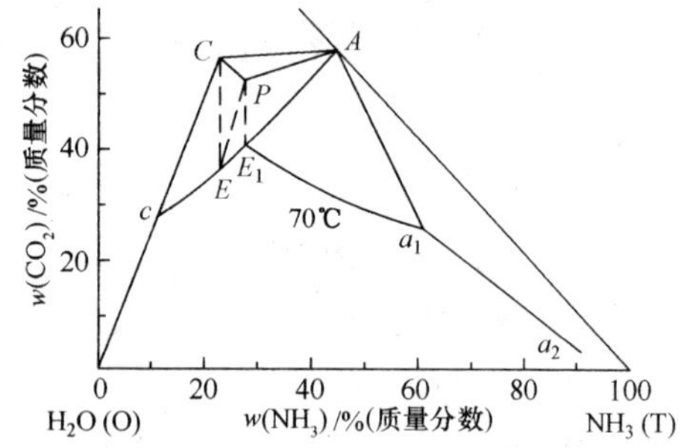

图 3-19　70 ℃下 NH_3-CO_2-H_2O 体系的等温相图

30 ℃时该体系相图又发生明显变化，如图 3-20 所示。此温度下有 4 种盐结晶，即 $NH_4\cdot HCO_3$(C)、$(NH_4)_2CO_3\cdot H_2O$(S)、NH_4COONH_2(A)和 $2NH_4HCO_3\cdot(NH_4)_2CO_3\cdot H_2O$(P)。$cE$ 是 C 盐溶解度曲线，EE_1 是 P 盐的溶解度曲线，E_1E_2 是 S 盐溶解度曲线，E_2a 是 A 盐溶解度曲线。CcE 区为 C 盐的饱和区，PEE_1 区为 P 盐结晶区，SE_1E_2 区为 S 盐结晶区，AE_2a 区为 A 盐结晶区。CPE 区、PE_1S 区、AE_2S 区分别为 C 盐和 P 盐、P 盐

和 S 盐、A 盐和 S 盐的两盐共晶区。四条饱和线下的区域为不饱和区。

图 3-21 为 0 ℃下 NH_3-CO_2-H_2O 体系的等温相图。与 30 ℃相图相比，固相少了 P 盐，只有 NH_4HCO_3(C)、$(NH_4)_2CO_3\cdot H_2O$(S)和 NH_4COONH_2(A)三种盐结晶，点、线、面的含义与上述各图同。

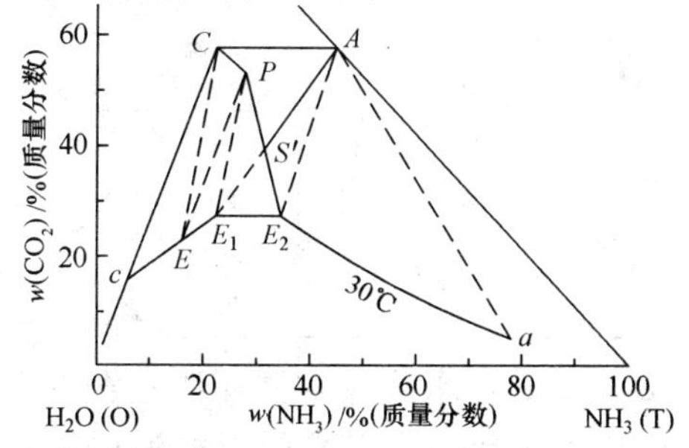

图 3-20　30 ℃下 NH_3-CO_2-H_2O 体系的等温相图

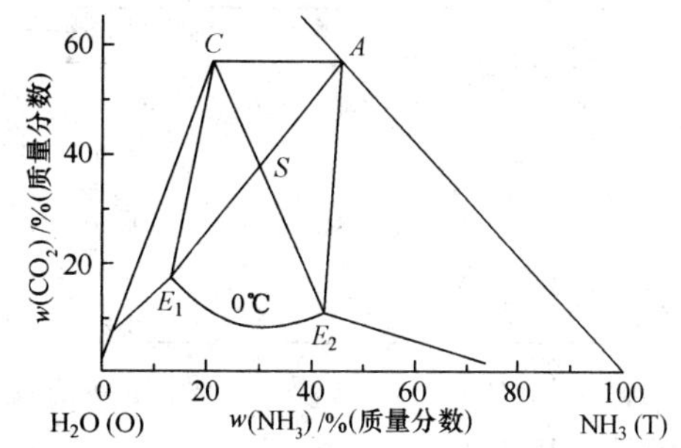

图 3-21　0 ℃下 NH_3-CO_2-H_2O 体系的等温相图

2. NH_3-CO_2-H_2O 体系的多温相图

前面讨论了五个不同温度下 NH_3-CO_2-H_2O 体系的等温相图，如果将不同温度下的相图绘制在一个图上，便得到 NH_3-CO_2-H_2O 体系的多温相图(图 3-22)。图中以 10 ℃为间隔，绘制出体系的溶解度曲线，即图中注明温度的细实线。粗实线是不同温度下两盐共饱点的连线，即两盐共饱线，共有八条：

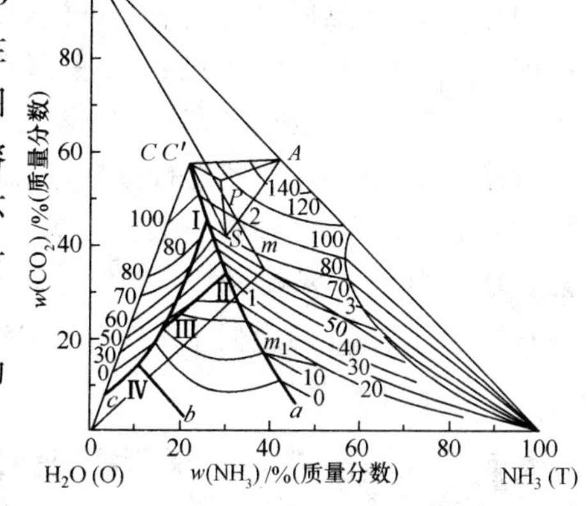

图 3-22　NH_3-CO_2-H_2O 体系的多温相图

C Ⅰ 为 NH_4HCO_3(C)和 NH_4COONH_2(A)的共饱线；

Ⅰ Ⅱ 为 NH_4COONH_2(A)和 $2NH_4HCO_3\cdot(NH_4)_2CO_3\cdot H_2O$(P)的共饱线；

Ⅰ Ⅲ 为 NH_4HCO_3(C)和 $2NH_4HCO_3\cdot(NH_4)_2CO_3\cdot H_2O$(P)的共饱线；

Ⅱ Ⅲ 为 $2NH_4HCO_3\cdot(NH_4)_2CO_3\cdot H_2O$(P)和$(NH_4)_2CO_3\cdot H_2O$(S)的共饱线；

Ⅲ Ⅳ 为 NH_4HCO_3(C)和$(NH_4)_2CO_3\cdot H_2O$(S)的共饱线；

Ⅳ *c* 为冰和 NH_4HCO_3(C)的共饱线；

Ⅳ *b* 为冰和$(NH_4)_2CO_3\cdot H_2O$(S)的共饱线；

Ⅱ *a* 为$(NH_4)_2CO_3\cdot H_2O$(S)和 NH_4COONH_2(A)的共饱线；

此外，还有一条靠近 CO_2-NH_3 边的半月形曲线，它是两层液体的分层曲线。

上述各线及两条辅助线 *OC* 和 *AC* 将整个相图分成六个部分：

AC Ⅰ Ⅱ *a* 区和分层曲线之间的区域为 NH_4COONH_2(A)的结晶区；*a* Ⅱ Ⅲ Ⅳ *b* 区是$(NH_4)_2CO_3\cdot H_2O$(S)的结晶区；Ⅰ Ⅱ Ⅲ Ⅰ 区是 $2NH_4HCO_3\cdot(NH_4)_2CO_3\cdot H_2O$(P)的结晶区；*Cc* Ⅳ Ⅲ Ⅰ *C* 区是 NH_4HCO_3(C)的结晶区；*b* Ⅳ *c* 以下的区域为冰的结晶区；半月形区域为液体分层区。

相图中还有四个共饱点Ⅰ、Ⅱ、Ⅲ、Ⅳ。这些共饱点均位于三个饱和面的交界处，故是三盐共饱点。这些共饱液相与三种盐的固相保持平衡，根据相律知，共饱点处的自由度 $F=C-P+1=3-4+1=0$，是无变量点。表 3-2 中列出四个无变量点的实验数据。

表 3-2　无变量点的实验数据

共饱点	温度 t/℃	液相组成(质量分数)/%		平衡固相
		NH_3	CO_2	
Ⅰ	85	27	44	$C+A+P$
Ⅱ	43	30	33	$P+S+A$
Ⅲ	5	15	19.5	$C+P+S$
Ⅳ	−13	11	14.5	$C+S+$冰

由于尿素生产与这部分相图有密切关系，下面讨论其在水溶液全循环法尿素生产过程中的应用。在全循环法中，未反应的 NH_3 和 CO_2 以碳酸盐水溶液的形式返回尿素合成塔，这种溶液的组成正好处于 NH_4COONH_2 的饱和面上。中压吸收是水溶液全循环法制尿素的重要环节，该过程是用来自低压吸收塔的碳酸盐水溶液吸收中压分解塔气体中的 CO_2，然后返回合成塔中循环利用。低压吸收液和部分液氨由中压吸收塔顶部加入，由中压分解塔来的气体则由塔底部通入，通过逆流接触吸收 CO_2 和 NH_3 后生成的 NH_4COONH_2 溶液从塔底引出，送往合成塔。为不使 NH_4COONH_2 结晶出来，避免塔和管路堵塞，需利用相图进行分析，控制吸收塔内溶液的组成和温度。塔底溶液的组成受尿素合成等因素的限制，一般控制为 40%NH_3、34%CO_2 及 26%H_2O，即图 3-22 中的 m 点。从图中可见，m 点位于 70 ℃的熔点曲线上。当温度高于 70 ℃时，NH_4COONH_2 溶液是不饱和的；如温度低于 70 ℃，则 NH_4COONH_2 要结晶析出。因此，这时操作温度应高于 70 ℃，一般控制在 90～100 ℃，以免 NH_4COONH_2 结晶堵塞塔和管路。

3.4　四元盐水体系相图及应用

具有共同离子的三种盐和水以及能在水溶液中进行复分解反应的两种盐和水，均属于四元盐水体系。前者如 $NaCl$-KCl-NH_4Cl-H_2O 体系、$MgCl_2$-$MgSO_4$-H_3BO_3-H_2O 体系；后者如 $NaCl$-NH_4HCO_3-H_2O 体系，此类体系又称为四元相互体系或四元盐对体系。下面分别介绍这两类体系相图的绘制及应用。

3.4.1　具有共同离子的三种盐和水组成的四元盐水体系相图及应用

当四元盐水体系中无水合盐和复盐生成时，称为简单四元盐水体系，如 Na_2SO_4-$NaHCO_3$-$NaCl$-H_2O 体系；反之，则为复杂四元盐水体系，如 $NaCl$-Na_2SO_4-Na_2CO_3-H_2O 体系。

1. 简单四元盐水体系

(1)相图表示法

根据凝聚相相律 $F=C-P+1$，可知四元盐水体系的最大自由度 $F_{max}=4-1+1=4$，说明四元盐水体系相图必须用四维空间才能表达体系各相之间的关系。但当温度固定时，自由度变为 3，此时可用三维空间的立体图来表示四元盐水体系相图。

除四元盐对体系外，四元盐水体系相图一般用三棱柱表示。三棱柱底部的等边三角形或等腰直角三角形的三个顶点分别表示三种纯盐，体系中水的含量用垂直于三角形的第三轴来表示，如图 3-23 所示。

图中每一个侧面是一个用直角坐标表示的三元体系相图，如 A-B-H_2O 体系，H_2O 点在第三轴的无限远处；三棱柱中的底部三角形表示三种盐之间的比例关系。在这种相图中，浓度单位以 g(mol)盐或 H_2O/[100 g(mol)干盐]来表示。

这种立体相图不仅绘制十分麻烦，用其进行计算也很不方便，因此一般都使用投影图。四元盐水体系中最常用的投影是放射投影和正交投影，它们都是对棱柱形等温立体相图而言的。放射投影图是耶内克首先提出的，所以也称为耶内克投影图。正投影是以平行于三棱柱底面的平面为投影面，即从水点向下的垂直投影，得到的投影三角形表示三种无水盐之间的关系，故又称为干盐图；水平投影是以垂直于干基图平面的平面为投影面(通常选择棱柱的某一侧面)，进行正投影，由于这种投影图表示体系中水的含量，故又称为水图。立体图、干盐图、水图中的几何图形间存在着一一对应关系，即投影关系。但是，需指出的是：干盐图和水图并非直接通过投影绘制的，而是根据立体坐标系的性质按照数据在干盐图和水图坐标上直接绘制的。图 3-24 为简单四元盐水体系的干盐图和水图。

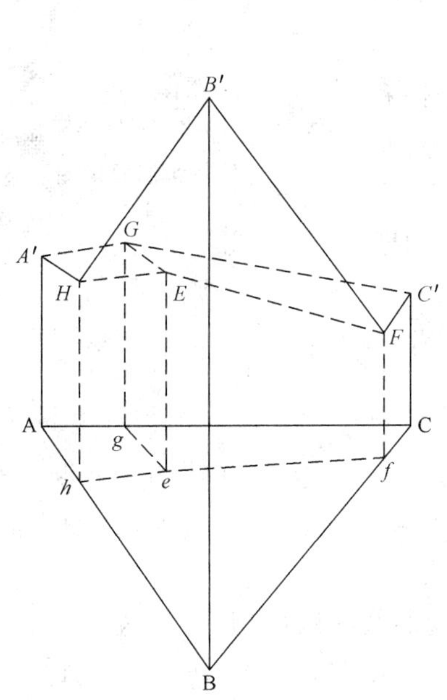

图 3-23 简单四元盐水体系的三棱柱立体相图

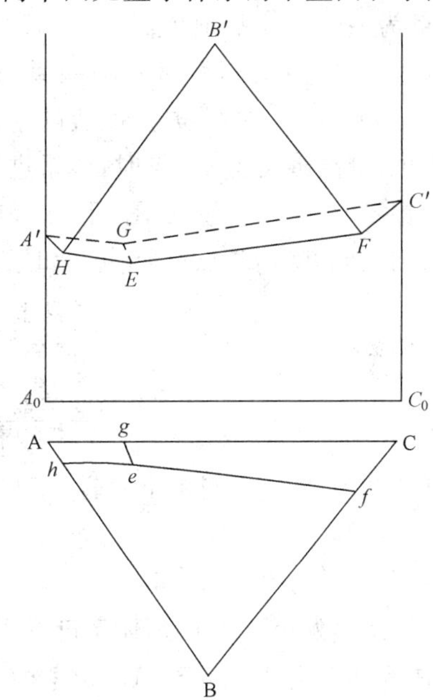

图 3-24 简单四元盐水体系的干盐图和水图

干盐图中 g 点、h 点、f 点分别表示 A 盐和 C 盐、A 盐和 B 盐、B 盐和 C 盐的两盐共饱点，e 点为三盐共饱点；ge 线、he 线、fe 线分别为 A 盐和 C 盐、A 盐和 B 盐、B 盐和 C 盐的两盐共饱线；$AhegA$ 区为 A 盐饱和面，$BhefB$ 区为 B 盐饱和面，$CgefC$ 区是 C 盐饱和面。

在水图中，A'、B'、C' 各点代表 A 盐、B 盐、C 盐的单盐溶解度，G、H、F 各点分别表示 A 盐和 C 盐、A 盐和 B 盐、B 盐和 C 盐的两盐共饱点，E 点表示三盐共饱点；GE、HE、FE

各条线分别为A盐和C盐、A盐和B盐、B盐和C盐的两盐共饱线；$A'HEGA'$区为A盐饱和面，$B'HEFB'$区为B盐饱和面，$C'GEFC'$区是C盐饱和面。

连线规则和杠杆规则同样也适用于干盐图和水图，但应强调的是，在投影图中各体系间的距离比例不是与两体系的质量成反比，而是与两体系中各自的干盐总量成反比。

(2)蒸发过程在相图上的表示

当某一不饱和体系处于某盐的饱和面上方时，蒸发过程中将首先析出此种盐。但应注意，在整个蒸发过程中并不是始终析出此盐，而只是在一定浓度范围内才如此，这是因为盐的饱和区是一种锥体，饱和面只是其底面。如超过一定浓度范围，那么有可能进入两盐或三盐饱和体内，这时会析出两盐或三盐共晶。所以干盐图上各结晶区只表示首先析出某种单盐的可能性，某一体系蒸发时其组成点在干盐图上固定不动。

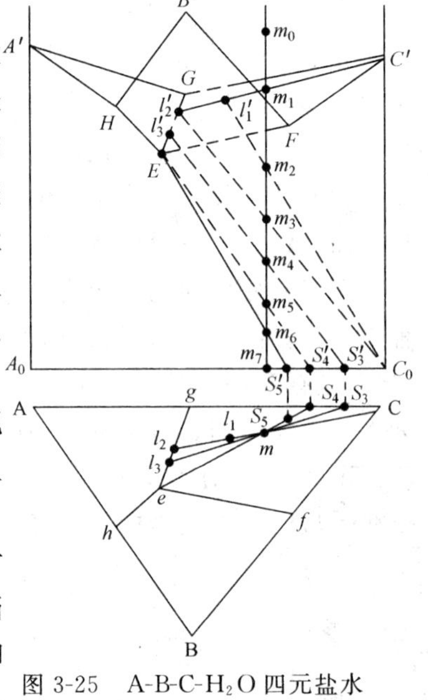

图 3-25　A-B-C-H_2O四元盐水体系恒温投影图

图3-25为A-B-C-H_2O四元盐水体系恒温投影图，现以不饱和溶液m_0为例讨论蒸发过程在干盐图和水图上的表示。

m_0为一位于C盐饱和面上方的不饱和体系，蒸发时由于水量减少，故其蒸发过程为一垂直向下的过程。当其蒸发至m_1点时，体系位于C盐的饱和面上，C盐饱和开始析出；继续蒸发至m_2点时，体系进入C盐饱和体内，此时液相组成点为l_1'点(水图，下同)和l_1点(干盐图，下同)，固相组成点为C_0点和C点；此时析出C盐量可用杠杆规则计算：

$$\frac{\text{结晶 C 盐量}}{\text{原体系总盐量}}=\frac{\overline{ml_1}}{\overline{Cl_1}}$$

$$\frac{\text{结晶 C 盐量}}{\text{母液 } l_1 \text{ 中干盐总量}}=\frac{\overline{ml_1}}{\overline{mC}}$$

继续蒸发，C盐不断析出，当体系蒸发至m_3点时，A盐也达到饱和，此时单盐C结晶量最大。固相组成点仍在C处，液相组成点位于A盐和C盐的共饱线上，在水图和干盐图中分别为l_2'点和l_2点。

当体系蒸发至m_4点时，体系已进入A盐和C盐的共晶区内，此时A盐和C盐共同析出，故固相点由C点移至AC边上的S_3点，液相组成点在共饱线$GE(ge)$上，即水图和干盐图上的l_3'点和l_3点。

进一步蒸发至m_5点时，不仅A盐和C盐饱和，B盐也饱和开始析出。此时，固相点移至S_4点，液相点为三盐共饱点$e(E)$。继续蒸发至m_6点，此时体系处于三盐共饱区内，A、B、C三种盐共晶，固相点由S_4点移至S_5点，进入三角形内，而液相点仍在$e(E)$处。再蒸发，固相点由S_5点向m点移动，液相点在$e(E)$点不动直至干涸。

蒸发水量可由水图直接求出，例如计算由m点蒸发至m_n点时蒸发水量可由下式得出：

$$W = G_m \cdot (y - y_n)/100 \text{ kg}$$

式中　G_m——原体系 m 中干盐总量,kg;

y——m_0 点纵坐标,kg H_2O/(100 kg 干盐);

y_n——m_n 点纵坐标,kg H_2O/(100 kg 干盐)。

2. 相图应用

有一天然碱湖,湖水组成如下:

NaCl	Na_2SO_4	$NaHCO_3$	H_2O	总量
50 g	40 g	30 g	600 g	720 g

拟在 35 ℃下蒸发分离各种组分,因此需利用 35 ℃下 $NaCl-Na_2SO_4-NaHCO_3-H_2O$ 体系相图(图 3-26)进行分析计算。首先将原液组成换算为以 g/(100 g 干盐)为单位的浓度表示:

NaCl:

$$\frac{50}{50+40+30} \times 100 = 41.7 \text{ g/(100 g 干盐)}$$

Na_2SO_4:

$$\frac{40}{50+40+30} \times 100 = 33.3 \text{ g/(100 g 干盐)}$$

$NaHCO_3$:

$$\frac{30}{50+40+30} \times 100 = 25 \text{ g/(100 g 干盐)}$$

H_2O:

$$\frac{600}{50+40+30} \times 100 = 500 \text{ g/(100 g 干盐)}$$

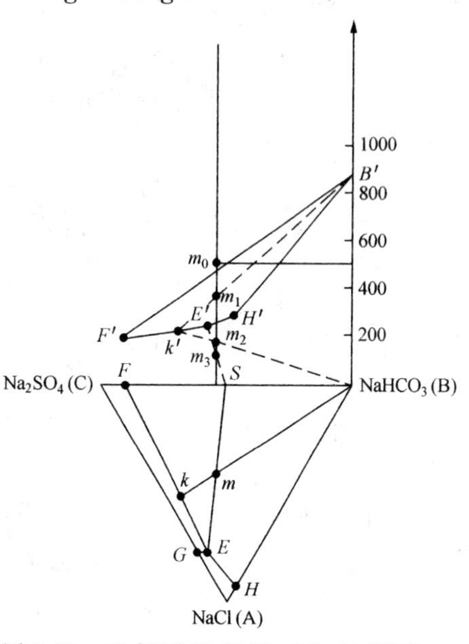

图 3-26　35 ℃下 $NaCl-Na_2SO_4-NaHCO_3-H_2O$ 体系相图

根据湖水组成,首先在干盐图上确定体系的组成点 m,自 m 点向上作 BC 边垂线,在水图中根据体系的水含量 500 g/(100 g 干盐)确定初始体系组成点 m_0。由于体系组成点在干盐图中位于 $NaHCO_3$ 的饱和面上,所以 35 ℃下等温蒸发该体系时,首先析出 $NaHCO_3$ 结晶,当蒸发水量达到某一值时,还可析出 $NaHCO_3$ 和 Na_2SO_4 结晶。由于蒸发过程中不涉及 NaCl 和 Na_2SO_4 晶体,故为使图简捷起见,在水图中只绘出 $NaHCO_3$ 饱和面的投影图。

在干盐图中将 Bm 线延长与 $NaHCO_3$ 和 Na_2SO_4 共饱线 EF 交于 k 点,自 k 点向上引垂线与水图中的 $NaHCO_3$ 和 Na_2SO_4 共饱线 $E'F'$ 交于 k' 点,在水图中连接 k' 和 B',$k'B'$ 线与蒸发过程线交于 m_1 点。当体系由 m_0 蒸发至 m_1 时,落在 $NaHCO_3$ 的饱和面上,此时 $NaHCO_3$ 饱和并开始析出。继续蒸发,在干盐图中液相由 m 向 k 移动,固相在 B 点不动;在水图中液相由 m_1 移至 k',固相在 B 点,连接 k' 和 B,与蒸发过程线交于 m_2。当体系蒸发至 m_2 时,$NaHCO_3$ 单盐结晶量最大。由干盐图读出 k 点组成[g/(100 g 干盐)]:

$NaHCO_3$	Na_2SO_4	NaCl
6	41.7	52.3

设 720 g 湖水蒸发至 m_2 时，可析出 $NaHCO_3$ x(g)，则

$$\frac{30-x}{120-x}\times 100=6$$

解上述方程得

$$x=24.3\ \text{g}$$

如此时析出的 $NaHCO_3$ 结晶不分离，并继续由 m_2 蒸发至 m_3，可获得 $NaHCO_3$ 和 Na_2SO_4 最大量的混合盐。在干盐图中，连接 E、m 并延长之与 BC 边交于 S 点，S 点即为最大量混盐固相点；在水图中，连接 S、E' 与蒸发垂线相交于 m_3。在这一蒸发区间，设可析出 x(g)$NaHCO_3$ 和 y(g)Na_2SO_4，共饱液 E(E′)的组成[g/(100 g 干盐)]为

$NaHCO_3$	Na_2SO_4	NaCl	H_2O
4.3	20.4	75.3	234

则

$$\frac{30-x}{120-x-y}\times 100=4.3$$

$$\frac{40-y}{120-x-y}\times 100=20.4$$

联立解之，得

$$x=27.15\ \text{g},\quad y=26.46\ \text{g}$$

析出混盐：

$$27.15+26.46=53.61\ \text{g}$$

利用水图可以计算各阶段蒸发的水量，各体系点的水量由水图直接读出：

体系点	m_0	m_1	m_2	m_3
g H_2O/(100 g 干盐)	500	350	175	130

m_0 至 m_1 蒸发水量：

$$(500-350)\times\frac{120}{100}=180\ \text{g}$$

m_0 至 m_2 蒸发水量：

$$(500-175)\times\frac{120}{100}=390\ \text{g}$$

m_0 至 m_3 蒸发水量：

$$(500-130)\times\frac{120}{100}=444\ \text{g}$$

3.4.2 四元相互盐水体系相图及应用

在盐水体系中，如具有两个正离子及两个负离子，可以组成四种无水单盐，它们之间存在着复分解反应，如 Na^+，Mg^{2+}//Cl^-，SO_4^{2-}-H_2O 体系，存在着如下反应：

$$2NaCl+MgSO_4 \longrightarrow Na_2SO_4+MgCl_2$$

在反应过程中反应物互相交换了各自的离子，故反应亦称为交互反应，这类体系就称为四元相互盐水体系。虽然这种体系由四种盐和水组成，但由于四种盐之间有一个化学方程

式联系着，所以四种盐中只有三个独立组分，加上水这一组分，就构成了四元盐水体系。

前面介绍的具有共同离子的三种盐和水组成的简单四元盐水体系中，三种盐之间交换离子并不能生成新的单盐。它们之间不存在交互作用，干盐之间彼此独立，关系比较简单。

1. 四元相互盐水体系的等温立体相图

在四元相互盐水体系中含有四种盐和水，共有五种物质。这样即使固定温度变量，仍需用立体图才能完全表达出五种物质的数量关系。由于四元相互盐水体系本身的特点，一般采用四棱柱体图表示这类体系，四棱柱体底面的正方形表示干盐的组成，四个顶点代表四种盐，水含量用垂直于正方形的高度表示。

四棱柱体表示的四元相互盐水体系的相图都是以 mol/(mol 总盐)为浓度单位。若盐类溶解度为其他单位时，需先换算。下面以 $KCl+NaNO_3 = NaCl+KNO_3$ 和水构成的体系为例加以说明。在该体系中存在着 Na^+、K^+、Cl^- 和 NO_3^- 四种离子。根据电中性原则，体系中两种阳离子摩尔数之和等于两种阴离子摩尔数之和，也等于总盐摩尔数。设其和各为 1 或 100，则有

$$M_{Na^+}+M_{K^+}=M_{Cl^-}+M_{NO_3^-}$$

$$[Na^+]=\frac{M_{Na^+}}{M_{Na^+}+M_{K^+}}=\frac{M_{Na^+}}{M_{Cl^-}+M_{NO_3^-}}$$

$$[K^+]=\frac{M_{K^+}}{M_{Na^+}+M_{K^+}}=\frac{M_{K^+}}{M_{Cl^-}+M_{NO_3^-}}=1-[Na^+]$$

$$[Cl^-]=\frac{M_{Cl^-}}{M_{Cl^-}+M_{NO_3^-}}=\frac{M_{Cl^-}}{M_{Na^+}+M_{K^+}}$$

$$[NO_3^-]=\frac{M_{NO_3^-}}{M_{Cl^-}+M_{NO_3^-}}=\frac{M_{NO_3^-}}{M_{Na^+}+M_{K^+}}=1-[Cl^-]$$

式中，[]表示离子的摩尔分数。

在四棱柱体的正方形底中，以横轴表示 Na^+ 和 K^+ 的组成，纵轴表示 Cl^- 和 NO_3^- 的组成，则正方形的四条边分别表示两种阳离子和两种阴离子的比例关系。图 3-27 为 $Na^+,K^+//Cl^-,NO_3^--H_2O$ 四元体系立体相图的正方形底。图中 A 点坐标为$[Cl^-]=1.0$，$[NO_3^-]=0$ 和$[Na^+]=1.0$，$[K^+]=0$，故 A 点为纯 NaCl 的组成点；B 点坐标为$[K^+]=1.0$，$[Cl^-]=1.0$，故 B 点为纯 KCl 的组成点；C 点坐标为$[K^+]=1.0$，$[NO_3^-]=1.0$，为纯 KNO_3 的组成点；D 点坐标为$[Na^+]=1.0$，$[NO_3^-]=1.0$，是纯 $NaNO_3$ 的组成点。

干盐图的四条边表示具有一个相同离子的两种盐和水所组成的溶液，即三元体系中两种干盐的比例关系。例如：AB 边为 NaCl 和 KCl 的溶液；BC 边为 KCl 和 KNO_3 的溶液；CD 边为 KNO_3 和 $NaNO_3$ 的溶液；DA 边为 $NaNO_3$ 和 NaCl 的溶液。

四元相互盐水体系中的水含量用垂直于正方形底的高度表示，其单位为 mol H_2O/(mol 总盐)，如图 3-27 中体系 L 的水含量用 L'的高度表示。

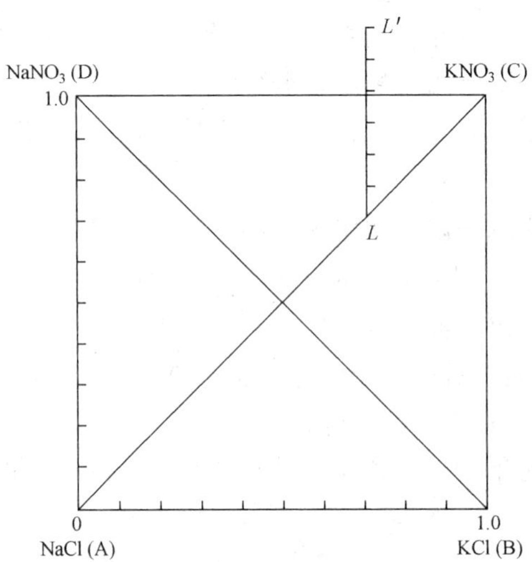

图 3-27　Na^{+}, K^{+}//Cl^{-}, NO_3^{-}-H_2O 四元体系立体相图的正方形底

图 3-28 为根据 Na^{+}, K^{+}//Cl^{-}, NO_3^{-}-H_2O 四元体系 25 ℃时的溶解度数据绘制而成的立体相图，其底为上面讨论的干盐图；四棱柱体的四条棱 AA'、BB'、CC'和 DD'的顶点 A'、B'、C'和 D'分别表示四种单盐 NaCl、KCl、KNO_3 和 $NaNO_3$ 在水中的溶解度；立体相图的四个侧面分别表示四个三元体系相图，其中侧面 $A'ABB'$表示 NaCl、KCl 和 H_2O 构成的三元体系，$A'E'$是 NaCl 在 KCl 水溶液中的溶解度曲线，$B'E'$是 KCl 在 NaCl 水溶液中的溶解度曲线，E'是 NaCl 和 KCl 的两盐共饱点。同理，侧面 $B'BCC'$、$C'CDD'$和 $D'DAA'$分别表示 KCl-KNO_3-H_2O、KNO_3-$NaNO_3$-H_2O 和 $NaNO_3$-NaCl-H_2O 构成的三元体系。

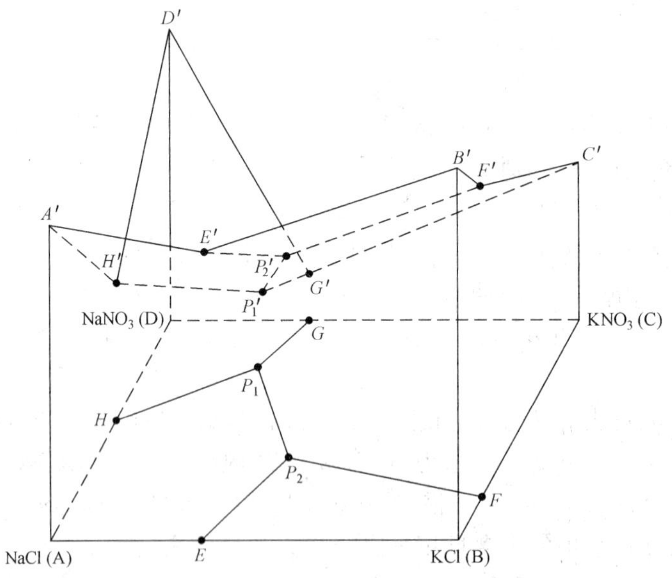

图 3-28　25 ℃下 Na^{+}, K^{+}//Cl^{-}, NO_3^{-}-H_2O 四元体系立体相图

立体相图中的曲面 $A'H'P'_1P'_2E'A'$ 是 NaCl 的饱和面，表示落在此曲面上的体系为 NaCl 的饱和溶液，另外三种盐是不饱和的。同理，曲面 $B'F'P'_2E'B'$ 是 KCl 的饱和面；曲

面 $C'G'P'_1P'_2F'C'$ 是 KNO_3 的饱和面；曲面 $D'G'P'_1H'D'$ 是 $NaNO_3$ 的饱和面。

两个饱和面的交界线是相应两盐的共饱线，如 P'_2E' 是 NaCl 和 KCl 两盐共饱线，$P'_1P'_2$ 是 NaCl 和 KNO_3 的两盐共饱线等。

三个单盐的饱和面的交点为三盐共饱点，落在三盐共饱点的体系为三种盐所饱和的液相，其中 P_1 为 NaCl、KNO_3 和 $NaNO_3$ 的三盐共饱点，P_2 为 NaCl、KCl 和 KNO_3 的三盐共饱点。

位于盐类饱和面上方的体系，说明水含量多，是不饱和溶液。当体系的水含量小于饱和面上的 H_2O 值时，盐类就结晶析出。所以，从某纯盐点出发的边界面与该盐的饱和面所围成的区域即为此盐的结晶区。

由于两盐共饱线上的溶液和两盐的固相呈平衡，所以把两盐共饱线和两盐的组成边用直线连接起来所形成的区域为此两盐的共晶区。位于两盐共晶区中的体系由两盐的固相和它们的共饱液构成。

所有两盐共晶区的下面、四边形 $ABCD$ 上面的区域为三盐共晶区。此区为四相区，液相为三盐共饱液，固相为与共饱液平衡的三种盐。

2. 干盐图和水图

虽然三维立体相图可直观表达四元相互盐水体系的等温相平衡，但其绘制麻烦且用来进行分析和计算也不方便。与具有共同离子的三种盐和水组成的四元相图相似，通常将立体图的四种盐的饱和面垂直投影到四棱柱体的正方形底中，形成的相图称为干盐图；立体图中的水含量水平投影到某一侧面上，形成的相图称为水图。

图 3-29 为 25 ℃下 $Na^+, K^+//Cl^-, NO_3^-$-H_2O 四元体系的水图和干盐图。已知某一体系的组成，就可以在干盐图和水图中找到对应点。反之亦然。这样，把干盐图和水图结合起来，可以进行各种化工过程的分析和计算。干盐图和水图上的点、线、面与立体图中的点、线、面是相对应的。

(1)等温蒸发过程在干盐图和水图中的表示

有一不饱和溶液 m，其干盐组成位于干盐图中 NaCl 的饱和面上，在水图中的位置为 m_0。当其在 25 ℃下等温蒸发时，由于水量减少而总盐量不变，故在水图中体系的蒸发过程为一向下的垂线，在干盐图中则一直停在 m 点不动。

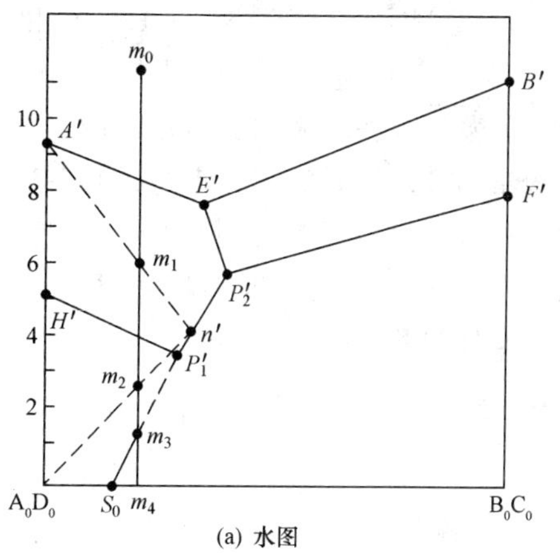

(a) 水图

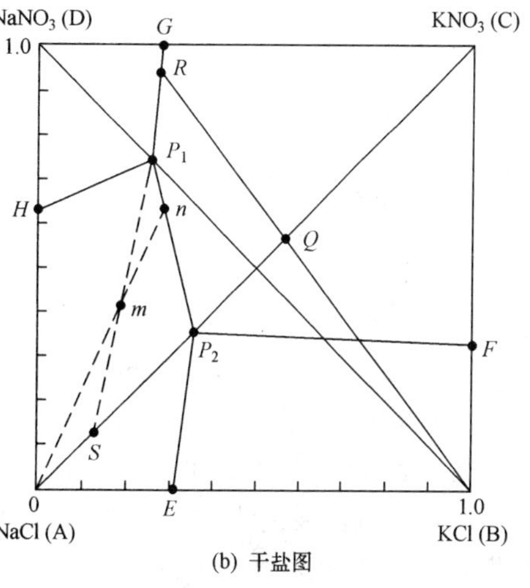

(b) 干盐图

图 3-29　25 ℃下 $Na^+, K^+//Cl^-, NO_3^-$-H_2O 四元体系的水图和干盐图

当蒸发垂线与 NaCl 饱和面 $A'E'P'_2P'_1H'$ 相交时，NaCl 达到饱和并开始析出。进一步蒸发，体系进入 NaCl 结晶区，有一定量的 NaCl 结晶析出。当 NaCl 达到饱和并继续蒸发时，在干盐图中液相点沿 Am 的延长线移动，最后到达 P_1P_2 线上的 n 点，此时成为 NaCl 和 KNO_3 的两盐共饱液，而固相点停留在 A 点不动。自 n 点向上引垂线与水图中的 $P'_1P'_2$ 线交于 n' 点，此点即为共饱液 n 在水图中的对应点。将水图中 A' 点和 n' 点相连与蒸发垂线交于 m_1 点，即为 NaCl 刚达饱和时体系在水图中的位置。在此蒸发过程中，液相点在干盐图中由 m 移动至 n，在水图中则由 m_1 移动至 n'。将水图中 n' 与 A_0 相连，与蒸发垂线相交于 m_2 点，m_2 点即为液相移动至 n' 时体系在水图中的位置，此时也是 NaCl 单盐析出量最大时体系的位置。

当体系自 m_2 点继续蒸发时，由于液相点位于 NaCl 和 KNO_3 的两盐共饱线上，NaCl 和 KNO_3 将共同析出。根据向量规则，在干盐图中液相点将沿 P_2P_1 线由 n 点向 P_1 点移动，水图中则由 n' 点向 P'_1 点移动。根据连线规则，固相点必定在液相点与 m 点连线的延长线上，同时由于固相由 NaCl 和 KNO_3 组成，因此还必须在对角线 AC 上。当液相点至 $P_1(P'_1)$ 时，固相点为 $S(S_0)$，此时体系蒸发至水图中的 m_3 点，$NaNO_3$ 也达到饱和并将析出。自 m_3 点继续蒸发，NaCl、KNO_3 和 $NaNO_3$ 三盐共析，液相点在 $P_1(P'_1)$ 不动，固相点由 $S(S_0)$ 向 $m(m_4)$ 移动，直到蒸干至 $m(m_4)$。

各蒸发阶段蒸发水量可由水图上体系点的水值直接相减获得，如由 m_0 蒸发至 m_2，蒸发水量为 (m_0-m_2) mol。水图只有在进行水量计算时才会用到，因此当只是为了确定蒸发过程或复分解反应配料中的干盐变化规律和干盐量时，只需干盐图即可。图 3-30 为 100 ℃下 $Na^+,K^+//Cl^-,NO_3^--H_2O$ 四元体系的干盐图，下面讨论该体系在 100 ℃下的等温蒸发过程。

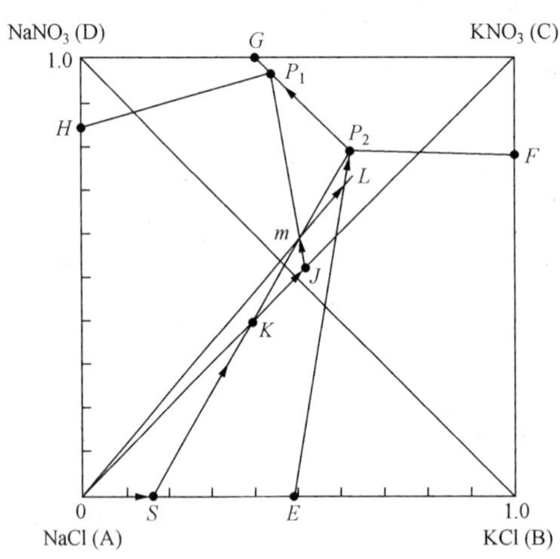

图 3-30　100 ℃下 $Na^+,K^+//Cl^-,NO_3^--H_2O$ 四元体系的干盐图

在 100 ℃时，某一不饱和溶液 m 位于 NaCl 的结晶区内。因此在 100 ℃下等温蒸发该不饱和溶液时，首先析出 NaCl 固相，饱和液相点由 m 向 L 移动，固相点在 A 点不动；当液相到达两盐共饱线 P_2E 上的 L 点时，KCl 达到饱和也将析出。根据向量规则，继续蒸发母液，组成点将由 L 向 P_2 移动；由于在这一阶段两盐共同析出，固相点沿 AB 边由 A 向 B 移动；当液相点至 P_2 时，KNO_3 也将析出，此时固相点到达 S 点。P_2 点是 NaCl、

KCl 和 KNO_3 三盐共饱点，并落在与之共饱的三种盐组成的三角形之外，是不相称共饱点。体系继续蒸发，如果同时析出上述三种盐，由向量规则可知，三种盐的结晶向量和不为零，液相点似应离开 P_2 点。但与之平衡的固相中又有 KCl 存在，故液相点不可能离开三盐共饱点 P_2，唯一的可能是 KCl 重新溶解而 NaCl 和 KNO_3 析出，如此才能使 P_2 点的向量和为零。在这一阶段，液相点在 P_2 点不动，固相点由 S 向 K 移动；当固相中的 KCl 全部转溶完毕时，固相点到达对角线 AC 上的 K 点。继续蒸发，固相中只有 NaCl 和 KNO_3 析出，因此液相点要远离 P_2 点；根据向量规则液相点由 P_2 向 P_1 移动，固相点由 K 向 C 移动；当液相点至 P_1 时，除 NaCl 和 KNO_3 析出外，$NaNO_3$ 也开始饱和析出；固相点则到达 P_1m 延长线与 AC 线的交点 J。再进一步蒸发，液相点在 P_1 点不动，固相点则沿 Jm 线向 m 点移动，直至干涸，固相点到达 m 点与原体系点重合，最后一滴液相组成为 P_1 点。

在上述体系中，两个三盐共饱点 P_1 和 P_2 的性质是不同的。P_1 点位于与之相平衡的三种盐组成的三角形之内，是相称共饱点，也是最后的干涸点；而 P_2 点位于与之相平衡的三种盐组成的三角形之外，是不相称共饱点，也是转溶点。从干盐图中可见，NaCl 和 KNO_3 的结晶区相邻，而 $NaNO_3$ 与 KCl 的结晶区则被 NaCl 和 KNO_3 的结晶区所隔开，说明 KCl 和 $NaNO_3$ 的结晶不能共存。我们将能共存的两种盐称为稳定盐对，不能共存的两种盐称为不稳定盐对。因此，NaCl 和 KNO_3 是稳定盐对，而 $NaNO_3$ 与 KCl 则为不稳定盐对。任何复分解反应均是由不稳定盐对向生成稳定盐对的方向进行。

(2)加盐过程的表示

图 3-29 中有一 $NaNO_3$ 和 KNO_3 的共饱液 R，如直接在 25 ℃下将其蒸发，只能析出 $NaNO_3$ 和 KNO_3 的混合盐。虽然降温有可能使体系 R 位于某一种盐的结晶区内，但需制冷装置。如果采用盐析的方法，我们同样也能分离出某一种纯盐。当向 R 体系中加入 KCl 时，体系点将沿着 RB 线向 B 点移动，进入 KNO_3 的结晶区。当加盐使体系点至 Q 点时，KNO_3 的析出量最大。

3. 简单四元相互盐水体系相图的应用

(1)分离方案

图 3-31 为 25 ℃和 100 ℃下 $Na^+,K^+//Cl^-,NO_3^-$-H_2O 四元体系的干盐图和水图。可利用该相图制订由 KCl 和 $NaNO_3$ 复分解反应生产 KNO_3 和 NaCl 的原则流程。

首先分析在两个温度下该体系相图的特点。从干盐图可知，低温时 KNO_3 的结晶区较大，而高温时 NaCl 的结晶区较大。因此，可利用温度的变化将复分解的产物 KNO_3 和 NaCl 分离开，得到它们的纯盐。

$NaNO_3$ 和 KCl 的复分解反应式为

$$NaNO_3+KCl \xlongequal{} KNO_3+NaCl$$

由上式知参加反应的原料的摩尔数相等。下面我们用等摩尔的 $NaNO_3$ 和 KCl 配料，制订复分解反应的工艺方案。

$NaNO_3$ 和 KCl 等摩尔的配料组成点为对角线 BD 的中点 R，由于配料组成点 R 位于 100 ℃干盐图中的 NaCl 结晶区内，且温度高时 NaCl 结晶区较大，因而在 100 ℃下调节水量使液相组成落在 NaCl 和 KCl 共饱线上的 L 点，可使反应产物 NaCl 在 100 ℃下分离出来。

在 100 ℃下分离出固体 NaCl，将滤液 L 冷却至 25 ℃，其落在 KNO_3 结晶区内，调节水量后，则析出固体 KNO_3，液相点为 P_2^{25}。

将滤液 P_2^{25} 升温至 100 ℃，向其中加入等摩尔的 $NaNO_3$ 和 KCl 原料(R)，调节水量，又可在 100 ℃下分离出 NaCl，得到滤液 L。然后将 L 再降温至 25 ℃，分离出固体 KNO_3，得到滤液 P_2^{25}。以后以此类推，进行循环生产。

如果仔细分析上述方案，可发现它不是一个最佳方案，这是因为这样配料产出的 NaCl 和 KNO_3 的量不是最大。

当 $NaNO_3$ 和 KCl 首次配料的组成在 AP_2^{100} 和对角线 BD 的交点 R' 时，在 100 ℃下析出的 NaCl 固体量最多；而冷却至 25 ℃时，也以母液 P_2^{100} 析出的 KNO_3 量最多。因此，最佳的循环过程是：

①$NaNO_3$ 和 KCl 的首次配料点为 R'，在 100 ℃下调节水量，使之析出固体 NaCl，并得到共饱母液 P_2^{100}；

②调节母液 P_2^{100} 的水量并降温至 25 ℃，析出固体 KNO_3，并得到母液 l；

③将母液 l 与等摩尔的 $NaNO_3$ 和 KCl 原料 R 混合，使混合后体系组成点为 Q，在 100 ℃下调节水量，使之析出 NaCl 固体并获得母液 P_2^{100}。整个生产在三角形 $QP_2^{100}l$ 过程循环。

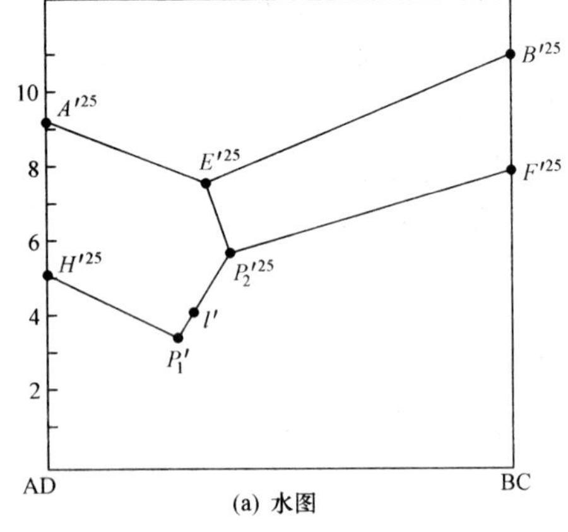

(a) 水图

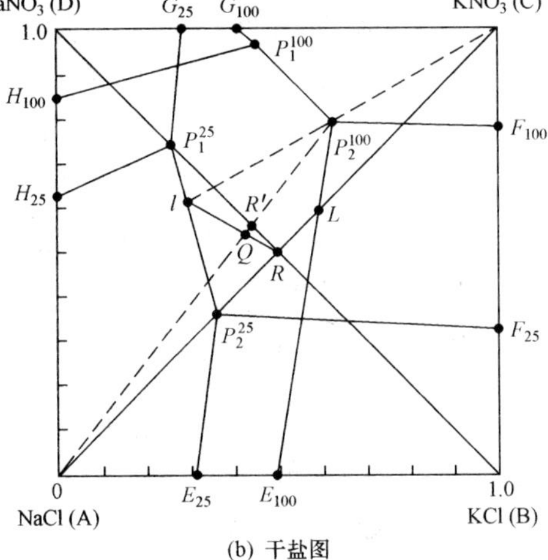

(b) 干盐图

图 3-31　25 ℃和 100 ℃的 Na^+，K^+//Cl^-，NO_3^--H_2O 四元体系相图

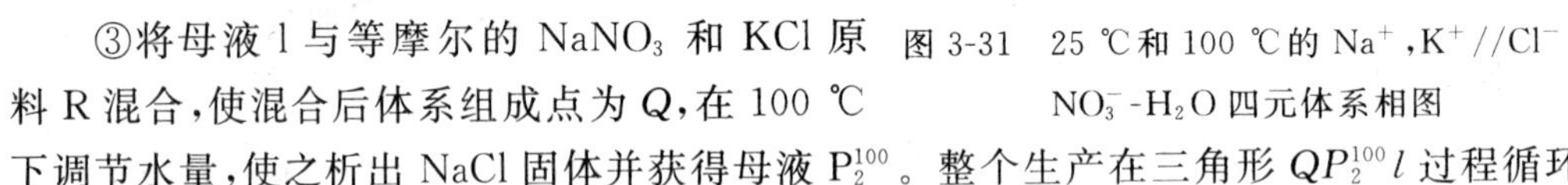

(2)相图计算

杠杆法、待定系数法和比值法也是四元相互盐水体系相图计算中常用的方法。下面用待定系数法进行上述最佳工艺方案的计算。

①在 100 ℃下，以 1 mol KCl 为基准，$NaNO_3$ 和 KCl 的首次配料点为 R'，调节水量，使液相组成点达到 P_2^{100}。

设配料需 x(mol)$NaNO_3$，加水 w(mol)，析出 z(mol)NaCl，母液 P_2^{100} 中的干盐量为 y(mol)，则

总物料平衡式为

$$KCl+xNaNO_3+wH_2O \longrightarrow zNaCl+y\left|\begin{array}{ll} K^+ & 0.62 \\ Na^+ & 0.38 \\ Cl^- & 0.20 \\ NO_3^- & 0.80 \\ H_2O & 1.81 \end{array}\right|$$

母液 P_2^{100}

K$^+$平衡：　　$1=0.62y$

NO_3^- 平衡：　　$x=0.80y$

Cl^-平衡：　　$1=z+0.20y$

H_2O 平衡：　　$w=1.81y$

联立上述方程，解得

配 $NaNO_3$ 量：　　$x=1.29$ mol

母液 P_2^{100} 干盐量：　　$y=1.61$ mol

加水量：　　$w=2.91$ mol

析 NaCl 量：　　$z=0.678$ mol

②调节母液 P_2^{100} 的水量并降温至 25 ℃，析出固体 KNO_3，并得到母液 1。

设需加水 w'(mol)，析出 KNO_3 固体 m(mol)，母液 1 中干盐量为 n(mol)。则总物料平衡式为

$$1.61\left|\begin{matrix} K^+ & 0.62 \\ Na^+ & 0.38 \\ Cl^- & 0.20 \\ NO_3^- & 0.80 \\ H_2O & 1.81 \end{matrix}\right| + w'H_2O \longrightarrow mKNO_3 + n\left|\begin{matrix} K^+ & 0.29 \\ Na^+ & 0.71 \\ Cl^- & 0.37 \\ NO_3^- & 0.63 \\ H_2O & 4.0 \end{matrix}\right|$$

母液 P_2^{100}　　　　　　　　母液 1

K$^+$平衡：　　$1.61\times0.62=m+0.29n$

Cl^-平衡：　　$1.61\times0.20=0.37n$

H_2O 平衡：　　$1.61\times1.81+w'=4.0n$

联立解之，得

加水量：　　$w'=0.57$ mol

析出 KNO_3 固体量：　　$m=0.75$ mol

母液 1 干盐量：　　$n=0.87$ mol

③将母液 1 与等摩尔的 $NaNO_3$ 和 KCl 原料(R)混合，使混合后体系组成点为 Q，在 100 ℃下调节水量，使之析出 NaCl 固体并获得母液 P_2^{100}。

设 $NaNO_3$ 和 KCl 各为 q(mol)，需加水 w''(mol)，析出固体 NaCl 为 z'(mol)，母液 P_2^{100} 干盐量为 y'(mol)。则总物料衡算式为

$$0.87\left|\begin{matrix} K^+ & 0.29 \\ Na^+ & 0.71 \\ Cl^- & 0.37 \\ NO_3^- & 0.63 \\ H_2O & 4.0 \end{matrix}\right| + q'NaNO_3 + qKCl + w''H_2O \longrightarrow z'NaCl + y'\left|\begin{matrix} K^+ & 0.62 \\ Na^+ & 0.38 \\ Cl^- & 0.20 \\ NO_3^- & 0.80 \\ H_2O & 1.81 \end{matrix}\right|$$

母液 1　　　　　　　　　　　　　　母液 P_2^{100}

K$^+$平衡：　　$0.87\times0.29+q=0.62y'$

NO_3^- 平衡：　　$0.87\times0.63+q=0.80y'$

Na^+ 平衡：　　$0.87\times0.71+q=z'+0.38y'$

H_2O 平衡：　　$0.87\times4.0+w''=1.81y'$

联立解之，得

配 $NaNO_3$ 和 KCl 量：　　$q=0.76$ mol

加水量：　　$w''=-0.51$ mol

析出固体 NaCl 量：　　$z'=0.75$ mol

母液 P_2^{100} 干盐量：　　$y'=1.64$ mol

加水量为负值，说明母液1需蒸发除去一定水量。

3.4.3 复杂四元盐水体系相图及应用

与三元盐水体系相平衡相似，当四元盐水体系达到液固平衡时，在固相有复盐和水合物生成时，这种四元盐水体系就称为复杂四元盐水体系。下面对有水合物和复盐生成的四元盐水体系相图和化工过程的表示方法进行简单介绍。

1. 生成水合物的四元盐水体系相图

由于复杂四元盐水体系相图较复杂，本节及以后各节只对其干盐图进行讨论。图3-32是有水合物生成的 A-B-C-H_2O 四元盐水体系的恒温干盐图。

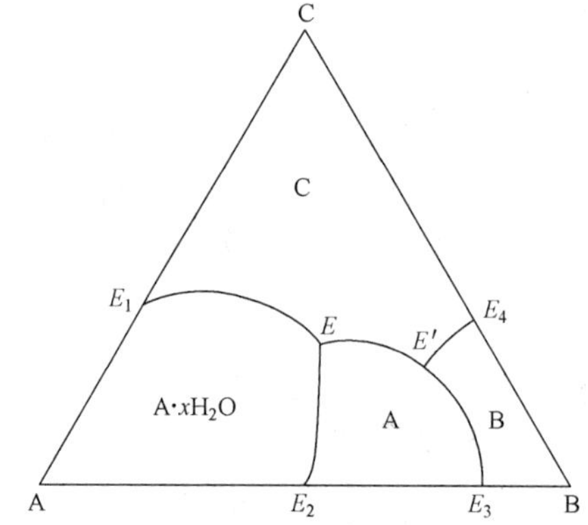

图 3-32　生成水合物的四元盐水体系恒温干盐图

首先，介绍干盐图中的点的含义。等边三角形的三个顶点分别代表 A、B 和 C 三种纯盐组成点，即 A 点表示含量为 100% 的 A 盐，是一种纯物质，余类推。等边三角形的 AC 边上的 E_1 点表示 A 盐水合物（A · xH_2O）和 C 盐的两盐共饱点；AB 边上的 E_2 点代表 A 盐水合物（A · xH_2O）和 A 盐的两盐共饱点；AB 边上的另一点 E_3 则为 A 盐和 B 盐的两盐共饱点；BC 边上的 E_4 点为 B 盐和 C 盐的两盐共饱点；三角形内的 E 点为 A · xH_2O、A 和 C 三种盐的三盐共饱点，E' 点则为 A、B 和 C 的三盐共饱点。

其次，介绍图中线的含义。AC 边表示一个由 A 盐、C 盐和水组成的三元盐水体系，AB 边为 A 盐和 A 盐水合物、A 盐和 B 盐与水组成的三元盐水体系，BC 边则为 B 盐、C 盐和水组成的三元盐水体系。三角形内的 E_1E 线代表 A · xH_2O 和 C 的两盐共饱线，E_2E 线代表 A · xH_2O 和 A 的两盐共饱线，E_3E' 线代表 A 和 B 的两盐共饱线，E_4E' 线代表 B 和 C 的两盐共饱线，EE'线为 A 和 C 的两盐共饱线。

最后，介绍相图中面的含义。多边形 AE_2EE_1A 表示 A 盐水合物的饱和面，即 A 盐水合物单独结晶析出的饱和面，在立体相图中它是 A 盐水合物饱和体的上表面。多边形 $E_2E_3E'EE_2$ 表示 A 盐的饱和面，多边形 $E_3BE_4E'E_3$ 为 B 盐的饱和面，多边形 $CE_1EE'E_4C$ 为 C 盐的饱和面。

图 3-33 和图 3-34 所示为生成水合物的四元盐水体系恒温干盐图上的蒸发过程。下面以图 3-33 中的不饱和体系点 m 为例讨论蒸发过程在相图上的表示方法。由于 m 点落在 A 盐水合物的饱和面上，当不饱和体系点 m 蒸发水分时，体系点首先将蒸发至 A 盐水合物的饱和面上，此时固相点为 A 点，液相点为 m 点，体系开始析出 A 盐水合物。当进一步蒸发时，平衡固相组成在 A 点不动，液相点则由 m 向 L 移动，析出 A 盐水合物。当液相点移动到 L 点时，位于 A 盐水合物和 C 盐的两盐共饱线上，表明 C 盐也要析出，与之平衡的固相为 A 盐水合物和 C 盐的混合物，此时固相点就要离开 A 点向 C 点方向移动。继续蒸发时，平衡液相组成由 L 点向 E 点移动，平衡固相组成由 A 点向 S 点移动。当液相组成到达三盐共饱点 E 时，平衡固相组成为 S，此时固相中 A 盐也开始析出，由于平衡固相为 A 盐水合物、A 盐和 C 盐，所以固相组成仍在两盐组成边 AC 上；进一步蒸发时，液相组成在 E 点不变，固相组成也维持在 S 点不变，即发生 $A \cdot xH_2O = A + xH_2O$ 的转溶过程，转溶的同时 A 盐析出。从图中的向量示意图可以判断：A 盐水合物的溶解向量和 A 盐的析出向量正好相反，二者的合向量为零，故液相组成不会发生变化。当 A 盐水合物转溶完毕，平衡固相中只有 A 盐和 C 盐，与其对应的平衡液相组成将由三盐共饱点 E 沿着 A 盐和 C 盐的两盐共饱线 EE′向 E′移动，而平衡固相组成离开 S 点向 K 点方向移动。当平衡液相组成蒸发至三盐共饱点 E′时，平衡固相组成由 A 和 C 变为 A、B 和 C 三种盐，此时固相点必须离开两盐组成边 AC 进入三角形 ABC 内，继续蒸发时平衡液相组成在 E'点不变，平衡固相组成由 K 点向 m 点移动，至 m 点时体系水分完全蒸发，即干涸。

当不饱和体系点的位置不同时，蒸发的过程也不尽相同。图 3-34 中不饱和体系 n 的蒸发过程与上述体系 m 的蒸发途径就完全不同。

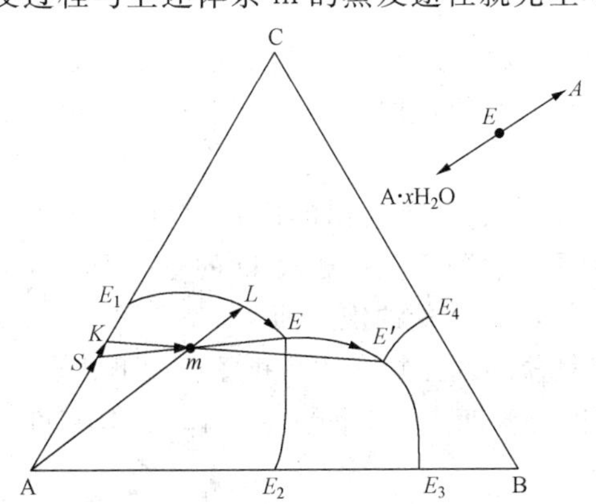

图 3-33　生成水合物的四元盐水体系恒温干盐图上的蒸发过程之一

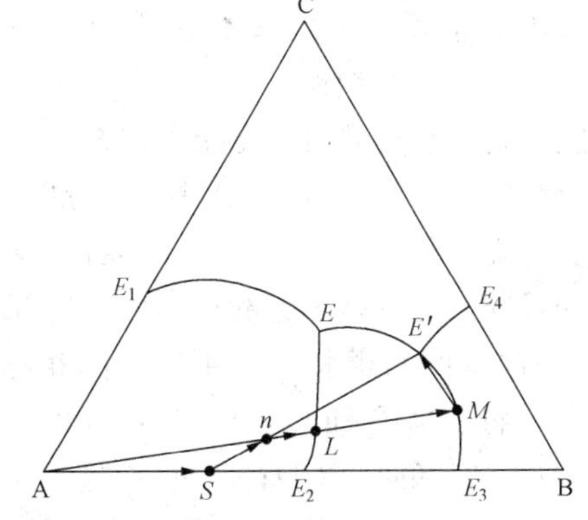

图 3-34　生成水合物的四元盐水体系恒温干盐图上的蒸发过程之二

在干盐图中，由于体系 n 的组成点也落在 A 盐水合物饱和区上，蒸发水分时，体系点首先蒸发至 A 盐水合物的饱和面上，此时平衡固相组成为 A，平衡液相组成为 n，体系开始析出 A 盐水合物。当进一步蒸发时，平衡固相组成在 A 点不变，平衡液相组成则由 n 向 L 移动，不断析出 A 盐水合物。当移动到 L 时，就落在 A 盐水合物和 A 盐的两盐共饱线上，表明 A 盐也要析出，这时平衡固相组成变为 A 盐水合物和 A 盐混合物，其组成点仍为 A 点。根据向量规则，如果 A 盐水合物和 A 盐同时析出，那么它们的结晶合向量为 AM，说明液相组成应离开 L 点向 M 点移动，进入 A 盐饱和区；但此时固相中还有大量的 A 盐水合物，因此其平衡液相不可能立即移动进入 A 盐饱和区。合理的过程是：A 盐水合物发生转溶或脱水，$A \cdot xH_2O = A + xH_2O$，转溶的同时 A 盐结晶析出，那么 A 盐水合物的溶解向量和 A 盐的结晶向量之和就为零，故此时液相组成点维持在 L 点不变，直至 A 盐水合物转溶完毕。A 盐水合物转溶完毕后，固相中只有 A 盐存在，此时平衡液相组成离开 L 向 M 移动，进入 A 盐饱和面，不断析出 A 盐，固相组成在 A 点不变。当液相组成蒸发至 M 点时，平衡液相组成落在 A 盐和 B 盐的两盐共饱线 $E'E_3$ 上，表明平衡的固相变为 A 盐和 B 盐的混合物，固相组成就沿着 A 盐和 B 盐的组成边 AB 由 A 向 S 方向移动。液相组成蒸发至 E' 点时，固相组成也移动至 S 点；由于 E' 是 A、B 和 C 三种盐的共饱点，与其平衡的固相为 A、B 和 C 三种盐的混合物，故此时平衡固相组成就由 S 点向三角形内的 n 点移动，直至水分完全蒸干，最后体系干涸在 n 点。

2. 生成复盐的四元盐水体系相图

与有复盐生成的三元复杂盐水体系相图类似，有复盐生成的四元盐水体系相图也分为两类：相称溶解复盐的四元盐水体系相图和不相称溶解复盐的四元盐水体系相图。

图 3-35 是 A 盐和 B 盐生成相称溶解复盐 D 的四元盐水体系恒温干盐相图，相图中点、线和面的含义介绍如下。

等边三角形的三个顶点分别代表三种纯物质 A 盐、B 盐和 C 盐，AB 边上的 D 点为复盐 D 的组成点。AC 边上的 E_1 点为 A 盐和 C 盐的两盐共饱点，AB 边上的 E_2 点为 A 盐和复盐 D 的两盐共饱点，E_3 为复盐 D 和 B 盐的两盐共饱点，BC 边上的 E_4 点为 B 盐和 C 盐的两盐共饱点。三角形内的 E 点是 A 盐、C 盐和复盐 D 的三盐共饱点，而 E' 点为 B 盐、C 盐和复盐 D 的三盐共饱点。

AC 边表示一个由 A 盐、C 盐和水组成的三元盐水体系，AD 边表示 A 盐、复盐 D 和水组成的三元盐水体系，DB 边表示复盐 D、B 盐与水组成的三元盐水体系，BC 边则表示 B 盐、C 盐和水组成的三元盐水体系。

多边形 AE_2EE_1A 为 A 盐的饱和面，即 A 盐单独结晶析出的饱和面，在立体相图中它是 A 盐饱和体的上表面，余类推。多边形 $E_2E_3E'EE_2$ 为复盐 D 的饱和面，多边形 $E_3BE_4E'E_3$ 为 B 盐的饱和面，多边形 $CE_1EE'E_4C$ 为 C 盐的饱和面。

与简单四元盐水体系相图相比，相称溶解复盐的四元盐水体系相图有如下特点：

(1)将复盐 D 和 C 盐相连后，可将复杂相图分为两个简单四元盐水体系相图，即三角形 ADC 和三角形 BCD；

(2)两个三盐共饱点 E 和 E' 分别落在与之平衡的盐组成的三角形内，都是相称共饱点。

图 3-36 所示为 A 盐和 B 盐生成相称溶解复盐 D 的四元盐水体系相图上的蒸发过

程，以不饱和体系 m 为例，分析其蒸发过程在相图上的表示方法。由图可知，体系 m 的组成点位于 A 盐饱和面内，蒸发水分时，体系点首先蒸发至 A 盐的饱和面上，此时平衡固相组成点为 A，平衡液相组成点为 m，体系开始析出 A 盐。继续蒸发时，固相组成点在 A 点不变，液相组成点沿着 mK 由 m 点向 K 点移动，不断析出 A 盐。当液相组成点移动至 K 点时，平衡液相组成点落在 A 盐和复盐 D 的两盐共饱线上，此时固相组成点必须离开 A 点，向 S 点移动，对应的平衡液相组成点也由 K 点向 E 点移动。当平衡液相组成点移动至三盐饱和点 E 时，平衡固相组成点也移动至 S 点；继续蒸发时，液相组成点在 E 点不变，对应的平衡固相组成点要离开两盐的组成边进入三角形 ADC 内，即由 S 点向 m 点移动，直至在 m 点干涸。

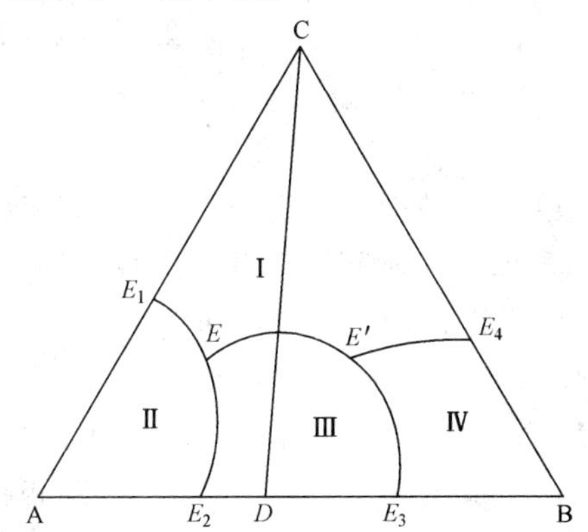

图 3-35 具有相称溶解复盐的四元盐水体系恒温干盐相图

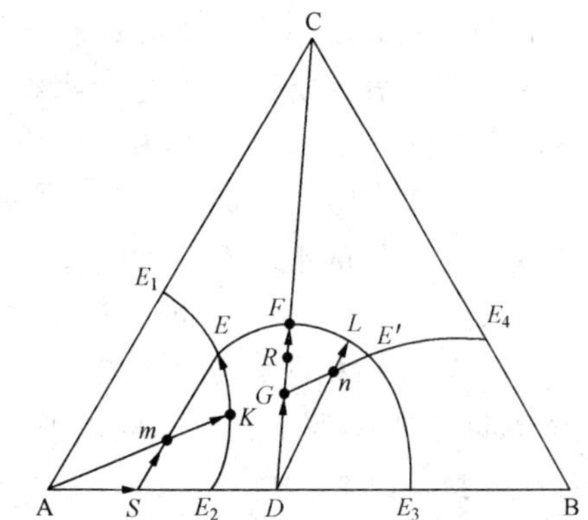

图 3-36 具有相称溶解复盐的四元盐水体系相图上的蒸发过程

再以图 3-36 中的 R 点为例，讨论其蒸发过程在干盐图上的表示方法。由图可知，R 体系干盐组成点正好位于 CD 连线上。等温蒸发时，平衡固相点在 D 点不动，平衡液相点由 R 点沿 RC 向 C 点移动；到达 F 点时，复盐 D 单独析出量最大。继续蒸发时，由于液相点 F 位于 C 盐和复盐 D 的两盐共饱线上，C 盐与复盐 D 将共同结晶析出；根据向量规则，此处 C 盐和复盐 D 的结晶向量正好方向相反，合向量为零，平衡液相点在 F 点维持不动，固相点由 D 向 R 移动，直至体系蒸干。值得注意的是，C 盐与复盐 D 共析的混合物中 A、B、C 三组分的相对含量与液相 F 中 A、B、C 三组分的相对含量相同，这也是相称溶解复盐相图的一个特征。

如果体系干盐组成点在 n 处，蒸发过程又如何呢？由于体系 n 的干盐组成点位于复盐 D 的饱和面上，蒸发时首先析出复盐 D。等温蒸发时，固相点在 D 点不动，液相点由 n 向 L 移动；当液相干盐组成点移动到 L 点时，复盐 D 单独析出量最大；继续蒸发，由于液相组成点位于 C 盐和复盐 D 的两盐共饱线 EE' 上，复盐 D 和 C 盐将共同析出，此时固相点沿 DC 自 D 向 C 移动，液相点也沿 EE' 自 L 向 E' 移动；当液相干盐组成点到达 E' 时，固相点也到达 G，此时 B 盐已达到饱和，开始析出；再继续蒸发，C、D 和 B 三盐共同析出，液相干盐组成点在 E' 不动，固相组成点由 G 沿 GE' 向 n 点移动，液相在 E' 点干涸，固相点到达 n。

上面介绍了相称溶解复盐的四元盐水体系相图，下面介绍不相称溶解复盐的四元盐水体系相图。图 3-37 是 A 盐和 B 盐生成不相称溶解复盐 D 的四元盐水体系等温干盐相图。首先，介绍相图中的点、线和面或区的含义。

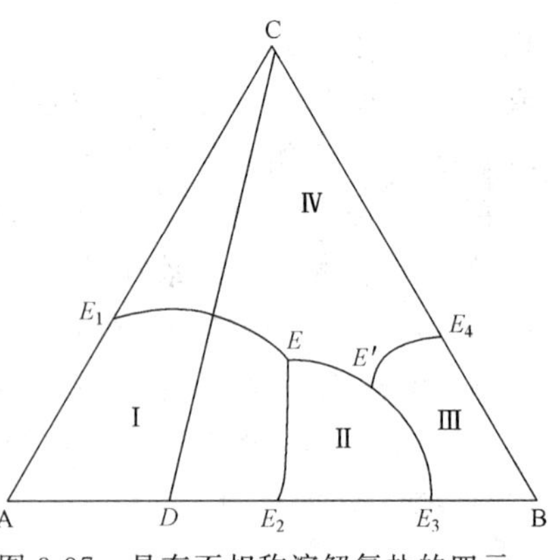

图 3-37 具有不相称溶解复盐的四元盐水体系等温干盐相图

图中三角形的三个顶点分别代表三种纯盐 A、B 和 C，AB 边上的 D 点代表纯复盐 D。AC 边上的 E_1 是 A 盐和 C 盐的两盐共饱点，AB 边上的 E_2 和 E_3 分别是 A 盐和复盐 D、B 盐和复盐 D 的两盐共饱点。BC 边上的 E_4 是 B 盐和 C 盐的两盐共饱点。E 是 A 盐、C 盐和复盐 D 的三盐共饱点，E' 是 B 盐、C 盐和复盐 D 的三盐共饱点。

AC 边表示一个由 A 盐、C 盐和水组成的三元盐水体系，AD 边表示 A 盐、复盐 D 和水组成的三元盐水体系，DB 边表示复盐 D、B 盐与水组成的三元盐水体系，BC 边则表示 B 盐、C 盐和水组成的三元盐水体系。

多边形 AE_2EE_1A 为 A 盐的饱和面，即 A 盐单独结晶析出的饱和面，在立体相图中它是 A 盐饱和体的上表面，余类推。多边形 $E_2E_3E'EE_2$ 为不相称溶解复盐 D 的饱和面，多边形 $E_3BE4E'E_3$ 为 B 盐的饱和面，多边形 $CE_1EE'E_4C$ 为 C 盐的饱和面。

与图 3-35 的相称溶解复盐相图比较，可以发现两个相图是有一定区别的。将 D 和 C 相连后，两个三盐共饱点 E 和 E' 位于三角形 BCD 之内，这是不相称溶解复盐相图的典型特征。三盐共饱点 E 位于与其平衡的 A、B、D 三盐组成的三角形之外，称之为不相称共饱点；而另一个三盐共饱点 E' 位于与其平衡的 D、B、C 三盐组成的三角形之内，称之为相称共饱点。

当体系的干盐组成点落在不同的区域时，在蒸发过程中，各相的差异较大，下面分别讨论。

首先，讨论图 3-38 中的不饱和体系 n 的蒸发过程。由于体系 n 的干盐组成点落在不相称复盐 D 的饱和面上，蒸发时首先将结晶析出复盐 D，此时平衡液相干盐组成点为 n，平衡固相点为 D。继续蒸发时，平衡液相组成点将由 n 点沿 nL 方向向 L 点移动，固相点在 D 不动；当液相干盐组成点到达两盐共饱线上的 L 点时，复盐 D 单独析出量最大。继续蒸发，平衡液相点将沿着 D 盐和 C 盐的两盐共饱线 LE' 向 E' 点移动，此时 C 盐也析出，固相点也沿 DC 线由 D 点向 C 点方向移动。当液相组成点到达 E' 时，平衡固相点由 D 移动至 F 点。进一步蒸发时，D、C、B 将同时析出，固相点将由 F 点向 n 移动。最后液相在 E' 干涸，固相点也移动至 n。

如果体系点是图 3-39 中的 m，其蒸发过程有何特点呢？从图中可知，m 的干盐组成点落在 A 盐的饱和面上，蒸发时首先析出 A 盐，此时液相点为 m，固相点为 A。蒸发进一步进行时，平衡液相点由 m 向 L 移动，固相点在 A 点不动。当液相点至 L 时，A 盐单独析出量最大，此时 C 盐也将开始析出。液相点由 L 向 E 移动时，平衡固相点由 A 向 S 移动。当液相点到达 E 点时，固相点也到达 S 点。继续蒸发，液相点在三盐共饱点 E 不动，此时 A、C、D 三种盐同时析出，固相点由 S 向 m 移动。液相最后在 E 点干涸，固相点移动至 m。

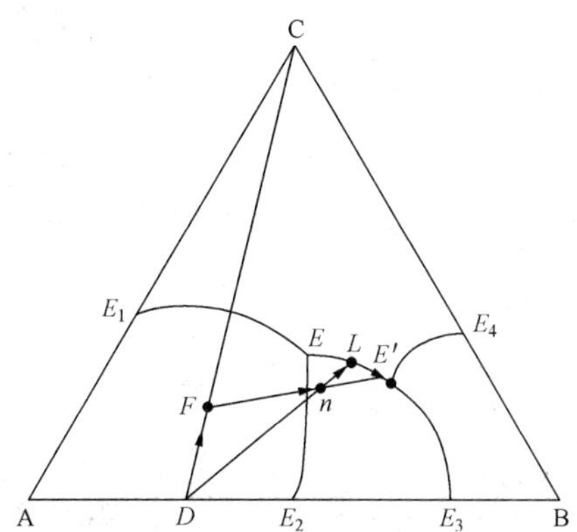

图 3-38　不相称溶解复盐的四元盐水体系等温干盐图上的蒸发过程之一

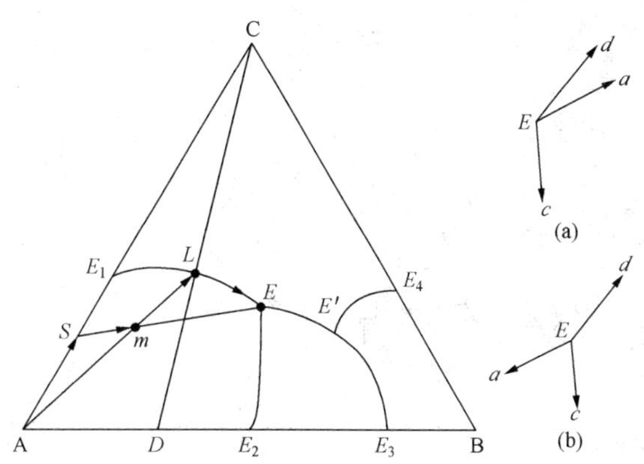

图 3-39　不相称溶解复盐的四元盐水体系等温干盐图上的蒸发过程之二

在盐水体系相图中，一般相称共饱点是液相干涸点，不相称共饱点是转溶点。在前面曾介绍 E 是一个不相称共饱点，为什么会成为干涸点呢？从相图中可知：相对来说，复盐 D 中 A 盐多、B 盐少，液相 E 中的 A 盐少、B 盐多。已知 E 点是无变量点，即 $F=4-4+0=0$，其组成应保持不变。当液相点移动到 E 点时，要保证复盐 D 析出，而 E 点又维持组成不变，那么只有固相中的 A 盐转溶才能保证 E 点组成维持不变。所以实际上 E 点是转溶点，只是在蒸干时，A 盐尚未转溶完全。从图中的向量示意图可知：A、C、D 三种盐的结晶合向量(a)显然不为零，E 点需移动；但 A 的溶解向量与 C、D 的结晶向量的合向量(b)则为零，表明 E 点可维持不动，这也可解释为什么 E 点是转溶点。

下面介绍图 3-40 中不饱和体系 m 蒸发过程的特点。从干盐图中可知，m 的干盐组成点也落在 A 盐的饱和面上，蒸发时首先析出 A 盐，此时液相点为 m，固相点为 A。

进一步蒸发时，平衡液相由 m 向 L 移动，固相在 A 点不动。当液相点至 L 时，A 盐单独析出量最大，此时 C 盐也将开始析出。液相点由 L 向 E 移动时，平衡固相点由 A 向 S 移动。当液相点到达 E 点时，固相点也到达 S 点。继续蒸发，液相点在三盐共饱点 E 不动，此时 A、C、D 三种盐同时析出，固相点由 S 向 F 移动；这一过程中，实际发生了 A 盐转溶的现象；当固相点到达 F 点时，A 盐转溶完毕。继续蒸发时，平衡液相就离开 E 点沿 EE' 向 E' 点移动，此时只有 C、D 两盐析出，固相点由 F 点向 G 点移动。液相点到达 E' 点后，对应的固相点也到达 G 点。液相最后在 E' 点干涸，固相点由 G 点移动至 m。E' 点是相称共饱点，也是最后干涸点。

最后介绍图 3-41 中不饱和体系 m 的蒸发过程。由图可知，体系 m 的干盐组成点落在 A 盐的饱和面上，故蒸发时首先析出 A 盐，此时液相点为 m，固相点为 A。继续蒸发时，平衡液相组成点由 m 向 L_1 移动，固相点在 A 不动。当液相点至 L_1 时，A 盐单独析出量最大，此时复盐 D 也将析出。当液相点由 L_1 向 L_2 移动时，固相点也从 A 向 D 移动，这一过程实际是 A 盐转溶的过程。当液相组成点至 L_2、固相点至 D 时，此时由于平衡固相为复盐 D，对应的平衡液相点必须离开两盐共饱线 E_2E 进入复盐 D 的饱和区，即平衡液相将由 L_2 向 L 移动，对应的固相在 D 点不动。当液相组成点至 L 时，复盐 D 的单独析出量最大。继续蒸发，液相组成点在 C、D 共饱线 EE' 上由 L 向 E' 移动，固相点由 D 向 DC 连线的 S 点移动。液相点至三盐共饱点 E' 时，固相点也移动至 S 点。最后液相在 E' 点干涸，固相由 S 点移动至 m 点。

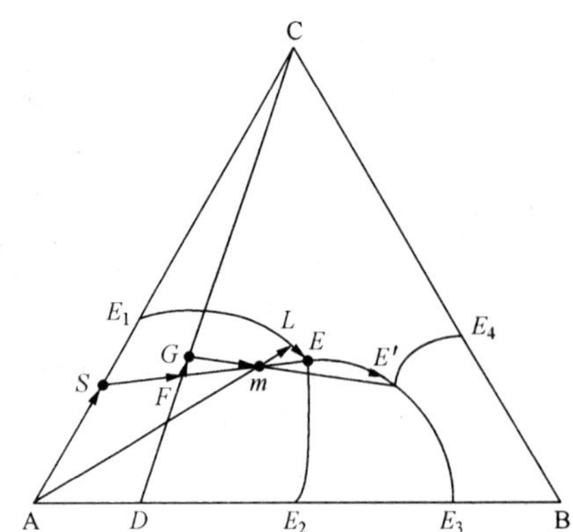

图 3-40　不相称溶解复盐的四元盐水体系等温干盐图上的蒸发过程之三

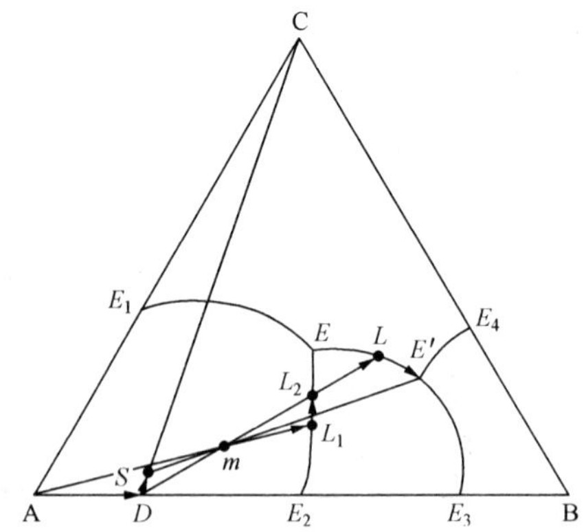

图 3-41　不相称溶解复盐的四元盐水体系等温干盐图上的蒸发过程之四

综上所述，在复杂四元盐水体系相图中，体系的组成或体系点位置不同，蒸发过程的差异很大，因此对不同组成的体系需区别对待。

3. 复杂四元相互盐水体系相图

$MgSO_4$ 和 KCl 发生复分解反应时会生成那些产物？是简单的 K_2SO_4 和 $MgCl_2$ 吗？答案是否定的。实际上，这个反应过程涉及一个复杂的复分解反应，产物中既有复盐，也有水合物。因此，该四元相互盐水体系相图十分复杂。

图 3-42 是 Mg^{2+}，K_2^{2+}//Cl_2^{2-}，SO_4^{2-}-H_2O 四元相互盐水体系的干盐图。在这个体系中可能出现的复盐有：软钾镁矾（$K_2SO_4 \cdot MgSO_4 \cdot 6H_2O$，Sc），钾镁矾（$K_2SO_4 \cdot MgSO_4 \cdot 4H_2O$，Le），无水钾镁矾（$K_2SO_4 \cdot 2MgSO_4$，La），光卤石（$KCl \cdot MgCl_2 \cdot 6H_2O$，Car），泻利盐（$MgSO_4 \cdot 7H_2O$，Re）、钾盐镁矾（$KCl \cdot MgSO_4 \cdot 3H_2O$，Ka）等。

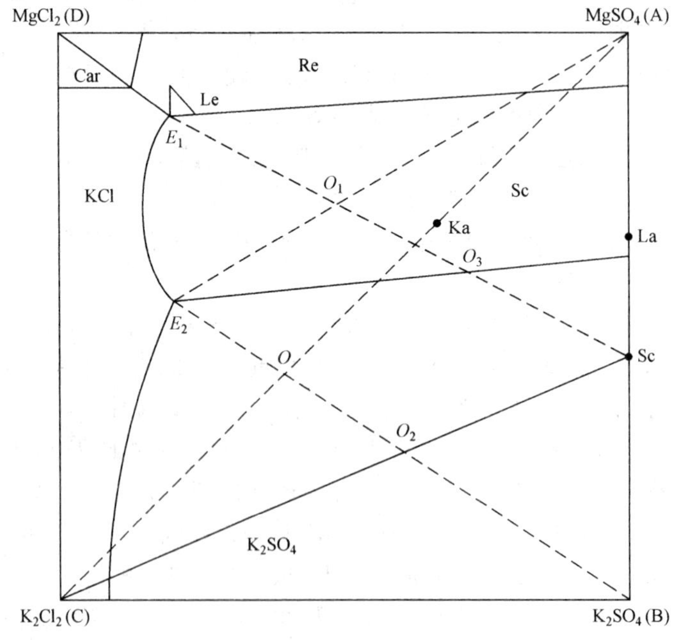

图 3-42　Mg^{2+}，K_2^{2+}//Cl_2^{2-}，SO_4^{2-}-H_2O 四元相互盐水体系的干盐图

在工业生产中，人们经常利用这个反应将氯化钾转化为硫酸钾。要获得纯净的硫酸钾产品和高的钾转化率，可以利用复杂四元相互盐水体系相图，选择适宜的转化工艺条件。$MgSO_4$ 和 KCl 的复分解转化反应有两种工艺：一段转化法和二段转化法。

一段转化法的工艺过程是将 KCl 和 $MgSO_4$ 于 O 点配料，此时反应体系点 O 位于 K_2SO_4 的饱和区，获得 K_2SO_4 晶体和母液 E_2。从相图中可知，反应后的母液 E_2 中 KCl 的含量还很高，$MgCl_2$ 的浓度不高。说明钾的转化率较低，K_2SO_4 的产率不高。为解决转化率问题，根据相图可知：KCl 和 $MgSO_4$ 可在 O_3 点配料，此时反应体系点为 O_3，位于软钾镁矾的结晶区，可析出软钾镁矾，其母液 E_1 中 $MgCl_2$ 浓度较高，说明钾的转化率提高了。但其缺点也是显而易见的，不能获得纯 K_2SO_4。

为了提高钾的转化率和获得纯 K_2SO_4，又提出了二段转化法。二段转化法是首先利用溶液 E_2 与 $MgSO_4$(A)配料，于 O_1 点转化，得溶液 E_1 和软钾镁矾。然后再将软钾镁矾与 KCl(C)混合在 O_2 点进行二段转化，得 K_2SO_4 和溶液 E_2。E_2 返回一段转化，构成封闭循环。这样通过中间产物软钾镁矾的搭线牵桥，实现了高钾转化率，并获得纯 K_2SO_4。

参考文献

[1] 苏裕光. 无机化工生产相图分析(二) [M]. 北京：化学工业出版社，1992.

[2] 王向荣. 化肥生产的相图分析 [M]. 北京：石油化学工业出版社，1977.

[3] 南京化工学院. 化工热力学 [M]. 北京：化学工业出版社，1980.

[4] 吕秉玲. 纯碱生产相图分析 [M]. 北京：化学工业出版社，1991.

[5] 梁保民. 水盐体系相图原理及运用 [M]. 北京：轻工业出版社，1986.

[6] 顾菡珍. 相平衡和相图基础 [M]. 北京：北京大学出版社，1991.

[7] 邓天龙. 水盐体系相图及应用 [M]. 北京：化学工业出版社，2013.

[8] 徐绍平，殷德宏，仲剑初. 化工工艺学 [M]. 2 版. 大连：大连理工大学出版社，2012.

[9] 陈五平. 无机化工工艺学：上册 [M]. 3 版. 北京：化学工业出版社，2002.

[10] 陈五平. 无机化工工艺学：中册 [M]. 3 版. 北京：化学工业出版社，2003.

第4章

合成氨

4.1 概 述

空气中含有78%(体积分数)的氮气,但大多数植物不能直接吸收这种游离态的氮,必须将其转化为氮的化合物才能吸收利用。这种使空气中的氮气转变为化合态氮的过程称为固定氮。20世纪初研究成功并实现工业化的三种固定氮的方法是:电弧法、氰氨法和合成氨法。由于电弧法和氰氨法在经济上无法和合成氨法比拟,因此自1913年工业上实现氨的合成以后,合成氨法逐渐成为固定氮生产中的最主要方法。

1754年,普里斯利(Priestly)加热氯化铵和石灰时发现了氨;1784年,伯托利(Berthollet)确定氨是由氮元素和氢元素组成的。其后,虽然历经100多年的漫长岁月,由氮气和氢气直接人工合成氨均未能获得成功。直到19世纪末叶,由于化学热力学、反应动力学概念的建立及大量基础理论研究工作的开展,才使合成氨的研究在正确的理论指导下进行。

1901年,吕·查得利(Le Chatelier)首次提出氨的合成需在高温、高压并采用适当的催化剂的条件下才能进行。1909~1911年,哈伯(Fritz Haber)和米塔希(Mittasch)分别对锇系催化剂和铁系催化剂进行了研究。1913年,在哈伯试验数据的基础上,德国奥堡(Oppau)一个日产30 t合成氨的工业化装置成功地开始运转,采用高温、高压和铁系催化剂工艺,这就是著名的哈伯-博施(Haber-Bosch)法。哈伯和博施因他们在合成氨的研究和工业化方面的杰出贡献,分别于1918年和1931年获诺贝尔化学奖。第一次世界大战(1914~1918年)结束后,德国因战败而被迫公开合成氨技术,有些国家在此基础上进行了一些改进,从而出现了不同压力(10 132~101 325 kPa)的合成方法:低压法(10 132 kPa)、中压法(20 265~30 398 kPa)和高压法(86 126~101 325 kPa)。第二次世界大战(1939~1945年)结束后,随着合成氨需求量的增长以及石油工业的迅速发展,合成氨工业在原料构成、生产技术及装备方面都发生了重大变化。如20世纪50年代开始,出现了以天然气和石脑油替代煤为原料的生产工艺,促进了原料气制备方法和气体净化技术的发展;20世纪60年代以后,大型离心压缩机的发展使合成氨的生产规模大型化,出现了日产合成氨1 000 t以上的大型装置,使合成氨的成本大幅下降,促进了氨在其他工业领域中的广泛应用。

我国的合成氨生产始于新中国诞生前,当时只有两个生产硫酸铵的氮肥厂,最高年产量为22.66万吨,折合成氨为4.8万吨。自20世纪60年代以后,结合国外的经验,我国的合成氨工业先后开发了“三触媒”净化流程（即氧化锌脱硫、低温变换及甲烷化）及合成氨与碳酸氢铵联合生产新工艺，兴建一些小型（0.5 万～3 万吨/年）及中型（5 万吨/年）规模的合成氨厂；20 世纪 70 年代以后，开始引进国外先进合成氨技术，建立了年产 30 万吨的大型合成氨厂。现在已拥有以天然气、石脑油、重油和煤为原料的大型合成氨装置数十套；进入 20 世纪 90 年代，随着市场经济的发展，小型合成氨厂因技术落后、生产成本高等原因而逐步被淘汰。

虽然各种合成氨技术存在一些差异，但均包含以下三个过程：

(1)原料气的制备

制备含有氢和氮的原料气，这一过程称为造气。

(2)原料气的净化

由于以煤和天然气等为原料制得的氢、氮原料气中都含有硫化物和碳的氧化物，这些物质对合成氨催化剂有毒害作用，在合成氨前须将它们脱除。

(3)氨的合成

将净化后的原料气在高温、高压下，经催化反应生成氨。

以煤、天然气和重油为原料的三种典型合成氨的工艺流程如图 4-1～图 4-3 所示。

氨的主要用途是作为生产硫酸铵、硝酸铵、氯化铵、碳酸氢铵及尿素等化学肥料的工业原料。同时，也是生产其他含氮化合物，如硝酸染料、炸药、医药、塑料、合成纤维、合成橡胶等的重要原料。

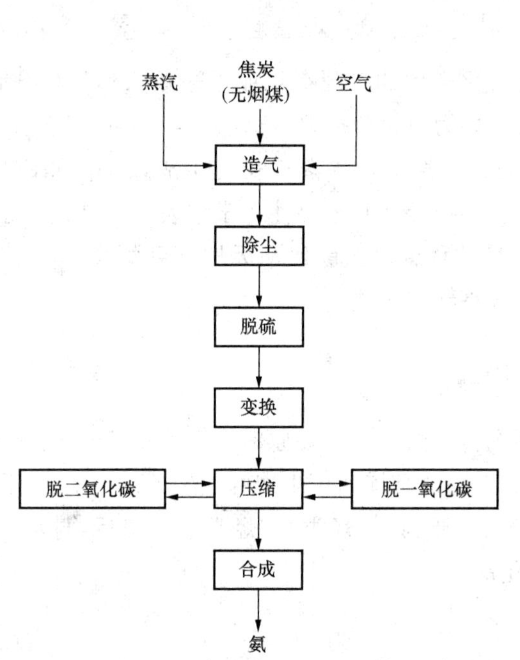

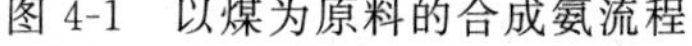
图 4-1　以煤为原料的合成氨流程

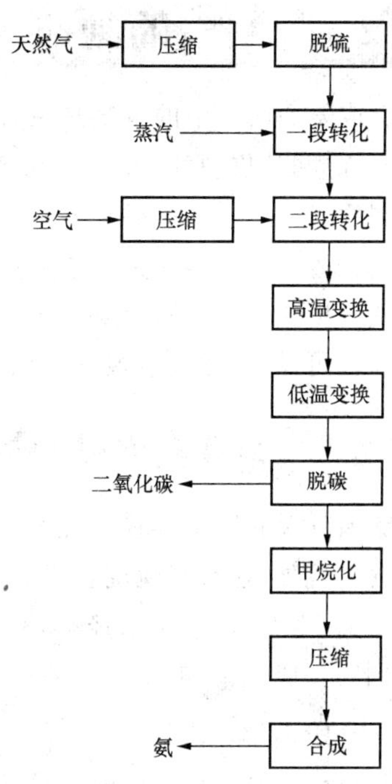

图 4-2　以天然气为原料的合成氨流程

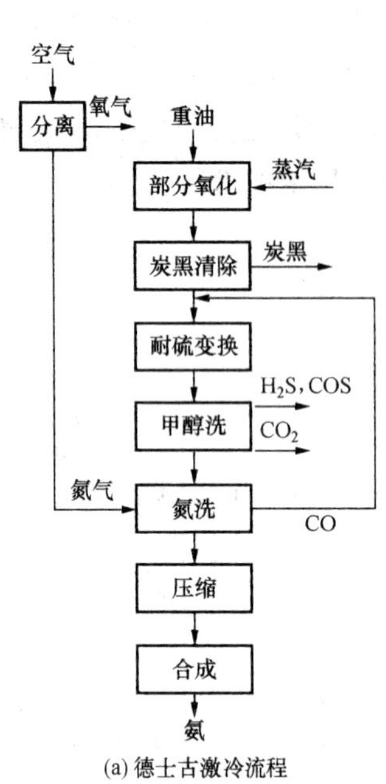

(a) 德士古激冷流程

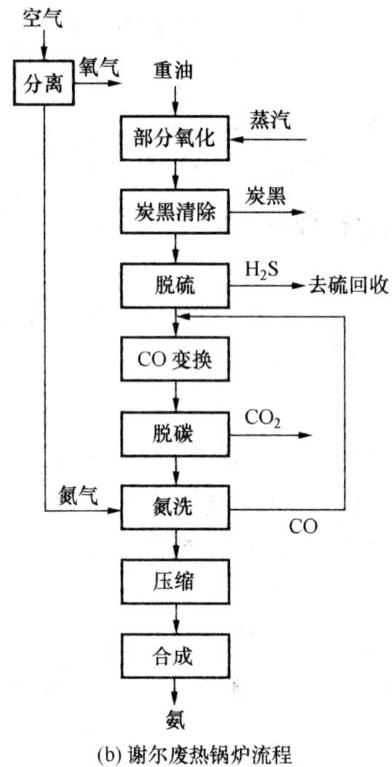

(b) 谢尔废热锅炉流程

图 4-3　以重油为原料的合成氨流程

4.2　原料气的制备

合成氨原料气中的氢气是由含碳燃料转化得到的。现在工业上采用天然气(包括油田气)、炼厂气、焦炉气、石脑油、重油、焦炭和煤为原料合成氨。这些原料均可看作是由不同氢碳比(H/C)的烃类或碳元素构成,它们在高温下与水蒸气反应生成以 H_2 和 CO 为主体的合成气。氢碳比是制氢原料的一个重要指标。其重要性在于它表示的是该种原料与水蒸气反应时释放氢比从水中释放氢容易的程度。氢碳比从天然气到烟煤为 2∶1～0.4∶1。可见,天然气最容易转化,而烟煤最难转化。

4.2.1　烃类蒸汽转化法

天然气及石脑油等轻质烃类是烃类蒸汽转化法中的主要原料。天然气等气态烃中除主要含甲烷外,还有其他烷烃或少量烯烃。石脑油是炼油厂生产的较轻的烃类馏分,分为轻石脑油(主要是 C_5～C_6 烃类)和重石脑油(主要为 C_9 烃类)。烃类经脱硫后,与水蒸气反应制取合成气,一般工业上采用二段转化法。

1. 一段转化

一段转化是把烃类原料通过与水蒸气反应生成 H_2 和 CO,蒸汽转化过程的主要反应如下:

烷烃:

$$C_nH_{2n+2}+nH_2O(g)\longrightarrow nCO+(2n+1)H_2$$

$$C_nH_{2n+2}+2nH_2O(g)\longrightarrow nCO_2+(3n+1)H_2$$

烯烃：

$$C_nH_{2n}+nH_2O(g)\longrightarrow nCO+2nH_2$$
$$C_nH_{2n}+2nH_2O(g)\longrightarrow nCO_2+3nH_2$$

由于各种低碳烃与水蒸气反应均经过甲烷蒸汽转化这一阶段，气态烃的蒸汽转化可用甲烷蒸汽转化代表：

$$CH_4+H_2O(g)\longrightarrow CO+3H_2-206.29\ kJ\cdot mol^{-1}$$
$$CH_4+2H_2O(g)\longrightarrow CO_2+4H_2+41.19\ kJ\cdot mol^{-1}$$

同时也发生一些副反应，如：

$$CH_4+CO_2\longrightarrow 2CO+2H_2$$
$$CH_4+CO_2\longrightarrow CO+H_2+H_2O+C$$
$$2CH_4\longrightarrow C_2H_4+2H_2$$
$$CO+H_2O = CO_2+H_2$$

此外，在一定条件下还可能发生析炭反应：

$$CH_4\longrightarrow 2H_2+C$$
$$2CO = CO_2+C$$
$$CO+H_2 = H_2O+C$$

主反应是我们所希望的，而副反应不但消耗原料，而且析出的炭黑沉积在催化剂表面，会使催化剂失活和破裂。从热力学角度看，甲烷蒸汽转化反应是体积增大的吸热反应。因此，应该尽可能在高温、低压和高水碳比（H_2O/CH_4）条件下进行。但是在相当高的温度下反应的速度仍然很慢，需要催化剂来加快反应。对于烃类转化，镍是最有效的催化剂活性组分。由于一段转化的操作温度要比大多数催化反应的温度高 200～300 ℃，这种条件很容易使催化剂的晶粒长大，而催化剂的活性高低又取决于金属镍比表面积的大小。因此，为使催化剂具有高活性，要求把镍制成细小分散的晶粒。镍是催化剂中的活性组分，以 NiO 形态存在，含量在 4%～30%较适宜。为提高镍催化剂的活性，加入 MgO 作助催化剂，而以 Al_2O_3、CaO、K_2O 等为载体。

从一段转化炉出来的气体温度为 800～900 ℃，压力为 2.5～3.5 MPa，水碳比为3.5，转化气组成（体积分数）为：CH_4 10%，CO 10%，CO_2 10%，H_2 69%，N_2 1%。

2. 二段转化

在一段转化中，由于目前耐热合金钢管最高只能在 800～900 ℃下工作，一段转化炉出口气体中仍含有 8%～10%的甲烷。为了进一步使甲烷转化完全及引入制氨气所需的氮气，一段转化后的合成气还必须在二段转化炉中，引入空气进行部分燃烧，使残余的甲烷浓度降至 0.2%～0.5%。二段转化的主要反应如下：

$$2H_2+O_2 = 2H_2O+483.99\ kJ\cdot mol^{-1}$$
$$2CO+O_2 = CO_2+565.95\ kJ\cdot mol^{-1}$$
$$CH_4+H_2O\longrightarrow CO+3H_2-206.29\ kJ\cdot mol^{-1}$$

在二段转化过程中，合成气首先与空气混合进行燃烧，温度可达 1 200 ℃。然后进入充填镍催化剂的转化器下部进行甲烷的转化反应，由于甲烷转化反应为吸热反应，沿着催化剂床层温度逐渐降低，到炉的出口处约为 1 000 ℃。加入的空气要满足$(CO+H_2)/N_2=3.1\sim3.2$，离开二段转化炉的合成气中残余甲烷浓度在 0.3%左右，$H_2/N_2=3$，压力为 3.0 MPa。

3. 蒸汽转化工艺流程

用烃类制取合成氨原料气，目前有三种方法：美国凯洛格(Kellogg)法、丹麦托普索(Topsφe)法和英国帝国化学工业公司(ICI)法。除一段转化炉有些不同外，工艺流程均大同小异，都包含有一、二段转化炉，原料预热及余热回收。现以以天然气为原料的凯洛格法流程为例进行介绍。

图 4-4 是日产 1 000 t 氨的凯洛格法一、二段转化工艺流程。在原料天然气中配入一定比例的氢、氮合成气，预热至 380～400 ℃时，进入装填钴钼加氢催化剂的加氢反应器和氧化锌脱硫罐，脱除硫化氢及有机硫，使硫含量低于 0.5×10^{-6}。然后在压力 3.6 MPa、温度 380 ℃左右配入中压蒸汽，达到一定的水碳比(约 3.5)后进入一段转化炉的对流段，预热到 500～520 ℃送到转化炉辐射段顶部，分配进入各装有镍催化剂的转化管中，在管内继续被管外燃料气加热进行转化反应。离开转化管底部的转化气温度为 800～820 ℃，压力为 3.0 MPa，甲烷含量约为 9.5%，汇合于集气管后再沿着集气管中间的上升管上升，继续吸收一些热量，使温度升到 850～860 ℃，送往二段转化炉。工艺空气经压缩机加压到 3.3～3.5 MPa，也配入少量蒸汽，经过一段转化炉对流段预热到 450 ℃左右，进入二段转化炉顶部与一段转化气汇合并燃烧，使温度升至 1 200 ℃左右，再通过催化剂床层继续反应并吸收热量，出二段转化炉的气体温度约为 1 000 ℃，压力为 3.0 MPa，残余甲烷含量在 0.3%左右。

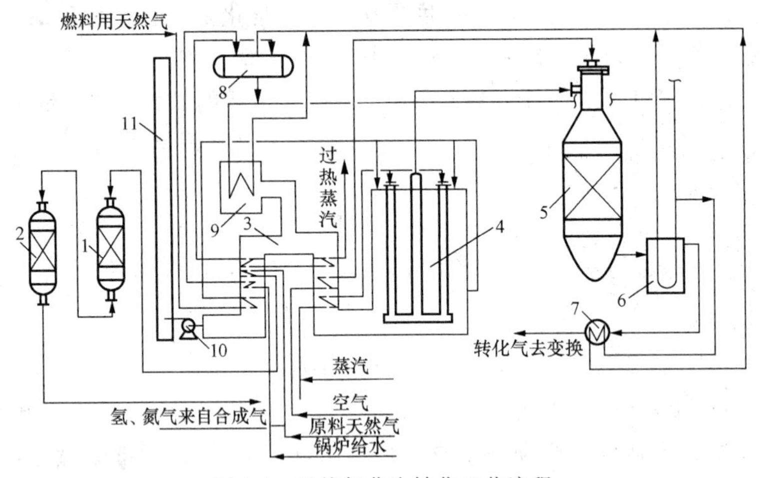

图 4-4 天然气蒸汽转化工艺流程

1—钴钼加氢反应器；2—氧化锌脱硫罐；3—对流段；4—辐射段(一段转化炉)；5—二段转化炉；6—第一废热锅炉；7—第二废热锅炉；8—汽包；9—辅助锅炉；10—排风机；11—烟囱

4. 转化炉

一段转化炉是烃类蒸汽转化的关键设备之一，它由包括若干根转化管的加热辐射段及回收热量的对流段两部分组成。一段转化过程中，反应管承受高温、高压和气体腐蚀的苛刻条件，因而需采用离心浇铸的含 25%铬和 20%镍的高合金不锈钢管。工业上使用的转化炉型主要有三种：顶部烧嘴炉[图 4-5(a)]、侧壁烧嘴炉[图 4-5(b)]及梯台烧嘴炉[图 4-5(c)]。各种转化炉型的反应管都竖排在炉膛内，管内装催化剂，含烃气体和水蒸气的混合物都由炉顶进入，自上而下进行反应。管外炉膛设有烧嘴，燃烧气体或液体燃料产生的热量以辐射方式传给管壁。

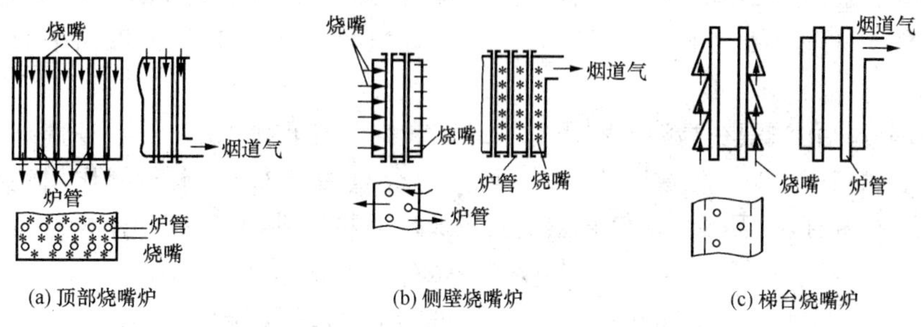

图 4-5　一段转化炉的炉型

顶部烧嘴炉的外观呈方箱形结构，炉顶有原料、燃料和空气总管。从辐射室顶部往下看，炉管与烧嘴交错排列。对流室内设置有回收热量的锅炉、蒸汽过热器、天然气与蒸汽混合物预热器及锅炉给水预热器等。侧壁烧嘴炉是竖式箱形炉，辐射段呈长条形。烧嘴分成多排水平布置在辐射室两侧炉壁上。对流室设有各种回收热量的预热器及高压蒸汽过热器等。梯台烧嘴炉的炉体为狭长形，炉内设有单排或双排炉管，并有一个重叠于另一个之上的 2～3 个梯台，烧嘴布置在每个台阶上。二段转化炉在 1 000 ℃以上高温下把残余的甲烷进一步转化，是合成氨中温度最高的催化反应过程。与一段转化不同，在二段转化炉内需加入空气燃烧一部分转化气(主要是氢)实现内部给热，同时也解决了合成氨所需的氮。理论计算得出火焰温度高达 1 203 ℃。当转化气与空气混合不均时，有可能使局部温度大大升高，最高可达 2 000 ℃。因此，二段转化必须重视转化气和空气的混合问题，以避免由于燃烧区温度过高导致烧熔催化剂(镍的熔点为 1 455 ℃)和毁坏耐火衬里，这就要求二段转化炉有相应的结构。二段转化炉是内衬耐火材料的耐压反应器，外形为一立式圆筒，壳体材质是碳钢，炉外有水夹套。其上部为燃烧区，下部为充填镍催化剂的转化段。图 4-6 为凯洛格型二段转化炉。

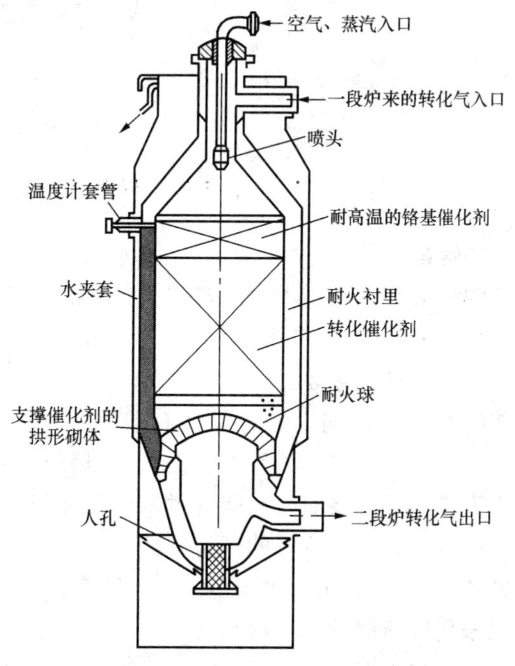

图 4-6　凯洛格型二段转化炉

4.2.2 重油部分氧化法

重油是石油加热到350 ℃以上所得的馏分，若将重油继续减压蒸馏到520 ℃以上所得馏分称为渣油。重油、渣油以及各种深度加工所得残渣油习惯上统称为“重油”，它是以烷烃、环烷烃及芳香烃为主的混合物。重油中含碳元素85%～87%，含氢元素11%～13%。除碳、氢元素以外，重油中还含有少量硫、氧、氮和碳元素生成的化合物。其虚拟分子式可写作C_mH_n，如将含碳元素87%（质量分数）、含氢元素13%的重油平均分子式写成$C_{12}H_{23}$。

重油部分氧化法是在高温下利用氧气或富氧空气与重油进行反应，一部分重油与氧气完全燃烧生成CO_2，同时放出大量热；另一部分重油与CO_2、水蒸气作用生成CO和H_2，反应是吸热的，所需热量由完全燃烧反应放出的热提供，其反应方程式为

$$C_mH_n+(m+n/4)O_2 \longrightarrow mCO_2+(n/2)H_2O+Q$$

$$C_mH_n+mCO_2 \longrightarrow 2mCO+(n/2)H_2-Q$$

$$C_mH_n+mH_2O \longrightarrow mCO+(n/2+m)H_2-Q$$

反应条件：1 200～1 370 ℃，3.2～8.37 MPa，无催化剂。每吨原料加水蒸气400～500 kg，水蒸气主要起汽化剂作用，同时也可以缓冲炉温及抑制析炭反应。

重油汽化的化学反应与烃类的蒸汽转化反应有某些相似之处，烃类催化转化中的一些主要反应在重油汽化中也同样发生。其中CH_4蒸汽转化反应和CO变换反应也是重油汽化的主要反应：

$$CH_4+H_2O(g) \longrightarrow CO+3H_2$$

$$CO+H_2O = CO_2+H_2$$

但在重油部分氧化汽化过程中应重视析炭反应：

$$CH_4 \longrightarrow 2H_2+C$$

$$2CO = CO_2+C$$

$$CO+H_2 = H_2O+C$$

这是因为在重油汽化过程中，炭黑造成的危害更为突出。析炭反应的发生不仅降低了碳的利用率，而且当合成气洗涤不彻底时炭黑将覆盖在变换催化剂表面，使催化剂活性下降并增大床层阻力。严重时还将污染净化工序的脱硫脱碳溶液，造成脱碳溶液发泡泛塔。

重油汽化与烃类蒸汽转化的不同之处在于：它是在没有催化剂条件下的气、液、固三相的复杂反应，并且一开始就有O_2参加反应。

重油汽化工艺流程主要由汽化、热能回收和炭黑清除等部分组成。通常按照热能回收方式分为直接回收热能的激冷流程和间接回收热能的废热锅炉流程（简称废锅流程）。激冷流程是使反应后的高温气体与一定温度的炭黑水直接接触，水迅速蒸发进入气相而气体快速冷却，大量水的蒸发为CO变换提供了条件，这种方法适用于低硫重油。废锅流程采用废热锅炉间接回收转化炉出口的合成气热量，然后经过两段水洗除去炭黑，再由脱硫装置进入变换工序；因此，该法对重油含硫量无限制，同时副产高压蒸汽。图4-7为重油部分氧化制合成气的德士古（Texaco）激冷工艺流程，图4-8为重油部分氧化的谢尔（Shell）废热锅炉工艺流程。

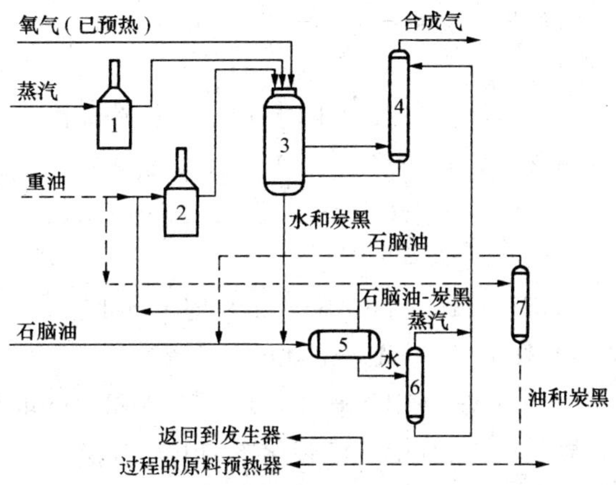

图 4-7　德士古激冷工艺流程

1—蒸汽预热器;2—重油预热器;3—汽化炉;4—水洗塔;5—石脑油分离器;6—汽提塔;7—油分离器

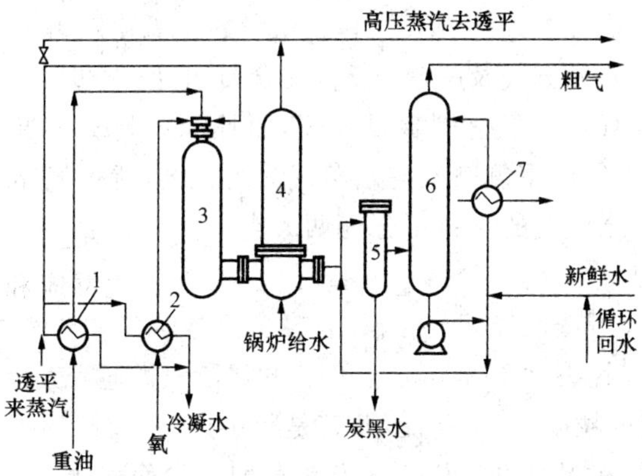

图 4-8　谢尔废热锅炉工艺流程

1—重油预热器;2—氧预热器;3—汽化炉;4—废热锅炉;5—炭黑捕集器;6—冷凝洗涤塔;7—水冷却器

4.2.3　固体燃料气化法

固体燃料主要指煤和焦炭。所谓固体燃料气化,是指利用氧或含氧气化剂对其进行热加工,使炭转化为可燃性气体的过程。尽管自 20 世纪 50 年代后合成氨生产中固体燃料气化法逐步被轻质烃类蒸汽转化法所取代,但进入 21 世纪后煤气化法作为生产合成气的一种基本方法反而越来越受到重视,这是因为煤的储量远大于轻质烃类。

煤等固体燃料在气化炉内的气化反应比较复杂,主要反应有:

氧化燃烧:

$$C+O_2 = CO_2+393.8\ kJ\cdot mol^{-1}$$

$$C+\frac{1}{2}O_2 = CO+110.6\ kJ\cdot mol^{-1}$$

$$CO+\frac{1}{2}O_2 = CO_2+283.2\ kJ\cdot mol^{-1}$$

$$2H_2+O_2 = 2H_2O+241.8\ kJ\cdot mol^{-1}$$

还原:

$$C+CO_2 \longequal 2CO-172.3\ kJ \cdot mol^{-1}$$

蒸汽转化：

$$C+H_2O = CO+H_2-131.4\ kJ \cdot mol^{-1}$$
$$C+2H_2O = CO_2+2H_2-90.2\ kJ \cdot mol^{-1}$$
$$CO+H_2O = CO_2+H_2+41.19\ kJ \cdot mol^{-1}$$

甲烷化：

$$C+2H_2 \longrightarrow CH_4+74.9\ kJ \cdot mol^{-1}$$
$$CO+3H_2 \longrightarrow CH_4+H_2O+206.29\ kJ \cdot mol^{-1}$$
$$CO_2+4H_2 \longrightarrow CH_4+2H_2O+165.1\ kJ \cdot mol^{-1}$$

上述大多数反应为放热反应，其中蒸汽转化中的 $C+2H_2O = CO_2+2H_2$ 反应是煤气化的主要反应，而甲烷化反应在加压气化时比较重要。

煤气的成分主要取决于燃料和气化剂的种类及气化条件。以空气为气化剂时，制得的煤气称为空气煤气，主要由大量的氮气和一定量的一氧化碳组成；而用水蒸气为气化剂制得的水煤气，主要成分为氢气及一氧化碳，其含量可达到 85%左右。但在合成氨工业中，不仅要求煤气中氢气与一氧化碳含量要高，而且 $(CO+H_2)/N_2$ 应为 3.1～3.2（摩尔比）。因此，可用适量空气或富氧空气与水蒸气为气化剂，所得气体称为半水煤气。

在合成氨生产中，合成气的制备可分为两大类：

(1)间歇式半水煤气方法；

(2)氧（或富氧空气）-蒸汽连续气化法（包括常压连续气化法和加压连续气化法）。

由于间歇式半水煤气法存在诸多缺点，例如吹风阶段需通入大量空气，吹风末期燃料层温度较高，因此对燃料的粒度、热稳定性，尤其是灰熔点要求较高；此外，由于气化过程中约有 1/3 的时间用于吹风和阀门的切换，故有效制气时间少而气化强度低。而氧-蒸汽连续气化法中的常压连续气化法，虽然气化强度及气化效率均优于间歇法，但制得的半水煤气中氢含量较低而一氧化碳和二氧化碳含量较高，使后续的一氧化碳变换及净化工序负荷增大。

加压连续气化法是当前以煤为原料的大型合成氨厂广泛采用的方法，主要有三种类型：固定床加压气化法、流化床气化法和气流床加压气化法。其优点为：

(1)燃料的适用范围较宽。从煤种角度来看，除无烟煤外部分烟煤及褐煤也可应用；另外，允许使用粒度小、机械强度及热稳定性较差的燃料。

(2)动力消耗降低。由于生成煤气的体积远大于氧气体积，气化前用于压缩氧气的动力消耗大大低于压缩煤气的动力消耗，与常压连续气化法相比其动力消耗可降低 2/3 左右。

(3)单炉发气量大，便于大型化生产。

德国鲁奇（Lurgi）公司开发的固定床加压连续气化制合成气工艺，燃料为块状煤或焦炭。原料煤或焦炭由气化炉顶部定时加入，气化剂为水蒸气和纯氧混合气，在气化炉内进行的反应有：炭和氧的燃烧放热反应、炭与水蒸气的气化吸热反应等。通过调节水蒸气和纯氧的比例，可控制和调节炉中温度。

20 世纪 50 年代中期，云南解放军化肥厂从苏联引进了第一代鲁奇炉，以煤造气合成氨；70 年代末，沈阳加压气化厂用第一代鲁奇炉制取城市煤气；80 年代初，山西天脊煤化工集团公司（原山西化肥厂）从德国鲁奇公司成套引进第三代 Mark-Ⅳ鲁奇炉，用于制取合成氨的原料气。之后我国又建设了兰州煤气厂和哈尔滨气化厂，这两套装置已于 20 世纪 90 年代初相继投入运行。1998 年河南义马煤气厂引进了第三代鲁奇炉。

典型的加压气化法鲁奇炉结构如图 4-9 所示。氧与水蒸气通过空心轴经炉箅分布，自下而上通过燃料层，煤由气化炉顶部加入，水煤气由上部引出，炉灰经旋转的炉箅落入灰箱内，送出处置。燃料层自上而下分为干燥区、干馏区、气化区和燃烧区等。在燃烧区进行炭的燃烧反应，在气化区则主要是炭和水蒸气的反应。炉的操作压力为 3 MPa，出口煤气温度 500 ℃，炭的转化率 88%～95%。鲁奇炉结构有如下特点：由煤箱通过自动控制机构向炉内配送燃料，并采用旋转的煤分布器使燃料在炉内分布比较均匀；采用旋转炉箅，并通过空心轴从炉箅送入气化剂；通过自动控制装置将灰渣连续排入灰箱中；炉壁设有夹套锅炉，生产中压蒸汽；煤气在洗涤器中用水冷激并洗涤，而后送往净化系统。

目前，鲁奇炉已发展到 Mark-V 型，炉径达到 5 m，单台炉的产气量达到 10 000 m^3/h（标准状态）。鲁奇加压连续气化法存在的问题是煤气中甲烷和二氧化碳含量较高，甲烷含量一般可达 8%～10%，因此作为合成氨原料气需进行甲烷转化处理，增加了脱碳工序的负荷。另外，对煤的粒度有要求，一般为 3～20 mm，粉煤尚不适用。由于鲁奇气化工艺制得的煤气含甲烷较多，因此主要用于生产城市煤气。

第二种连续气化流程是流化床气化法，其典型的工艺是恩德炉粉煤气化技术（图 4-10）。恩德炉粉煤气化技术属于改进后的温克勒沸腾床煤炉，适用于气化褐煤和长焰煤，要求原料煤不黏结或黏结性弱，灰分含量＜40%。目前国内已建和在建的装置共有 13 套 22 台气化炉，已投产的有 16 台。恩德炉粉煤气化炉床层中部温度为 1 000～1 050 ℃。目前最大的气化炉产气（半水煤气）量为 4×10^4 m^3/h。恩德炉粉煤气化技术的优点是灰熔点高，低温化学活性好；缺点是气化压力为常压，单炉气化能力低，产品气中甲烷含量高达 1.5%～2.0%，而且飞灰量大，环境污染、飞灰堆存和综合利用问题有待解决。此技术适合于就近有褐煤的中小型氮肥厂改变原料路线。

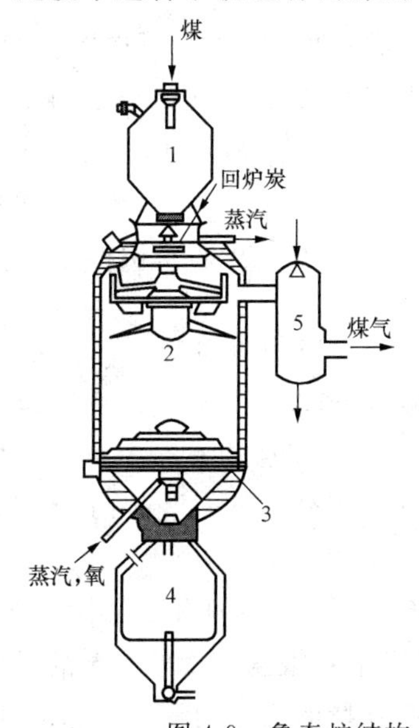

图 4-9　鲁奇炉结构

1—煤箱；2—分布器；3—水夹套；4—灰箱；5—洗涤器

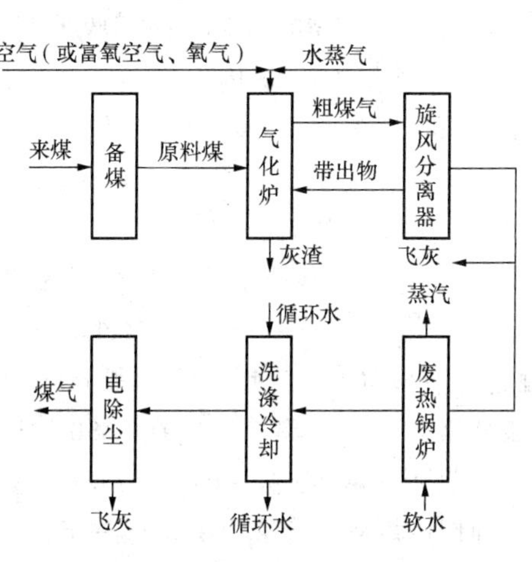

图 4-10　恩德炉粉煤气化技术工艺流程

恩德炉粉煤气化技术工艺流程为:煤料通过煤仓底部的两个螺旋加煤机送入气化炉底部锥体段。空气(或富氧空气、氧气)和来自废热锅炉的过热蒸汽混合作为气化剂和流化介质,分别从一次喷嘴和二次喷嘴进入气化炉。一次喷嘴设在加煤机下边的气化炉锥体部位,使入炉原料流化。入炉原料中大部分较粗颗粒在炉底锥体段形成密相段,呈沸腾状态。在此,气固两相发生剧烈传质和传热,并发生燃烧反应和水煤气反应。密相段温度分布均匀,反应温度为 950～1 000 ℃。这样,煤料受热后快速热解产生焦油、酚和轻油等,并在床层高温条件下裂解成小分子。其余入炉细粉和大颗粒因受热而裂解产生的小颗粒由反应气体携带离开密相段,在气化炉的上部形成稀相区,并在此处与二次喷嘴喷入的二次风进一步发生反应,甲烷和高碳化合物进一步燃烧和裂解。

灰渣比重较大,由床层落到气化炉底部,经水内冷的螺旋出渣机排于密闭灰斗,定期排到炉底渣车,送出界外。未反应完全的细粉颗粒由煤气夹带从气化炉顶部出来,经旋风除尘器将其中较粗颗粒分离出来。较粗颗粒靠自身重力经回流管返回气化炉底部,再次参加气化反应,以提高转化率,降低飞灰含碳量。

温度为 900～950 ℃的出炉煤气,先通过旋风除尘器,再经飞灰沉降室后进入废热锅炉,以回收煤气中的显热,产生过热蒸汽。由于煤气先经过除尘器再进废热锅炉,使废热锅炉火管的磨损程度大为减轻,从而延长了废热锅炉的使用寿命。出废热锅炉的煤气进入洗涤冷却塔进一步除尘冷却。出口煤气温度降至 35 ℃左右,送入气柜。

第三种连续气化流程是气流床加压气化法,德士古水煤浆气化工艺是其典型代表。德士古水煤浆气化法是美国德士古公司 1978 年推出的世界上第二代煤气化工艺,其技术特点是对煤种的适应性较宽,对煤的活性没有严格的限制;但对煤的灰熔点有一定的要求,一般要低于 1 400 ℃;单炉生产能力大,最大气化煤量达到 2 000 吨/(天・台);炭转化率高,达到 97%～99%;排水中不含焦油、酚等污染物;煤气质量好,有效气($CO+H_2$)含量高于 80%,甲烷含量低,适宜作合成气。

一定粒度的粉煤与少量添加剂和水在水磨机中磨制成水煤浆后,用泵送入气化炉。德士古气化炉分为淬冷型和全热回收型两类,如图 4-11 所示。德士古气化炉的操作压力一般在 9.8 MPa 以下,炉内最高温度约为 2 000 ℃,出口气温度约 1 400 ℃。纯氧或富氧空气由炉顶的喷嘴喷出,使料浆雾化。水煤浆在炉中的停留时间为 5～7 s,在加压和高温状态下于炉内发生不完全燃烧反应制得高温合成气。图 4-12 为全热回收型德士古气化炉水煤浆气化工艺流程。

图 4-13 为淬冷型德士古气化炉水煤浆气化工艺流程。烟煤制成质量分数为 59%～62%的水煤浆,与氧气在 8.5 MPa,1 350 ℃的急冷气化炉中发生部分氧化反应制取原料气,并将含有效气 75%～80%(体积分数)的粗原料气经初步洗涤后送至净化单元。气化炉和炭洗塔排出的炭黑水分别在 3.50 MPa、0.91 MPa、0.15 MPa 和−0.08 MPa 下闪蒸降温后回收冷凝液,浓缩后的炭黑浆送至炭黑过滤装置。

目前国内煤制气合成氨的德士古工艺主要采用激冷流程。气化后的水煤气中的 CO,要与水蒸气反应全部转化为 CO_2。这就需要大量的水蒸气,通常是根据变换催化剂的要求达到一定的汽气比(2.0 左右)。激冷流程既脱除了尘渣,又起到增湿的作用,使气化后气体中的汽气比满足变换工艺的需要。因此,激冷流程是针对制氢和合成氨而设计的。

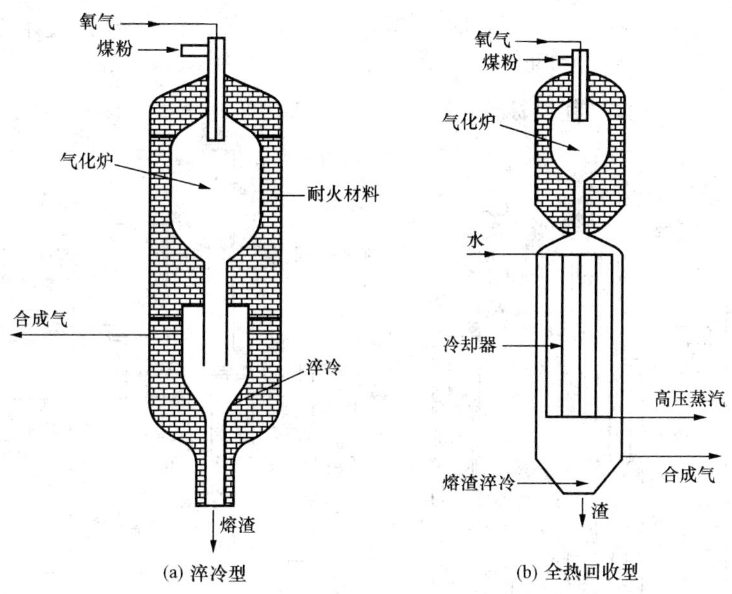

(a) 淬冷型　　(b) 全热回收型

图 4-11　德士古气化炉

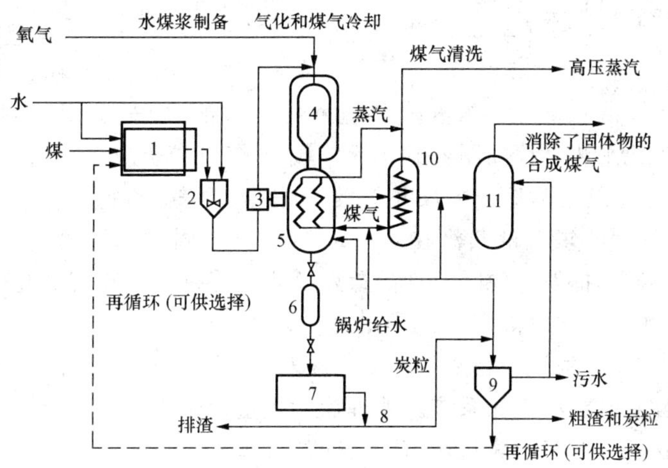

图 4-12　全热回收型德士古气化炉水煤浆气化工艺流程

1—湿式磨煤机；2—水煤浆储箱；3—水煤浆泵；4—气化炉；5—辐射冷却器；6—锁气式排渣斗；

7—炉渣储槽；8—炉渣分离器；9—沉降分离器；10—对流冷却器；11—洗涤器

另一种气流床加压气化法的典型工艺为谢尔干煤粉气化技术，也是目前世界上较为先进的第二代煤气化技术之一。该工艺气化过程也是在高温加压下进行的，只是原料的进料状态与德士古不一样。谢尔公司将煤磨成 0.1 mm 以下的细粉干法进料。按进料方式，谢尔煤气化属气流床气化，煤粉、氧气及蒸汽在高温加压条件下并流通过专用气化烧嘴进入气化炉内，在极短时间内完成升温、挥发分脱除、裂解氧化和转化等一系列物理化学过程，最终生成以 CO、H_2 为主要成分的粗煤气。

谢尔煤气化技术是当今世界上较为先进的现代洁净煤气化技术。自 1976 年来，谢尔公司先后在荷兰的阿姆斯特丹、德国的汉堡和美国的休斯敦建成了三套煤气化中试及示范装置，在取得大量试验数据和操作经验后，首次应用于荷兰布根伦 250 MW 整体煤气化燃气-蒸汽联合循环发电工厂，于1993年开始投入运行。2006年该技术在中石化安庆分公司大化肥油改煤装置上投入运行，是首次在合成氨生产中应用。2000年以来，我国已引进21台谢尔气化炉，其目标产品有氨、甲醇，气化压力3.0～4.0 MPa。

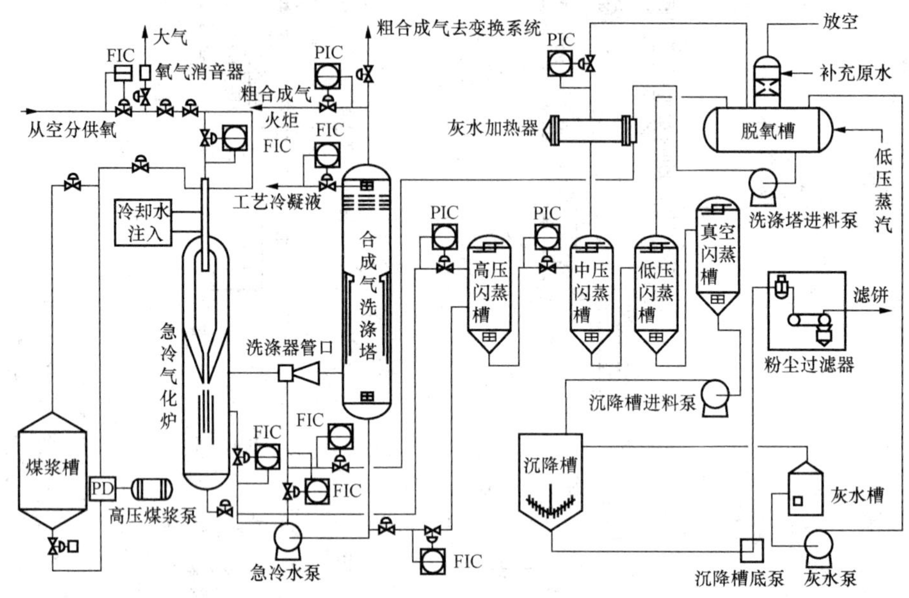

图4-13　淬冷型德士古气化炉水煤浆气化工艺流程

谢尔干煤粉气化工艺流程如图4-14所示。原料煤经初步破碎后由皮带送至磨煤与干燥单元，加入适量助溶剂后磨成粉煤并干燥，经粉煤仓缓存给料，由高压氮气将粉煤进行流态化输送，与配加的氧气及蒸汽在4.1 MPa条件下同时由气化炉煤烧嘴喷入炉膛内，且在瞬间完成升温、挥发分脱除、裂解、燃烧及转化等一系列物理和化学过程，气化产物为粗合成气，煤灰熔化并以液态形式排出。气化炉顶部约3.96 MPa、1 500 ℃的高温粗合成气，经209 ℃激冷气激冷至900 ℃以下进入废热锅炉生产蒸汽，回收热量后再进入陶瓷过滤器干式除灰及湿法洗涤系统。处理后含尘量小于1 mg/m^3、$CO+H_2$含量大于89%的粗合成气送往后续工序净化，作合成氨的原料。

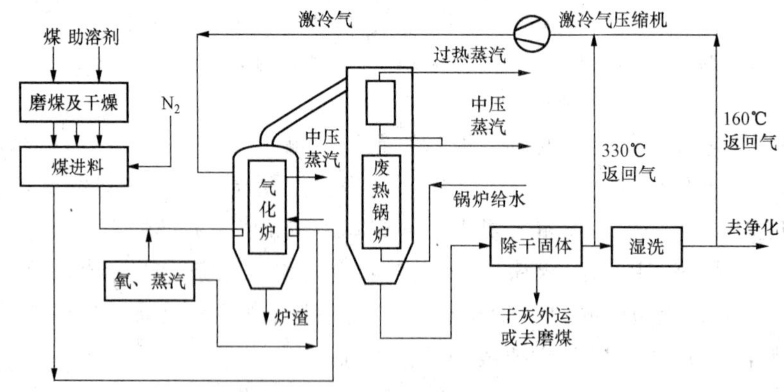

图4-14　谢尔干粉煤气化工艺流程

4.3 原料气的净化

各种方法制得的原料气在送去合成氨之前都需经过净化，以除去其中的有害杂质，如硫化物、CO 和 CO_2 等。净化过程主要包括脱硫、CO 变换和 CO_2 脱除和少量 CO 脱除。

4.3.1 脱　硫

合成气中的硫化物主要是硫化氢，此外还有二硫化碳（CS_2）、硫氧化碳（COS）、硫醇（RSH）、硫醚（RSR′）和噻吩等有机硫。虽然原料气中的硫化物含量不高，但对合成氨生产的危害却很大。硫化物是各种催化剂的毒物，硫化氢能腐蚀设备和管道。对于天然气蒸汽转化、中低温变换、甲烷化净化制原料气等工艺过程，脱除硫化物的要求均很高。

据统计，脱硫方法有四五十种之多，根据脱硫剂的物理形态可分为干法和湿法两大类。实际应用中，应根据原料气中的硫含量和工艺要求的净化程度来选择适当的脱硫方法。

1. 干法脱硫

干法脱硫分三类：

(1)活性炭吸附法，可脱除硫醇等有机硫化物和少量的硫化氢；

(2)接触反应法，可用氧化锌、氧化铁、氧化锰等进行接触反应脱除无机硫和有机硫；

(3)转化法，即利用钴钼或镍钼催化剂加氢转化，使有机硫全部转化为硫化氢，然后再用其他脱硫剂（如氧化锌）将生成的硫化氢脱除。

氧化锌法是近代合成氨厂广泛采用的精细脱硫方法，除噻吩外，可脱除硫化氢及多种有机硫化物，能将硫含量降到 0.1×10^{-6} 以下。其脱硫反应为

$$ZnO+H_2S = ZnS+H_2O$$

$$ZnO+C_2H_5SH \longrightarrow ZnS+C_2H_5OH$$

$$ZnO+C_2H_5SH \longrightarrow ZnS+C_2H_4+H_2O$$

在氢气存在时，与钴钼加氢转化法相似，二硫化碳与硫氧化碳转化成硫化氢，再被氧化锌吸收，反应式如下：

$$CS_2+4H_2 \longrightarrow 2H_2S+CH_4$$

$$COS+H_2 \longrightarrow H_2S+CO$$

氧化锌脱硫的主反应接近于不可逆，脱硫较完全。工业脱硫的温度为 200～450 ℃，脱无机硫控制在 200 ℃左右，脱有机硫则在 350～450 ℃。氧化锌的硫容量一般为 0.15～0.20 $kg\cdot kg^{-1}$，最高可达 0.30 $kg\cdot kg^{-1}$。使用过的氧化锌不能再生，因此一般只用于脱微量硫。当原料气中硫含量较高时，氧化锌脱硫法常与湿法脱硫或其他干法脱硫（如活性炭脱硫）配合使用。脱硫的反应主要是在氧化锌的微孔内表面上进行，反应速度属内扩散控制，因此氧化锌脱硫剂大都做成高孔隙率的球形小颗粒。脱硫反应几乎是瞬时的，因而反应器内氧化锌反应区很窄。

钴钼加氢转化法是脱除含氢原料中有机硫十分有效的预处理措施。生产氨合成气时，烃类原料（如天然气，石脑油）通常先进行催化加氢转化，即让原料中的有机硫与氢气反应转换为无机硫：

$$RSH + H_2 \xrightarrow{350\sim400\ ℃} RH + H_2S$$

使其硫含量降至 5×10^{-6}，再用氧化锌吸收可把总硫含量降至 0.02×10^{-6}。在有机硫转化的同时，也使原料中的烯烃加氢转化为饱和的烷烃，从而减少下一工序蒸汽转化催化剂析炭的可能性。钴钼催化剂以氧化铝为载体，由氧化钴和氧化钼组成，经硫化后才能呈现出活性。钴钼加氢转化法的工艺条件根据原料烃性质、净化度要求以及催化剂的型号来决定。操作温度在 250～400 ℃，压力随催化剂而异，加氢反应后气体中有 5%～10%的氢气。

干法脱硫的优点是具有极强的脱除有机硫和无机硫能力，气体净化度高；缺点是脱硫剂再生困难或不能再生，不适用于脱除大量无机硫，所以只能用于气态烃、石脑油及合成气的精细脱硫。

2. 湿法脱硫

湿法脱硫方法较多，根据脱硫过程的特点可分为化学吸收法、物理吸收法和化学-物理综合吸收法三类。化学吸收法是以弱碱性吸收剂吸收原料气中的硫化氢，吸收液（富液）在温度升高和压强降低时分解而释放出硫化氢，解吸的吸收液（贫液）循环使用，常用的方法有氨水催化法、改良蒽醌二磺酸法（ADA 法）及有机胺法。物理吸收法是用溶剂选择性地溶解原料气中的硫化氢，吸收液在压强降低时释放出硫化氢，溶剂可再循环利用，如低温甲醇洗法、碳酸丙烯酯法和聚乙二醇二甲醚法等。化学-物理吸收法是将化学、物理两种方法结合起来，如环丁砜法等。

化学吸收法中的 ADA 法以碳酸钠作为脱硫剂，使用 2,6-蒽醌二磺酸钠或 2,7-蒽醌二磺酸钠作为催化剂。此外还加有偏钒酸钠（氧的载体）、酒石酸钾钠（稳定剂）、三氯化铁（促进剂）和乙二胺四乙酸（螯合剂）。ADA 是蒽醌二磺酸（anthraquinone disulphonic acid）的英文缩写，其二钠盐结构式如下：

2,6-蒽醌二磺酸钠　　　　2,7-蒽醌二磺酸钠

脱硫过程的主要反应为：

（1）稀碱液吸收硫化氢生成硫氢化物：

$$Na_2CO_3 + H_2S = NaHS + NaHCO_3$$

（2）硫氢化钠与偏钒酸钠反应生成单质硫：

$$NaHS + 4NaVO_3 + H_2O = Na_2V_4O_9 + 3NaOH + S$$

（3）氧化态 ADA 氧化亚四钒酸钠：

$$Na_2V_4O_9 + 2ADA(\text{氧化态}) + 2NaOH + H_2O = 4NaVO_3 + 2ADA(\text{还原态})$$

（4）还原态 ADA 被空气中的氧所氧化，恢复氧化态：

$$ADA(\text{还原态}) \xrightarrow{\text{空气}} ADA(\text{氧化态})$$

前三步反应在脱硫塔内进行，最后一步反应在再生塔中进行。脱硫塔达到脱硫的目的，

而再生塔则使 ADA 由还原态氧化成氧化态，改良 ADA 法的工艺流程如图 4-15 所示。

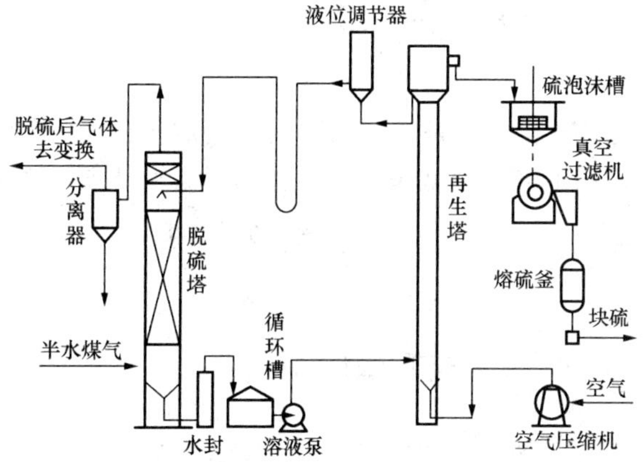

图 4-15 改良 ADA 法工艺流程

氨水催化法脱硫的基本原理与 ADA 法相似，也是氧化法的一种，但碱性物质由碳酸钠改为氨，催化剂由 ADA 改为对苯二酚。

有机胺法是用一乙醇胺(MEA)或甲基二乙醇胺(MDEA)的水溶液吸收硫化氢，然后于再生塔中将硫化氢解吸出来，送到克劳斯法硫黄回收装置副产硫黄。此法多用于天然气脱硫等。

湿法脱硫与干法脱硫相比，其优点是：可用来脱除大量无机硫；脱硫剂可以再生，并可从中回收硫黄，构成一个连续的循环系统；脱硫剂是便于输送的液体物料，只需在运行过程中补充少量弥补操作损失。

4.3.2 一氧化碳变换

采用不同原料制得的合成气，均含有一定量的一氧化碳。一般固体燃料气化制得的水煤气中含一氧化碳 35%～37%，半水煤气中含一氧化碳 25%～34%，而天然气蒸汽转化制得的转化气中一氧化碳含量为 12%～14%。对合成甲醇等反应来说，净化后的合成气应具有一定的 CO/H_2，而在合成氨中则需将一氧化碳转化为相应的氢。这是因为一氧化碳不是合成氨的直接原料，而且在一定条件下还会与合成氨的铁系催化剂发生反应，导致催化剂失活。

合成氨原料气中的一氧化碳去除分两步进行，大部分一氧化碳先经过一氧化碳变换反应：

$$CO + H_2O \xlongequal{} CO_2 + H_2 + 41.19\ \text{kJ} \cdot \text{mol}^{-1}$$

将无用的一氧化碳转化为有用的氢，并得到副产物二氧化碳作为其他化工产品，如尿素、食品级二氧化碳、碳酸氢铵等的原料。经过一氧化碳变换后剩余的少量一氧化碳可通过其他净化方法除去。工业生产中，一氧化碳变换反应均在催化剂存在下进行。20 世纪 60 年代以前，主要采用以 Fe_2O_3 为主体的催化剂，使用温度在 350～550 ℃，由于操作温度较高，变换后原料气中仍有 3%左右的一氧化碳。60 年代以后，由于脱硫技术的发展与进步，气体中总硫含量可降低到 10^{-6} 以下，因而可在较低温度下使用活性高、抗毒性差的 CuO 催化剂。CuO 催化剂的操作温度在 200～280 ℃，变换后残余一氧化碳可降至0.3%

左右。为区别上述两种温度范围的变换过程，将前者称为中温变换(或高温变换)，而后者则称为低温变换。

1. 变换反应的化学平衡

一氧化碳和水蒸气的变换反应是一个可逆放热反应，反应前后没有体积变化。计算表明，压力小于 5.0 MPa 时，可不考虑其对平衡常数的影响。平衡常数可由下式表示：

$$K_p = \frac{p_{CO_2} \cdot p_{H_2}}{p_{CO} \cdot p_{H_2O}} \tag{4-1}$$

式中 p_i——平衡时各组分的分压，MPa；

K_p——平衡常数，可查表或按下式计算：

$$\lg K_p = 2\ 183/T - 0.096\ 311 \lg T + 0.632 \times 10^{-3} T - 1.08 \times 10^{-7} T^2 - 2.298 \tag{4-2}$$

变换反应的平衡主要受温度和水碳比(即原料气中 H_2O/CO 的物质的量比)等因素影响。低温和高水碳比有利于平衡向右移动。但水碳比不宜过高，以免能耗增加，气体体积增大，一氧化碳浓度降低及接触时间减少。实际生产中水碳比控制在 5～7 为宜。工业生产中，温度是控制变换反应的最重要工艺条件。由于变换反应是放热反应，随着反应的进行有大量的反应热放出，使催化剂床层出口温度升高。因此，对一氧化碳浓度较高的原料气，通常采用二段变换流程，使大量一氧化碳在第一段较高温度下与水蒸气反应，段间进行冷却；残余的少量一氧化碳则在温度较低的第二段进行变换。

2. 变换反应动力学

有关变换反应的机理很多，主要有两种观点。其一是认为水蒸气分子首先被催化剂的活性表面吸附，分解为吸附态氢及吸附态氧，氢脱附进入气相，而被催化剂活性位吸附的一氧化碳与晶格氧结合形成二氧化碳并脱附；另一种观点认为是一氧化碳与水分子先吸附到催化剂表面，二者在表面进行反应后生成产物并脱附。由于反应机理和催化剂的不同，推导与整理出来的动力学方程式亦不同。常用的动力学方程式有三种类型：

(1)一级反应动力学方程

$$r_{CO} = k_0 (y_a - y_a^*) \tag{4-3}$$

式中 y_a、y_a^*——CO 的瞬时含量、平衡含量(摩尔分数)；

k_0——反应速率常数，h^{-1}；

r_{CO}——反应速率，Nm^3 CO/(m^3 催化剂 · h)。

一级反应动力学方程的等温积分式为

$$k_0 = V_{sp} \lg \frac{1}{1 - \frac{x}{x^*}} \tag{4-4}$$

或

$$k_0 = \lg \frac{y_1 - y_1^*}{y_2 - y_2^*} \tag{4-5}$$

式中 V_{sp}——湿原料气空速，h^{-1}；

x、x^*——CO 的变换率与平衡变换率；

y_1、y_2——进、出口气体中CO含量(摩尔分数)；

y_1^*、y_2^*——进、出口气体中CO的平衡含量(摩尔分数)。

(2)二级反应动力学方程

$$r_{CO} = k\left(y_a y_b - \frac{y_c y_d}{K_p}\right) \tag{4-6}$$

式中 k——反应速率常数，h^{-1}；

K_p——平衡常数；

y_a、y_b、y_c、y_d——CO、H_2O、CO_2 及 H_2 的瞬时含量(摩尔分数)。

其中

$$k = \exp(A - B/T)$$

A、B 值随催化剂不同而异。

(3)幂函数型动力学方程

绝大多数动力学方程式均属于该类，前述两类方程式可作为本类型的特例，其表达式如下：

$$r_{CO} = kp_{CO}^{l} \cdot p_{H_2O}^{m} \cdot p_{CO_2}^{n} \cdot p_{H_2}^{q}(1-\beta) \tag{4-7}$$

或

$$r_{CO} = kp^{\delta}(y_{CO}^{l} \cdot y_{H_2O}^{m} \cdot y_{CO_2}^{n} \cdot y_{H_2}^{q})(1-\beta) \tag{4-8}$$

式中 r_{CO}——反应速率，CO mol/(g·h)；

k——速率常数，CO mol/(g·h·MPa)；

p、p_{CO}、p_{H_2O}、p_{CO_2}、p_{H_2}——总压及各组分分压；

l、m、n、q——幂指数。

其中

$$\delta = l + m + n + q$$

$$\beta = \frac{p_{CO_2} p_{H_2}}{K_p p_{CO} p_{H_2O}} \quad 或 \quad \beta = \frac{y_{CO_2} y_{H_2}}{K_p y_{CO} y_{H_2O}}$$

幂指数随催化剂的类型而异，其范围为：l 为 0.8～1.0，m 为 0～0.3，n 为 −0.2～−0.6，q=0。

3. 变换催化剂

根据催化剂的活性温度及抗硫性能，变换反应的催化剂可分为三类：铁铬系催化剂、铜锌系催化剂和钴钼系催化剂。铁铬系催化剂又称为高(中)温变换催化剂，由 Fe_2O_3 和 Cr_2O_3 组成，一般含 Fe_2O_3 80%～90%，Cr_2O_3 7%～11%，并含有 $K_2O(K_2CO_3)$、MgO 及 Al_2O_3 等成分。活性组分为 Fe_3O_4，开车时需用氢气或一氧化碳将 Fe_2O_3 还原为 Fe_3O_4，其主要反应有：

$$3Fe_2O_3 + CO \xlongequal{} 2Fe_3O_4 + CO_2 + 50.81\ kJ \cdot mol^{-1}$$

$$3Fe_2O_3 + H_2 \xlongequal{} 2Fe_3O_4 + H_2O(g) + 9.26\ kJ \cdot mol^{-1}$$

催化剂中的 Cr_2O_3 不还原。经过铁铬系催化剂的处理后，合成气中一氧化碳可降至3%左右。

铜锌系催化剂由铜、锌、铝或铬的氧化物组成，又称为低温变换催化剂。低变催化剂中各组分的含量为：CuO 15.3%～31.2%（高铜催化剂可达 42%）；ZnO 32%～62.2%；Al_2O_3 0～40.5%。铜锌系催化剂的活性组分是细小的铜微晶，因此低变催化剂在使用前也需用氢气或一氧化碳还原，主要反应为

$$CuO + H_2 = Cu + H_2O(g) + 86.7\ kJ \cdot mol^{-1}$$

$$CuO + CO = Cu + CO_2 + 127.7\ kJ \cdot mol^{-1}$$

还原时催化剂中的其他添加组分一般不被还原。但当温度高于 250 ℃时可发生下列反应：

$$yCu + ZnO + H_2 = \alpha\text{-}Cu_yZn + H_2O$$

生成合金黄铜，使催化剂活性降低。使用低变催化剂可以将合成气中一氧化碳浓度降到 0.3%以下。

在上述两种催化剂中，铁铬系中变催化剂的活性温度较高，抗硫性能较差，且铬对人体有害；铜锌系低变催化剂在低温下活性好，但活性温区窄，对硫等毒物十分敏感。鉴于这些缺点，20 世纪 60 年代以后开发出钴钼系宽温变换催化剂（国外称为耐硫变换催化剂），其使用温度为 200～475 ℃，既耐硫又有较宽的活性温区。在以重油、渣油或煤为原料制取合成气时，使用钴钼系催化剂可以将含硫气体直接进行变换，然后再进行脱硫脱碳，不仅简化了工艺流程，而且显著地降低了蒸汽消耗。目前有工业使用价值的宽变催化剂主要是 Co-Mo-Al_2O_3 体系，碱金属助催化剂的添加有助于改善其低温活性。钴钼系催化剂使用前需硫化活化，其主要反应为

$$CS_2 + 4H_2 \longrightarrow 2H_2S + CH_4 + 240.6\ kJ \cdot mol^{-1}$$

$$MoO_3 + 2H_2S + H_2 = MoS_2 + 3H_2O + 48.1\ kJ \cdot mol^{-1}$$

$$CoO + H_2S = CoS + H_2O + 13.4\ kJ \cdot mol^{-1}$$

$$COS + H_2O \longrightarrow CO_2 + H_2S + 35.2\ kJ \cdot mol^{-1}$$

4. 一氧化碳变换工艺流程

变换反应的工艺流程有多种形式，实际生产中应根据合成气的生产方法、合成气中一氧化碳含量及对残余一氧化碳含量的要求等因素来进行选择，如中(高)-低变串联流程、二段中变流程及三段中变流程等。

当以轻质烃（如天然气、石脑油等）为原料制取合成气时，合成气中一氧化碳含量较低，一般为 10%～13%。因此，只需采用中-低变串联流程就可将一氧化碳含量降至0.3%以下。图4-16是以天然气为原料的变换工艺流程。原料气经转化气废热锅炉降温，在 3.0 MPa、370 ℃下进入装填有铁铬系中温变换催化剂的中变炉中进行绝热反应。经中变反应后气体中一氧化碳含量降至 3%左右，温度为 425～440 ℃，送入中变废热锅炉冷却至 330 ℃，锅炉产生 10 MPa 的饱和蒸汽。尽管如此，气体温度仍较

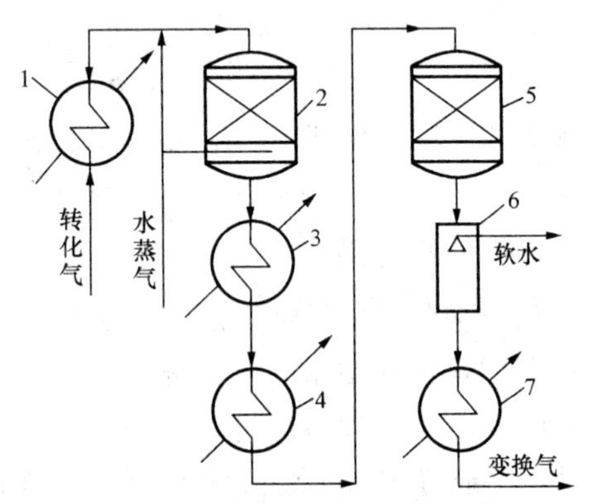

图 4-16 以天然气为原料的变换工艺流程

1—废热锅炉；2—高(中)温变换炉；3—高(中)变废热锅炉；4—甲烷化炉进气预热器；5—低温变换炉；6—饱和器；7—脱碳贫液再沸器

高，可用其预热甲烷化炉的进气，使其冷却至220 ℃后送往装有铜基低温变换催化剂的低变炉。低温变换后气体中残余的一氧化碳含量可降至0.3%～0.5%，经热交换器进一步回收余热，降温后送往二氧化碳脱除工序。

以渣油或固体燃料为原料制取合成气时，由于一氧化碳含量较高，需采用多段中温变换流程。以渣油为原料的三段中温变换流程如图4-17所示。自渣油汽化工序来的合成气经换热器进行预热后，进入装填有铁铬系中变催化剂的反应器。经第一段变换后，将气体引出进行间接换热降温，再进入第二段进行变换，反应后引入间接换热器降温，最后进行第三段变换，变换气经过换热降温后，由冷凝分离器脱除水送往脱碳工序。以煤为原料的多段变换流程中除设置换热器回收余热外，还需设置饱和塔和热水塔来回收低温位余热，同时给水煤气增湿以减少水蒸气添加量。

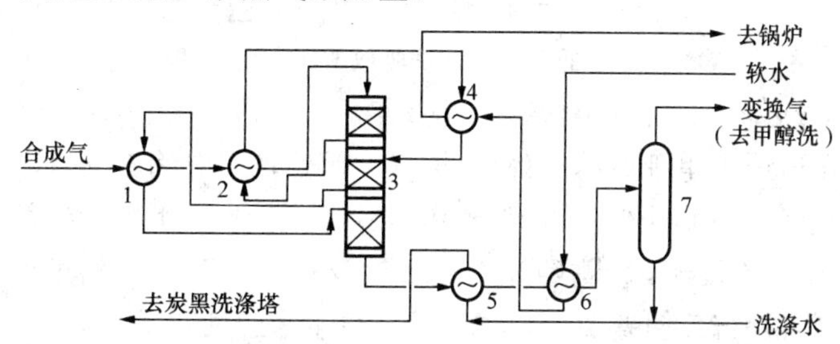

图4-17　以渣油为原料的三段中温变换工艺流程

1,2,4,5,6—换热器；3—三段变换反应器；7—冷凝液分离器

4.3.3　二氧化碳脱除

经一氧化碳变换后的原料气中含有大量的二氧化碳。二氧化碳不仅会使合成氨催化剂中毒，而且稀释了原料气，降低了氢、氮分压；此外，二氧化碳又是制尿素、纯碱、碳酸氢铵等产品的原料，还可加工成干冰或供食品行业应用。因此，原料气中的二氧化碳不仅需脱除还要回收利用。脱除二氧化碳的方法很多，根据脱除机理可分为如下几类：

(1)物理吸收法，如水洗法、低温甲醇洗法(rectisol process)和碳酸丙烯酯法等；

(2)化学吸收法，如氨水法、乙醇胺法及热钾碱法等；

(3)物理化学吸收法，如环丁砜-乙醇胺法；

(4)变压吸附法(PSA)。

1. 物理吸收法

最早使用的物理吸收法是水洗法，即采用加压水洗的方法脱除二氧化碳，经减压将水再生。这种方法不仅二氧化碳净化程度差，而且动力消耗高，氢气损失也较大，现在已很少使用。目前国内外常用的物理吸收法主要有低温甲醇洗法、碳酸丙烯酯法及聚乙二醇二甲醚法(Selexol或NHD)。

(1)低温甲醇洗法

该法是以工业甲醇为吸收剂的气体净化方法。甲醇能从原料气中有选择地吸收CO_2、H_2S、COS等气体。温度越低，甲醇对CO_2的溶解度越大。图4-18是低温甲醇洗法吸收CO_2的一种工艺流程。

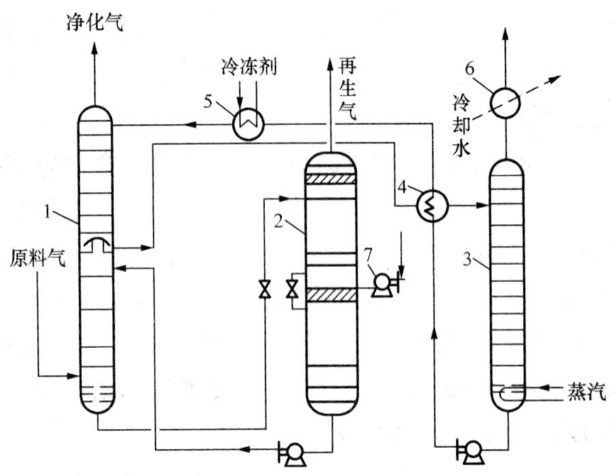

图 4-18　低温甲醇洗法吸收 CO_2 工艺流程

1—吸收塔；2—再生塔；3—蒸馏塔；4—换热器；5—冷却器；6—水冷器；7—真空泵

这种工艺流程适用于单独脱除气体中的 CO_2 或处理只含有少量 H_2S 的混合气。约 2.5 MPa 的原料气经一级膨胀气冷却到－20 ℃后进入吸收塔下段，与吸收塔中部加入的－75 ℃的甲醇溶液逆流接触，大量 CO_2 在此段被吸收。由于 CO_2 溶解时放热，因此塔底排出的甲醇溶液（富液）温度升高到－20 ℃，送往再生塔经两级减压再生。一级再生在常压下进行，一级膨胀气去原料气预冷器与原料气换热后回收 CO_2；二级再生在0.02 MPa下进行，在此可将吸收的大部分 CO_2 解吸，由于 CO_2 解吸时吸热，甲醇溶液（贫液）温度降到－75 ℃，经加压后送到吸收塔中部循环使用。为进一步提高气体的净化度，在吸收塔上段用来自蒸馏塔并经冷却的纯甲醇溶剂继续洗涤来自下段的净化气，洗后的富液自上段底部取出送往蒸馏塔再生，经蒸馏塔再生的几乎不含 CO_2 的甲醇溶液（约 65 ℃）与进蒸馏塔的液体换热并进一步冷却到－60 ℃以后，送往吸收塔顶部循环使用。

在渣油制氨的废热锅炉流程中，进变换系统的原料气脱硫要求严格，需先用低温甲醇洗脱硫，然后进行一氧化碳变换，之后再用低温甲醇洗脱除 CO_2。这就是所谓的两步法低温甲醇洗工艺流程，即两步法吸收 H_2S 和 CO_2 的低温甲醇洗工艺流程，如图 4-19 所示。

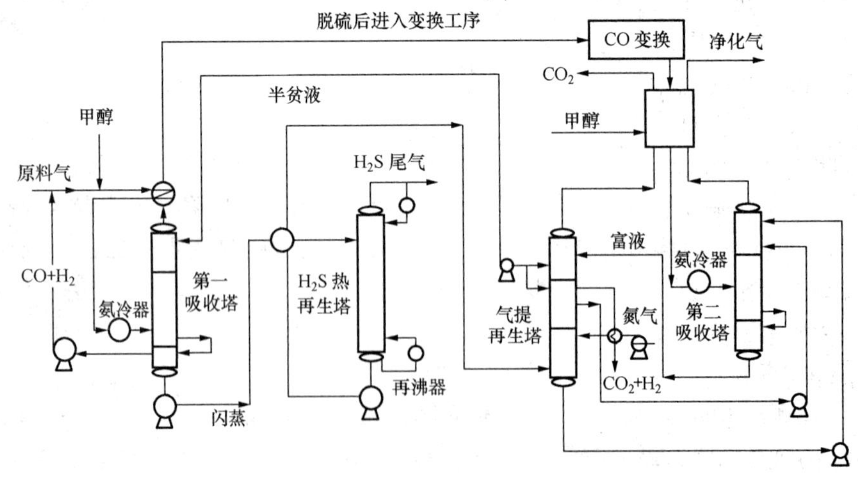

图 4-19　两步法吸收 H_2S 和 CO_2 的低温甲醇洗工艺流程

原料气经预冷器、氨冷器冷却至吸收温度后，进入第一吸收塔用含有 CO_2 的甲醇半贫液吸收硫化物脱硫。第一吸收塔顶部出来的脱硫原料气经回收冷量后，送往一氧化碳变换工序。经第一吸收塔脱硫后，原料气中的 H_2S+COS 浓度小于 0.1 cm^3/m^3。变换气再经冷却后，进入第二吸收塔脱除 CO_2。从第一吸收塔出来的富液经闪蒸回收 H_2 和 CO_2，闪蒸液加热后进入 H_2S 热再生塔用蒸汽加热至沸腾，利用甲醇蒸气气提使溶剂完全再生。再生后的贫液冷却至要求温度后，进入第二吸收塔的顶部精洗段，以保证净化气的指标。第二吸收塔来的甲醇富液经减压闪蒸回收 H_2 后，进入气提再生塔的 CO_2 解吸闪蒸段回收 CO_2，然后再进入该塔的氮气气提段进一步再生。气提再生塔再生后得到的半贫液大部分进入到第二吸收塔的主洗段，用于脱除大部分的 CO_2，构成一个循环；小部分送到第一吸收塔用于脱硫。H_2S 热再生塔顶部出去的 H_2S 送往硫回收装置。

(2)碳酸丙烯酯法

碳酸丙烯酯是具有一定极性的有机溶剂，与甲醇相似，对 CO_2、H_2S 等酸性气体有较大的溶解能力，而 H_2、N_2 及 CO 等气体在其中的溶解度则甚微。在碳酸丙烯酯中，烃类的溶解度也较大，因此当原料气中含有较多的烃类时，应在流程中设置多级膨胀再生系统回收被吸收的烃类。该法的典型工艺流程如图 4-20 所示。

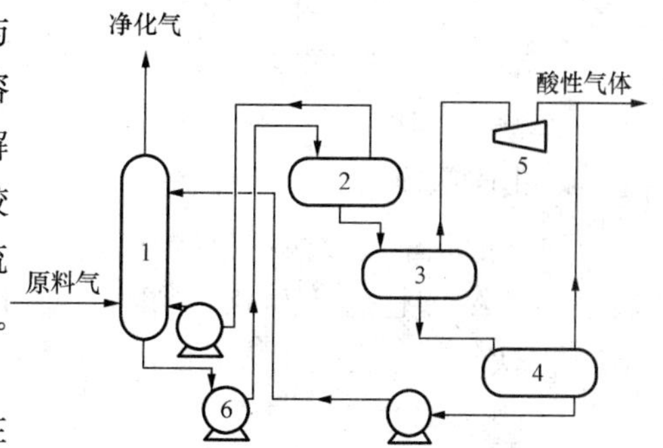

图 4-20 碳酸丙烯酯法工艺流程

1—吸收塔；2，3，4—膨胀器；5—膨胀叶轮机；6—水力透平

55 ℃左右的原料气由吸收塔下部加入，在 2.7 MPa 下于吸收塔内用 35 ℃的碳酸丙烯酯进行吸收，净化后的出塔气体中约含 1%的 CO_2。吸收了 CO_2 的碳酸丙烯酯溶液由塔下部引出，经三级膨胀后回收闪蒸出来的气体。其中一级膨胀在 1.0 MPa 下进行，高级烃类及 H_2、N_2 等气体从溶液中解吸后经压缩返回系统；二级和三级膨胀分别在 0.5 MPa 和0.1 MPa 下进行，膨胀气作为 CO_2 回收。为了提高气体的净化度，由三级膨胀器流出的溶剂可送往气提塔用空气进一步再生，再生后的溶剂返回吸收塔循环使用。

(3)聚乙二醇二甲醚法

聚乙二醇二甲醚法中使用的吸收剂是经筛选后的聚乙二醇二甲醚的同系物，分子式为 $CH_3O(C_2H_4O)_nCH_3$，其中 $n=2\sim9$，平均相对分子质量为 250～280。该同系物能选择性地脱除气体中的 CO_2 和 H_2S，无毒且能耗较低。20 世纪 60 年代后，该法广泛应用于工业原料气净化领域中；1993 年我国也开发出同类脱碳工艺并成功地应用于中、小型氨厂，称之为 NHD 净化技术，其吸收 CO_2 和 H_2S 的能力优于国外的聚乙二醇二甲醚溶液，已在国内推广应用。聚乙二醇二甲醚法工艺流程如图 4-21 所示。

该工艺的主要过程如下：原料气自吸收塔下部加入，自塔顶部引入的聚乙二醇二甲醚溶液与原料气逆流接触吸收 CO_2。从吸收塔底部流出的富液经水力透平回收动力后进入循环气闪蒸罐，经多级降压闪蒸首先解吸出氢气、一氧化碳和氮气等气体，闪蒸气经分离及压缩返回吸收塔或原料气管线。后几级解吸可将大部分 CO_2 解吸出来，CO_2 纯度可达 99%。解吸 CO_2 的溶剂送往气提塔再生，溶剂从气提塔顶部加入，空气从塔底部进入以

吹出溶液中残余的 CO_2，再生后的溶液（贫液）由气提塔流出并用泵打至吸收塔顶部循环利用。

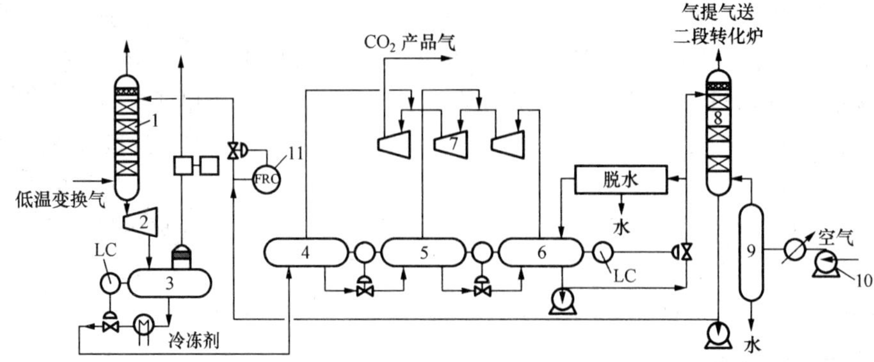

图 4-21　聚乙二醇二甲醚法工艺流程（100% CO_2 回收）

1—吸收塔；2—水力透平；3—循环气闪蒸罐；4—中间闪蒸罐；5，6—低压闪蒸罐；7—CO_2 压缩机；8—气提塔；9—分离罐；10—鼓风机；11—FRC 流量控制器

2. 化学吸收法

脱碳的化学吸收法有很多，如氨水法、乙醇胺法及热钾碱法等，其中氨水法和一乙醇胺法（MEA）现已很少使用。目前工业生产中常用的方法主要有改良热钾碱法及活化 MDEA 法。

(1)热钾碱法

热钾碱法是 20 世纪 50 年代由美国的 H. E. Benson（本森）和 J. H. Field（菲尔特）研究开发的一种化学脱碳方法，随后经过不断改进，在吸收液中又添加了活化剂和缓蚀剂，形成了本菲尔工艺的基础，并于 20 世纪 60 年代后广泛应用于工业生产中。

本菲尔法的吸收剂为 25%～40%（质量分数）的碳酸钾溶液，以二乙醇胺（DEA）或 ACT-1 等为活化剂，此外还添加有缓蚀剂（KVO_3）和消泡剂（聚醚或硅酮乳状液）。其基本反应为

$$CO_2(g) \rightleftharpoons CO_2(l)$$

$$CO_2(l) + K_2CO_3 + H_2O \rightleftharpoons 2KHCO_3$$

由于纯碳酸钾水溶液与二氧化碳间的反应速率较慢，需添加活化剂以加快反应速率。活化剂的作用是利用其分子中的胺基与液相中的二氧化碳反应，改变了碳酸钾与二氧化碳的反应机理。以溶液中含有少量二乙醇胺为例，其反应过程如下：

$$K_2CO_3 \rightleftharpoons 2K^+ + CO_3^{2-}$$

$$R_2NH + CO_2(l) \longrightarrow R_2NCOOH$$

$$R_2NCOOH \longrightarrow R_2NCOO^- + H^+$$

$$R_2NCOO^- + H_2O \longrightarrow R_2NH + HCO_3^-$$

$$H^+ + CO_3^{2-} \rightleftharpoons HCO_3^-$$

$$K^+ + HCO_3^- \rightleftharpoons KHCO_3$$

含有活化剂二乙醇胺的碳酸钾溶液除了吸收 CO_2 外，同时还能全部或部分地吸收 H_2S、COS、CS_2、RSH、HCN 及少数不饱和烃类：

$$K_2CO_3 + H_2S = KHCO_3 + KHS$$

水解：

$$COS + H_2O \longrightarrow CO_2 + H_2S$$

$$CS_2 + 2H_2O \longrightarrow CO_2 + 2H_2S$$

脱硫：

$$K_2CO_3 + H_2S = KHCO_3 + KHS$$

$$K_2CO_3 + RSH \longrightarrow RSK + KHCO_3$$

脱氰：

$$K_2CO_3 + HCN = KHCO_3 + KCN$$

本菲尔法脱碳工艺流程有多种组合，实际应用较多的是两段吸收、两段再生流程。图4-22是两段吸收两段再生的凯洛格节能型本菲尔脱碳工艺流程。

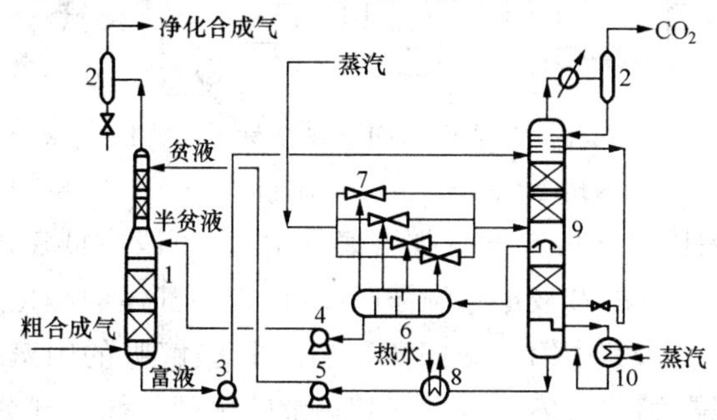

图 4-22 凯洛格节能型本菲尔脱碳工艺流程

1—吸收塔；2—气液分离器；3—富液泵；4—半贫液泵；5—贫液泵；6—闪蒸器；7—蒸汽喷射器；8—锅炉给水预热器；9—再生塔；10—再沸器

粗合成气由吸收塔下部进入，贫液和半贫液分别由吸收塔顶部和中部引入。吸收塔的操作压力为 2.5～2.8 MPa，塔顶温度 70～75 ℃，塔底吸收液温度 110～118 ℃，净化后的气体中二氧化碳含量低于 0.1%。塔底部出来的富液用泵送至再生塔顶部，经两段再生后，从再生塔中部取出的半贫液经过减压闪蒸后送往吸收塔中部，闪蒸气（二氧化碳和水蒸气）返回再生塔中部，再生塔底部出来的贫液返回吸收塔顶部。再生塔下部设有再沸器，再生塔温度为 120 ℃。

(2)活化 MDEA 法

MDEA 为 N-甲基二乙醇胺（N-methyldiethanolamine）的英文缩写。该法是德国 BASF 公司开发的一种化学脱碳方法，所用吸收剂为含 35%～50%MDEA 的水溶液，并添加少量活化剂（如哌嗪）以加速二氧化碳的吸收反应。此工艺于 1971 年开始用于工业生产中，目前有六种专利吸收剂产品可供使用。其总吸收反应可用下式表达：

$$CO_2 + H_2O + R_1R_2R_3N \longrightarrow R_1R_2R_3NH^+ + HCO_3^-$$

分步反应如下：

吸收：

$$R_1R_2R_3N + CO_2 \longrightarrow R_1R_2R_3NCO_2$$

水解：

$$R_1R_2R_3NCO_2 + H_2O \longrightarrow R_1R_2R_3NH^+ + HCO_3^-$$

哌嗪与 CO_2 形成中间物：

$$R'(NH)_2 + 2CO_2 \longrightarrow R'(NHCO_2)_2$$

水解：

$$R'(NHCO_2)_2 + 2H_2O \longrightarrow R'(NH_2^+)_2 + 2HCO_3^-$$

活化 MDEA 法脱碳工艺流程如图 4-23 所示。

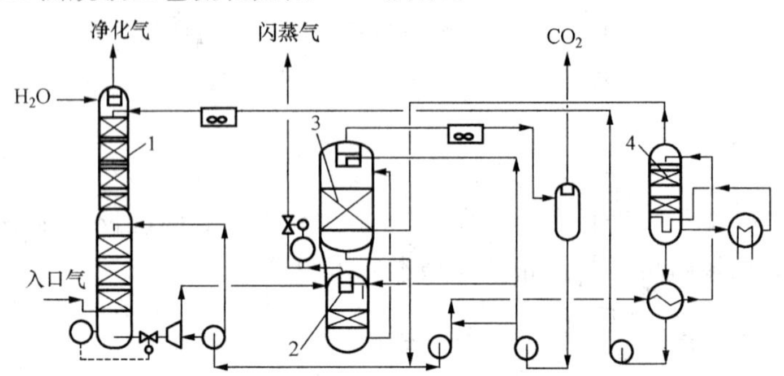

图 4-23　活化 MDEA 法脱碳工艺流程

1—吸收塔；2—高压闪蒸段；3—低压闪蒸段；4—再生塔

在 2.8 MPa 下，粗原料气由二段吸收塔底部引入，下段由低压闪蒸后的半贫液进行吸收，上段采用经过热再生的贫液进行洗涤吸收，以提高气体的净化度。吸收塔底部出来的富液经过两级减压闪蒸，其中第一级闪蒸（高压闪蒸）解吸的闪蒸气主要为 H_2 和 N_2，回收后返回原料气系统；第二级闪蒸（低压闪蒸）解吸出的气体大部分为 CO_2，闪蒸后的半贫液大部分用泵送至吸收塔下段，小部分送往再生塔再生，再生后的贫液经冷却后送往吸收塔上段作为吸收剂，净化后的气体中 CO_2 含量低于 100 cm^3/m^3。

4.3.4　少量一氧化碳脱除

经 CO 变换和 CO_2 脱除后的原料气中仍含有少量的 CO 和 CO_2，为防止它们造成合成氨催化剂中毒失活，尚需对原料气进行最终净化，净化后的气体中 CO 和 CO_2 总含量不得大于 10 cm^3/m^3。由于 CO 既不是酸性气体也不是碱性气体，且在各种无机及有机液体中溶解度又很小，要脱除少量 CO 并不容易。目前，脱除少量 CO 的方法有铜氨液吸收法、液氮洗涤法和甲烷化法。

1. 铜氨液吸收法

铜氨液吸收法是使用最早的一种方法。铜氨液主要是由铜离子、酸根离子及氨组成的水溶液。工业上为避免设备腐蚀，一般采用弱酸来配铜氨溶液，其中以醋酸铜氨液应用最广泛。铜氨液能吸收合成气中的 CO、CO_2、O_2 及 H_2S 等，使用过的铜氨溶液可通过减压和加热再生。其吸收反应为

$$Cu(NH_3)_2^+ + CO + NH_3 = Cu(NH_3)_3CO^+ + 52\ 754\ kJ/mol$$

$$2NH_4OH + CO_2 = (NH_4)_2CO_3 + H_2O - 41\ 356\ kJ/mol$$

$$(NH_4)_2CO_3 + CO_2 + H_2O = 2NH_4HCO_3 - 70\ 128\ kJ/mol$$

$$4Cu(NH_3)_2Ac + 4NH_4Ac + 4NH_4OH + O_2 = 4Cu(NH_3)_4Ac_2 + 6H_2O - 113\ 729\ kJ/mol$$

$$2NH_4OH+H_2S = (NH_4)_2S+2H_2O$$

铜氨液吸收法是一个络合化学吸收过程，适用于以煤为原料、CO含量较高的合成气。

2. 液氮洗涤法

液氮洗涤法又称为深冷分离法，是一种利用－190 ℃左右的高纯液氮将原料气中的CO吸收分离的过程，同时还可脱除合成气中的CH_4和Ar。净化后可使合成气中的CO和CO_2含量降至10 cm^3/m^3以下，使CH_4和Ar含量降至100 cm^3/m^3，减少氨合成系统的施放气量。该法属于物理吸收法，气体净化度较高，适用于重油部分氧化或粉煤富氧气化流程。

分离气体混合物中某些组分，可以利用各种气体的冷凝温度的差异，采用部分冷凝或精馏的方法来实现。合成气各组分中，氢气的冷凝温度最低，其次为N_2、CO、Ar和CH_4。由于CO冷凝温度比氢气和氮气的高，且具有溶解于液体氮的特性，因此可在－190 ℃下用液体氮作洗涤剂来脱除少量的CO。液氮洗涤过程能否进行，可使用N_2-H_2-CO三元体系的气液平衡相图来判断。图4-24是N_2-H_2-CO三元体系气液平衡相图。

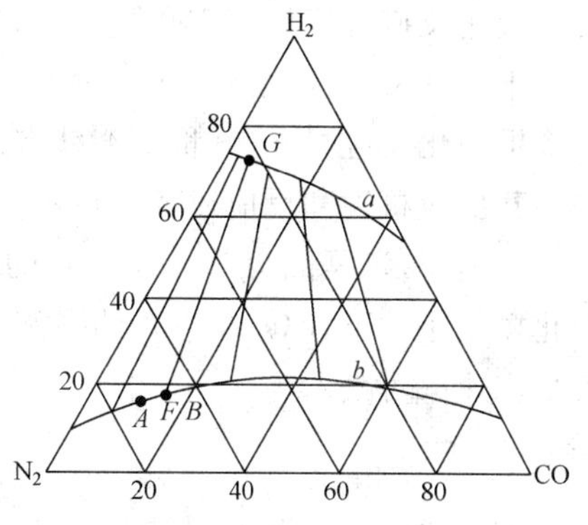

图4-24　N_2-H_2-CO三元体系气液平衡相图

图中曲线a、b分别代表饱和蒸气线与液相线，GF为连接平衡液相与气相的结线。如果洗涤后塔底液体馏分在A点，则说明液体馏分中CO未饱和，过程可以进行；如果洗涤后液体馏分位于B点，表明过程中使用的液氮量不足，即洗涤过程不能进行；如恰好落在F点，表示液氮用量为理论最小量，洗涤后液氮中CO达到饱和。

3. 甲烷化法

甲烷化法是20世纪60年代开始在工业上广泛应用的一种方法。该法是在催化剂存在下使少量CO、CO_2与H_2反应生成甲烷和水的一种净化工艺，可将气体中的碳氧化物($CO+CO_2$)的含量降至10 cm^3/m^3以下。由于甲烷化反应需消耗氢气，而且产生的甲烷会稀释氢、氮合成气，故此法不适合处理CO和CO_2含量较高的合成气。另一方面，由于甲烷化反应床层绝热温升的限制，也要求入口原料气中碳氧化物的含量应小于0.7%(体积分数)。20世纪60年代低温变换催化剂的开发成功，为甲烷化净化工艺的工业应用提供了条件。

(1)基本原理

甲烷化反应方程式为

$$CO+3H_2 = CH_4+H_2O+206.29\ kJ/mol$$

$$CO_2+4H_2 = CH_4+2H_2O+165.1\ kJ/mol$$

此外，还可发生下面的副反应：

$$2CO = C+CO_2$$

$$Ni+4CO = Ni(CO)_4$$

甲烷化反应是体积减小的强放热反应。从热力学角度来说，反应平衡常数随温度降低而迅速增大；而在一定温度下，提高反应压力，反应混合物中碳氧化合物的含量减少。实际上由于反应物中氢过量很多，即使在压力不高的条件下，CO 和 CO_2 的平衡含量仍然很低。所以，CO 和 CO_2 的甲烷化反应可以作为不可逆反应处理。

副反应 CO 的分解是析炭反应，会影响催化剂活性。在 H_2/CO 小于 5 时，有可能发生析炭反应，但实际上合成气中 H_2/CO 往往很高，不会发生析炭反应。羰基镍不仅是剧毒物质，而且还会造成催化剂活性组分的损失。因此生产中应采取必要的措施加以预防。在 1.4 MPa，1%（体积分数）CO 条件下，生成羰基镍的最高理论温度为 121 ℃。由于正常甲烷化反应温度均在 300 ℃以上，生成羰基镍的可能性较小。但发生事故停车后，当温度低于 200 ℃时应用氮气等不含 CO 的气体置换原料气。

甲烷化反应早在 20 世纪初就有人研究，但由于甲烷化反应的机理和动力学较复杂，关于其反应机理和反应速率报道不多。据文献报道，CO 甲烷化反应速率大于 CO_2 甲烷化反应速率，这是因为 CO 对 CO_2 的甲烷化反应速率有抑制作用。由于在合成气甲烷化净化操作条件下，CO 和 CO_2 的平衡含量甚低，可将该反应作为假一级不可逆反应处理，其反应速率可表示为

$$\frac{dN_{CO}}{dV_k} = k[CO] \tag{4-9}$$

式中 N_{CO}——CO 体积流量，m^3/s；

V_k——催化剂体积，m^3；

k——反应速率常数（随催化剂型号而变化）。

若以 $g_{CO入}$ 和 $g_{CO出}$ 分别代表进出口气体中的 CO 含量，反应时间以 t 或以空间速度 V_s 表示，则甲烷化反应动力学又可表达为

$$k = V_s \lg \frac{g_{CO入}}{g_{CO出}} \tag{4-10}$$

考虑到 CO_2 甲烷化反应速率比 CO 甲烷化反应速率小，可将 CO_2 的进口含量加倍以弥补两者反应速率的不同，则碳氧化物甲烷化总的反应速率可用下式表示：

$$k = V_s \lg \frac{g_{CO入} + 2g_{CO_2入}}{g_{CO出} + g_{CO_2出}} \tag{4-11}$$

式中 V_s——空间速度；

$g_{CO入}$、$g_{CO_2入}$——入口气体中 CO、CO_2 的摩尔分数；

$g_{CO出}$、$g_{CO_2出}$——出口气体中 CO、CO_2 的摩尔分数。

甲烷化反应速率除了与温度、进出口气体中碳氧化物的含量有关外，还与压力有关。压力提高，反应速率加快。传质过程对甲烷化反应速率有显著影响。当 CO 含量在 0.25%以上时，反应属于内扩散控制；而当 CO 浓度较低（小于 0.25%）时，则属于外扩散控制。因此，实际操作中，应减小催化剂颗粒尺寸，提高催化剂床层中的气体线速度来消除内外扩散的影响，增大甲烷化反应的速率。

(2)工艺条件与工艺流程

甲烷化反应的操作压力应根据其前后工序（如脱碳、变换）的压力来确定，一般在

3.0 MPa左右。反应温度的下限应高于生成羰基镍的温度，一般在 230～450 ℃。

甲烷化反应是甲烷蒸汽转化的逆反应，所以其催化剂也是以镍作为活性组分。这两种催化剂的差别在于：①由于甲烷化反应器中 CO、CO_2 含量极低，要求甲烷化反应催化剂有很高的活性；②由于甲烷化反应是强放热反应，要求甲烷化反应催化剂能承受很大的温升。

每 1%（体积分数）CO 的绝热温升为 72 ℃，每 1%（体积分数）CO_2 的绝热温升为 60 ℃，总绝热温升可用下式计算：

$$\Delta t = 72[CO]_{入} + 60[CO_2]_{入} \tag{4-12}$$

式中　$[CO]_{入}$、$[CO_2]_{入}$——进口气中 CO、CO_2 体积分数，%。

当原料气中含有 0.5%～0.7%的碳氧化物时，甲烷化反应放出的热量就足以将进口气体预热到所需的温度。因此，流程中只需设置甲烷化炉、进出气体换热器和水冷却器，但考虑到催化剂升温还原及原料气中碳氧化物含量的波动，还需有其他热源补充。根据外加热量的多少可分为两种流程（图 4-25）。

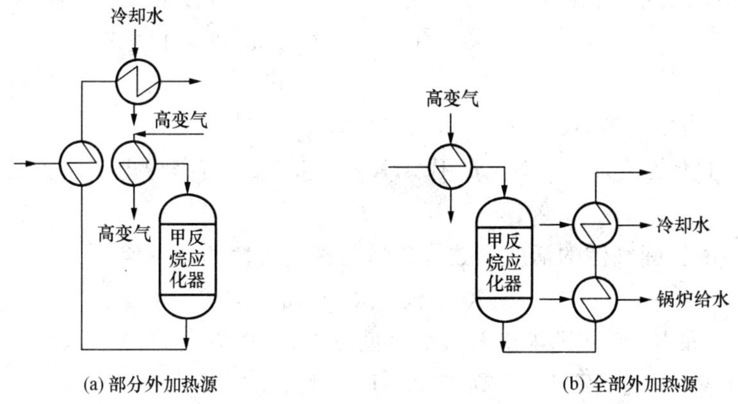

图 4-25　两种甲烷化流程

这两种流程的主要区别是：流程(a)中原料气预热部分是由进出气体换热器与外加热源（如烃类蒸汽转化流程中用高变气或回收余热的二段转化气）换热器串联组成，而流程(b)中则全部利用外加热源预热原料气，出甲烷化反应器的气体用来预热锅炉给水。流程(a)的缺点是开车时，由于进出气体换热器不能立即起作用，因而升温比较慢。

4.4　氨的合成

氨的合成反应是在高压和催化剂存在下的气固相催化反应过程，也是整个合成氨流程中的核心部分。由于反应过程中转化率较低，反应后气体中氨含量不高（一般只有 10%～20%），故采用分离氨后的氮、氢气体循环的回路流程。

4.4.1　氨合成的基本原理

1. 氨合成反应的化学平衡

氨的合成反应方程式：

$$\frac{1}{2}N_2+\frac{3}{2}H_2 \rightleftharpoons NH_3+46.22\ kJ/mol$$

这是一个可逆、放热和体积缩小的反应。因此，加压和低温有利于反应平衡向生成氨的方向移动。其反应的平衡常数为

$$K_p=\frac{p_{NH_3}}{p_{N_2}^{0.5}p_{H_2}^{1.5}} \tag{4-13}$$

工业中氨的合成是在加压条件下进行的，而在高压下氢、氮和氨的性质与理想气体有很大的偏差。因此，平衡常数不仅与温度有关，而且与压力有关。这时可用逸度代替分压，平衡常数可表示为

$$K_f=\frac{f_{NH_3}}{f_{N_2}^{0.5}f_{H_2}^{1.5}} \tag{4-14}$$

式中　f——平衡系统中各组分的逸度；

　　K_f——以逸度表示的平衡常数，MPa^{-1}。

K_f 是温度的函数，随温度升高而降低，与压力无关，可按下式计算：

$$\lg K_f=2\ 250.3T^{-1}+0.853\ 4-1.510\ 49\lg T-25.898\ 7\times10^{-5}T+14.896\ 1\times10^{-8}T^2 \tag{4-15}$$

式中　T——热力学温度，K。

将逸度与压力的关系式 $f_i=\gamma_i p_i$ 代入 K_f 表达式中，可推导出下述关系式：

$$K_f=K_\gamma K_p \tag{4-16}$$

式中　K_γ——由实际气体的活度系数 γ 表示的平衡常数的校正值：

$$K_\gamma=\gamma_{NH_3}/(\gamma_{N_2}^{0.5}\gamma_{H_2}^{1.5})$$

计算出 K_f 和 K_γ 后即可求出 K_p，结果见表 4-1。压力在 60 MPa 以下时，K_p 的计算结果与实验值基本相符，而当压力高于 60 MPa 时误差较大。

表 4-1　氨合成反应的平衡常数 K_p 与温度和压力的关系

温度	K_p/MPa^{-1}					
t/℃	0.1 MPa	10 MPa	15 MPa	20 MPa	30 MPa	40 MPa
350 ℃	0.260	0.298	0.329	0.353	0.424	0.514
400 ℃	0.125	0.138	0.147	0.158	0.182	0.212
450 ℃	0.064 1	0.071 3	0.074 9	0.079 0	0.088 4	0.099 6
500 ℃	0.036 6	0.039 9	0.041 6	0.043 0	0.047 5	0.052 3
550 ℃	0.021 3	0.023 9	0.024 7	0.025 6	0.027 6	0.029 9

已知 K_p，就可以求出不同压力和温度下平衡体系中氨的含量。设平衡时总压为 p，平衡氨含量为 $x_{NH_3}^*$，惰气含量为 x_i，$H_2/N_2=r$，则

$$N_2/(N_2+H_2)=1/(1+r)$$

$$H_2/(N_2+H_2)=r/(1+r)$$

平衡时各组分分压为

NH_3：　$p_{NH_3}=px_{NH_3}^*$

N_2：　$p_{N_2}=p(1-x_{NH_3}^*-x_i)/(1+r)$

H_2：
$$p_{H_2}=pr(1-x^*_{NH_3}-x_i)/(1+r)$$

代入平衡常数表达式(4-13)中，得

$$K_p=\frac{px^*_{NH_3}}{\left[p\frac{1}{1+r}(1-x^*_{NH_3}-x_i)\right]^{\frac{1}{2}}\left[p\frac{r}{1+r}(1-x^*_{NH_3}-x_i)\right]^{\frac{3}{2}}}$$

整理后得

$$\frac{x^*_{NH_3}}{(1-x^*_{NH_3}-x_i)^2}=K_pp\frac{r^{1.5}}{(1+r)^2}$$

当 $r=3, x_i\approx 0$，可简化为

$$\frac{x^*_{NH_3}}{(1-x^*_{NH_3})^2}=K_pp\frac{\sqrt{27}}{16}=0.325K_pp$$

温度和压力对平衡氨含量的影响如图 4-26 所示。由图可见，当压力一定时，温度下降，平衡氨含量增加；压力也有影响，当温度一定时，压力增大，平衡氨含量增大。虽然低温时平衡氨含量较高，但化学反应速度较慢，达到平衡需较长时间。因此，工业上为了有较快的反应速度，应在催化剂的起燃温度(400～450 ℃)以上进行反应。此外，为了有较高的平衡氨含量，必须在高压下进行氨的合成。

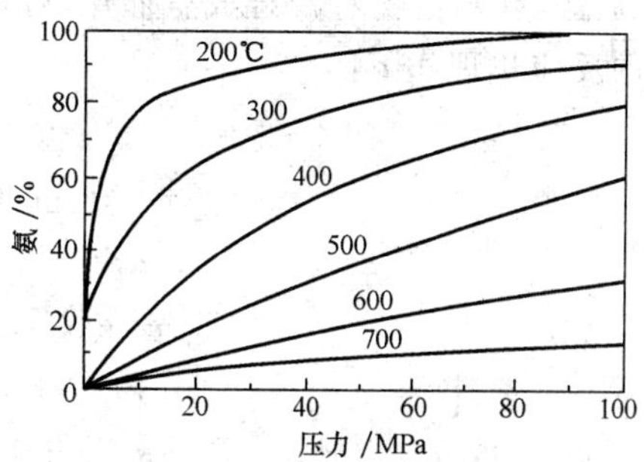

图 4-26　氨合成的平衡氨含量($H_2/N_2=3$)

2. 氨合成催化剂及反应动力学

(1)催化剂

对氨合成反应有催化作用的金属很多，如锇、铀、铁、钼、锰、钨等，其中铁系催化剂价廉易得，活性良好且使用寿命长，从而获得广泛应用。氨合成采用的铁系催化剂，其活性组分为金属铁，并添加其他组分作为助催化剂。铁系催化剂是通过精选天然磁铁矿，并加入一定量的促进剂在电炉中以熔融法炼制，冷却后成为固溶体，再经粉碎并筛分成各种粒径的颗粒制成的。添加的助催化剂有：Al_2O_3(2%～4%)，K_2O(0.5%～0.8%)，CaO 和 MgO(3%～4%)，FeO(29%～35%)，Fe_2O_3(55%～65%)。

催化剂未还原前，氧化铁主要以 Fe_3O_4 形式存在，由于它本身对氨合成反应没有催化作用，因此开工操作时需用氢气将其还原成金属铁。不同还原条件对催化剂的活性有很大影响。过去，铁系催化剂的还原和活化是在氨合成塔内进行的，往往需要 1 周时间。现在，为了节省时间，在催化剂制备过程中进行还原，即所谓的催化剂预还原，因此催化剂填入塔内后只要再还原 30～40 h 便可使用。

催化剂中各种助催化剂的作用是不同的。Al_2O_3 能与氧化铁反应生成 $FeAl_2O_4$($FeO\cdot Al_2O_3$)晶体。当还原催化剂时，Al_2O_3 不还原而是分散在 α-Fe 表面和其间，可防止活性铁的微晶在还原时进一步长大。同时也可使 α-Fe 晶粒间产生空隙，形成网状结构，增大催化剂的表面积，提高活性，是一种结构型助剂。MgO 作为结构型助剂与 Al_2O_3 有相似之处，但其主要作用是增强催化剂对硫化物的抗毒能力，并保护催化剂在高温下不

致因晶体破坏而降低活性，从而延长使用寿命。CaO 的主要作用是助熔，即降低熔融物的熔点和黏度，使 Al_2O_3 易于分散在 $FeO \cdot Fe_2O_3$ 中，另外还可提高催化剂的热稳定性。K_2O 是电子型助剂，可使催化剂的金属电子逸出功降低，使铁更易于把电子传给氮，有利于氮的吸附与活化；实践证明，只有 Al_2O_3 和 K_2O 同时存在的情况下才能提高催化剂的活性。

在能使铁系催化剂中毒的物质中，硫、磷、氯、砷的化合物能牢固地吸附在活性铁上形成化合物，造成活性中心的永久性中毒，其中毒作用是不可逆的，要求在净化过程中彻底清除。而氧及氧化物只是使催化剂暂时中毒，经及时处理后活性可以恢复。

(2)反应机理及动力学

氨合成反应是气固相催化反应，与其他气固相催化反应相似，需经历扩散、吸附、反应、脱附、扩散的历程。合成氨催化反应的机理已进行了几十年的研究，目前得到普遍认可的反应机理如下：

$$N_2 + \alpha\text{-Fe} \longrightarrow [\alpha\text{-Fe}]N_2$$
$$\alpha\text{-Fe} + [\alpha\text{-Fe}]N_2 \longrightarrow 2[\alpha\text{-Fe}]N$$
$$2[\alpha\text{-Fe}]N + H_2 \longrightarrow 2[\alpha\text{-Fe}]NH$$
$$2[\alpha\text{-Fe}]NH + H_2 \longrightarrow 2[\alpha\text{-Fe}]NH_2$$
$$2[\alpha\text{-Fe}]NH_2 + H_2 \longrightarrow 2[\alpha\text{-Fe}]NH_3$$
$$[\alpha\text{-Fe}]NH_3 \longrightarrow [\alpha\text{-Fe}] + NH_3$$

在上述机理中，氮在催化剂表面活性中心的吸附是最慢的一步，是氨合成反应的控制步骤，根据此机理导出的氨合成反应的微分反应动力学方程式为

$$r_{NH_3} = \frac{dp_{NH_3}}{dt} = k_1 p_{N_2}\left(\frac{p_{H_2}^3}{p_{NH_3}^2}\right) - k_2\left(\frac{p_{NH_3}^2}{p_{H_2}^3}\right)^{1-\alpha} \tag{4-17}$$

式中 r——氨合成反应总速率，mol(氨)·m^{-3}(催化剂)·h^{-1}；

k_1——氨合成反应速率常数，$MPa^{-1.5} \cdot h^{-1}$；

k_2——氨分解反应速率常数，$MPa^{-0.5} \cdot h^{-1}$；

p——各气体组分分压，MPa；

α——常数，视催化剂性质及反应条件而异，由实验确定。

对于一般工业铁系催化剂，α 可取 0.5，于是式(4-17)变为

$$r_{NH_3} = k_1 p_{N_2}\left(\frac{p_{H_2}^{1.5}}{p_{NH_3}}\right) - k_2\left(\frac{p_{NH_3}}{p_{H_2}^{1.5}}\right) \tag{4-18}$$

反应达到平衡时总反应速率为零，可推出

$$K_p^2 = \frac{k_1}{k_2}$$

所以

$$r_{NH_3} = k_1\left(\frac{p_{N_2} p_{H_2}^{1.5}}{p_{NH_3}}\right) - \frac{1}{K_p^2}\left(\frac{p_{NH_3}}{p_{H_2}^{1.5}}\right) \tag{4-19}$$

正反应活化能为 58.6～75.4 kJ·mol^{-1}，而逆反应活化能为 168～193 kJ·mol^{-1}。根据上述关系式，可以得出下面一些结论：

①总压增高，可以提高正反应速率，降低逆反应速率，同时平衡常数 K_p 也增加，有利于反应进行；

②温度升高，正反应速率常数 k_1 增大，而平衡常数 K_p 降低，所以反应温度存在一个最佳值，在此温度下总反应速率最大；

③当反应距平衡较远时，速率方程式不再适用，特别当 $p_{NH_3}=0$ 时，$r_{NH_3}=\infty$，这显然不符合实际情况，为此捷姆金提出远离平衡时的反应动力学方程式：

$$r_{NH_3}=k'p_{N_2}^{1-\alpha}p_{H_2}^{\alpha} \tag{4-20}$$

④虽然平衡研究结果表明 $H_2/N_2=3$ 为最佳，但从动力学角度看，氮气分压的提高有利于提高氨合成反应速率，最终提高收率，所以实际生产中维持 H_2/N_2 为 2.8～2.9。

4.4.2　氨合成的工艺与设备

1. 氨合成工艺流程

氨合成工艺流程有多种，但都包含以下几个基本步骤：

(1)通过压缩机将净化的合成气压缩到合成所需的压力；

(2)净化的原料气升温合成氨；

(3)冷却冷冻系统分离出口气体中的氨，未转化的氢气、氮气用循环压缩机升压后返回合成系统；

(4)弛放部分循环气使惰性气体含量在规定值以下。

图 4-27 是一种节能型的凯洛格法氨合成工艺流程。新鲜的合成气首先经离心压缩机的第一段压缩后，进入到新鲜气甲烷化气换热器、水冷却器及氨冷却器逐步冷却到 8 ℃。经冷凝液分离器除去水分后，进入压缩机第二段并与循环气在气缸内混合继续压缩至压力达到 15.5 MPa，温度为 69 ℃，经水冷却器降至 38 ℃。此后气体分为两路，一路约 50%的气体经过两级串联的氨冷却器进行冷却。一级氨冷却器中液氨在 13 ℃下蒸发，将气体冷却到 22 ℃；二级氨冷却器中的液氨在−7 ℃下蒸发，进一步将气体冷却到 1 ℃左右。另一路气体与高压氨分离器来的−23 ℃的气体在冷热交换器内换热，降温至−9 ℃。两路气体汇合后温度为−4 ℃，再经过第三级氨冷却器，利用−33 ℃下蒸发的液氨将气体进一步冷却到−23 ℃，然后送往高压氨分离器。分离液氨后含氨 2%的循环气经过热交换器预热到 141 ℃后进入氨合成塔。部分进气进入合成塔后沿外筒与催化剂筐之间的环隙自下而上到塔顶部的内换热器，经出塔气预热到 425 ℃左右，再由上而下流过四层催化剂，并与各催化剂层间引入的冷激气汇合。从最下一层出来的气体进入一根直立的中心管自下而上地进入塔顶换热器管内，将热量传给进塔气后，由塔顶出来。合成塔出口气经过加热锅炉给水，再与进塔气换热后被冷却至 45 ℃，绝大部分气体回到高压缸循环段进行下次循环。

图 4-28 是布朗型日产 1 000 t 氨合成工艺流程图。由于粗原料气的最终净化采用深冷分离法，新鲜合成气的纯度很高，与循环气混合后经换热直接进入第一合成塔。反应热用于副产 12.5 MPa 高压蒸汽，氨的合成压力 15 MPa，第三合成塔出口气体中含氨(体积分数)可达 21%。

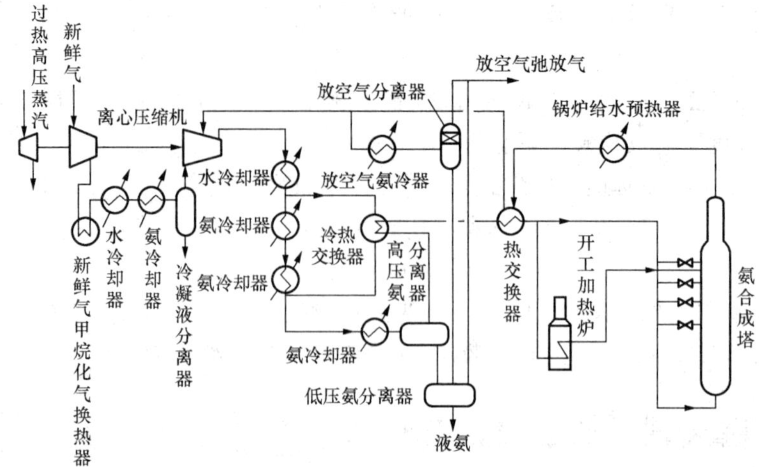

图 4-27　节能型凯洛格法氨合成工艺流程

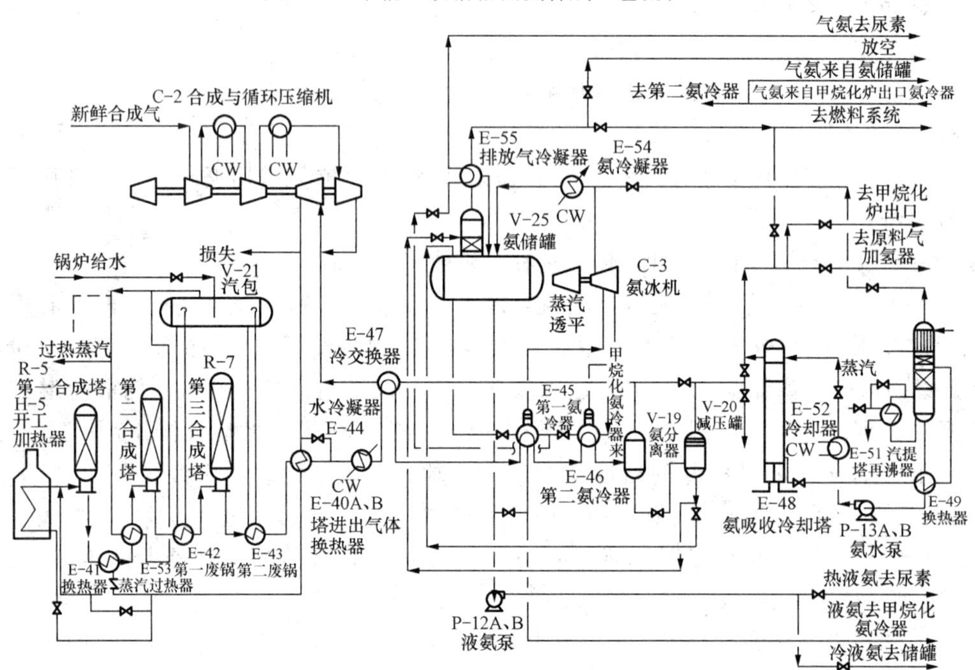

图 4-28　布朗型日产 1 000 t 氨合成工艺流程图

我国过去大型合成氨厂多从国外引进成套技术和设备，除上述的美国凯洛格工艺流程外，还有丹麦的托普索流程。这两种工艺技术与目前较先进的布朗三塔三废锅氨合成工艺流程、伍德两塔三床两废锅氨合成工艺流程、托普索两塔两废锅氨合成工艺流程(S-250)以及卡萨利轴-径向氨合成工艺流程相比，存在净氨值低、压降大等缺点。

尽管合成工艺不同，但它们仍有许多相似之处，这是由氨合成反应本身的特性所决定的。

氨合成过程是一个循环系统。由于受平衡制约，氨合成率不高，有大量未反应的氢气和氮气需循环利用。

氨合成中的平衡氨含量取决于反应温度、压力、氢氮比及惰性气体含量，当这些条件一定时，平衡氨含量是一个定值。无论进口气体中有无氨，出口气体中氨含量总是一个定值。因此，反应后气体中所含的氨必须冷凝分离，以使循环回合成塔入口的混合气中氨含量尽可能少，提高净氨值。

由于新鲜合成气中带入的惰性气体在系统中不断累积，当达到一定值时，会影响反应的正常进行，降低合成率和平衡氨含量。因此需定期或连续放空一些循环气，从而造成一定损失。

由于氨合成是在高压下进行的，而原料气制备及净化的压力较低，需压缩加压；另一方面，设备及合成塔床层的压力降等，使循环气与合成塔进口气产生压力差，需循环加压弥补压力损失。

2. 氨合成塔

氨合成塔是合成氨生产中的关键设备之一。由于工业上氨的合成是在15～30 MPa及400～520 ℃下进行的，为防止这种苛刻条件下氢、氮对碳钢的腐蚀，氨合成塔通常由耐高压的封头、内件和外筒构成。进入合成塔的气体先经过内件与外筒之间的环隙，由于内件外面设有保温层，从而减少向外筒的散热，因此外筒只承受高压（操作压力与大气压力之差）而不承受高温，可用普通低合金钢或优质低碳钢制作。内件虽在高温（500 ℃左右）下操作，但只承受环隙气流与内件气流的压力差（1～2 MPa），可用耐热镍铬合金钢制作。内件主要包括催化剂筐、热交换器两部分。根据合成时换热方式的不同，合成塔可分为连续换热式、多段间接换热式和多段冷激式三种塔型。前一种合成塔中的催化剂床层内设有冷管，为连续换热式；后两种塔型把整个床层分为若干段，每段催化剂床层是绝热的，段与段之间设有热交换器或用冷原料气冷激。

（1）冷管式氨合成塔

在冷管式氨合成塔中，催化剂床层中设置有冷却管，通过冷却管使床层内冷、热气体进行间接换热，使合成反应在接近最适宜温度线进行。冷却管有多种形式，如单管、双管和三套管等，早期多采用并流双套管，1960年后开始采用并流三套管式和并流单管式。中小型合成氨厂（年产氨20万吨以下）多采用这种内部换热的冷管式氨合成塔。

图4-29为并流三套管式氨合成塔。塔内分成上下两个区域，上部是催化剂筐，下部是换热器。气体由塔上部进入，沿内外筒之间的环隙向下流动，在塔底部进入换热器管间换热至300 ℃后进入分气盒，分布到双套管的内管。气体在内管顶部折流到内外管的环隙并向下流动，与催化剂床层气体并流换热，气体被预热到400 ℃左右（铁催化剂的活性温度），再流经设有电加热器的中心管，出中心管的气体再从上而下通过催化剂床层，在此反应合成氨，随后经过塔下部换热器的管内降温后离开氨合成塔。

并流三套管式氨合成塔是由并流双套管式氨合成塔演变而来。二者的主要差别在于前者内冷管为双层，而后者为单层。并流三套管如图4-30所示。双层内冷管一端的层间间隙被焊死，形成"滞气层"，因而增大了内外管间的传热阻力，使气体在内管温升减小，床层与内外管环隙之间的气体温差增大，改善了上部床层的冷却效果。其优点是床层温度分布较合理，催化剂生产强度提高，操作稳定，适应性强。

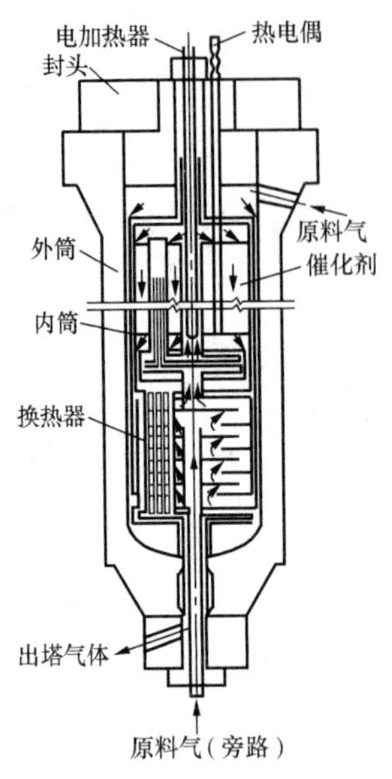

图 4-29　并流三套管式氨合成塔

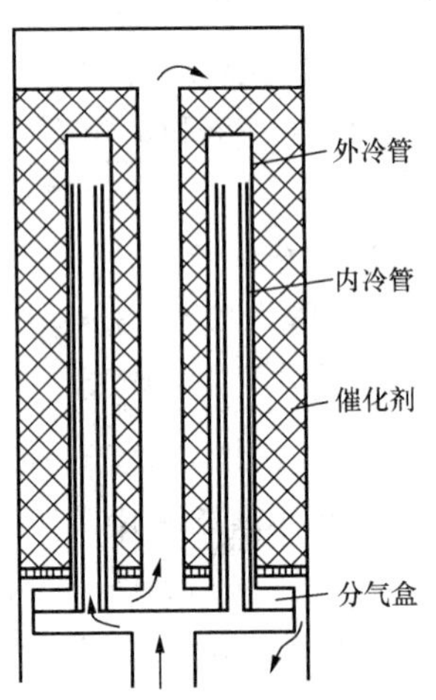

图 4-30　并流三套管示意图

(2)冷激式氨合成塔

大型氨厂均多采用冷激式合成塔。冷激式合成塔可分为轴向冷激式、径向冷激式和轴径混流冷激式三种。在这类合成塔内,催化剂床层分为几段,在段间引入未经预热的合成气来直接冷却,所以又称为多层直接冷激式合成塔。

图 4-31 为凯洛格四层轴向冷激式合成塔示意图。原料气从下部进入合成塔,沿着内外筒之间的环隙向上流动并冷却外筒,到塔上端后折返向下,通过换热器与管程内反应后的气体换热,被预热到 400 ℃左右进入第一催化剂床层。反应后温度升至 500 ℃左右,在第一与第二催化剂床层间与冷激气混合降温,然后进入第二催化剂床层。依此类推,最后经第四催化剂床层后,气体通过中心管向上流动进入换热器与原料气换热后,再从顶部流出合成塔。

径向冷激式合成塔是后来出现的塔型,图 4-32 为托普索型二段冷激式合成塔。原料气由塔顶进入合成塔,沿内外筒之间的环隙向下流动,进入下段的换热器管间,与塔底封头接口处引入的冷副线中的气体混合后沿中心管进入第一段催化剂床层。气体沿径向呈辐射状流经催化剂床层后进入内筒与催化剂筐间形成的环形通道,在此与塔顶来的冷激气混合降温后再进入第二段催化剂床层,从外部沿径向向内流动。最后由中心管外的环形通道向下流动,经换热器管内从塔底接口流出塔外。

轴向塔操作稳定,对催化剂要求不高,但合成塔内件阻力大,合成率低,能耗较高,不便检修;径向塔效率高,阻力小,能耗低,相对来说操作敏感性较强,要求高效催化剂。随着合成氨工业大型化的发展,对氨合成塔进行改进已成为降低合成氨能耗的主要途径之一。在这种背景下,一系列的氨合成塔应运而生。20 世纪 80 年代末,瑞士卡萨利制氨公司(Ammonia Casale S. A.)针对凯洛格轴向合成塔存在的缺点,首先开发了一种轴-径向混流型合成塔,也称轴-径向混合流动型合成塔。它在结构上有如下特点:

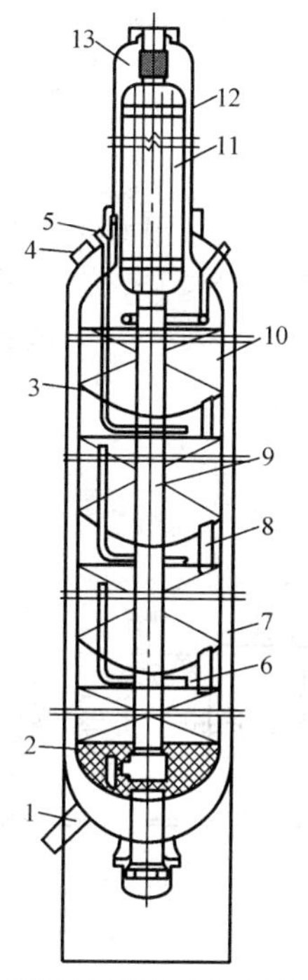

图 4-31 凯洛格四层轴向冷激式合成塔

1—塔底封头接管；2—氧化铝球；3—筛板；4—人孔；
5—冷激气接管；6—冷激管；7—下筒体；8—卸料管；9—中心管；
10—催化剂筐；11—换热器；12—上筒体；13—波纹连接管

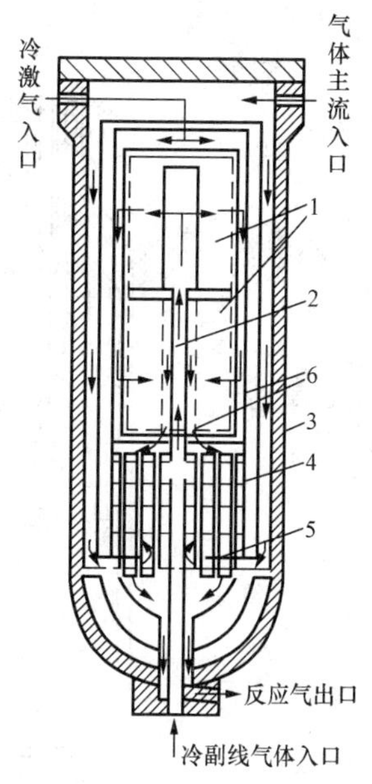

图 4-32 托普索型二段径向冷激式合成塔

1—径向催化剂床；2—中心管；3—外筒；
4—热交换器；5—冷副线管；6—多孔套筒

①几个催化剂床按一定尺寸制造。一个催化剂床叠加在另一个催化剂床顶部，二者之间密封简单，又可拆卸，缩短了装卸催化剂床的时间。

②催化剂床由筒体内壁与外壁组成，在筒体内壁与外壁之间装填催化剂，而沿内外筒壁一定间距钻孔，约 5%～10%的气流进入轴-径向流动区，其余进入径向流动区，高压空间利用率可达 70%～75%，催化剂床顶部不封闭。

③催化剂床的筒壁为气流分布器，由三层组成：第一层为圆孔多孔壁，远离催化剂，气流均匀分布是通过分布器的阻力来实现的；第二层为桥型多孔型，催化剂床筒壁上冲压成许多等间距排列像桥型的凸型结构，此多孔壁不仅起到机械支撑作用，而且对气流起到缓冲和均匀作用；第三层即为与催化剂接触的一层金属丝网。由这三层组成的气流分布器，经焊接形成弧形板，然后拼接成圆筒。

卡萨利氨合成塔可分为二床层和三床层合成塔，其床层间换热形式既可采用间接换热方式，也可采用冷激方式，如三床层合成塔有二段中间换热和一段冷激、一段中间换热等形式。其中三床层二段中间换热式合成塔出口氨体积分数可达 20.7%，净氨值可达 18%～19%。

为降低凯洛格型氨合成塔的能耗，卡萨利公司对凯洛格型氨合成塔结构也进行了改进，即将原四层冷激轴向流动式氨合成塔改造为四层冷激轴-径向混流式氨合成塔，对受压的外壳及控制系统基本不改动，使改造工作量降到最小。改进后的四层冷激轴-径向混流式氨合成塔结构示意图如图 4-33 所示。国内外有多家凯洛格型氨合成塔进行了上述改进，节能效果显著。

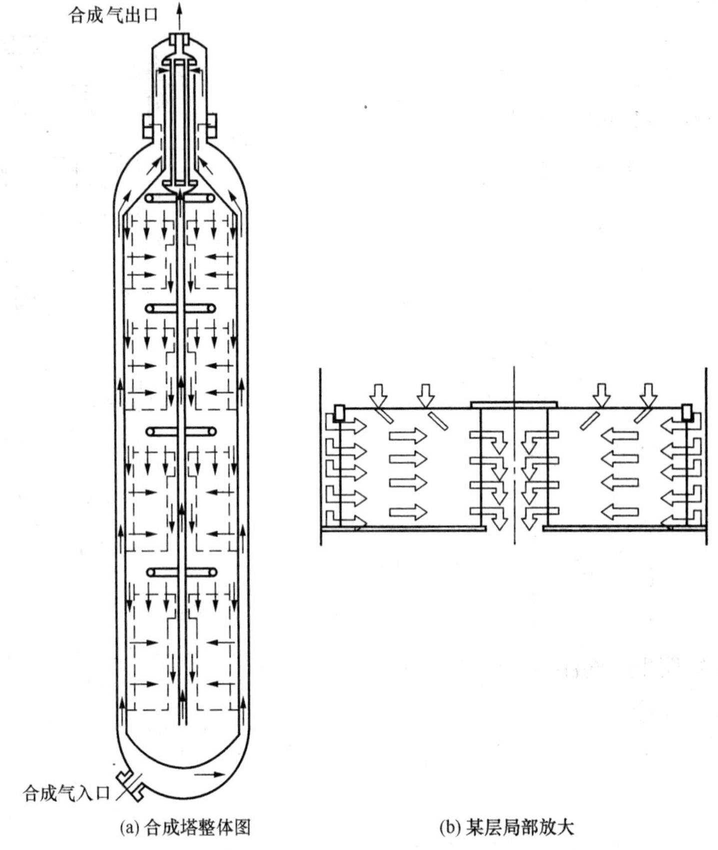

图 4-33　四层冷激轴-径向混流式氨合成塔

(3) 多段间接换热式合成塔

2005 年 12 月，我国自行设计的第一套 30 万吨大型合成氨装置，在山东华鲁恒升化工股份有限公司投料成功，合成塔采用直径 3.2 m 的一轴两径合成塔(图 4-34)，是一种多段间接换热式合成塔。工艺流程为：出合成气压缩机循环段的约 66 ℃合成气进入热交换器与出塔气换热后温度升到 230 ℃，进入氨合成塔，入塔气中氨含量为 2.42%(体积含量)，操作压力 11.46 MPa。合成气由合成塔底部进入，沿外壳和催化剂筐之间的环隙空间向上流到顶部，以保护合成塔外壳，使其温度在 300 ℃以下，然后气体在顶部折流而下，流过贯穿两个催化剂床层的中心管，再折流向上穿过两个串联的热交换器的管程，在两个热交换器中换热升温。入塔气体相继被在第二、第一催化剂床层反应后出来的热气体加热到约 375 ℃后进入第一催化剂床层，从上向下轴向流过催化剂床层，反应后的合成气出第一床层后进入第一热交换器壳程，冷却后进入第二

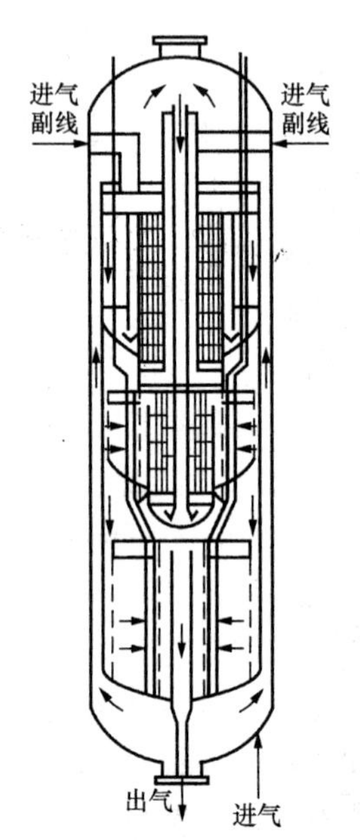

图 4-34　多段间接换热式一轴二径氨合成塔

催化剂床层，在第二床层由外向中心径向流动，进一步进行氨的合成反应，反应后的合成气在第二换热器壳程中进行换热冷却，再进入第三径向床层，由外向内径向流动，在第三床层未反应的氢与氮进一步反应生成氨，反应后的 443 ℃气体经中心管离开合成塔。

我国中型合成氨厂也有多家采用这种多段间接换热式合成塔，国内已投产的中型合成氨装置的 1 000～1 800 mm 的轴-径向氨合成塔根据内件的气体流向可分为以下几种类型：二轴一径氨合成塔，一轴二径氨合成塔和三轴一径氨合成塔等。

参考文献

[1]　陈五平. 无机化工工艺学 [M]. 2 版. 北京：化学工业出版社，1989.

[2]　姜圣阶. 合成氨工学：1～3 卷 [M]. 北京：石油化学工业出版社，1977.

[3]　蒋家俊. 化学工艺学：无机部分 [M]. 北京：高等教育出版社，1988.

[4]　崔英德. 实用化工工艺学：上册 [M]. 北京：化学工业出版社，2002.

[5]　陈五平. 无机化工工艺学：上册 [M]. 3 版. 北京：化学工业出版社，2002.

[6]　梁仁杰. 化工工艺学 [M]. 重庆：重庆大学出版社，1996.

[7]　张绍盾，周永顺. 恩德粉煤气化炉的设计与应用 [J]. 燃料与化工，2004，35(3)：21-24.

[8]　刘金江，牛明利，董洋洲. 谢尔干煤粉气化工艺与德士古水煤浆气化工艺的比较 [J]. 中氮肥，2000(3)：20-21.

[9]　汪寿建. 国内外新型煤化工及煤气化技术发展动态分析 [J]. 化肥设计，2011，49(1)：1-5.

[10]　盛新. Shell 煤气化技术及其在大化肥装置的应用 [J]. 大氮肥，2007，30(6)：415-418.

[11]　李庆春. 凯洛格型氨合成塔的改造 [J]. 天然气化工. 1989(1)：29-32.

[12]　张克峰，臧安华，周夏. 一轴二径大型氨合成塔的应用 [J]. 化肥工业，2006，33(6)：58-61.

[13]　刘增胜. 大型煤制合成气技术进展 [J]. 化肥工业，2010，37(4)：5-10.

第5章

无机化学矿物加工利用

5.1 概 述

无机化工多以天然矿物资源为原料生产无机酸、碱、盐及化学肥料和其他精细无机化学品。大多数无机化工产品都涉及矿物的化学加工，如无机盐、硫酸、磷肥及钾肥等。此外，大多数金属(除金、银、铜及铂等)在自然状态下多以硫化物、氧化物、碳酸盐和硅酸盐等形态存在，从这些矿物中回收和生产纯金属及它们的盐类化合物也涉及化学矿物的加工问题。无机化学矿物的种类繁多，主要的矿物品种有：

(1)镁矿，有菱镁矿($MgCO_3$)、白云石($CaCO_3 \cdot MgCO_3$)及水镁石[$Mg(OH)_2$]等，主要用于生产镁盐、氧化镁及耐火材料等；

(2)石灰石矿，即石灰石($CaCO_3$)，主要用于生产碳酸盐、钙盐及石灰；

(3)硼矿，有纤维硼镁矿($B_2O_3 \cdot 2MgO \cdot H_2O$)和硼镁铁矿($3MgO \cdot FeO \cdot Fe_2O_3 \cdot B_2O_3$)，可用于生产硼砂、硼酸等；

(4)硫矿，包括硫黄矿(S)和硫铁矿(FeS_2)，用于生产硫酸和硫黄；

(5)钾矿，主要有钾石盐($KCl \cdot NaCl$)、光卤石($KCl \cdot MgCl_2 \cdot 6H_2O$)及明矾石[$K_2SO_4 \cdot Al_2(SO_4)_3 \cdot 4Al(OH)_3$]等，用于生产钾盐、硫酸铝及氧化铝等；

(6)磷矿，有氟磷灰石[$Ca_5F(PO_4)_3$]和氯磷灰石[$Ca_5Cl(PO_4)_3$]等，用于制备磷酸、磷肥和磷酸盐；

(7)铝矿，有铝土矿($Al_2O_3 \cdot 2H_2O$)、水硬铝石(α-$Al_2O_3 \cdot H_2O$)、水软铝石(γ-$Al_2O_3 \cdot H_2O$)、三水铝石($Al_2O_3 \cdot 3H_2O$)、膨润土[$(MgCa)O \cdot Al_2O_3 \cdot 5SiO_2 \cdot nH_2O$]及高岭土($Al_2O_3 \cdot SiO_2 \cdot 2H_2O$)等，用于生产铝化合物、分子筛及催化剂载体；

(8)盐矿，包括岩盐、海盐和湖盐等，用于制造纯碱、烧碱、硫化碱、泡花碱、盐酸、氯乙烯及建筑材料等。

除少数品位较高的矿物开采出来后不需经初步加工即可利用外，大多数化学矿物需经过一系列的物理或化学过程处理后才能转化为人们所需要的化工产品。

5.2 无机化学矿物加工的方法和原理

5.2.1 矿石的精选

由矿山采掘出的矿石中，除了有用的矿物外往往伴生一些无法利用的脉石矿物。在加工有用矿物前，需采用一些物理或化学方法把有用的矿物和脉石分开，以提高矿石的品位，减少其他加工原料的消耗。在化学矿物加工利用中，矿石的品位越高，则反应剂的消耗就越少，所得产品的纯度及有效成分就越高。此外，成分稳定的矿石也为正确配料及稳定操作创造了良好的工艺实施条件。

矿石的精选是利用矿石中各组分的物理及化学性质上的差异使有用成分富集的一种方法。精选方法主要有手选、重力选、磁选及浮选等。

手选是一种人工选矿方法，即根据矿石的颜色、光泽等外表特征进行选择，以提高矿石的品位。虽然这种方法简便易行，但需要大量劳动力。因此手选仅适用于小规模生产。

重力选是利用矿石中各组分比重的差异进行选别的一种精选方法。重力选的介质可以是水、有机溶剂、气流或方铅矿等配制的悬浮液。其中使用方铅矿粉配制的悬浮液进行选矿的方法又称为重介质选矿。

磁选是利用矿石的磁化系数的差异进行选矿的一种方法。根据化学矿物的相对磁性，可将矿物分为强磁性、弱磁性和非磁性三种。强磁性矿物有磁铁矿、磁黄铁矿、钛磁铁矿等；弱磁性矿物有赤铁矿、褐铁矿、菱铁矿、钛铁矿、软锰矿、水锰矿等；大多数矿物属于非磁性矿物，如镁矿、石灰石矿、硼矿等。现代工业生产中磁选法不仅用于强磁性矿物的分离，也成功地应用于弱磁性矿物的分离。

浮选是泡沫浮选的简称，即利用矿石中各组分被溶剂(水或其他溶剂)润湿程度的差异而进行的选矿方法。浮选前，需先将矿石磨细，把要进行选别的矿物悬浮在水中，当鼓入空气泡时，不易被水润湿的矿物颗粒附着于气泡上被带至液面，而易于润湿的矿物颗粒则沉降到器底。由于大多数化学矿物均易于被水润湿，因而需加入浮选剂使各种矿物具有不同的润湿性以达到分离的目的。根据作用机制的不同，浮选剂可分为如下几类：

(1)捕获剂。其作用是使某些矿物表面生成一层憎水薄膜，使矿物易于与气泡结合并随气泡上升。捕获剂分子中含有极性和非极性基团，极性基团吸附在矿物表面上，而非极性基团则伸向水侧使矿物具有憎水性。如浮选磷矿石时，可用氧化石蜡、纸浆废液或塔尔油作捕获剂；浮选铝土矿和菱镁矿时可用油酸作捕获剂；浮选纤维硼镁矿时则使用油酸钠作捕获剂。

(2)起泡剂。在浮选时，为能促使液体形成结实外膜的气泡，及能存在较长时间的大量气体泡沫，常需加入起泡剂。起泡剂一般是表面活性物质，含有极性和非极性基团，能定向吸附在空气和水的界面上，极性基朝向水侧，而非极性基则朝向空气侧。常用的起泡剂有松节油、桉树油、煤焦油、甲酚及某些高级醇。

(3)抑制剂。为了增加矿石中某些非上浮组分的亲水性而使之完全沉降，提高浮选效果，需添加抑制剂。抑制剂主要有水玻璃、氨水、石灰和氰化物等。

(4)调节剂。为了改变浮选介质的 pH、调节其他药剂的作用、消除有害离子的影响和调节矿浆的分散度和絮凝度，需加入调节剂，如石灰、碳酸钠、磷酸盐、硫化钠及硫酸等。

(5)解毒剂。在矿物和水中往往存在一些能阻止矿物表面形成憎水膜使浮选不能进行的物质，这类物质统称为浮选毒物。为消除或减弱它们对浮选的负面作用，通常添加石灰、纯碱、碳酸钡、硫酸锌和硫酸铁等作为解毒剂。

在选矿时，如将有用矿物成分浮入泡沫产物中，而将脉石矿物留在矿浆中，则称其为正浮选；反之，则称为反浮选。

5.2.2 矿石的热化学加工

矿石的热化学处理可分为煅烧、焙烧、烧结。热化学加工过程既可作为一个最终环节也可作为一个中间环节，大多数场合下常作为矿石加工过程的中间处理工序。

1. 煅烧

煅烧是将矿石在低于熔点的温度下加热分解，除去挥发性组分的过程。如石灰石煅烧制氧化钙(生石灰)，是将石灰石块与煤按一定比例配伍，在石灰窑中于 800～1 000 ℃下煅烧 1～4 h，石灰石分解为氧化钙和二氧化碳。煅烧过程中产生的 25%～35%的二氧化碳可用于碳化过程，如生产纯碱、硼砂和轻质碳酸钙等工业过程。轻烧粉的生产也是一个典型的煅烧过程，在 600～800 ℃下煅烧白云石或菱镁石分解得到氧化镁和二氧化碳。

2. 焙烧

焙烧是矿石在低于熔点的温度下，与空气、氯气、氢气等气体或反应剂发生化学反应，改变化学组成与物理性质的过程。根据反应剂及反应性质的不同，焙烧可分为氧化焙烧、氯化焙烧、硫酸化焙烧、还原焙烧、挥发焙烧及氧化钠焙烧等。

氧化焙烧是将矿石与空气进行反应的过程。许多以硫化物形态存在的化学矿物，为使其易于用湿化学法加工，通常需将硫化物矿氧化焙烧成氧化物。硫铁矿焙烧制取二氧化硫是氧化焙烧的典型例子。硫铁矿焙烧的反应式为

$$4FeS_2 + 11O_2 = 2Fe_2O_3 + 8SO_2\uparrow$$

$$3FeS_2 + 8O_2 = Fe_3O_4 + 6SO_2\uparrow$$

氧化焙烧的例子还有硫化铜(CuS)精矿的半氧化焙烧和全氧化焙烧，锌精矿中硫化锌(ZnS)焙烧成氧化锌，辉钼矿(MoS_2)焙烧成氧化钼(MoO_3)等。

氯化焙烧是在炭存在下，将矿石氯化的过程。金属的硫化物、氧化物或其他化合物在一定条件下大都能与化学活性很强的氯反应，生成金属氯化物。金属氯化物与该金属其他化合物相比，具有熔点低、挥发性高、较易被还原、常温下易溶于水及其他溶剂等特点，化工生产中常利用上述特性，借助氯化焙烧实现金属的分离、富集、提取和精炼的目的。例如，将金红石和钛铁矿(主要成分为二氧化钛)氯化焙烧成四氯化钛，反应式为

$$2TiO_2 + 3C + 4Cl_2 \xlongequal{800\sim1\,000\ ℃} 2TiCl_4 + 2CO + CO_2$$

硫酸化焙烧是使某些金属硫化物矿石焙烧转化为易溶于水的硫酸盐的一种焙烧加工过程。对锌的硫化矿(如闪锌矿)，用湿法处理之前常先进行硫酸化焙烧：

$$ZnS + 2O_2 \xlongequal{SO_2} ZnSO_4$$

还原焙烧是在氢气、一氧化碳、各种烃类、煤和焦炭等还原剂存在下，使矿石中的有用成分还原的过程。无机盐生产中，重晶石(主要为 $BaSO_4$，大于 85%)的化学加工主要采用还原焙烧法。将重晶石和煤粉碎，以 100∶25～100∶27(质量比)的配比连续加入回转炉，在 1 000～1 300 ℃下进行还原反应：

$$BaSO_4 + 4C \xlongequal{1\,000\sim1\,300\ ℃} BaS + 4CO$$

$$BaSO_4 + 2C \xrightarrow{600 \sim 800\ ℃} BaS + 2CO_2$$

反应一般在高温下进行，生成的CO可进一步还原硫酸钡：

$$BaSO_4 + 4CO = BaS + 4CO_2$$

经浸取制得硫化钡溶液，可作为制取其他钡化合物的原料。

挥发焙烧是将硫化物矿石在空气中加热，使矿物中的有效组分转变为挥发性氧化物，以气态形式将其分离出来的一种焙烧过程。例如，火法炼锑中将锑矿石（含 Sb_2S_3）在空气中加热氧化为挥发性的 Sb_2O_3：

$$2Sb_2S_3 + 9O_2 = 2Sb_2O_3 \uparrow + 6SO_2 \uparrow$$

氧化钠化焙烧是通过添加适量的钠化剂（如 Na_2CO_3、NaCl 和 Na_2SO_4）等，使焙烧后的矿物中的有用组分转化为易溶于水的钠盐，进一步加工成所需的化工产品。如在锆英石制二氧化锆的过程中，即采用碳酸钠为钠化剂：

$$ZrSiO_4 + 2Na_2CO_3 \xrightarrow{1\ 100\ ℃} Na_2ZrO_3 + Na_2SiO_3 + 2CO_2$$

$$Na_2ZrO_3 + 4HCl = ZrOCl_2 + 2H_2O + 2NaCl$$

$$ZrOCl_2 \cdot 8H_2O \xrightarrow{800\ ℃} ZrO_2 + 2HCl + 7H_2O$$

3. 烧结

烧结是将矿粉和石灰、纯碱、硫酸钠、亚硫酸钠等烧结剂混合，在高于炉料熔点的温度下发生化学反应的过程。用铬铁矿生产重铬酸钠时，即采用铬矿纯碱烧结法先制取铬酸钠。将粉碎至200目的铬铁矿与纯碱、白云石、石灰石及矿渣等混合，在1 000～1 150 ℃下于回转窑中进行氧化焙烧，使矿石中的三氧化二铬转化为铬酸钠，反应如下所示：

$$2Cr_2O_3 + 4Na_2CO_3 + 3O_2 = 4Na_2CrO_4 + 4CO_2$$

纯碱用量一般为理论量的90%～93%，物料在炉内停留时间为1.5～2 h。

5.2.3　矿石的湿法加工

矿石的湿法加工是利用适宜的溶剂使矿石中有用组分转入溶液中，然后再将溶液进一步加工。如果有用组分是水溶性的，那么可用水作为溶剂；如果有用组分是水不溶性的，则往往要用酸碱盐的溶液作为溶剂。若矿石中不溶性组分较少，用溶剂处理后的残渣很少，则这种过程称为溶解；反之，如果残渣量较多，可溶性组分从矿物中提取的过程则称为浸取。

1. 溶解

根据溶解过程的性质，溶解可分为物理溶解和化学溶解。所谓物理溶解，是溶解时溶质的化学组成没有变化；例如，钾石盐（KCl·NaCl）溶解时，KCl 和 NaCl 的化学成分并没有改变，即钾石盐的组分溶解进入溶液后仍是 KCl 和 NaCl。化学溶解则不同，溶质溶解时与溶剂之间发生了化学反应；如磷石灰溶解于硝酸时生成磷酸和硝酸钙，并放出氟化氢气体。然而从现代物理化学观点出发，任何溶解过程完全没有化学变化的情况是不存在的。大多数可溶性无机盐矿物溶解于水时，其阴、阳离子均会发生水化反应。因此，现代所指的物理溶解可认为是没有明显的化学变化的溶解，即生成的溶液经蒸发或冷却后仍可析出溶解前的同种溶质。

盐类矿物能否溶解于溶剂中，取决于其自身及溶剂的性质。盐类的正、负离子处于晶体状态时存在晶格能，当其溶解于水中时要释放出水化能。当水化能大于晶格能时，盐类则不能溶解。溶剂的性质及反应产物的性质也对盐类矿物的溶解有重要影响，如水不溶性矿石能溶解在强酸溶液中，是因为强酸的氢离子与矿石中的弱酸根结合成为不电离的弱酸并保留在溶液中；溶解时反应生成气体或生成溶解度比反应物溶解度还要小的沉淀，也有助于溶解反应的进行。

2. 浸取

浸取是应用溶剂将固体混合物中可溶性组分提取出来的过程，又称为固液萃取。它与固相溶质全部进入溶液的溶解过程有所不同。浸取过程在湿法冶金、化学工业、食品及医药领域中均有很多应用。在自然状态下，大多数金属矿均是多组分相互伴生的，需要将矿石浸取处理后才能将各组分分离。浸取的例子举不胜举，如从纤维硼镁石酸解制硼酸，氨水提取明矾石中的硫酸盐，用硫酸分解磷灰石制磷酸，硫酸浸取铜矿分离提取铜，使用氰化钠溶液浸取分离金等；从天然植物中用有机溶剂提取各种有机物质也涉及浸取过程，如食用油及医药物质的提取等。

浸取的固体原料是由溶质与不溶性固体组成的混合物，其中不溶性固体称为载体或惰性物质。在浸取时，如果固体混合物中可溶性组分含量较少，溶解时不溶性组分的骨架没有破坏，形成一种多孔性的结构，因此内层的可溶性组分溶解后需通过毛细管扩散才能到达颗粒表面，再通过外膜扩散进入溶液本体。如果固体混合物中可溶性组分含量很大，当它们被溶解时不溶性组分则随之散架，这时颗粒内部的可溶性组分的浸取不存在什么困难，但由于散架的矿渣很细，所以会给过滤和洗涤造成一些困难。

3. 影响溶解和浸取的因素

影响溶解和浸取的因素很多。对有化学反应的浸取过程，影响浸取速率的因素主要为温度、溶剂浓度、矿物粒径、孔隙率及孔径分布和搅拌强度等。

浸取反应属于液固反应，当浸取过程受化学反应控制时，浸取速度随温度升高而加快；而对扩散控制的浸取过程，温度对浸取速度的影响并不显著。因此，有时升高温度对浸取效率影响不大，但却明显增加了杂质含量，这时应根据具体要求选取一个适宜的浸取温度。如铜矿的化学反应浸取，浸取温度以 29.5 ℃为宜，因为超过此温度浸取效率提高不多，而浸出液中杂质含量却明显增加。

浸取速度随浸取剂浓度的增大而加快。但并非浸取剂浓度越高越好，当浓度超过某一值时，有效组分的浸取效率提高并不明显，相反却增加了其他组分的溶解度。实际生产实践中，应根据产品的收率及产品质量的要求，控制适宜的浓度，避免杂质过多浸出。

浸取速度随矿粉粒度减小而增大，粒度越小，固液两相接触的表面积越大。但粒径也不能太小，这样会增加粉碎成本。粒径太大，则浸取时间将会延长。

固体物料的孔隙率越高，则可溶性组分的浸取便越容易。因此，对那些需先进行热化学法加工处理的矿物应避免矿石熔融形成坚硬的熔块，而尽量使矿石保持高的孔隙率。

如果浸取过程是液相扩散控制的，那么搅拌对浸取速度有较大影响。若浸取过程受化学反应控制，则搅拌对浸取速度影响不大，但也须充分搅拌以免固体沉降。

此外，矿浆密度及浸取物的物理、化学性质等对浸取速率也有影响。浸取时间应依据有用组分的回收率和杂质最小污染程度及生产强度等确定。

目前，反应浸取的设计尚不成熟，开发过程中一般应通过实验来确定各种因素的最佳值。浸取后主要采用过滤或静置的方法除去不溶性的悬浮物，杂质的去除可采用添加除杂剂来实现。从浸出液中回收有用组分的方法有结晶法、吸附法、离子交换法、溶剂萃取法、沉淀法及电渗析法等。

浸取过程一般采用逆流方式进行，即从浸取设备出来的残渣与浸取用的纯溶剂或稀溶液接触，这样可以减少残渣中带走的有效组分的含量。浸取设备有间歇式、半间歇式和连续式；按固体原料的处置方式，浸取设备又可分为固定床、移动床和分散接触式；按溶剂与固体原料的接触方式，可将浸取设备分为单级接触型、多级接触型与微分接触型。

5.3　无机化学矿物加工利用

自然界中无机化学矿物的品类繁多，物理、化学性质各异，因而它们的加工利用方法差别很大。本节中通过一些典型的无机化学矿物的加工工艺示例，说明其工艺过程的制定及工艺条件的选择，以达到举一反三、触类旁通的目的。

5.3.1　钾石盐矿浮选制氯化钾

钾石盐是自然界中存在的一种重要的可溶性钾矿，主要由 KCl 和 NaCl 组成，主要杂质为光卤石（$KCl\cdot MgCl_2\cdot 6H_2O$）、硬石膏（$CaSO_4$）和黏土物质。云南省思茅地区江城钾石盐盐矿床，是我国目前发现的唯一的古代固体钾盐矿床。2007 年，中国煤炭地质总局第四水文地质队又在陕西绥德满堂川发现全国七大稀缺矿种之一的钾石盐矿。世界钾石盐主要产地有俄罗斯的乌拉尔、白俄罗斯、加拿大的萨斯喀彻温省、德国的马格德堡和汉诺威以及美国新墨西哥州的特拉华盆地等。钾石盐绝大部分用于制造钾肥，部分用于提取钾和制造钾的化合物，是钾的主要来源。无色透明的大晶体可用作光学材料。

浮选是利用矿石中各组分被水润湿程度的差异而进行选矿的方法，可溶性盐的浮选介质是饱和盐溶液。把要选别的矿物悬浮在水或饱和溶液中，当鼓入空气泡时，不易被水润湿的矿物颗粒附着于气泡中被带至液面，而易被水润湿的矿物则沉到器底。钾石盐矿中的 NaCl 和 KCl 均易被润湿，必须人为地加入某种药剂，使各种矿物具有不同的润湿性以达到分离目的。能使矿物表面生成一层憎水膜，使之与气体泡沫结合上浮的药剂称为捕获剂。浮选钾石盐的捕获剂为碱金属的烷基硫酸盐（如十二烷基硫酸钠）和分子中碳原子数为 16～20 的盐酸十八胺、醋酸十八胺。

十二烷基硫酸钠是离子型表面活性剂，十八铵盐为阳离子活性剂，它们的离子大小与 KCl 的晶格相近，而与 NaCl 的晶格相距较大，因此只能吸附在 KCl 的晶体表面，使 KCl 不被水润湿从而被空气泡浮选，达到分离的目的。

在浮选时，为了使液体形成结实外膜的气泡，产生较长时间存在的大量泡沫，有时需要添加起泡剂。一般所用的起泡剂均为表面活性物质，含有—OH、—NH_2、—COOH、—CO等极性基团。起泡剂在矿浆中定向吸附在空气与水的界面上，其极性基朝向水，非极性基朝向空气。起泡剂分子的定向吸附作用，使气液界面上的张力降低，气泡变得较为稳定。常用的起泡剂有松油、桉树油、煤焦油、甲酚和一些高级醇。也有用二醇类混合物，可增加 KCl 的收率、加快浮选速度和减少捕获剂的用量。

为增加矿石中非上浮组分的亲水性而使之完全沉底以提高选矿效率，还要添加抑制剂，如淀粉、羧甲基纤维素钠盐、硫酸铝、氯化铝和多聚糖等。加入磷酸钠，可减少抑制剂的用量，并能加速黏土粒子的絮凝。近期也有人使用乙磺醚纤维素作为黏土矿泥的抑制剂，以代替羧甲基纤维素，据介绍可提高过程的选择性，获取质量更好的精矿。

钾石盐的浮选流程为：首先将钾石盐矿石粉碎至－4～＋120 目，使 KCl 和 NaCl 晶体达到单体分离的程度，并使矿石中的黏土分散。然后将矿粉悬浮于 NaCl 和 KCl 的共饱液中，先漂洗去大部分泥渣，或利用矿泥具有被气泡吸附的能力，加入一种白节油的氧化产物先行浮选，除去原矿中 85％的矿泥；或者加入少许淀粉作为“抑制剂“，将泥渣包裹，以阻止残留的泥渣与浮选剂结合，然后加入浮选剂进行浮选。

浮选过程分为粗选和精选两步，KCl 晶体卷入泡沫里经真空过滤机或离心机过滤分离；过滤得到的溶液重新用于浮选，而得到的 NaCl 则随泥渣进入废渣中，这种废渣称为尾矿。KCl 精矿中 KCl 含量大于 90％，回收率高于 90％。

钾石盐矿浮选法制 KCl 的工艺流程如图 5-1 所示。由钾石盐矿矿石储料斗(1)来的钾石盐矿，经皮带输送机(2)送至锤式破碎机(3)中进行粉碎，然后在棒磨机(4)中进行湿磨。为了不至于过度粉碎并提高粉碎效率，将棒磨机和弧形筛(5)构成闭路循环作业。筛下料浆送入水力旋流器(6)中脱泥。脱泥后的钾石盐料浆(水力旋流器的底流)送入浮选机(7)中，加入捕获剂进行粗选和精选。获得的精矿 KCl 用离心机(8)脱水后送入干燥机(9)进行干燥。然后经振动筛(10)过筛，筛上部分粒度较大者为 KCl 标准产品；筛下部分粒度较小，经压紧机(11)挤压后适当粉碎，再经振动筛(12)过筛，得到粗粒 KCl 和细粒 KCl 两种产品。

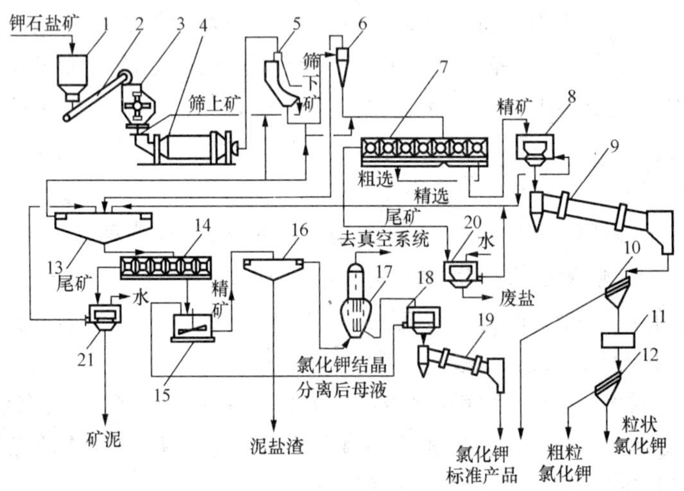

图 5-1　浮选法用钾石盐矿制 KCl 的工艺流程

1—矿石储料斗；2—皮带输送机；3—锤式破碎机；4—棒磨机；5—弧形筛；6—水力旋流器；7，14—浮选机；8，18，20，21—离心机；9，19—干燥机；10，12—振动筛；11—压紧机；13—增稠器；15—加热溶解器；16—保温增稠器；17—DTB 型真空结晶器

浮选机(7)排出的尾矿主要为 NaCl,经离心机(20)过滤并用水洗涤后,作为废盐弃去。滤液和洗涤液与离心机(8)出来的滤液汇合后,一道送入增稠器(13)中沉降。其清液返回浮选机(7)中用作浮选液,同时也用来供给湿磨用液及调节水力旋流器的进料。底流泥浆送往矿泥浮选机(14)浮选出细的 KCl 精矿。为了回收这种精矿中的 KCl,在加热溶解器(15)中用 KCl 结晶后的母液,在加热下将 KCl 溶解,然后在保温增稠器(16)中保温增稠,其底流为泥盐渣,排弃之。溢流出的清液经 DTB 真空结晶器(17)结晶后用离心机(18)分离,在干燥机(19)中干燥后获得 KCl 标准产品。离心机(18)排出的母液返回加热溶解器(15)重新溶解 KCl。由矿泥浮选机(14)排出的矿泥尾矿经离心机(21)分离和洗涤后弃去。

浮选尾矿中还含有 3.5%KCl,当用脂肪族胺为捕获剂时,尾矿中还会含有一些被吸附的脂肪族胺。由于高级脂肪族胺有毒,所以尾矿需经进一步加工后才能作为工业用盐。尾矿加工成工业用盐主要是清除泥渣。加工方法是先用循环的 NaCl 溶液混合成为晶浆,经二级水力旋流器脱泥,顶流即泥浆,澄清后将泥渣排弃,将清液返回循环使用。水力旋流器的底流为 NaCl 晶浆,自流到溶解槽中,加热使其中的 KCl 溶解,然后进一步用水力旋流器脱泥并同时增稠。增稠后的料浆用回转真空过滤机过滤得到工业用盐。循环母液中的 KCl 聚积到一定浓度后,取出进行冷却使之结晶加以回收。

还可将尾矿加工成食用盐,其最简单的方法是用 NaCl 溶液逆流洗涤,使大部分铵盐进入溶液,借过滤分离除去。为了彻底地除去脂肪胺,应将洗涤过的尾矿加热到 450 ℃使之完全挥发。

采用浮选法生产 1 t 纯度为 95%的 KCl,其消耗定额为:钾石盐矿(以 22%KCl 计)5.2 t,铵盐捕获剂 225 g,矿泥捕获剂(白节油氧化后产物)1 200 g,聚丙烯酰胺(矿泥絮凝剂)120 g,煤油(用于改善矿泥泡沫性质)1 100 g,重油 9.5 kg,电 306 MJ(85 kW·h),水 4 m^3。与溶解结晶法相比,燃料的消耗大大下降,这也是浮选法获得广泛应用的原因。

5.3.2 酸浸取磷矿制磷酸

磷矿是生产磷酸、磷肥及磷酸盐的原料,天然磷矿石分为两大类:磷灰石和磷块岩(或称纤核磷灰石)。它们的主要成分都是氟磷酸钙[$Ca_5F(PO_4)_3$],是三个分子正磷酸钙和一个分子氟化钙组成的复盐,其分子式为 $3Ca_3(PO_4)_2 \cdot CaF_2$。在天然磷矿石中所含的 Ca^{2+},有时部分被 Sr^{2+}、Mg^{2+}、Ba^{2+}、Mn^{2+}、Fe^{3+} 所代替。在某些情况下,所含的 F^- 也可能被 Cl^-、OH^-、CO_3^{2-} 等代替。世界上磷资源主要分布在美国、俄罗斯、摩洛哥和中国,这些国家磷矿产量占世界总产量的 75%。在我国,磷矿主要分布在中南和西南,其中云南、贵州、四川、湖北和湖南五省磷矿储量占国内总储量的 85%。我国磷资源 90%为中低品位磷矿,其中 80%又为难选的磷块岩矿。

1.湿法磷酸生产原理

用硫酸分解磷矿制取磷酸的方法称为硫酸法,也称为萃取法或湿法。它是磷酸生产中应用最广泛的方法,技术成熟,经济合理。

(1)主要化学反应

硫酸分解磷矿是在大量磷酸溶液介质中进行的，反应分两步进行。第一步是磷矿与磷酸反应生成磷酸一钙，第二步是磷酸一钙与硫酸反应生成磷酸与硫酸钙：

$$Ca_5F(PO_4)_3+7H_3PO_4 \longrightarrow 5Ca(H_2PO_4)_2+HF$$

$$5Ca(H_2PO_4)_2+5H_2SO_4+5nH_2O \longrightarrow 10H_3PO_4+5CaSO_4 \cdot nH_2O$$

磷矿中的一些杂质也能与酸反应，因此对湿法磷酸的生产过程和产品质量有显著影响。磷矿中的碳酸盐($CaCO_3$ 和 $MgCO_3$)与硫酸反应生成硫酸盐：

$$CaCO_3+H_2SO_4 \longrightarrow CaSO_4+CO_2\uparrow+H_2O$$

$$MgCO_3+H_2SO_4 \longrightarrow MgSO_4+CO_2\uparrow+H_2O$$

随着反应的进行和液相中游离磷酸浓度的降低，磷矿中的铁、铝杂质会增大磷酸溶液的黏度，浓缩时在设备中结垢生成难溶的中性磷酸盐：

$$Fe(H_2PO_4)_3+2H_2O \longrightarrow FePO_4 \cdot 2H_2O+2H_3PO_4$$

$$Al(H_2PO_4)_3+2H_2O \longrightarrow AlPO_4 \cdot 2H_2O+2H_3PO_4$$

反应过程中生成的氢氟酸能与磷矿石中的二氧化硅作用生成氟硅酸：

$$4HF+SiO_2 \longrightarrow SiF_4+2H_2O$$

$$SiF_4+2HF \longrightarrow H_2SiF_6$$

大多数磷矿有足够的二氧化硅使反应中生成的氢氟酸转化为氟硅酸，由于氟硅酸的挥发性低和腐蚀性弱，当矿石中的二氧化硅以石英砂形式存在而非黏土类中那种反应性二氧化硅时，通常需加入反应性二氧化硅使氢氟酸转化为氟硅酸以防止腐蚀。

钠、钾等杂质离子首先与氟硅酸反应生成氟硅酸钠、氟硅酸钾，在反应设备和管线中结垢，在储存系统中形成淤渣，使五氧化二磷损失增大。

(2)硫酸钙的晶形和生产方法分类

对于不同的反应温度和液相中不同的硫酸与磷酸浓度，硫酸钙可以有三种水合物：无水硫酸钙($CaSO_4$)、二水石膏($CaSO_4 \cdot 2H_2O$)和 α-半水石膏(α-$CaSO_4 \cdot 0.5H_2O$)。图5-2所示为不同温度、不同磷酸浓度时各种硫酸钙水合物的结晶区域。由于游离酸浓度和杂质的影响，此图在应用时是近似的，但对湿法磷酸工艺的制定仍具有一定的指导作用。

湿法磷酸生产方法通常是以硫酸钙存在形态来命名的，主要有下述几种方法：

①二水法制湿法磷酸

这是目前世界上应用最广泛的一种方法。有多槽流程和单槽流程，又分为无回浆和有回浆流程，以及真空冷却与空气冷却流程。二水法所得磷酸一般含 P_2O_5 28%～32%，磷总收率为 93%～97%。这种方法磷的总收率较低，是因为洗涤不完全；硫酸钙晶体空穴中吸藏磷酸溶液；磷酸一钙结晶层与硫酸钙结晶层交替生长；HPO_4^{2-} 替代了硫酸钙晶格中的部分 SO_4^{2-} 生成 $CaSO_4 \cdot 2H_2O$ 与 $CaHPO_4 \cdot 2H_2O$ 的固溶体；磷矿颗粒表面硫酸钙膜的形成使磷矿萃取不完全。

②半水-二水法制湿法磷酸

这种方法在日本使用较多。其特点是首先使硫酸钙形成半水物结晶，然后再水化重结晶为二水物。这样可使硫酸钙中的 P_2O_5 释放出来，使 P_2O_5 总收率提高到 98%～98.5%，同时也使磷石膏纯度提高，扩大其应用范围。根据产品酸浓度，半水-二水法流程又分为稀酸流程和浓酸流程。在稀酸流程中，半水结晶不过滤而直接水化为二水物再过滤分离，产品酸浓度为 30%～32% P_2O_5；在浓酸流程中，直接从半水物料浆中分出产品酸，产品酸浓度在 45% P_2O_5 左右，滤饼送入水化槽重结晶为二水物。二水-半水法制湿法磷酸，其特点是 P_2O_5 总收率高达 99%，磷石膏中结晶水含量少，有利于制造硫酸和水泥。产品酸浓度为 35% P_2O_5。

③半水法制湿法磷酸

其优点是直接生产浓酸（40%～50% P_2O_5），酸的纯度较高（低 SO_4^{2-}、Al^{3+} 和 F^-），缺点是晶格中磷损失大，收率只有 92%，产生的半水物不纯，工业上只用过有限的矿种。

(3) $CaSO_4$-H_3PO_4-H_2O 体系的相平衡

各种硫酸钙水合物及其变体在水中的溶解度如图 5-3 所示，除二水物外，溶解度均随温度升高而降低。

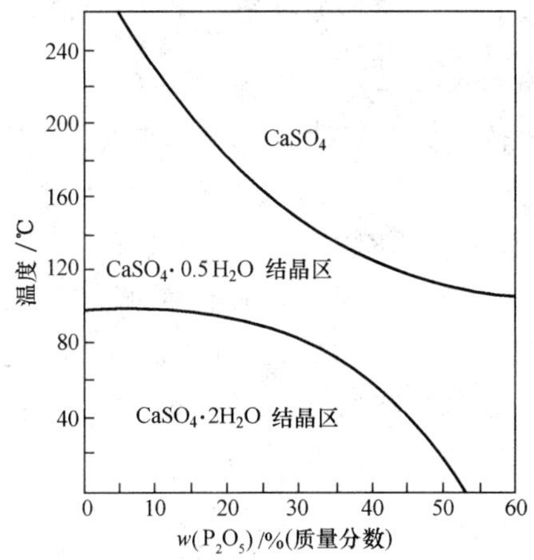

图 5-2　各种硫酸钙水合物的结晶区域

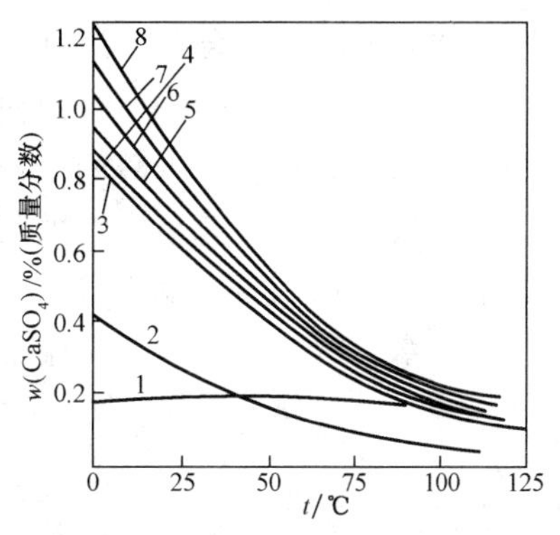

图 5-3　各种硫酸钙水合物及其变体在水中的溶解度

1—$CaSO_4 \cdot 2H_2O$；2—$CaSO_4$ Ⅱ；3—α-$CaSO_4$ Ⅲ；4—β-$CaSO_4$ Ⅲ；5—α-$CaSO_4 \cdot 0.5H_2O$；6—β-$CaSO_4 \cdot 0.5H_2O$；7—脱水后的 α-$CaSO_4 \cdot 0.5H_2O$；8—脱水后的 β-$CaSO_4 \cdot 0.5H_2O$

由图 5-3 可见，二水物和无水物Ⅱ在水中的溶解度最低。在 40 ℃时二水物与无水物Ⅱ溶解度曲线相交，说明低于 40 ℃时二水物是稳定的固相，高于 40 ℃时无水物Ⅱ是稳定固相，在 40 ℃时两相可以相互转化，其平衡关系如下：

$$CaSO_4 \cdot 2H_2O \rightleftharpoons CaSO_4(\text{Ⅱ}) + 2H_2O$$

其他水合物及变体溶解度较高，均为介稳固相，最终将转化为二水物或无水物Ⅱ。

此外，二水物与 α-半水物的溶解度曲线在 97 ℃下也相交，在此温度下两者可以相互转化并保持如下平衡关系：

$$CaSO_4 \cdot 2H_2O \rightleftharpoons \alpha\text{-}CaSO_4 \cdot 0.5H_2O + 1.5H_2O$$

该平衡是介稳平衡，最终均将脱水转变为无水物Ⅱ。

图 5-4 是 $CaSO_4$-H_3PO_4-H_2O 体系的相平衡图。由图可见，在该平衡体系中硫酸钙仅存在无水物Ⅱ和二水物两种稳定晶体。其稳定区分布在

$$CaSO_4 \cdot 2H_2O \rightleftharpoons CaSO_4(\text{Ⅱ}) + 2H_2O$$

转化平衡曲线的下方和上方。α-半水物在

$$CaSO_4 \cdot 2H_2O \rightleftharpoons \alpha\text{-}CaSO_4 \cdot 0.5H_2O + 1.5H_2O$$

转化平衡曲线的上方。

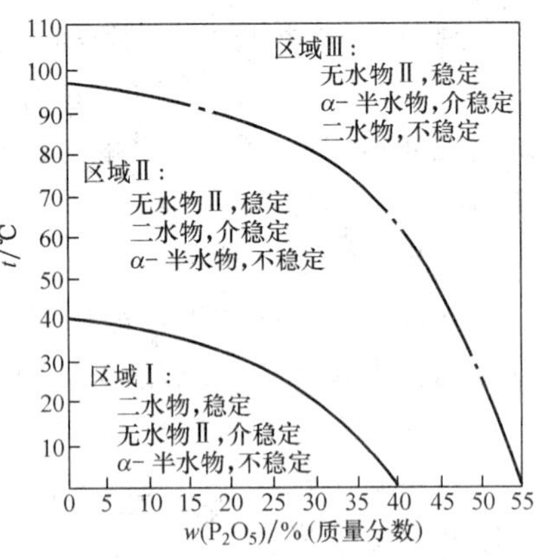

图 5-4　$CaSO_4$-H_3PO_4-H_2O 体系的相平衡图

转化介稳平衡曲线(图 5-4 中点画线)的上部区域Ⅲ处于介稳状态，而二水物则在两条转化曲线之间的区域Ⅱ中是介稳的。根据图 5-4 可以确定二水法和半水法湿法磷酸的工艺条件。二水法生产磷酸的浓度及适宜的温度应处于两条平衡转化曲线之间的区域Ⅱ，而半水物法制磷酸的浓度与相应的温度应处于介稳平衡曲线(点画线)的上方区域Ⅲ中。这是因为在区域Ⅱ中二水物是介稳的，而 α-半水物在区域Ⅲ中是介稳的。

值得注意的是二水物与 α-半水物之间的介稳平衡曲线随硫酸浓度的不同会发生移动。当硫酸浓度增大时，它们之间的平衡曲线将下移，即向温度和 P_2O_5 浓度降低的方向移动。此外，从图 5-4 可以看出，目前各种湿法磷酸的生产方法都是在无水物Ⅱ是稳定变体的条件下进行的。实际生成的晶体均是介稳状态的二水物和 α-半水物。其原因是在二水法和半水法生产条件下，它们向稳定的无水物Ⅱ转化是极其缓慢的。湿法磷酸生产过程中，除了使硫酸钙晶体以二水物和 α-半水物形式存在外，制得粗大、均匀、稳定的二水物和 α-半水物硫酸钙结晶也是一个十分重要的问题，因为粗大、均匀、稳定的硫酸钙晶体便于过滤分离和洗涤干净。

2. 湿法磷酸生产工艺条件的选择

湿法磷酸生产工艺过程主要由两部分构成：磷酸和硫酸的混酸浸取并分解磷矿生成磷酸和硫酸钙；硫酸钙晶体的分离与洗净。工艺条件选择的目标是保证达到最大的 P_2O_5 利用率和最低的硫酸耗量。这就要求磷矿的分解率要高，并尽量避免由于磷矿颗粒被包裹和 HPO_4^{2-} 同晶取代 SO_4^{2-} 造成的 P_2O_5 损失。而在分离工序则要求硫酸钙晶体粗大、均匀、稳定，使过滤和洗涤效果好，减少水溶性 P_2O_5 损失。

(1)液相 SO_3 浓度

液相 SO_3 浓度表示液相中游离硫酸的含量，实验表明它对磷矿的分解、硫酸钙晶核的形成、晶体的生长及形态，以及 HPO_4^{2-} 同晶取代 SO_4^{2-} 均有影响。在二水法制湿法磷酸时，SO_3 应控制在 0.015～0.035 g/mL；在半水法中，SO_3 应控制在 0.015～0.025 g/mL。矿种不同，液相 SO_3 浓度范围也有一些差异，但条件确定后，应尽可能减少其波动。

(2)反应温度

反应温度升高，可加速反应，提高分解率，降低液相黏度；同时由于温度升高使硫酸钙溶解度增大，降低硫酸钙在溶液中的过饱和度，避免细晶产生，有利于形成粗大晶体和提高过滤强度。但温度不宜过高，否则会导致生成不稳定的半水物或无水物，使过滤困难。此外，温度升高杂质的溶解度亦增大，影响产品质量。生产实践中，二水物流程反应温度控制在 65～80 ℃，半水物流程则控制在 95～105 ℃。生产中多采用空气冷却或真空闪蒸冷却等方法除去多余的工艺热量，并保证温度波动幅度不要过大。

(3)料浆中 P_2O_5 浓度

由于硫酸钙晶体是在磷酸介质中成核和生长，因此反应料浆中 P_2O_5 浓度的稳定，对硫酸钙溶解度和过饱和度的稳定有影响。反应料浆中 P_2O_5 浓度可根据 $CaSO_4$-H_3PO_4-H_2O 体系的平衡图确定，而稳定料浆中 P_2O_5 浓度则是通过控制进入系统的水量，即控制洗涤滤饼而进入系统的水量来实现的。一般在二水法流程中，当温度控制在 70～80 ℃时，料浆中 P_2O_5 浓度为 25%～30%，杂质含量较多时控制在 22%～25%。

(4)料浆中固体物浓度

料浆中固体物浓度体现在料浆的液固比上。液固比较低时，料浆黏度高，对磷矿分解和晶体长大不利。液固比较高时，由于液体含量提高，可改善操作条件，但使设备生产能力降低。一般二水法流程液固比控制在 2.5∶1～3∶1，半水法流程在 3.5∶1～4∶1。当矿石中镁、铁、铝等杂质含量较高时，液固比应适当高一些。

(5)回浆

回浆的目的是提供晶种，防止局部游离硫酸浓度过高，同时可以降低过饱和度和减少新生晶核数量，以获得粗大、均匀的硫酸钙晶体。工业生产中，回浆量一般为加入物料量的 100～150 倍。

(6)反应时间

反应时间是指物料在反应槽中的停留时间，硫酸分解磷矿的反应速度较快，因此反应时间的长短主要取决于硫酸钙晶体的生长时间，一般控制在 4～6 h。

(7)料浆搅拌

反应过程中的料浆搅拌可使液固两相充分接触，有利于颗粒表面更新和消除硫酸局部过量，促进反应的进行，同时对防止包裹和消除泡沫也起一定作用。搅拌强度应适宜，以免使晶体破碎导致二次成核过多，产生细晶影响过滤和洗涤效果，使水溶性 P_2O_5 损失增大。

3. 生产工艺流程

湿法磷酸的生产工艺主要包含以下几道基本工序：磷矿的磨碎、磷矿的浸取、料浆的冷却、料浆的过滤、回磷酸系统、磷酸浓缩、含氟气体吸收及再结晶系统。下面介绍几种典型的湿法磷酸工艺流程。

二水法湿法磷酸的典型工艺流程有罗纳-布朗流程(Rhone-Poulenc process)和雅可布斯-道尔科Ⅱ流程(Jacobs-Dorrco Ⅱ process)。二水法的工艺条件为：产品磷酸中含 P_2O_5 28%～30%，液相 SO_3 浓度 0.25～0.35 g/mL，反应温度 75～85 ℃，停留时间 4～8 h，料浆液固比 2∶1～3∶1，P_2O_5 收率 93%～97%。典型的单槽二水法制湿法磷酸流程如图 5-5 所示。反应槽由两个直径不同的同心圆组成，内、外圆之间的环形部分装有 6 个或更多个搅拌桨和 1 个径向折流板。硫酸和磷矿加入环形空间，分解过程在环形室内基本完成，中间的内筒起消除磷矿短路和降低过饱和度的作用。搅拌时，可使料浆沿环形室以相当大的流速向一个方向运动，采用鼓入空气的方法冷却反应料浆，空气量根据反应温度确定。从反应槽逸出的含氟废气送入废气洗涤器洗涤，洗涤后通过排风机放空。由反应槽流出的磷酸料浆用泵送至盘式过滤机过滤和洗涤。

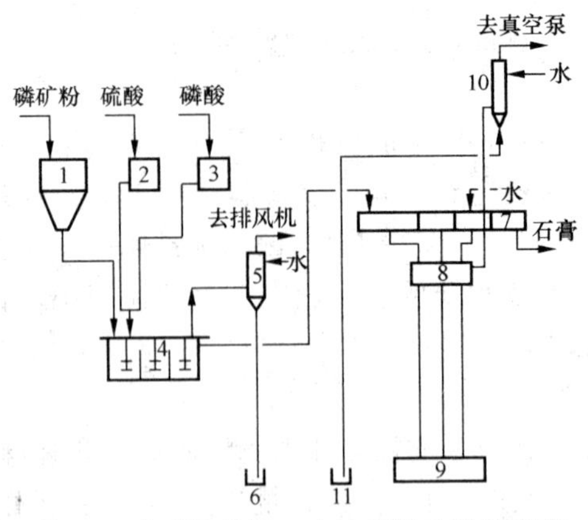

图 5-5　典型的单槽二水法制湿法磷酸流程

1—矿粉仓；2—硫酸高位槽；3—磷酸高位槽；4—反应单槽；5—废气洗涤器；

6、11—地下液封槽；7—盘式过滤机；8—气液分离器；9—液封槽；10—气体冷凝器

半水-二水法制湿法磷酸是日本根据其当地条件开发的一种工艺流程。日本由于缺乏天然石膏资源，因此对副产品石膏的利用颇为重视。为了在制磷酸过程中得到更加纯净的硫酸钙副产品，日本开发了两种半水-二水物流程，即半水-二水法不分离半水物工艺和半水-二水法分离半水物工艺。前者又称为日产 H 法，后者称为日产 C 法。

日产 H 法的工艺流程如图 5-6 所示。这种流程首先制得半水物结晶，然后重结晶为二水物。预混合分解反应是在半水物条件下进行的，水化槽在有利于半水物再水化的条件下操作。磷矿粉、硫酸及返回的稀磷酸均加入预混合器，料浆经充分混合后溢流入分解槽，在 80～100 ℃下反应 2 h 获得半水物结晶，反应后的料浆进入二水物再结晶槽并与经闪蒸冷却作为回浆提供晶种的二水物料浆混合，温度降至 50～65 ℃使半水物溶解、再结晶为粗大的二水物。此法制得的磷酸含 P_2O_5 30％～35％。

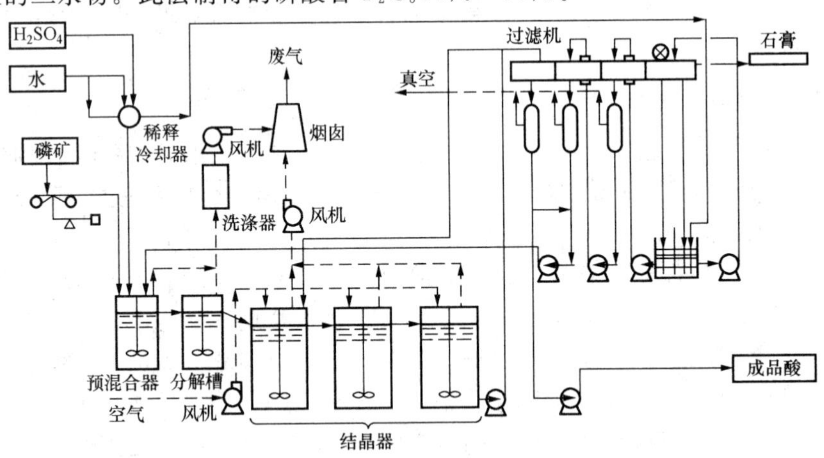

图 5-6　日产 H 法的工艺流程

日产 C 法的工艺流程如图 5-7 所示。该法特点是先制得半水物结晶，将半水系统的料浆直接过滤，获得含 40％～50％P_2O_5 的产品磷酸。半水物滤饼经洗涤、再浆后送入二水物系统进行水化和再结晶，然后进行第二次过滤、洗涤，获得较纯的二水物硫酸钙。半水系统的反应温度在 100 ℃左右，反应时间为 2 h，液相中含 P_2O_5 40％～50％。二水系统

的转化温度为60～70 ℃，停留时间为2 h，液相中磷酸含P_2O_5 10%～25%，由于硫酸大部分加入水化槽，液相中硫酸浓度可达5%～15%，在此条件下半水物可迅速水化并形成粗大的二水物晶体。

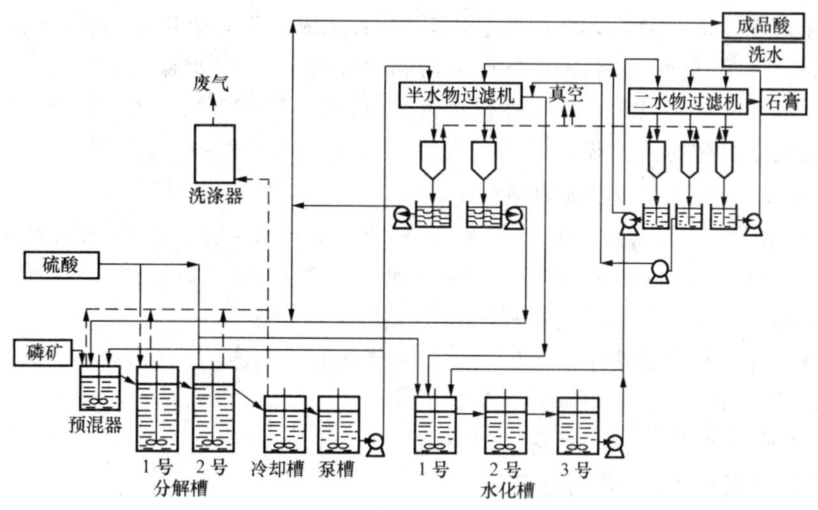

图5-7 日产C法的工艺流程

二水-半水法制湿法磷酸工艺最初是由日本中央玻璃公司和比利时普莱昂(Prayon)公司分别开发的，后两公司又联合开发出中央普莱昂流程(Central-Prayon process)，其流程如图5-8所示。该工艺与日产C法类似，只是工艺条件不同，水化槽改为二水物脱水槽。磷矿在二水物生产条件下分解，反应温度约为70 ℃，停留时间约为4 h，液固比在2.3∶1左右，液相中含35% P_2O_5。用离心机分离出成品酸后，滤饼不经洗涤直接进入转化系统中转变为半水物，转化温度保持在85 ℃，转化时间约为1 h。在半水系统中，液相含20%～30%P_2O_5，含10%～14%H_2SO_4，液固比为2.5∶1。硫酸也是大部分加入二水物脱水槽，小部分送入分解槽。

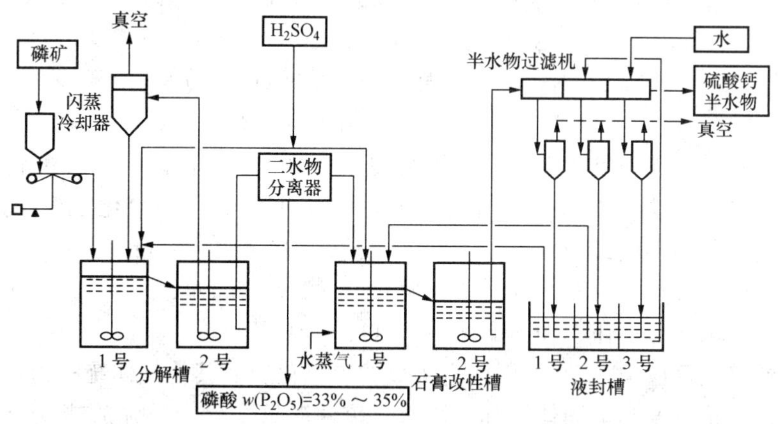

图5-8 中央普莱昂二水-半水工艺流程

5.3.3 硫铁矿焙烧制硫酸原料气

硫铁矿是硫化铁矿物的总称，包括黄铁矿(FeS_2)和磁硫铁矿(Fe_nS_{n+1}，$n \geqslant 5$)。西班牙、俄罗斯、白俄罗斯、日本和加拿大等国家储量较丰富，我国硫铁矿产地有英德、向山、张家沟、阳泉等地。纯粹的黄铁矿含硫量为53.45%，磁硫铁矿含硫量为36.5%～40.8%。制硫酸用的硫铁矿有普通硫铁矿、浮选尾砂和含煤硫铁矿。

普通硫铁矿是带有金色光泽的灰色矿石，其有效成分为二硫化铁，此外还含有有色金属（铜、锌、铅、镍等）的硫化物、钙镁的硫酸盐和碳酸盐、石英以及砷化物和硒化物等杂质。

浮选尾砂是有色金属工业中精选硫化物矿（铜、锌、铅矿等）的副产品，主要成分是硫化铁。浮选尾砂也称为浮选硫铁矿或硫精矿，含硫量为30%～45%。我国硫精矿的含硫量一般在35%左右，由于是浮选的副产品，矿石粒度小，适宜于沸腾焙烧。

含煤硫铁矿也称为黑矿，主要分布在我国云贵地区，这种矿石的含硫量一般为30%～40%，含煤6%～12%。由于矿中含有煤，故耗氧量高，炉温高，炉气中 SO_2 浓度低，一般不单独使用，而是和其他原料配合使用。

以硫铁矿为原料接触法生产硫酸的过程主要有五个工序：

(1)原料预处理，包括原料破碎、配矿等；

(2)硫铁矿焙烧，SO_2 炉气制备、冷却和除尘；

(3)净化，清除炉气中的有害杂质；

(4)转化，SO_2 催化氧化制备 SO_3；

(5)吸收，硫酸吸收 SO_3 制发烟硫酸。

1. 硫铁矿的焙烧反应

硫铁矿焙烧过程的化学反应较复杂，控制的条件不同，获得的产物也不同。焙烧过程的反应分两步进行，在焙烧温度高于500 ℃时，硫铁矿首先受热分解生成硫化亚铁和硫黄蒸气：

$$2FeS_2 = 2FeS + S_2(g) - Q$$

当硫铁矿释放出硫黄后，逐渐成为多孔性的硫化亚铁。当温度高于600 ℃时，发生硫蒸气燃烧反应和硫化亚铁的氧化反应：

$$S_2 + 2O_2 = 2SO_2(g) + Q$$

$$2FeS + 3O_2 = 2FeO + 2SO_2(g) + Q$$

$$2FeO + 0.5O_2 = Fe_2O_3 + Q$$

矿渣中三氧化二铁和氧化亚铁的比例取决于炉中氧的分压。当空气过剩量大时，生成红棕色的三氧化二铁烧渣；而空气量不足时，则生成棕黑色的四氧化三铁烧渣。

硫铁矿焙烧总的反应式为

$$4FeS_2 + 11O_2 = 2Fe_2O_3 + 8SO_2(g) + Q$$

$$3FeS_2 + 8O_2 = Fe_3O_4 + 6SO_2(g) + Q$$

在硫铁矿焙烧反应中，硫与氧气化合生成的二氧化硫及其他气体统称为炉气，铁与氧气化合生成的氧化铁及其他固体统称为烧渣。硫铁矿焙烧反应是强放热反应，除反应自身所需的热量外，多余的热量须移走。

焙烧过程中，除了上述主反应外，还会发生其他一些副反应。如果焙烧是在较低温度（400～450 ℃）及过量氧气存在下，由于三氧化二铁烧渣的催化作用，炉气中的二氧化硫被氧化成三氧化硫：

$$2SO_2+O_2 \xlongequal{} 2SO_3$$

生成的三氧化硫还可与铁的氧化物反应生成硫酸盐：

$$4SO_3+Fe_3O_4 \xlongequal{} Fe_2(SO_4)_3+FeSO_4$$

$$3SO_3+Fe_2O_3 \xlongequal{} Fe_2(SO_4)_3$$

此外，温度低于 250 ℃时，生成的硫化亚铁能直接被氧化为硫酸亚铁：

$$FeS+2O_2 \xlongequal{} FeSO_4$$

而生成的硫酸亚铁受热会分解为三氧化硫：

$$2FeSO_4 \xlongequal{} SO_2+SO_3+Fe_2O_3$$

在高温下，矿石会与烧渣反应：

$$FeS_2+16Fe_2O_3 \xlongequal{} 11Fe_3O_4+2SO_2$$

$$FeS_2+5Fe_3O_4 \xlongequal{} 16FeO+2SO_2$$

硫铁矿焙烧时，因原料不同，控制的最低温度亦不同，造成这种差异的原因是各种硫化物矿的着火点有差别。影响着火点的因素较多，如矿石中含二氧化硅等不燃物时着火点升高；向矿石中添加煤等助燃剂时着火点会降低；矿石粒度小时着火点则低；燃烧介质中含氧量高时由于迅速生成坚硬的硫酸铁保护膜，也会使着火点升高。工业生产中，为了保证使硫铁矿中的硫尽量转化为二氧化硫，通常在 600 ℃以上的高温下进行焙烧。在焙烧过程中，矿石中的杂质也发生反应。铅、镁、钙、钡的碳酸盐分解出二氧化碳和它们的相应氧化物，这些氧化物又可以和三氧化硫反应生成硫酸盐。砷和硒的化合物焙烧时转变为相应的氧化物，在高温下升华进入炉气中成为对制酸有害的杂质。氟化物在焙烧时转化成气态氟化硅进入炉气中。

2. 焙烧速度及其影响因素

硫铁矿的焙烧过程属于气固非均相反应。其中二硫化铁的分解是可逆吸热反应，离解程度取决于焙烧温度，温度越高，对二硫化铁分解反应越有利；硫化亚铁的氧化和硫的燃烧是不可逆反应，在足量氧气存在下，氧化反应可以进行完全。因此，从化学平衡角度看，由于硫化亚铁的氧化和硫的燃烧反应是不可逆的，只要保证较高温度和氧气供给充分，就可促使二硫化铁不断分解，硫铁矿焙烧的总过程也具有不可逆的性质。由于是非均相反应，硫铁矿的焙烧速度不仅和化学反应速度有关，还涉及传热和传质过程。

硫铁矿的焙烧过程包括以下步骤：二硫化铁的分解；氧气向硫铁矿表面及内部扩散；氧气与硫化亚铁在矿物颗粒表面及内部反应，生成的二氧化硫自颗粒内部通过氧化铁层扩散出来；硫蒸气向外扩散与氧反应。其中哪一阶段速度最慢或阻力最大，则控制着整个过程。

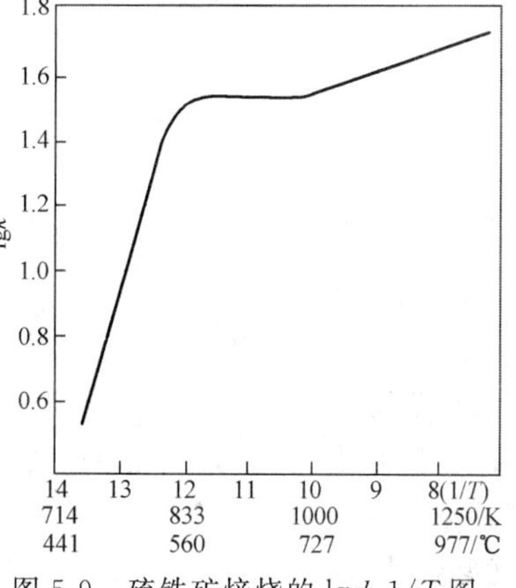

图 5-9 硫铁矿焙烧的 lg k-1/T 图

硫铁矿的氧化焙烧过程由二硫化铁的分解、硫化亚铁的氧化和分解生成的硫的燃烧反应组成。图 5-9 是硫铁矿焙烧的 lg k-1/T 曲线，曲线可分为三个阶段。第一阶段温度在 485～560 ℃，斜率很大，说明活化能很高；二硫化铁的分解在 500 ℃时开始，分解表观活化能约为 126 kJ/mol，这与曲线第一段 500 ℃时的活化能相一致，

说明此时 FeS_2 的分解属于化学反应动力学控制。第三阶段温度在 720～1 155 ℃，斜率较小，活化能也较小，与硫化亚铁氧化反应的活化能 12.56 kJ/mol 也是一致的；在这一阶段，温度升高，反应速率随温度变化并不显著，符合扩散规律，这时属于扩散控制。第二阶段是由化学控制向扩散控制的转换阶段。

温度低于 650 ℃时，二硫化铁离解的速率常数小于硫化亚铁氧化的速率常数，焙烧过程属于化学反应控制；温度高于 650 ℃时，二硫化铁分解速率常数大于硫化亚铁氧化的速率常数，焙烧过程属于扩散控制。在实际生产中，因反应温度为 850～950 ℃，所以硫铁矿的焙烧过程属于扩散控制。至于是氧气扩散控制，还是二氧化硫扩散控制，可通过实验来确定；实验证明提高氧气的浓度，可加快焙烧反应过程总速率，所以整个硫铁矿焙烧过程是氧气的扩散控制着总反应速率。氧气的扩散速率与气固相的接触面积、氧通过气膜和氧化铁层的传质系数有关，而传质系数又取决于矿粒的大小、温度和气固相之间的相对运动速度等。

根据上面对焙烧反应和反应速率的分析，提高焙烧反应效率的途径有：

(1)提高焙烧温度，可以加快扩散速率。但焙烧温度不能过高，以不使烧渣熔结为限，物料熔结会影响正常操作。在沸腾焙烧时，控制操作温度在 850～950 ℃为宜。

(2)减小矿石粒度，有利于增加空气与矿石的接触面积，减小内扩散阻力。矿石粒度越小，单位质量矿石的气固相接触面积愈大，颗粒表面形成的氧化铁层愈薄，氧气越容易扩散到矿粒内部，所以矿石焙烧前要适当破碎。沸腾炉焙烧中矿石粒度小于 3.5 mm，平均粒径为 0.24～0.7 mm。

(3)增加空气与矿粒之间的相对运动。由于空气与矿粒之间的相对运动增加，矿粒表面氧化铁层能得到更新，减少气体扩散的阻力，这也是沸腾焙烧优于固定床焙烧的一个原因。

(4)提高入炉空气中的氧气含量。增加氧气浓度，能加快氧气在矿粒内的扩散速率，从而加快焙烧速率，但用富氧空气焙烧硫铁矿不经济，除有特殊要求外，工业中通常用空气焙烧即可。

3. 硫铁矿的预处理及沸腾焙烧

硫铁矿和含煤硫铁矿一般多呈块状。浮选硫铁矿和尾砂虽为粉状，但由于含有大量水分，在储存和运输过程中会结块。因此，硫铁矿在焙烧前需根据焙烧炉的工艺要求进行预处理。对块状硫铁矿或结块的浮选矿进行破碎和筛分，浮选矿需进行烘干脱水处理。预处理包括以下几步：

(1)破碎。沸腾炉焙烧要求矿石粒度为 4～5 mm，因此硫铁矿要经过粗碎和细碎。粗碎采用颚式破碎机，细碎采用辊式压碎机，对含水结块的尾矿可用鼠笼式破碎机来打散团块。

(2)配矿。由于矿石产地不同，组成差别较大。为维持操作稳定和炉气成分均一，焙烧前应进行配矿处理，使原料品位基本恒定。配矿时贫矿与富矿搭配，含煤硫铁矿与普通硫铁矿搭配，高砷矿与低砷矿搭配。沸腾炉用硫铁矿的要求指标为：含硫量大于 20%；含砷量小于 0.05%；含铅量小于 0.1%；含碳量小于 1%；含氟量小于 0.05%；含水量小于 6%。

(3)脱水。块矿一般含水量在5%以下,尾砂含水量为5%～18%。沸腾炉干法加料要求含水量在6%以内,水量过多会造成原料输送困难,进入炉内会结成团块使操作不能正常进行。因此,湿矿必须进行干燥。一般采用自然干燥,大型工厂采用专门的干燥设备进行烘干。

硫铁矿焙烧炉的发展经历了固定型块矿炉、机械炉等,随着流态化技术在硫酸工业中的应用,目前工业中全部使用沸腾炉。

沸腾炉焙烧即所谓的固体流态化焙烧。固体流态化是指固体颗粒在流体的带动下,具有流体性质的操作技术。由于矿石粒度大小、形状和密度均不可能一致,硫铁矿沸腾焙烧时与理想情况下的固体流态化有所不同。生产中当炉内风速大到一定程度时,在上升空气的带动下,床层表面明显起伏,没有一个平稳的界面,故称为沸腾床,这是一种聚式流态化现象。沸腾炉的炉体形式可分为三类:直筒型、扩散型及锥形床型。国内的硫酸厂普遍采用扩散型炉。沸腾焙烧炉的结构如图 5-10 所示,沸腾炉炉体一般由钢壳内衬耐火材料构成。内部分为空气室、分布板和风帽、沸腾层、上部燃烧空间四个部分。空气经鼓风机引至空气室,经分布板上的风帽均匀鼓入炉膛。矿料由进料口加入至沸腾室,在空气带动下沸腾燃烧。焙烧后的矿渣从另一侧的排渣口排出。沸腾层上部的燃烧空间是沸腾炉的扩大段,其截面积是沸腾层的 2～3 倍,大容积是用来保证炉气在炉内有足够的停留时间,使沸腾层吹出的颗粒得以充分燃烧,并使分解出来的未来得及燃烧的单体硫在此进一步燃烧。为避免炉温过高使炉料熔化,在沸腾层炉壁段装有冷却水箱以移走焙烧反应产生的多余热量。沸腾炉气中二氧化硫含量可达 10%～13%,矿渣残余硫含量为 0.5%。

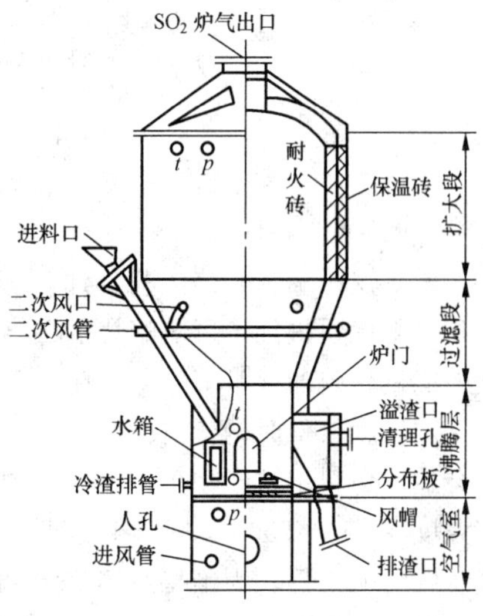

图 5-10 沸腾焙烧炉

普通沸腾炉的缺点是炉气带出的矿尘较多,约占烧渣总量的一半,因而使炉气制冷系统的负荷加重,造成废热利用及矿灰的输送困难。针对这些问题,近年来研制出双层沸腾焙烧炉和高气速沸腾焙烧炉。其特点是采用旋风分离器将夹带的烧渣收集再返回炉内,使炉内矿料颗粒的线速度可以高出颗粒平均吹出速度几倍,焙烧强度不受颗粒大小的限制而大大提高,即使在过剩氧不多的情况下硫的燃烧程度也比相同温度下的普通炉更加充分,因而可以实现硫铁矿的低温焙烧,并可简化废热回收装置。

4. 焙烧流程和工艺条件

(1)工艺流程

硫铁矿焙烧流程如图 5-11 所示。经过预处理的硫铁矿,通过皮带输送机送至沸腾炉加料器,空气由鼓风机经风室喷入炉膛,使矿粒形成沸腾层。炉料在 850～950 ℃温度下燃烧,产生含二氧化硫的炉气和氧化铁矿渣。炉气由炉顶排出,先经废热锅炉回收余热产生蒸汽,然后冷却送至除尘器除尘,最后送往制酸工段。氧化铁矿渣回收热能后,经增湿器增湿后用输送器排出。

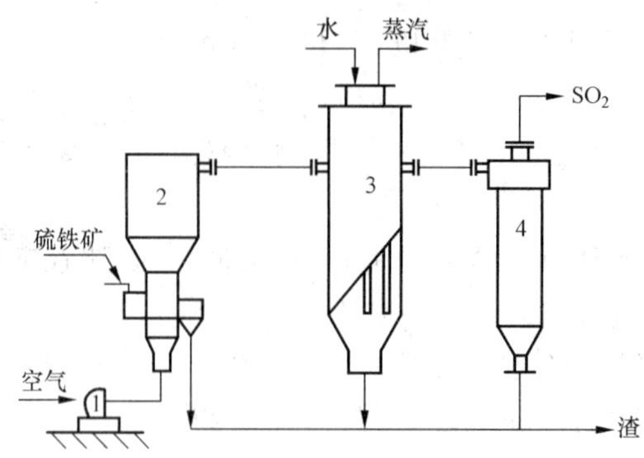

图 5-11　硫铁矿焙烧流程示意图

1—鼓风机；2—沸腾炉；3—废热锅炉；4—旋风除尘器

(2)工艺条件

硫铁矿沸腾焙烧工艺条件，主要根据影响焙烧的各因素进行选择，以提高硫的烧出率和获得优质炉气。影响焙烧的因素主要有温度、炉底压强、矿石粒度、沸腾层的气速、炉气中二氧化硫的含量等。

温度较低时，焙烧反应进行不完全；提高温度可加速焙烧反应，但温度不宜过高，否则会造成炉料熔结影响正常操作。因此，根据焙烧反应的特点，沸腾焙烧时一般控制沸腾层温度在 850～950 ℃。影响温度的因素很多，如投矿量、矿石含硫量、空气的加入量及冷却装置的能力等。为维持炉温稳定，要稳定投矿量、矿石中的含硫量、空气加入量和冷却水用量。矿石含硫量较低时，会使炉温较低且无法维持，这时可通过用出口炉气预热进炉空气来提高炉温。反之，当矿石中硫含量较高时，炉温会升高，可通过加大冷却水用量进行调节。当矿石含硫量较恒定时，可通过改变投矿量来调节炉温。

炉底压力一般维持在 0.009～0.012 MPa(表压)，压力波动会直接影响进入炉内的空气量，使炉温也随之波动，一般可通过连续均匀排渣来控制炉底压力稳定。

沸腾层气速与矿石粒度有关，对焙烧反应的影响也很重要。沸腾层气速一般维持在 0.3～3.5 m/s，具体大小需依据矿料粒度及炉型来确定。当矿料平均粒度为 0.07～0.15 mm 时，一般采用 0.3～1 m/s 的操作气速；当矿石平均粒度在 0.24～0.7 mm 时，操作气速在 2～3 m/s。加大气速，可以提高沸腾炉的焙烧强度，但需考虑炉气中含尘的后处理及烧渣中的含硫量等问题。实际生产中，空气加入量比理论空气量一般高出 20%左右。

炉气中二氧化硫浓度控制在 10%～14%较为适宜。沸腾炉中焙烧速率较快，用较少量的过量空气，就可以防止硫升华并控制矿渣低残硫量，得到含二氧化硫较高的炉气。烧渣中含硫量较低，一般在 0.1%～0.5%。

5.3.4　氨浸取明矾石制氮钾混肥

明矾石是一种重要的钾铝硫酸盐矿物。纯明矾石的化学式为 $K_2SO_4 \cdot Al_2(SO_4)_3 \cdot 4Al(OH)_3$，其中约含 37% Al_2O_3、38.6% SO_3、11.4% K_2O 和 13%结合水；天然明矾石中还含有 SiO_2、Fe_2O_3 和 TiO_2 等杂质，其中部分钾离子被钠离子取代，因此明矾石矿中 K_2O 含量一般在 5%～7%，Al_2O_3 和 SO_3 均在 20%左右。明矾石不溶于水，也难溶于酸,易溶于碱性溶液,加热后易分解。我国明矾石主要产于浙江平阳和安徽庐江两地。

明矾石主要用于提炼明矾,也可综合利用明矾石生产硫酸钾、硫酸和氧化铝等产品。明矾主要应用于印刷、造纸、制革、纺织、医药及食品等部门,还可用作媒染剂、催化剂、沉淀剂等;硫酸钾为无氯钾肥,适用于烟草、果树、橡胶、糖料等经济作物的施用;氧化铝可用于炼铝,也是其他铝系精细化工的优质原料。

1. 明矾石的焙烧机理

虽然明矾石中的 K_2SO_4 和 $Al_2(SO_4)_3$ 本身是水溶性的,但因形成时的矿化作用,与其他不溶物相结合而变为水不溶性物质,且化学反应性能较差,必须经焙烧破坏其矿化作用,使其脱水和分离。

明矾石加热至 520～550 ℃时发生脱水反应:

$$K_2SO_4 \cdot Al_2(SO_4)_3 \cdot 4Al(OH)_3 = K_2SO_4 \cdot Al_2(SO_4)_3 \cdot 2Al_2O_3 + 6H_2O$$

加热至 650 ℃时,$K_2SO_4 \cdot Al_2(SO_4)_3 \cdot 2Al_2O_3$ 进一步分解:

$$K_2SO_4 \cdot Al_2(SO_4)_3 \cdot 2Al_2O_3 = K_2SO_4 \cdot Al_2(SO_4)_3 + 2Al_2O_3$$

加热到 750 ℃时,发生 Al_2O_3 结晶化的放热反应,温度在 770～820 ℃又发生吸热分解反应:

$$K_2SO_4 \cdot Al_2(SO_4)_3 = K_2SO_4 + Al_2O_3 + 3SO_3$$

进一步加热到 1 000 ℃时,K_2SO_4 和 Al_2O_3 反应生成 $KAlO_2$ 和 SO_3:

$$K_2SO_4 + Al_2O_3 = 2KAlO_2 + SO_3$$

当在还原性气氛中焙烧明矾石时,可使焙烧温度降至 520～580 ℃,并获得反应活性良好的明矾石熟料:

$$K_2SO_4 \cdot Al_2(SO_4)_3 \cdot 2Al_2O_3 + 3CO = K_2SO_4 + 3Al_2O_3 + 3SO_2 + 3CO_2$$

2. 明矾石氨浸取制氮钾混肥

焙烧后的明矾石熟料可用氨溶液进行浸取:

$$K_2SO_4 \cdot Al_2(SO_4)_3 \cdot 2Al_2O_3 + 6NH_4OH = K_2SO_4 + 3(NH_4)_2SO_4 + 2Al(OH)_3 \downarrow + 2Al_2O_3 \downarrow$$

浸取后 K_2SO_4 和 $(NH_4)_2SO_4$ 进入溶液中,$Al(OH)_3$、Al_2O_3 及原矿中的 SiO_2、Fe_2O_3 和 TiO_2 等杂质进入残渣中。浸出液中含有 K_2SO_4 和 $(NH_4)_2SO_4$,经蒸发可得氮钾混肥。

氨浸残渣中的 Al_2O_3 和 $Al(OH)_3$ 可进一步加工,如利用烧碱液浸取残渣,可使 Al_2O_3 和 $Al(OH)_3$ 转化为 $NaAlO_2$ 进入溶液中:

$$Al(OH)_3 + Al_2O_3 + 3NaOH = 3NaAlO_2 + 3H_2O$$

也可用硫酸溶液提取残渣中的 Al_2O_3 和 $Al(OH)_3$,使它们转化为 $Al_2(SO_4)_3$ 进入溶液中:

$$2Al(OH)_3 + 2Al_2O_3 + 9H_2SO_4 = 3Al_2(SO_4)_3 + 12H_2O$$

因此,氨浸法加工明矾石的过程可以根据残渣处理方式的不同,分为氨碱法和氨酸法两种工艺流程。图 5-12 为氨浸法明矾石加工的工艺流程示意图。明矾石的脱水焙烧条件对浸取过程有很大影响。在 520～650 ℃脱水愈完全,明矾石中有效组分的浸出率就愈高。当焙烧温度超过 650 ℃时,不仅因 $Al_2(SO_4)_3$ 的分解使氨浸时 SO_3 浸出率下降,由

于 Al_2O_3 活性降低，用烧碱溶液对氨渣进行浸取时的浸出率也大为下降。

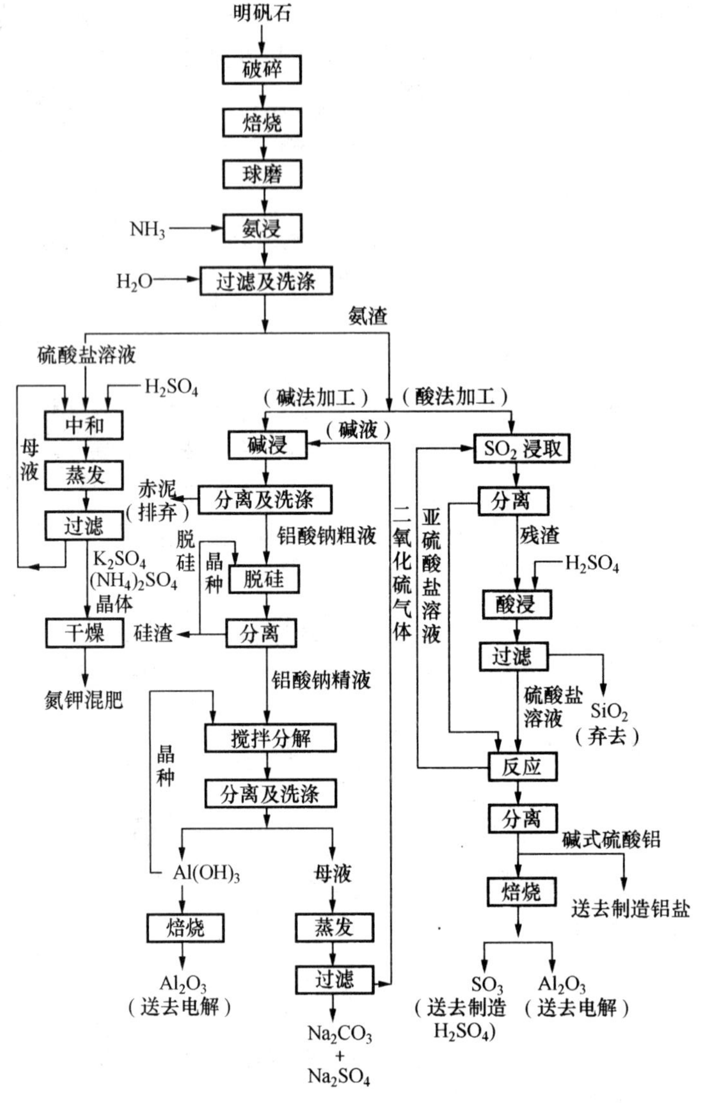

图 5-12　明矾石氨浸法制氮钾混肥工艺流程

脱水焙烧可以在回转炉、沸腾炉和载流式炉中进行。采用回转炉脱水焙烧时，明矾石破碎到 7 mm，焙烧炉料的温度控制在 575 ℃左右，炉气温度为 820 ℃，焙烧时间约 2 h，焙烧后明矾石中 SO_3 和 Al_2O_3 浸出率均在 90%左右。沸腾脱水焙烧采用双层模式，以保证炉料在炉内有足够的停留时间。载流式脱水炉由燃烧室、连通管和旋风体三部分构成(图 5-13)，煤气与空气混合在燃烧室燃烧，产生的热炉气以 100～200 m/s 的速度通过喷射管

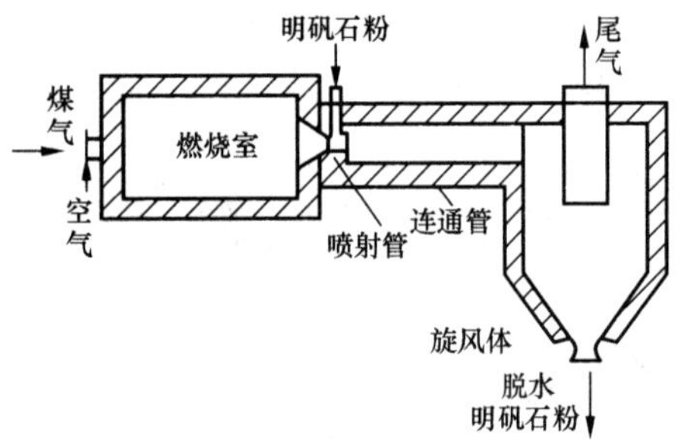

图 5-13　载流式脱水炉

与加入的明矾石粉相遇，迅速进行热交换，完成脱水过程，进入旋风体后继续脱水，大部分物料自旋风体底部排出，尾气由上部逸出，尾气中夹带的细粉用除尘器回收。回转炉虽然操作费用较低，但基建费用高；载流式脱水炉生产能力较大，但由于物料与炉气是并流操作，尾气温度高(600 ℃)，需设置回收废热装置。

氨浸取操作是在串联的浸取槽中进行的。增加氨的浓度，提高浸取温度，延长反应时间，减小明矾石粒度，均能使 SO_3 的浸出率提高。氨浸取过程是一个放热过程，在通常情况下可使料浆温度升高 30～40 ℃。浸取温度一般维持在 75 ℃，氨水浓度为 4%～5%，浸取液中 K_2SO_4 和 $(NH_4)_2SO_4$ 的浓度可接近饱和。当氨用量为理论量的 100%～110% 时，浸取时间在 40～60 min，SO_3 的浸出率在 90%左右，而 K_2O 的浸出率在 92%以上。浸取液 pH 低表示氨含量低，矿石中的 SO_3 不易浸出，而且 $Al_2(SO_4)_3$ 有可能水解，使过滤发生困难。反之，如 pH 较高则表示氨用量过大，蒸发浸出液时氨的损失增加。

5.3.5　硼镁矿碳碱法制硼砂

目前，国内的硼砂主要以辽宁的硼镁矿为原料采用碳碱法生产。硼镁矿中除了硼镁石外，还含有菱镁矿、白云石、蛇纹石、水镁石、磁铁矿等伴生矿物。由于矿石的晶体结构紧密、硬度较高，直接采用湿化学法加工时化学活性很低。因此，需将硼镁矿石先进行焙烧，使其结构疏松、硬度降低、活性提高，然后再进行碳碱法湿法加工。

1. 碳碱法生产原理

在焙烧过程中，硼镁矿会发生如下的一些化学反应。300～400 ℃时，磁铁矿被氧化：

$$4Fe_3O_4 + O_2 = 6Fe_2O_3$$

350 ℃时，菱镁矿开始分解，650 ℃分解迅速：

$$MgCO_3 = MgO + CO_2$$

500～750 ℃时，蛇纹石脱水：

$$Mg_3Si_4O_{11} \cdot 3Mg(OH)_2 \cdot H_2O = Mg_3Si_4O_{11} \cdot 3Mg(OH)_2 + H_2O \uparrow$$

$$Mg_3Si_4O_{11} \cdot 3Mg(OH)_2 = Mg_3Si_4O_{11} + 3MgO + 3H_2O \uparrow$$

水镁石在 500 ℃以上开始脱水：

$$Mg(OH)_2 = MgO + H_2O$$

在 620～680 ℃，硼镁石脱水：

$$2MgO \cdot B_2O_3 \cdot H_2O = 2MgO \cdot B_2O_3 + H_2O$$

白云石在约 730 ℃时，先分解生成含有少量氧化镁和碳酸镁的固溶体：

$$n CaMg(CO_3)_2 = (n-1)MgO + MgCO_3 \cdot n CaCO_3 + (n-1)CO_2$$

温度达到 910 ℃后，上述固溶体继续分解：

$$MgCO_3 \cdot n CaCO_3 = MgO + n CaO + (n+1)CO_2$$

经过焙烧的硼镁矿粉结构疏松、活性提高，将其加入碳酸钠溶液中，通入二氧化碳进行碳碱法湿法反应浸取。研究表明：在硼镁矿的湿法分解过程中，实际上是碳酸氢钠起到分解剂的作用，即碳酸钠和二氧化碳先作用生成碳酸氢钠，然后分解硼镁石获得硼砂：

$$Na_2CO_3 + CO_2 + H_2O = 2NaHCO_3$$

$$2(2MgO \cdot B_2O_3) + 2NaHCO_3 + H_2O \longrightarrow Na_2B_4O_7 + 2MgCO_3 + 2Mg(OH)_2$$

2. 工艺流程和主要工艺条件

(1)工艺流程

硼镁矿碳碱法生产十水硼砂的工艺流程如图 5-14 所示。将破碎至 30～50 mm 的硼镁矿石和煤用斗式提升机加入到矿石焙烧窑(2)中进行焙烧,焙烧后的熟矿石由竖窑的底部卸出送往磨料工序。先用颚式破碎机(3)将熟矿石粗破碎,然后经斗式提升机(4)送入球磨机(5)进行粉磨,粉碎至 150～200 目后送入熟矿粉储料仓。将来自储料仓的熟矿粉和母液计量罐(8)的纯碱加入到配料罐(7)中,来自母液洗水槽(9)的洗液和母液经母液计量罐计量后也加入到配料罐中,经搅拌调浆成浆液,并用间接蒸汽加热至 135 ℃后泵送至碳解罐(10),通入储气罐(11)来的 0.6 MPa 石灰窑窑气进行碳解反应。碳解罐设有蒸汽夹套,通蒸汽予以保温。碳解反应完成后,料浆直接压入料浆罐(19)。然后再将热料浆压入板框过滤机(18),过滤得到的碳解液送入滤液储罐(24)。板框中的矿渣经洗水洗涤后,卸出弃去,洗液则送到洗液储罐(22)用于返回配料。由滤液储罐来的滤液,经过真空蒸发器(25)蒸发,(在系统水平衡时)也可不经蒸发直接送入结晶罐(28)降温结晶,结晶析出的十水硼砂经卧式推料离心机分离后,湿硼砂送至气流干燥机干燥后得到硼砂产品。离心分离的硼砂母液流入母液槽(30)用于返回配料。

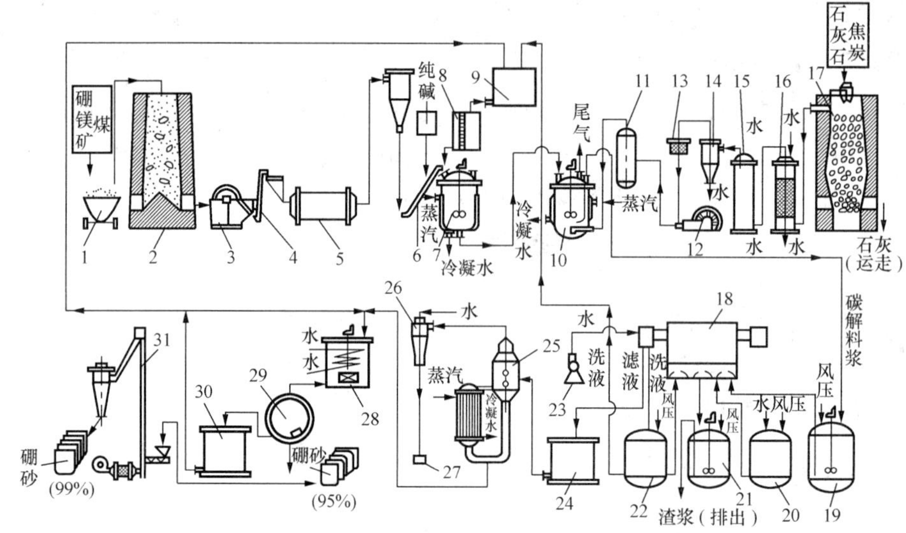

图 5-14　硼镁矿碳碱法生产十水硼砂的工艺流程

1—矿车;2—矿石焙烧窑;3—颚式破碎机;4—斗式提升机;5—球磨机;6—斗式提升机;7—配料罐;8—母液计量罐;9—母液洗水罐;10—碳解罐;11—储气罐;12—气体压缩机;13—滤清器;14—旋风分离机;15—筛板洗气塔;16—填充洗气塔;17—石灰窑;18—板框过滤机;19—料浆罐;20—清水罐;21—排渣罐;22—洗液储罐;23—水泵;24—滤液储罐;25—真空蒸发器;26—水喷射泵;27—水封槽;28—结晶罐;29—卧式推料离心机;30—母液槽;31—气流干燥机

碳解罐通常采用三罐串联为一组,间断进料和出料。储气罐来的窑气首先进入第一罐(主罐),余气依次通入第二罐、第三罐(尾罐),经尾气罐排出放空。第一罐反应完成后,将碳解液压出,窑气改由第二罐进入,第二罐变为主罐。第一罐再加入料液而成为尾罐,第三罐成为第二罐。如此循环操作，周而复始。每6～8 h进料出料各一次，每日计3～4罐，料液在罐内停留时间(碳解时间)约18～23 h。每罐料液在三种不同条件下(尾罐到主罐)各经历6～8 h。在碳解反应过程中，料液的流动方向和窑气的流动方向相反，即反应接近完成的料液和最浓的窑气接触反应，刚开始反应的料液和将要放空的尾气相作用。这种流动接触方式可促进反应和提高二氧化碳的吸收率。

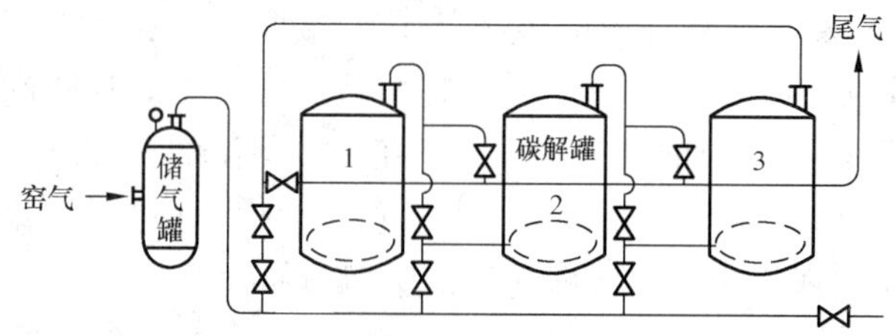

图5-15 三罐串联碳解罐窑气管线示意图

(2)主要工艺条件

碳解反应是气液固三相反应，矿粉的粒度对反应有一定影响。矿粉越细，表面积越大，接触反应的机会也多，反应速度加快。在不影响料浆的过滤和显著降低粉碎机生产能力的前提下，为缩短碳解反应时间、提高碳解率和设备利用率，矿粉粒度可适当细一些。实验表明：粒度为150～200目的矿粉，碳解速度和碳解率无明显差异，而矿粉粒度低于120目时碳解速度和碳解率均明显下降。因此，碳碱法的矿粉粒度以150～200目为宜。

二氧化碳是碳解反应的主导因素，纯碱起吸收CO_2的作用。在一定的温度下，CO_2的吸收主要取决于CO_2的分压，与纯碱浓度的关系不大。当碱过量40%～60%时，碳解滤液蒸发时硼砂会有部分转化为偏硼酸钠，需增加工序再碳化才能使偏硼酸钠转换为硼砂，反而对生产不利。碱量过低时，碳解率下降，甚至可能生成溶解度较大的五硼酸钠(NaB_5O_8)，不利于结晶操作。在实际的工业生产中，配碱量以理论量的90%～110%较为适宜。

虽然碳解反应是气液固三相反应，但液固比对碳解速度和最终的碳解率影响较小。研究表明：液固比在(1～2.5)∶1时，碳解率基本相同，在1.67∶1时稍高。在实际工业生产过程中，液固比的控制原则是：保持料浆的良好流动性、便于输送和设备利用率较高。采用碳解塔碳解时，适宜的液固比为(2.2～2.5)∶1；采用有搅拌桨的碳解罐时，适宜的液固比为(1.6～2)∶1。如碳解过程中水分蒸发过多，影响料浆流动性时，可补充适量洗液或母液。对含菱镁矿较高的硼镁矿原料，由于菱镁矿分解产生的氧化镁在碳化反应时生成碱式碳酸镁消耗大量水分，导致料浆干涸。在这种情况下，需适当加大液固比，保证料浆具有良好流动性。

由于硼镁矿的湿法分解反应属于反应动力学控制，提高反应温度，可加快反应速度。生产实践表明，在125～150 ℃，碳解速度和最终碳解率已无明显差异；温度在120～125 ℃，前期碳解速度有所下降，最终碳解率略有降低；温度低于120 ℃，碳解率显著下降。在实际生产中，温度的选择应权衡碳解反应的各项工艺条件和指标，降低能耗，适宜的碳解温度为125～135 ℃，温度再高没有必要。

在碳解反应过程中，CO_2分压对反应速度和碳解率起着决定性的作用。CO_2分压越高，反应速度越快，碳解时间缩短，最终碳解率也随之提高。CO_2 的分压取决于反应压力、窑气 CO_2 浓度和反应温度。采用窑气碳解时，当 CO_2 分压低于 1 kgf/cm^2 时，碳解反应速度和最终碳解率受分压的影响十分显著；分压下降，反应速度和反应平衡后的最终碳解率均明显下降。当 CO_2 分压高于 1 kgf/cm^2 时，随着分压的提高，碳解前期和中期的反应速度有所增加，而后期的反应速度则无明显差异，最终碳解率也相差无几。这表明 CO_2 分压达到一定指标后，其对碳解过程的影响已不十分明显。采用纯二氧化碳碳解时，当 CO_2 分压达到 3.4 kgf/cm^2 以上时，继续提高分压，反应速度和最终碳解率无显著变化，说明此时 CO_2 分压对碳解反应的影响已不大。在分压相等的条件下，窑气碳解和纯 CO_2 碳解的结果对比表明：前者的反应速度略高于后者。分析原因可能是窑气中其他惰性气体具有鼓泡搅拌作用而促进了二氧化碳在料浆中的均匀分散所致。

采用塔式碳解设备时，窑气除参加化学反应外，还起着搅拌浆的作用。采用带有搅拌装置的罐式碳解设备时，窑气的搅拌作用就不那么重要了。目前，采用罐式碳解设备碳解时的窑气流量一般为 4～6 m^3/(min・m^2)。在此流量下，采用多罐串联操作时，碳解时间 18～22 h，碳解率 80%～90%，二氧化塔吸收率 75%～85%。增加窑气流量，可以缩短碳解时间，但二氧化碳的吸收率会下降，导致石灰窑负荷增加，石灰和焦炭的单耗提高。窑气流量过大，还会导致罐内料液发生夹雾和飞溅，影响正常操作。

碳解时间的长短与串联罐数、每罐投粉量、窑气流量、窑气 CO_2 浓度、反应压力、矿粉品位、矿石品种等有关。单罐的碳解试验表明：在 125～135 ℃时，反应压力为 0.55～0.6 MPa(表压)、CO_2 浓度约 30%和窑气流量 4～5 m^3/min・m^2 的条件下，碳解时间仅为 12 h。单罐碳解虽然时间较短，但 CO_2 的利用率太低。因此，实际工业生产中多采用多罐串联的方式，碳解时间在 16～18 h。

综合上述分析，结合工业生产的实际情况，目前较为适宜的碳解工艺条件和指标为：矿粉细度 150～200 目(90%通过)，矿粉焙烧活性 90%以上，矿粉品位大于 8%，液固比 1.6～2 m^3/t 矿，碱液浓度 30～70 g/L，碱量为理论量的 90%～110%，碳解温度 125～135 ℃，碳解压力 5.5～6.5 kgf/cm^2(表压)，窑气浓度大于 30%，窑气流量 4～6 m^3/min・m^2，碳解终点进出气 CO_2 浓度相差约为 1%～3%，碳解时间 16～18 h。

3. 主要设备

硼镁矿碳碱法制硼砂的主要设备为碳解罐，碳解罐的结构如图 5-16 所示。碳解罐的形式为带机械搅拌的鼓泡反应器，搅拌转速 70～80 r/min，材质为普通碳钢。根据生产能力的不同，碳解罐有不同的容积。规格有：ϕ2.2 m×4 m，ϕ2.2 m×5 m，ϕ2.6 m×4.3 m，ϕ2.5 m×5.5 m 等多种。

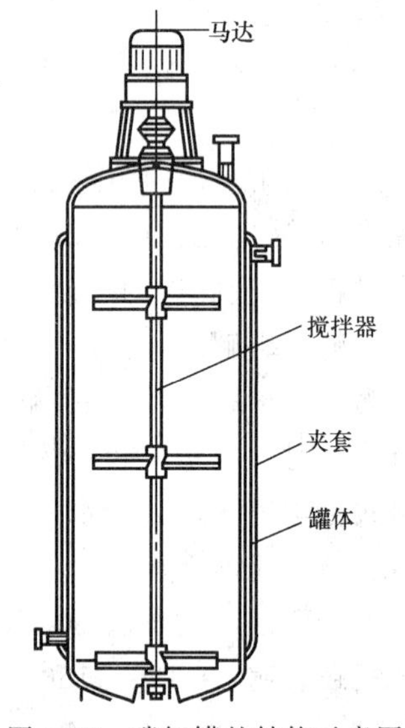

图 5-16　碳解罐的结构示意图

参考文献

[1]　徐绍平,殷德宏,仲剑初. 化工工艺学 [M]. 2 版. 大连:大连理工大学出版社,2012.
[2]　吴志泉. 工业化学 [M]. 上海:华东化工学院出版社,1991.
[3]　陈五平. 无机化工工艺学:中册 [M]. 3 版. 北京:化学工业出版社,2001.
[4]　郑学家. 硼化合物生产与应用 [M]. 北京:化学工业出版社,2008.
[5]　蒋家俊. 化学工艺学:无机部分 [M]. 北京:高等教育出版社,1988.
[6]　崔英德. 实用化工工艺学:上册 [M]. 北京:化学工业出版社,2002.
[7]　梁仁杰. 化工工艺学 [M]. 重庆:重庆大学出版社,1996.
[8]　黄仲九,房鼎业. 化学工艺学 [M]. 北京:高等教育出版社,2001.

第6章

无机酸和碱

在无机化学工业中，除了氨、无机化学肥料和无机盐等无机化工产品外，还涉及无机酸、无机碱的生产与加工。无机酸又称为矿酸，是无机化合物中的酸类的总称，主要包括硫酸、硝酸和盐酸。无机碱则主要包括碳酸钠、碳酸氢钠、氢氧化钠、硅酸钠及硫化钠等。

6.1 硫酸与硝酸

硫酸与硝酸是两种最重要的无机酸，它们不仅是许多化学工业生产中的必需原料，还广泛应用于其他工业部门，在国民经济中占有十分重要的地位。

6.1.1 硫　酸

硫酸是指三氧化硫和水物质的量比等于1的化合物，外观为无色透明油状液体，具有强烈的腐蚀性。工业上硫酸的品种有：浓度为75%～78%的稀硫酸，浓度为93%和98%的浓硫酸以及游离三氧化硫浓度为20%和65%的发烟硫酸。硫酸的用途十分广泛。在化肥工业中，使用大量的硫酸用于生产磷酸、磷铵、过磷酸钙及硫酸铵，其消耗量占硫酸产量的50%～60%。在冶金工业中，用硫酸作为钢铁表面氧化膜的清洗剂；在有色金属的生产中，用硫酸配制电解液用于精制各种金属；某些贵重金属的精炼也需用硫酸溶去夹杂的其他金属。在有机合成工业中，硫酸用于各种磺化反应和硝化反应。在石油工业中，石油精炼需用硫酸除去石油产品中的不饱和烃、胶质及硫化物等杂质。在国防工业中，浓硫酸用于制炸药。在原子能工业中，硫酸用于浓缩铀。总之，硫酸的用途不胜枚举，在工农业生产的各个部门都有应用。

硫酸的生产方法有很多种。早在公元8世纪左右，阿拉伯人就通过干馏绿矾石(硫酸铁)获得了硫酸。至15世纪后半叶，有人用硫黄与硝石混合在潮湿的空气中燃烧，将产生的气体用水吸收制得稀硫酸，这种方法称为硝化法。18世纪，英国人利用上述方法在伯明翰建立了世界上第一座间歇式铅室法硫酸生产厂。19世纪后，铅室法硫酸工艺实现了连续化生产并日臻成熟。1911年，奥地利人以塔式设备代替铅室，从而硫酸的生产进入了塔式法时代，塔式法的不断完善使硫酸的生产效率有了较大提高。由于硝化法制得的硫酸产品浓度低，杂质含量高，生产中又必须消耗大量的硝酸或硝酸盐，满足不了诸多工业部门的要求，其发展受到了限制。19世纪末，一种在固体催化剂上使二氧化硫接触氧化为三氧化硫，然后用硫酸吸收三氧化硫得到浓硫酸或发烟硫酸的方法开始在工业上获得应用，后人将之称为接触法。早期的接触法硫酸工艺中使用价格昂贵的铂为催化剂，酸的成本较高。20世纪初，随着德国BASF公司开发出价格较低廉的钒催化剂后，接触法显示出明显优势，硝化法便逐渐被淘汰。

接触法制硫酸的原料主要有三种：硫黄、硫铁矿和有色金属冶炼烟气。国外主要以硫黄为原料制硫酸。由于我国硫铁矿资源较为丰富，有色金属冶炼烟气资源也充足，因此国内硫酸的生产三种原料并举。2010年我国接触法硫酸产能达到8 000余万吨，实际产量7 000余万吨，硫黄、有色金属冶炼烟气、硫铁矿制酸所占的比例分别为41%、26%和24%，剩余为其他原料。

1. 硫酸生产的基本原理

下面以接触法为例介绍硫酸生产的基本原理。接触法是应用固体催化剂以空气中的氧气直接氧化二氧化硫，其生产过程可分为二氧化硫的制备，二氧化硫的转化及三氧化硫的吸收等三个主要部分。

①二氧化硫的制备

$$S+O_2 = SO_2$$

$$4FeS_2+11O_2 = 2Fe_2O_3+8SO_2$$

②二氧化硫的转化

$$SO_2+0.5O_2 = SO_3$$

③三氧化硫的吸收

$$nSO_3(g)+H_2O(l) = H_2SO_4(l)+(n-1)SO_3(s)$$

(1)二氧化硫的制备

硫铁矿焙烧制二氧化硫的生产原理及工艺流程参见5.3.3节，在此不再赘述。

与硫铁矿为原料制二氧化硫的生产过程相比，硫黄制二氧化硫的工序相对简单。硫黄制二氧化硫的首道工序是固体硫黄的熔融和精制，第二道工序是将精制液硫用干空气燃烧，获得几乎不含尘、砷、氟等有害杂质的二氧化硫炉气，因此不需设置干法除尘设备和湿法净化工序。燃烧过程没有炉渣、矿尘和稀酸产生，因此也无须设置相应处理装置。

①硫黄的熔融和精制

采用饱和蒸气间接熔硫比较安全，硫黄的熔融、澄清和精硫池可以连成一体，也可分开设置。熔硫池一备一开，液态硫黄在熔硫槽内停留时间为72 h，通过自然沉降分离出机械杂质，重的沉于槽底，不定期清除；轻的漂浮物随时捞去。

②硫黄的焚烧

来自熔硫工段的液硫在焚硫炉内经硫黄喷枪雾化(机械雾化式)后进入焚硫炉。同时，湿空气经空气过滤器过滤后进入空气鼓风机(设在干燥塔的上游，以避免酸腐蚀)，升压后进入干燥塔，用98%硫酸吸收其水分；干燥后的空气[$\rho(H_2O)\leqslant 0.1\ g/m^3$，标准状况下]经塔顶丝网除雾器除去酸雾，进入焚硫炉与硫黄进行燃烧。生成的$\varphi(SO_2)=10\%$的炉气经废热锅炉回收热能，温度由1 000 ℃降至420 ℃，进入催化转化器中进行转化。

有色金属矿多以硫化物形式存在，在冶炼过程中产生的二氧化硫烟气也可以作为制酸的原料。最理想的冶炼烟气是炼铜气和炼锌气，冶炼烟气中的主要杂质为灰尘、烟雾和挥发性金属三种。这些杂质须除去，否则不仅影响成品酸质量，还会使电除雾器堵塞、污染催化剂，加速管道和设备的腐蚀。因此，利用冶炼烟气制酸同硫铁矿炉气制酸具有相似的工序，即净化、干燥、转化和吸收，所用工艺和设备也基本相同。

冶炼烟气制酸与硫铁矿制酸的不同之处是气体中有害杂质种类和数量不完全相同，主要是挥发性金属和含尘量差别较大，因此在净化工序的工艺和设备上略有差异。

(2)二氧化硫的转化

①化学平衡

二氧化硫的转化是在钒催化剂存在下进行的催化氧化反应，其反应式为

$$SO_2+\frac{1}{2}O_2 = SO_3+Q(-\Delta H_R)$$

这是一个可逆、放热和体积缩小的反应。根据质量作用定律，当反应达到平衡时，其平衡常数可用下式表达：

$$K_p=\frac{p_{SO_3}}{p_{SO_2}\cdot p_{O_2}^{0.5}} \tag{6-1}$$

式中　K_p——以分压计算的平衡常数，$MPa^{-0.5}$；

p_{SO_3}、p_{SO_2}、p_{O_2}——平衡状态下各组分分压，MPa。

在 400～700 ℃，$-\Delta H_R$ 和 K_p 与温度的关系可用下式表达：

$$-\Delta H_R=101\ 342-9.25\ T \tag{6-2}$$

$$\lg K_p=4\ 905.5/T-4.645\ 5 \tag{6-3}$$

根据式(6-3)可计算出不同温度下的平衡常数。

表 6-1　不同温度下二氧化硫催化氧化反应的平衡常数

温度/℃	K_p	温度/℃	K_p	温度/℃	K_p
400	446	480	72.8	560	17.6
420	272	500	50.2	580	12.4
440	177	520	34.2	600	9.4
460	112	540	24.5		

二氧化硫催化氧化反应的平衡转化率可用下式表达：

$$x_e=p_{SO_3}/(p_{SO_2}+p_{SO_3}) \tag{6-4}$$

将式(6-1)代入式(6-4)可导出：

$$x_e=\frac{K_p}{K_p+\frac{1}{p_{O_2}^{0.5}}} \tag{6-5}$$

若以 p 表示气体混合物的总压，a、b 分别表示气体混合物中二氧化硫和氧气的含量(体积分数)，并设原始气体混合物的体积为 100，则式(6-5)中的平衡氧分压可从下面的平衡关系求出：

	SO_2	$+0.5O_2$	$= SO_3$	
反应前	a	b	0	反应前总量 $a+b=100$
反应后	$a-ax_e$	$b-0.5ax_e$	ax_e	反应后总量 $100-0.5ax_e$

则平衡氧分压为

$$p_{O_2} = p\frac{b - 0.5ax_e}{100 - 0.5ax_e} \tag{6-6}$$

代入式(6-5)并整理,得

$$x_e = \frac{K_p}{K_p + \sqrt{\dfrac{100 - 0.5ax_e}{p(b - 0.5ax_e)}}} \tag{6-7}$$

由式(6-7)可知,平衡转化率与温度、压力及原始气体混合物的组成有关。当压力 p 一定时,可由式(6-3)计算出不同温度下的平衡常数,再由式(6-7)通过试差法求出相应的平衡转化率 x_e。表 6-2 中列出了不同温度和压力下对应的平衡转化率。由表中数据可以看到,压力提高或温度降低时,平衡转化率增大。

表 6-2 平衡转化率与温度和压力的关系(a=7.5%,b=10.5%)

温度/℃	x_e					
	0.1 MPa	0.5 MPa	1.0 MPa	2.5 MPa	5.0 MPa	10.0 MPa
400	0.992 0	0.996 0	0.997 0	0.998 7	0.998 8	0.999 0
450	0.975 0	0.982 0	0.992 0	0.995 0	0.996 0	0.997 0
500	0.935 0	0.969 0	0.978 0	0.986 0	0.990 0	0.993 0
550	0.856 0	0.929 0	0.949 0	0.967 0	0.977 0	0.983 0
600	0.737 0	0.858 0	0.895 0	0.933 0	0.950 0	0.964 0

②反应动力学

从热力学角度考虑,二氧化硫与氧气的反应可以自发进行;但由于反应活化能高达 209 340 J/mol,在 400~600 ℃时反应速率仍很慢。因此,实际应用中需采用催化剂降低反应活化能,使反应在较低温度下较快地进行,并能达到较高的转化率,以适应工业化生产的要求。目前,二氧化硫催化氧化主要使用钒催化剂。钒催化剂以五氧化二钒为活性组分,碱金属硫酸盐为助催化剂,硅胶、硅藻土、硅酸铝等为载体。其化学组成为 V_2O_5 6%~8.6%,K_2O 9%~13%,Na_2O 1%~5%,SO_3 10%~20%,SiO_2 50%~70%,此外还含有少量 Fe_2O_3、Al_2O_3、CaO、MgO 及水分等。

二氧化硫在钒催化剂上的催化氧化是一个较复杂的反应过程,虽然人们对其进行了大量研究,其反应机理仍无定论。但有一点是一致的,即已从经典的气固相催化理论转向气液相催化理论。许多研究者已证实,在工业使用条件下,催化剂的活性组分是负载于载体上的 V_2O_5 和碱金属硫酸盐熔融的液相。下面介绍两类重要的二氧化硫催化氧化本征动力学模型。

在 360~450 ℃,二氧化硫催化氧化反应动力学方程可用卡尔德贝克式表示:

$$r = \frac{dp_{SO_3}}{dt} = k_1\frac{p_{SO_2}p_{O_2}}{p_{SO_3}^{0.5}} - k_2\frac{p_{SO_3}p_{O_2}^{0.5}}{p_{SO_2}^{0.5}} \tag{6-8}$$

式中 r——三氧化硫的生成速度;

k_1——二氧化硫催化氧化的正反应速率常数;

k_2——二氧化硫催化氧化的逆反应速率常数。

另一类是温度范围较宽(380~600 ℃)的向德辉半经验模型或波列斯可夫半经验模型:

$$r=\frac{\mathrm{d}p_{SO_3}}{\mathrm{d}t}=k_1 p_{O_2}\frac{p_{SO_2}}{p_{SO_2}+0.8p_{SO_3}}\left(1-\frac{p_{SO_3}^2}{K_p^2 p_{SO_2}^2 p_{O_2}}\right) \tag{6-9}$$

如将各组分分压以二氧化硫和氧的初始含量 a、b 及转化率 x 表示时，则式(6-9)可表示为

$$r=\frac{\mathrm{d}x}{\mathrm{d}t}=\frac{k_1}{a}\left(\frac{1-x}{1-0.2x}\right)(b-0.5x)\left[1-\frac{x^2}{K_p^2(1-x)^2(b-0.5x)}\right] \tag{6-10}$$

二氧化硫催化氧化反应是一个可逆放热反应，当气体初始组成、压力及催化剂性质一定时，在某一转化率下，由式(6-10)可知，随着温度的升高，k_1 增大，而 K_p 减小，因此开始时瞬时反应速率随温度升高不断增加，当达到某一温度后，K_p 的影响占主导地位，反应速率达到最大值后开始减小。反应速率达到最大值时的温度称为最佳反应温度。最佳反应温度可用动力学模型求极值的方法求出：

$$T_m=\frac{T_e}{1+\frac{RT_e}{E_2-E_1}\ln\frac{E_2}{E_1}} \tag{6-11}$$

式中 T_m——最佳温度，K；

T_e——平衡温度，K。

(3)三氧化硫的吸收

二氧化硫催化氧化为三氧化硫之后，三氧化硫气体进入制酸的最后一道工序——吸收系统。在吸收系统中，可用发烟硫酸或浓硫酸吸收三氧化硫。其过程可用下式表示：

$$n\mathrm{SO_3(g)+H_2O(l)=\!=\!=H_2SO_4(l)}+(n-1)\mathrm{SO_3(l)}$$

无论用哪一种吸收剂，三氧化硫的吸收都不是单纯的物理吸收，而是一种由气膜扩散控制的气液反应吸收过程。其吸收率可用下式表示：

$$G=kF\cdot\Delta p \tag{6-12}$$

式中 G——吸收率；

k——吸收速率常数；

F——传质面积；

Δp——吸收推动力。

影响浓硫酸吸收率的因素主要有：吸收剂中的硫酸含量、吸收酸的温度、气体温度、喷淋酸量、气速及设备结构。下面仅介绍一下前两种影响因素。

①硫酸含量

研究表明，吸收剂中硫酸含量为 98.3%时，三氧化硫的吸收率最大，浓度过高或过低都会使吸收率降低(图 6-1)。

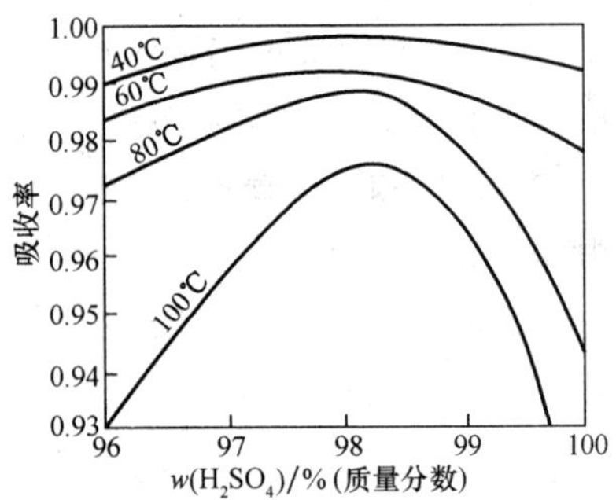

图 6-1 硫酸含量、温度对吸收率的影响

根据不同温度及不同酸浓度下三氧化硫和水的蒸气压数据可知，当酸浓度低于 98.3%时液面上水蒸气分压较大，三氧化硫平衡分压较低；而当酸浓度高于 98.3%时液面上水蒸气分压接近于零，三氧化硫平衡分压较高；只有酸浓度等于 98.3%时，液面上三氧化硫平衡分压和

水蒸气分压均接近于零。因此，水蒸气分压高时吸收过程会产生酸雾使吸收率降低，三氧化硫平衡分压较高时气相中三氧化硫的吸收不完全，尾气与空气中的水分会形成酸雾。

②吸收酸的温度

从吸收角度来看，吸收温度低一些对吸收有利。由图 6-1 可以看到吸收温度越低，三氧化硫的吸收率越高。但也并非温度越低越好，主要受两个因素制约：其一，由于进塔气体中一般均含有一定水分（规定小于 0.1 g/m^3），如果炉气温度或酸温度过低，吸收过程中会出现局部温度低于硫酸蒸气的露点温度，产生酸雾，使吸收率下降，同时会造成烟害和设备腐蚀；其二，由于气体温度较高及吸收反应放热，为使酸保持较低温度需用大量冷却水冷却，同时也使设备投资增加，成本升高。在硫酸生产中，进塔酸温控制在 50～60 ℃，吸收出塔酸温度为 70～80 ℃。近 20 年，由于技术的发展和高温防腐问题的解决，也采用高温吸收工艺。这种工艺既可避免酸雾的生成，减少酸冷却器的换热面积，又可提高吸收酸余热的利用价值。随着两转两吸工艺的应用及低温余热技术的日益成熟，高温吸收工艺将会逐步获得推广。

2. 接触法制硫酸的工艺流程

(1)硫铁矿为原料的制酸工艺

以硫铁矿为原料制硫酸的工艺流程主要包含下面几个过程：原料预处理、焙烧、净化、转化、吸收、三废治理。图 6-2 是硫铁矿焙烧接触法制硫酸的工艺流程。

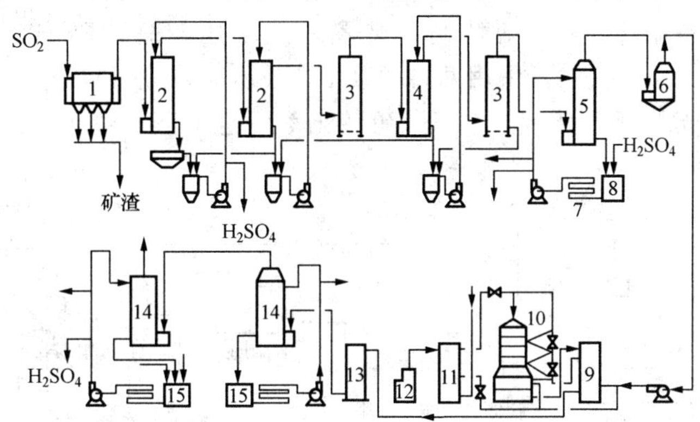

图 6-2　硫铁矿焙烧接触法制硫酸（酸洗）工艺流程

1—电除尘器；2—洗涤塔；3—电除雾器；4—增湿塔；5—干燥塔；6—除沫器；7—冷却器；8—沉降槽；9—热交换器；10—转化器；11—预热器；12—预热炉；13—冷却器；14—吸收塔；15—循环槽

硫铁矿焙烧制得的炉气中除含二氧化硫外，还含有三氧化硫、水分、三氧化二砷、二氧化硒、氟化氢、金属蒸气和粉尘。炉气中含尘量高达 0.2～0.3 kg/m^3。砷和硒是二氧化硫转化催化剂的毒物，可降低催化剂的活性。三氧化硫含量一般为 0.1%～0.3%，炉气洗涤降温时三氧化硫和水结合形成酸雾，这些酸雾会溶解砷及矿尘使催化剂中毒，同时还会造成活性表面的覆盖及气路的堵塞。而炉气中的水分(5%～7%)如进入转化系统，不仅会形成酸雾腐蚀设备，还会使三氧化硫损失。因此，炉气进入转化系统前必须进行净化。

从焙烧系统送来的炉气，首先经过电除尘器除去矿尘。除尘后的炉气通过两级稀硫酸淋洗塔降低炉气温度，同时捕集气体中的砷、硒、氟等杂质及三氧化硫酸雾，然后气体依次通过第一级电除雾器、增湿塔及第二级电除雾器。电除雾器采用变压直流电去除杂质雾滴，增湿塔采用 0.5%的稀硫酸使酸雾颗粒增大以便于清除。两级洗涤塔及增湿塔的稀硫酸循环使用，在循环过程中，由于炉气中的三氧化硫与水结合成酸，循环液中的硫酸含量不断增加，将第二级电除雾器中捕集的酸用于第二级洗涤塔，第二级洗涤塔的循环洗涤酸（含硫酸 30%～40%）引出一部分加到第一级洗涤塔，第一级洗涤塔的循环洗涤酸（含硫酸 60%～70%）的一部分引出与发烟硫酸配制或浓硫酸。

净化后的炉气在干燥塔中用 98%的浓硫酸干燥以除去水分，经除沫器除掉夹带的酸沫后，用鼓风机送到转化炉外热交换器及转化炉内热交换器加热到 410～440 ℃，由转化器顶部进入转化炉内，经过四层催化剂床层将二氧化硫氧转化为三氧化硫。为使二氧化硫催化氧化反应在最佳温度下进行，各层催化剂之间设有冷却器，既冷却转化气，同时又预热净化气。转化后的气体经过外换热器及三氧化硫空气冷却器降至 100～150 ℃，送往吸收塔。

转化器来的三氧化硫气体在发烟硫酸吸收塔中经循环的发烟硫酸吸收后，制成发烟硫酸。未吸收的三氧化硫在浓硫酸吸收塔中用 98%的浓硫酸喷淋吸收，制得浓硫酸。废气则送往废气回收设备，将残余的三氧化硫和二氧化硫回收捕集。

(2)硫黄为原料的制酸工艺

①工艺流程

以固体硫黄为原料的大型硫黄制酸装置一般采用快速熔硫、液硫过滤、液硫焚烧、废热回收、“3＋1”两转两吸生产工艺。为减小焚硫炉、废热锅炉、转化器、干吸塔等关键设备的尺寸和提高设备效率，大型硫黄制酸装置一般采用较高压降、较高气速及高气浓 [$\varphi(SO_2)=10.5\%\sim11.0\%$]。采用两转两吸工艺技术时，一般使用进口高效低压降钒催化剂（也有使用部分含铯催化剂），二氧化硫转化率可达 99.8%以上。图 6-3 为硫黄制酸典型工艺流程。

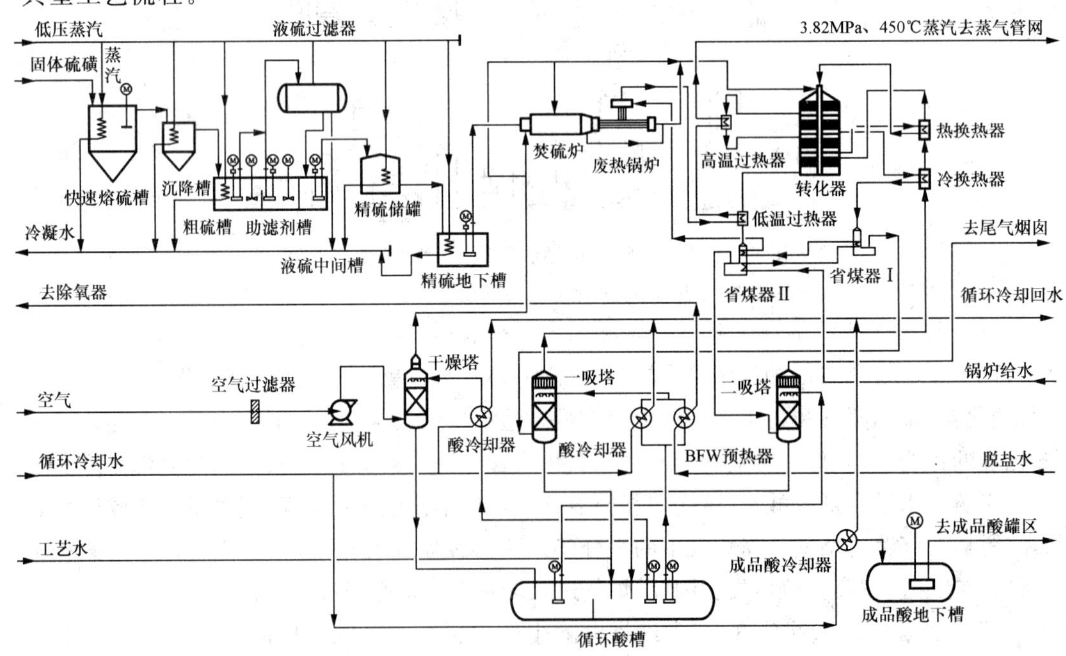

图 6-3　硫黄制酸典型工艺流程

将固体硫黄加入到快速熔硫槽中，利用低压蒸汽将固体硫黄快速熔融。熔融的液硫溢流至沉降槽，将一些固体机械杂质沉降。沉降后的液硫溢流至粗硫槽和助滤剂槽，然后泵送至液硫过滤器，过滤精制的液硫送入精硫储槽和精硫地下槽。空气经过滤器过滤后，由空气风机压缩进入干燥塔下部与循环酸槽来的浓硫酸接触干燥。液硫泵将精硫地下槽的液硫送至焚硫炉入口，利用高效液硫喷枪将液硫雾化，分散在从干燥塔来的干燥空气中，在焚硫炉内进行焚烧。由焚硫炉来的1 000 ℃炉气进入废热锅炉与由省煤器Ⅰ和省煤器Ⅱ预热的锅炉给水进行换热，经废热锅炉换热冷却后的炉气(450 ℃)送往转化器，产生的蒸汽再经过低温过热器和高温过热器加热后(3.82 MPa、425 ℃)送往蒸汽管网。炉气进入转化器后，采用“3+1”两转两吸方式将SO_2转化为SO_3。一段出口转化气经高温过热器冷却后送入三段转化床层入口；二段出口转化气在冷换热器中与第一吸收塔(一吸塔)来的冷气换热，再进入省煤器Ⅰ换热后送入第一吸收塔下部；三段出口的转化气在热换热器中与冷换热器来的第一吸收塔尾气换热，再进入转化器第一段入口与新鲜SO_2炉气混合；第一吸收塔来的尾气进入转化器第四段继续转化，转化完的气体经低温过热器和省煤器Ⅱ换热后，进入第二吸收塔(二吸塔)底部。第一吸收塔和第二吸收塔均利用循环酸槽的浓硫酸吸收SO_3。两塔底部的浓硫酸返回到循环酸槽，成品硫酸由循环酸槽引出至成品酸地下槽。

目前国产的以固体硫黄为原料的大型硫黄制酸工艺，通常采用带搅拌的快速熔硫槽和液硫过滤器方案；为提高焚硫炉的容积强度，采用高效液硫喷枪和炉前设置液硫泵的方案。

焚硫炉出口气体中$\varphi(SO_2)$控制在11%，生产中需适当补充空气使进入转化炉的炉气中$\varphi(SO_2)$控制在10%。转化工段采用“3+1”两转两吸工艺。转化部分的热利用方式为：一段出口设高温过热器，二段和三段间设热换热器，三段出口设冷换热器和省煤器，四段出口设低温过热器及省煤器。为提高除雾能力，在干吸塔顶部设置了引进的除雾元件。干吸工艺采用泵后冷却流程，一般采用三塔两槽方式。成品酸冷却器采用阳极保护的管壳式酸冷却器，也可采用引进的板式酸冷却器。脱盐水站来的脱盐水和发电厂房来的冷凝水经除氧后，经锅炉给水泵送入两台串联的省煤器，加热后进入废热锅炉汽包，经废热锅炉吸热后产生的饱和蒸汽由汽包导出，送入两台过热器，过热后产生3.82 MPa、450 ℃过热蒸汽，配送至发电厂房供发电。

现代硫酸工业技术的发展趋势是大型化、高能效、低污染以及高可靠性。硫酸装置大型化技术原是我国的薄弱环节，经过50余年的发展，国产装置规模从小到大，设备强度和效率逐步提高；新材料、新防腐技术的应用，提高了装置的可靠性；新技术和新工艺的应用，提高了能效、降低了环境污染。与国外同类技术相比，还存在一些差距：

a. 装置规模。国外单线硫黄制酸装置规模已达到1 000～1 500 kt/a，而我国在掌握放大技术和提高单体设备生产强度和效率的基础上，大型硫黄制酸的装置规模为600～800 kt/a。

b. 热能回收率。虽然我国的大型硫黄制酸装置解决了热回收系统的腐蚀问题，提高了热回收水平，每吨酸(100% H_2SO_4计)的产汽量在1.18～1.20 t，与国外同类装置高、中温位热能产汽量相当，但尚未将低温位热能良好利用。

c. SO_2 转化率和 SO_3 吸收率。目前国内外均采用先进的"3＋1"两转两吸工艺，国产装置在采用国外催化剂和除雾器的条件下，转化率和吸收率可分别达到 99.8% 和 99.99%，SO_2 和酸雾的排放浓度低于国际环保指标的限值，达到了国外先进水平。

②主要设备

硫黄制酸的主要设备包括：液硫过滤器、空气鼓风机、焚硫炉、废热锅炉、转化器、干燥塔和吸收塔。

焚硫炉是硫黄制酸装置的关键设备，大型制酸装置一般采用卧式喷雾型焚硫炉，这种炉型结构简单、容积强度高。卧式喷雾型焚硫炉为圆筒结构，外壳为碳钢，内衬耐火砖，炉内设有二至三道挡墙，并设有二次风进口，以使硫黄完全燃烧而不产生升华硫；在焚硫炉正面插入压力雾化型带蒸汽夹套的硫黄喷枪，直接利用泵的高压进行雾化，流程简单、操作方便、动力消耗低；为保证空气与硫黄的充分混合，焚硫炉内还设有旋流装置，使进入的干燥空气沿螺旋叶片槽道旋转运动，使燃烧更完全。为防止 SO_3 的冷凝，壳体的表面温度被提高。

作为余热回收的主要设备，大型硫黄制酸装置多采用卧式火管锅炉。锅炉由锅壳、汽包、前后烟箱、管系构成。汽包通过上升管和下降管与锅壳连接，上升管兼作汽包的支座。汽包内设置汽水分离器，两端设有人孔。为避免高温气体对前管板的冲击，前管板炉气侧采用特制的耐热混凝土防护，火管的炉气进口端采用高强度、耐热的刚玉套管保护。整个锅炉重量由两个支座承受，炉气进口端为固定支座，另一端为滑动支座。

转化器是接触法硫酸生产的关键设备，一般采用全不锈钢立柱式转化器，内衬耐火隔热砖。采用"3＋1"两转两吸工艺时，内设四段催化剂层，其中前三段供第一次转化，第四段供第二次转化。一般一段设置在转化器底层，转化器自上而下由若干立柱支撑转化器段间的隔板和承载催化剂的隔栅；立柱、隔板及隔栅均采用不锈钢制作而成，格栅搁置在立柱的凸台上，隔板上砌隔热砖以保证段间互相隔热；支撑立柱的均为滑动支座，便于设备热膨胀时滑动。

干吸塔是干燥塔、第一吸收塔和第二吸收塔的简称，这些塔式设备主要结构相似，均采用钢壳内衬耐酸砖、球拱、蝶形底结构。塔体为立式圆筒形，内衬耐酸砖，塔内填料支承采用大开孔率的耐酸瓷质球拱，上部乱堆瓷质填料。填料上部为管式分酸装置，分酸点多，分酸均匀。为防止下游设备不被酸雾腐蚀及保护催化剂，上部设有除雾器，以除去气体中的酸雾。壳侧设有人孔和视镜，便于除雾器和分酸装置的安装、检修和观察。干燥塔顶部可采用两层 JT 型抽屉式丝网除雾器，吸收塔可采用 HDXW 型烛式纤维除雾器。目前，较先进的孟山都干燥塔塔顶设置孟山都金属丝网烛式除雾器，吸收塔塔顶设置孟山都纤维除沫器；分酸装置为孟山都槽管式分酸器，孟山都分酸器综合利用了孟山都专利合金材料(ZeCor)和多年的工艺设计经验，使浓酸吸收塔中的酸分布非常均匀，减少了干燥塔和最终吸收塔所需的填料高度；孟山都干燥塔和吸收塔的填料支撑采用孟山都专利合金材料格栅，开孔率大于 60%，内装填阻力小、传质效率高的矩鞍耐酸填料。

(3)冶炼烟气为原料的制酸工艺

①工艺流程

我国是有色金属硫化物矿冶炼技术种类最齐全的国家，目前用于制酸处理的冶炼烟气主要来自铜、镍、铅、锌、金、钼等金属的冶炼。由于有色金属矿源不同，金属和杂质含量不同，以及采用的冶炼工艺和设备不同，有色金属冶炼烟气的特性各异，气量存在波动、气浓分布范围广[$\varphi(SO_2)=0.05\%\sim26.0\%$]，处理难度较大。

近年来我国有色金属冶炼技术通过消化吸收和再创新发展较快，有色金属冶炼技术和装备的进步直接推动了冶炼烟气制酸的发展。目前，冶炼烟气制酸产能、产量增长较快，同时在装置大型化、高浓度 SO_2 烟气制酸、低浓度 SO_2 烟气制酸与脱硫、热能回收利用等方面也取得了长足的进步。高浓度 SO_2 烟气制酸已成为发展趋势，国内外具有代表性的工艺主要有两类：一是采用在转化器一段混入部分反应后的 SO_3 气体的循环烟气方式（如芬兰奥图泰的 LUREC 工艺）；二是采用预转化的方式（如德国拜耳技术的 BAYQIK 工艺、孟莫克预转化工艺和金隆铜业具有自主知识产权的预转化吸收工艺）。冶炼烟气制酸在往装置大型化、高浓度 SO_2 制酸方向发展的同时，也促进了热能回收利用。近年来，新建冶炼装置全部配套了中压废热锅炉，利用系统回收热能发电。

某有色冶炼企业铜冶炼采用闪速炉熔炼、闪速炉吹炼的“双闪”工艺，同时配套 1 600 kt/a 冶炼烟气制酸装置用于铜冶炼烟气处理。制酸采用绝热蒸发、稀酸洗涤净化、预转化加“3＋2”两转两吸工艺；回收中温位热能，生产次高压蒸汽；回收干吸工序低温位热能，生产低压蒸汽。图 6-4 为 1 600 kt/a 铜冶炼烟气制酸装置工艺流程。

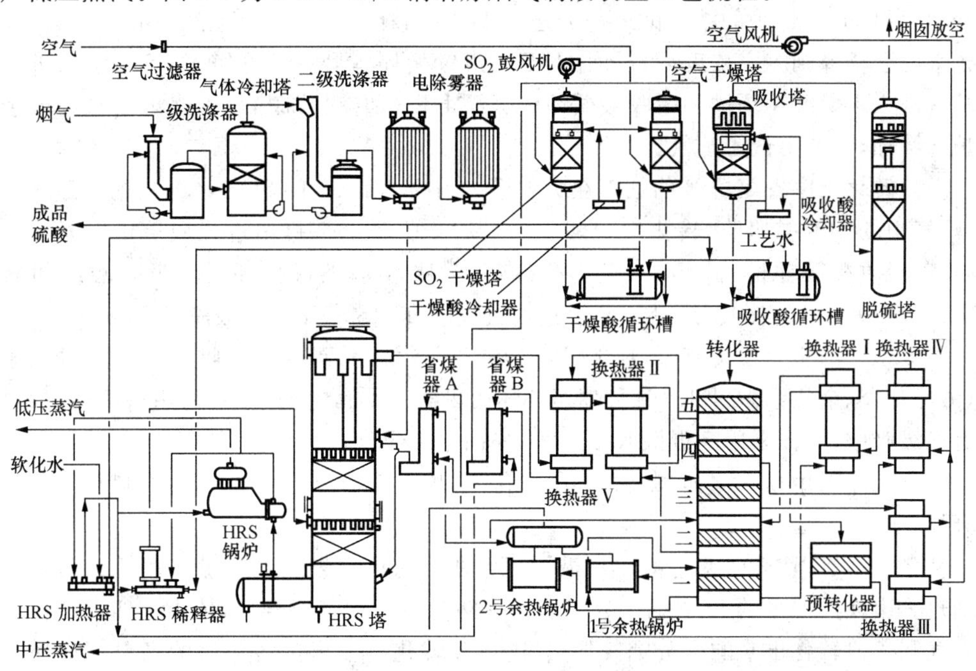

图 6-4　1 600 kt/a 铜冶炼烟气制酸装置工艺流程

净化工序采用绝热蒸发、稀酸洗涤工艺流程，烟气的流动方向为一级洗涤器、气体冷却塔、二级洗涤器、电除雾器，其中稀酸冷却采用板式换热器。二级洗涤器、气体冷却塔均为独立的循环系统，通过串酸控制液位。

自冶炼工序来的铜冶炼烟气首先进入一级洗涤器用稀酸洗涤，洗涤后的 SO_2 烟气进入气体冷却塔经冷却后进入二次洗涤器、两级电除雾器，经上述洗涤、冷却和除雾净化处

理的烟气进入 SO_2 干燥塔。从一级洗涤器出口分出部分稀酸经沉降槽进行固液分离，沉降槽上层清液进入清液槽，由清液输送泵送至一级洗涤器的溢流堰和稀酸脱吸塔，沉降槽底流经底流泵送至铅压滤机。滤液自流至清液槽，滤渣送危废堆场集中处理。经脱吸的稀酸送污酸污水处理站。净化工序设备及管道主体材质为耐高温、耐氟、耐腐蚀的玻璃钢。

干吸工序采用一级干燥、二次吸收、泵后冷却串酸流程。低温位热能回收系统采用孟莫克公司的 HRS 技术。

来自净化工序的洁净烟气进入 SO_2 干燥塔，与喷淋的 $w(H_2SO_4)=94\%$ 的循环酸逆流接触。烟气中的水分被循环酸吸收，出 SO_2 干燥塔的干烟气经 SO_2 鼓风机增压后进入转化工序。空气经过滤器后进入空气干燥塔，与喷淋的 $w(H_2SO_4)=94\%$ 的循环酸逆流接触。空气中的水分被循环酸吸收，经空气干燥塔干燥的空气由空气风机增压送往转化工序。SO_2 干燥塔、空气干燥塔共用一套酸循环槽、循环泵和酸冷却器。

来自转化工序省煤器 A 的烟气进入低温位热能回收系统 HRS 塔。在 HRS 塔内，依次与喷淋的 $w(H_2SO_4)=99\%$ 和 98% 的硫酸充分接触。烟气中的 SO_3 被吸收，产生硫酸。烟气从 HRS 塔上部排出，进入转化工序换热器Ⅴ。喷淋酸按 HRS 塔、循环泵、HRS 锅炉、HRS 稀释器、HRS 塔进行循环。下塔的高温浓硫酸经循环泵加压后进入 HRS 锅炉冷却。出 HRS 锅炉的浓硫酸一部分进入 HRS 稀释器，与来自干燥酸循环槽的硫酸和工艺水混合稀释到一定浓度后，返回 HRS 塔继续循环。另一部分经 HRS 加热器进一步冷却后进入干燥酸循环槽和吸收酸循环槽。经 HRS 加热器加热后的锅炉给水进入余热锅炉继续加热，产出低压蒸气。

来自转化工序省煤器 B 的烟气在吸收塔内与喷淋的 $w(H_2SO_4)=98\%$ 的硫酸充分接触，烟气中的 SO_3 被吸收，转化为硫酸。烟气从吸收塔上部排出进入脱硫塔。喷淋酸按吸收塔、吸收酸循环槽、循环泵、吸收酸冷却器、吸收塔进行循环。出吸收酸冷却器的 $w(H_2SO_4)=98\%$ 的硫酸分三路，分别进入吸收塔、HRS 塔和成品酸库。

干吸工序的主要设备有：SO_2 干燥塔、空气干燥塔、HRS 塔、吸收塔、酸循环槽、循环泵、酸冷却器、余热锅炉、HRS 稀释器、HRS 加热器等。其中 HRS 塔采用塔槽连体结构，设有二级吸收，下部采用高温酸吸收，上部采用传统吸收，确保吸收效率。

转化工序采用预转化加“3＋2”五段转化、ⅢⅣⅠ～ⅤⅡ转化换热流程，燃烧天然气预热升温。

来自 SO_2 干燥塔的烟气经 SO_2 鼓风机增压后，进入换热器Ⅲ，被三段转化出来的烟气加热。出换热器Ⅲ的 SO_2 烟气分两路。一路与干燥空气混合后，依次被四段转化出来的烟气和一段转化出来的部分烟气加热，进入预转化器。出预转化器的高温烟气经 1 号余热锅炉冷却后与另一路出换热器Ⅲ的 SO_2 烟气混合，进入一段转化。一段转化出口的高温烟气一部分经 2 号余热锅炉冷却，另一部分经换热器Ⅰ降温冷却。出 2 号余热锅炉和换热器Ⅰ的烟气进入二段转化。出二段转化的烟气经换热器Ⅱ降温进入三段转化。出三段转化的烟气依次经换热器Ⅲ、省煤器 A 降温后进入 HRS 塔。出 HRS 塔的烟气依次经换热器Ⅴ、换热器Ⅱ加热后进入四段转化。出四段转化的烟气经换热器Ⅳ降温后进入五段转化。出五段转化的烟气依次经换热器Ⅴ、省煤器 B 降温后进入吸收塔。预转化器、转化器为 304 不锈钢材质，换热器采用急扩加速流缩放管管壳式换热器。

尾气脱硫采用离子液吸附-解吸工艺，副产高浓度的 SO_2 气体。来自制酸系统吸收塔出口的烟气与含离子液的循环液在脱硫塔内逆流接触，吸附烟气中的 SO_2 气体。出脱硫塔的尾气由烟囱放空，出脱硫塔的循环液经板式换热器加热后进入再生塔。在再生塔，循环液被加热并热解吸 SO_2 气体，解吸气体可作为生产液体 SO_2 或制酸的原料。出再生塔的循环液经板式换热器冷却后，进入脱硫塔继续循环。

②主要设备

冶炼烟气制酸的主要设备是洗涤器、干吸塔、转化器、HRS 塔等。

目前较先进的高效洗涤器有：国内开发的高效湍冲洗涤器、美国孟莫克公司的动力波洗涤器、德国奥托昆普公司的可调文丘里洗涤器等。气体冷却塔普遍采用塔槽一体化形式，取消了传统的塔支撑平台，降低了设备配置高度，节约了运行成本。电除雾器普遍采用新型的导电玻璃钢电除雾器，阳极管采用导电碳纤维玻璃钢制作，截面为正方形或正六边形。与传统电除雾器相比，由于正方形或正六方形的阳极板双面均可利用，处理相同气量的烟气可减少设备数量。阴极采用四角线或芒刺线，提高了电场强度，可有效改善除雾效率。

干吸塔对于干燥和吸收效率来说至关重要，其结构合理与否，进气、分酸是否均匀，直接影响制酸的工艺指标。近年来，冶炼烟气制酸领域采用的干吸塔形式主要有两种：传统衬砖碟形底形式和塔槽一体化形式。其中塔槽一体化形式又分为传统衬砖和内衬合金钢两类。上述这些类型干吸塔均在生产中获得应用。塔槽一体化的优点是省去了大量的土建平台，减少了防腐工程量，缩短了酸管线，降低了酸泵扬程，减小了占地面积，综合投资降低；还可减少维修量，延长塔的使用寿命，提高装置的开工率。

转化器是硫酸生产的关键设备之一，目前普遍采用 304 不锈钢转化器。转化器一般采用圆筒形全焊接结构，不需内衬砖和部分喷铝，设备重量减轻。第一催化剂层一般直接置于转化器底部，便于催化剂的筛分和检修；催化剂支撑板和隔板采用弧形板，较好地解决了热膨胀问题。不锈钢转化器的形式有多种：多根柱子支撑和中心筒支撑两大类。国内目前最大的多根柱子支撑型转化器的直径达到 14 m。中心筒支撑带内置换热器的转化器的特点是取消了一段管道，减少了热损失，节省了占地面积，降低了压力损失；烟气进入转化器催化剂层的方式由侧向进气改为多孔环形进气，使烟气均匀地分布在转化器截面和催化剂层，提高了转化效率。对大直径转化器来说，采用中心筒支撑形式更为合理，首先解决了隔板和催化剂支撑板的支撑问题，其次保证了气体的均匀分布。

在回收干吸工序的低温位热能方面，国内也充分借鉴和引进了美国孟莫克公司的 HRS 技术和设备。2005 年 4 月，张家港双狮精细化工有限公司的 1 000 kt/a 硫黄制酸装置中引进了 HRS 技术，从此 HRS 技术已从开始的硫黄制酸领域逐步扩展至烟气脱硫制酸和冶炼烟气制酸领域。

在传统的冶炼烟气制酸装置中，干吸工序的 SO_3 吸收热被大量的循环冷却水带走而间接排入大气。HRS 技术将这部分低温位热能加以回收，生产低压饱和蒸汽。HRS 工艺中的主要设备包括：HRS 塔、HRS 锅炉、HRS 稀释器、HRS 加热器等，均为孟莫克公司的专有设备。

HRS 塔为立式圆筒形平底结构，泵槽为卧式，与塔底部连为一体，整体采用 310M 不锈钢制作。该塔是一种喷淋填料塔，分上下两级，每级均装填陶瓷矩鞍形填料，第一级（下层）淋洒高温硫酸[$w(H_2SO_4)=99\%$]，第二级（上层）淋洒低温硫酸[$w(H_2SO_4)=98\%$]。塔内设有支撑格栅、分酸器和孟莫克 ES 除雾器。一级分酸器和二级分酸器均为孟莫克公司的专有产品。

HRS 锅炉是利用来自 HRS 塔塔底的高温浓硫酸加热来自 HRS 加热器的锅炉给水而产生蒸汽的设备。HRS 锅炉为卧式带汽包的列管釜式锅炉，类似于 U 形管换热器，310M 换热管，碳钢壳体，酸走管程，水走壳程。附带有独立的外部蒸汽过滤器，产生 0.9 MPa蒸汽。

HRS 稀释器是 HRS 工艺所特有的设备，为碳钢内衬聚四氟乙烯容器，内设加水喷头和自搅拌装置，充分混合浓酸和稀释水，同时注入压缩空气以减小稀释器的振动。稀释水通过喷头喷射到不断搅拌的循环酸内，以确保稀释后的酸浓度尽可能均匀。由于水加入到浓硫酸内会产生剧烈的稀释反应，因此对 HRS 稀释器包括支撑钢结构均进行了专门的设计。

HRS 加热器为卧式管壳式换热器，壳体为不锈钢，列管为特殊合金钢制作。HRS 锅炉的高温浓硫酸走管程，来自除氧器的锅炉给水走壳程，加热 HRS 锅炉给水至 175 ℃。HRS 预热器为 U 形管换热器，酸走管程，水走壳程，用以加热除氧器给水至 110 ℃。

近些年来，在立足国内开发和研制的基础上，我国冶炼烟气制酸还引进了国外一些设备和部件，如美国孟莫克公司的动力波洗涤设备的部件、槽管式分酸器及纤维除雾器，丹麦托普索公司的 WSA 湿法制酸工艺的关键设备，加拿大凯密迪公司、德国奥托昆普公司的全不锈钢内置换热转化器，美国路易斯公司的浓硫酸泵，德国 KK&K 公司、美国通用公司的 SO_2 风机。

6.1.2 硝　酸

硝酸与硫酸一样也是一种重要的无机酸。硝酸除用于制造硝酸铵及复合肥料外，还广泛应用于有机合成、染料和医药中间体、炸药、硝酸盐及航天等工业部门。目前我国硝酸产能和产量均位居世界第一，2012 年硝酸产量达到 1 368 万吨，其中浓硝酸产量 262.5 万吨。生产方法从常压法、综合法、中压法、高压法逐步转为技术先进的双加压法。2012 年双加压法产量已达到 970 万吨，占硝酸总产量的 71%。

硝酸是五价氮的含氧酸，纯硝酸是无色液体，相对密度 1.502 7，熔点 −42 ℃，沸点 86 ℃，一般工业品呈微黄色。与硫酸不同，硝酸与水会形成共沸混合物。其共沸点随压力增加而上升，但共沸点下的硝酸浓度却基本相同。如在 101.32 kPa 下，共沸点为 120.5 ℃，这时气相和液相的 HNO_3 含量均为 68.4%。因此，不能直接采用蒸馏的方法由稀硝酸制得浓硝酸。可采用脱水的方法先制成超共沸组成的硝酸，然后再蒸馏制浓硝酸。工业生产中获得的稀硝酸浓度为 50%～70%，浓硝酸浓度为 95%～100%。

1. 稀硝酸生产

(1)稀硝酸生产原理

早在 17 世纪，人们已开始使用智利的硝石($NaNO_3$)和硫酸反应来制取硝酸。该法硫酸的消耗量大，已较少应用。目前硝酸的生产主要采用将氨催化氧化成 NO，然后将 NO 氧化成 NO_2，再用水吸收 NO_2 制稀硝酸。

①氨催化氧化

氨催化氧化主反应为

$$4NH_3+5O_2 = 4NO+6H_2O+Q \tag{6-13}$$

这是一个以铂网为催化剂的强放热反应。在 760～840 ℃及 0.1～1.0 MPa 下，氨的氧化率可达 95%～97%。

除上述反应外，氨催化氧化还会发生下列反应：

$$4NH_3+4O_2 = 2N_2O+6H_2O+Q \tag{6-14}$$

$$4NH_3+3O_2 = 2N_2+6H_2O+Q \tag{6-15}$$

在 900 ℃时，上述三个反应的平衡常数为

$$K_{p1}=\frac{p_{NO}^4 p_{H_2O}^6}{p_{NH_3}^4 p_{O_2}^5}=10^{53} \tag{6-16}$$

$$K_{p2}=\frac{p_{N_2O}^2 p_{H_2O}^6}{p_{NH_3}^4 p_{O_2}^4}=10^{61} \tag{6-17}$$

$$K_{p3}=\frac{p_{N_2}^2 p_{H_2O}^6}{p_{NH_3}^4 p_{O_2}^3}=10^{67} \tag{6-18}$$

从热力学平衡来看，反应(6-15)的平衡常数最大，表明当该反应体系达到平衡状态时应以反应(6-15)为主。因此，若想以反应(6-13)为主，则应从动力学方面入手，即选择适当的催化剂，只加快反应(6-13)速率而抑制另外两个反应的进行。目前，国内外均采用铂系催化剂进行氨催化氧化制 NO。

氨催化氧化的反应机理虽有许多人进行了研究，但至今尚未达成一致。一般来看，应符合气固催化反应的基本规律，即包括以下几步：

a. 首先气相中的氧分子吸附在铂催化剂表面，随后氧分子中的共价键断裂生成两个氧原子；

b. 铂催化剂表面从气体中吸附氨分子，其中的氮原子和氢原子与氧原子结合；

c. 进行分子重排后生成 NO 和 H_2O；

d. 生成的 NO 和 H_2O 从铂催化剂表面脱附进入气相中。

研究认为，上述各步中气相中的氨分子向铂催化剂表面扩散是最慢的步骤，因此整个反应是由外扩散控制的。根据上面的反应机理，捷姆金等提出了 800～900 ℃下在铂网上的宏观反应动力学：

$$\lg\frac{c_0}{c_1}=0.951\frac{Sm}{dV_0}[0.45+0.288(dV_0)^{0.56}] \tag{6-19}$$

式中　c_0——氨和空气的混合气中氨的含量，%；

c_1——通过铂网后氮氧化物中氨的含量，%；

S——铂网的比表面积(活性表面/铂网截面积)，cm^2；

m——铂网的层数；

d——铂丝的直径，cm；

V_0——标准状态下气体流量，$L \cdot h^{-1} \cdot cm^{-2}$（铂网截面积）。

实际生产中，c_0、S、m、d 是已知的，可通过上述反应动力学方程式求出不同气体流量下的 c_1，再通过下式求出反应转化率 x：

$$x = (c_0 - c_1)/c_0 \tag{6-20}$$

氨分子向铂网表面扩散的时间可由下式求得：

$$\tau = \frac{Z}{2D} \tag{6-21}$$

式中 Z——氨分子扩散途径的平均长度；

D——氨在空气中的扩散系数。

②NO 的氧化

氨氧化生成的 NO 继续氧化生成高价的氮氧化物：

$$2NO + O_2 = 2NO_2 + 112.6\ kJ/mol \tag{6-22}$$

$$NO + NO_2 = N_2O_3 + 40.2\ kJ/mol \tag{6-23}$$

$$2NO_2 = N_2O_4 + 56.9\ kJ/mol \tag{6-24}$$

NO 的氧化是非催化反应，其中后两个反应速率极快，而生成 NO_2 的反应与其相比则慢得多，是整个氧化反应的控制步骤。反应(6-22)～反应(6-24)均为分子数减少的可逆放热反应，因此降低反应温度和加压有利于平衡向右移动。NO 氧化度 α_{NO} 与温度和压力的关系如图 6-5 所示。由图可见，温度低于 200 ℃，压力为 0.8 MPa 时，NO 氧化反应可视为不可逆反应，NO 几乎可 100％氧化为 NO_2。根据平衡计算可知，N_2O_3 的生成量极少，在实际生产条件下可忽略。

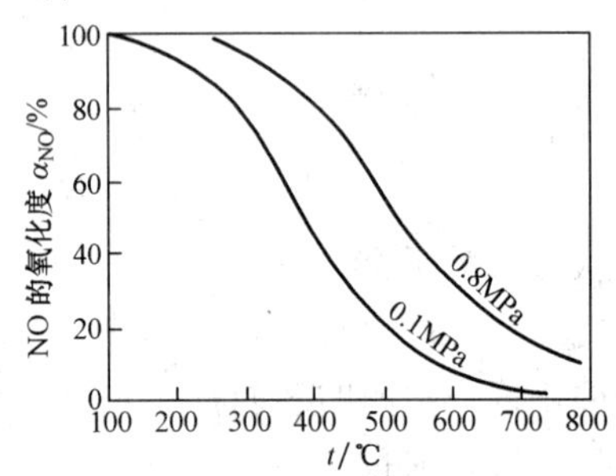

图 6-5 NO 的氧化度与温度和压力的关系

反应式(6-22)的平衡常数表达式为

$$K_p = \frac{p_{NO}^2 p_{O_2}}{p_{NO_2}^2} \tag{6-25}$$

与温度的关系为

$$\lg K_p = -5\,749/T + 1.78\lg T - 0.000\,5T + 2.839 \tag{6-26}$$

由实验获得的 NO 氧化为 NO_2 动力学方程为

$$\frac{dp_{NO_2}}{d\tau_0} = k_1 p_{NO}^2 p_{O_2} - k_2 p_{NO_2}^2 \tag{6-27}$$

式中 k_1、k_2——正、逆反应速率常数。

在实际生产中氧化温度低于 200 ℃，可将该反应视为不可逆反应，方程(6-27)又可简化为

$$\frac{dp_{NO_2}}{d\tau_0} = k_1 p_{NO}^2 p_{O_2} \tag{6-28}$$

③氮氧化物的吸收

NO 氧化生成的高价氮氧化物与水进行的吸收反应如下：

$$2NO_2 + H_2O \longrightarrow HNO_3 + HNO_2 \tag{6-29}$$

$$N_2O_4 + H_2O \longrightarrow HNO_3 + HNO_2 \tag{6-30}$$

$$N_2O_3 + H_2O \longrightarrow 2HNO_2 \tag{6-31}$$

工业生产中，N_2O_3 的产量很少，故可忽略反应(6-31)。此外，亚硝酸性质较活泼，不稳定，在工业生产条件下会很快分解：

$$3HNO_2 \longrightarrow HNO_3 + 2NO + H_2O \tag{6-32}$$

因此，氮氧化物的水吸收反应可简化为

$$3NO_2 + H_2O \rightleftharpoons 2HNO_3 + NO + Q \tag{6-33}$$

由反应(6-33)可知，NO_2 被水吸收时只有 2/3 生成硝酸，1/3 又分解为 NO。所以，在吸收过程中需将分解放出的 NO 进行再氧化和再吸收。故在氮氧化物吸收塔内同时进行着 NO_2 的吸收反应和 NO 的再氧化反应，使整个吸收过程变得更加复杂。

反应(6-33)是一个放热、体积减小的可逆反应，降低吸收温度和增加压力对平衡向右移动有利。研究表明，用硝酸水溶液吸收氮氧化物气体，成品酸中 HNO_3 含量是受到限制的，一般常压法不超过 50%，加压法最高可达 70%。

(2)稀硝酸生产工艺流程

稀硝酸的生产流程有很多，但以操作压力来分类，可分为三大类：常压法、全压法和综合法。

①常压法

该法氨氧化及酸吸收均在常压下进行。这种工艺因压力低、氨氧化率高，所以铂耗较低，设备结构简单。其缺点是吸收塔容积大，投资大，成品酸浓度低，尾气中氮氧化物含量高，环境污染严重。

②全压法

该法氨氧化和酸吸收均在加压下进行。根据吸收压力的高低，可分为全中压法(0.2～0.5 MPa)和全高压法(0.7～1.0 MPa)。因吸收压力高，其 NO_2 吸收率及成品酸浓度均较高。尾气中氮氧化物含量低，吸收塔容积小，能量回收率高。其缺点是氨氧化率比常压法稍低，铂耗较大。

③综合法

综合法又称为双压法。该法氨氧化和酸吸收分别在两种不同压力下进行。现有两种流程：一种为常压氨氧化-加压 NO_2 吸收流程，氨耗及铂耗比全高压法小，不锈钢用量比全中压法少；另一种为中压氨氧化-高压 NO_2 吸收流程，由于采用较高吸收压力和较低吸收温度，成品酸浓度可达到 60%，尾气中氮氧化物含量极低，可直接排放。

我国稀硝酸生产早期多采用常压法，20 世纪 60 年代以后主要采用全压法和综合法。在氨价便宜的地区，宜采用全高压法来减少设备投资以补偿氨耗和铂耗高增加的费用。而在氨价较高的地区，为降低氨耗，应采用综合法。

全高压法工艺是美国 Weatherly 公司于 1963 年首先开发的，其典型工艺流程如图 6-6所示。

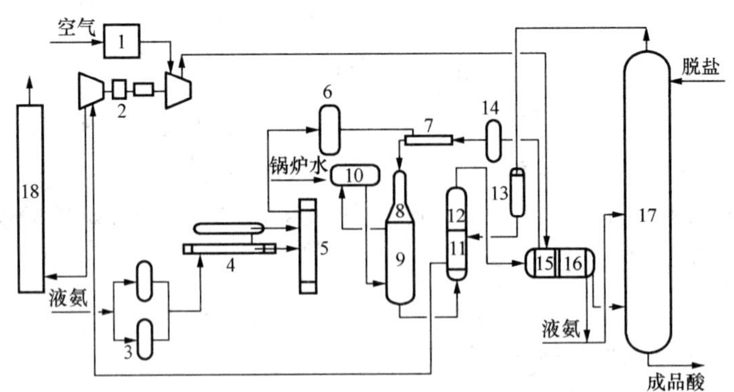

图 6-6　全高压法稀硝酸生产的 Weatherly 流程

1—空气过滤器；2—压缩机组；3—液氨过滤器；4—液氨蒸发器；5—氨过热器；6—气氨过滤器；7—氨-空气混合器；8—氧化炉；9—废热锅炉；10—汽包；11—尾气加热器；12—铂过滤器；13—尾气预热器；14—入口热空气过滤器；15—空气加热器；16—冷却冷凝器；17—吸收塔；18—尾气烟囱

该工艺的特点及主要工艺指标是：氨氧化炉压力（表压）为 1.16 MPa，反应温度为 921 ℃，氨转化率达 95%，用铂网 28 张，每吨硝酸的铂耗约为 0.1 g；废热锅炉可回收 3.5 MPa 的蒸汽，每吨硝酸可副产 1.39 t 蒸汽。吸收塔采用泡罩塔，塔高 32 m，内径 2.4 m，有 49 层塔板；吸收段为 40 层，漂白段为 9 层，其中 1～23 层用循环冷却水冷却，25～39 层采用 1.7 ℃的 38%K_2CO_3 冷盐水冷却；出吸收塔尾气的温度为 4 ℃，压力 1.12 MPa，加温至 350 ℃后进入尾气膨胀机回收能量后放空。吸收塔的吸收率达 98%以上，成品稀硝酸浓度为 65%，尾气中氮氧化物含量不高于 180 cm^3/m^3，低于排放标准，可直接排放。

双压法制稀硝酸的典型工艺流程如图 6-7 所示。

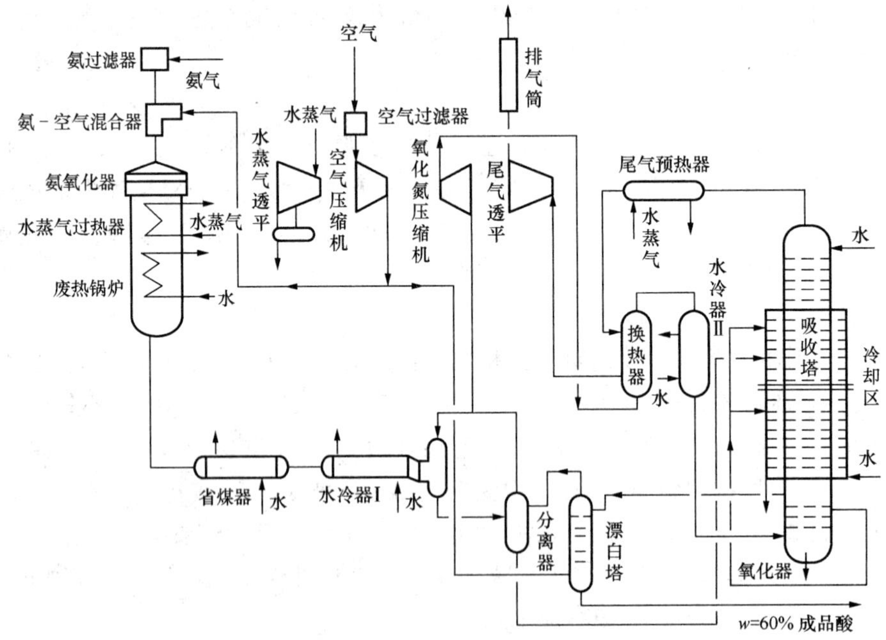

图 6-7　双压法制稀硝酸的典型工艺流程

氨和空气分别经过滤器去除固体杂质和油雾后，经氨-空气混合器混合后进入氨氧化器，与铂-铑网接触，约有 96%的氨被氧化为 NO，气体温度也随之升至 860 ℃，氧化转化后的气体经氨氧化器下部的水蒸气过热器和废热锅炉回收热量后进入下一工序，此时气体温度约 400 ℃。

由废热锅炉来的 NO 经省煤器进一步回收热量后，温度可降至 150 ℃左右，降温过程中气体中的 NO 被氧化为 NO_2，进入水冷器Ⅰ进一步冷却到 40 ℃。在水冷器Ⅰ中氮氧化物(NO_x)气体与冷凝水反应生成稀硝酸，经分离器分离后，稀硝酸送入吸收塔，NO_x 气体与来自漂白塔的二次空气混合后送入氧化氮压缩机压缩至 1.0 MPa(表压)。压缩后的混合气体经换热器冷却至 126 ℃，再经水冷器冷却至 40 ℃后，和冷凝酸液一并送入吸收塔下部的氧化器继续氧化。在吸收塔中，NO_x 气体被水吸收生成稀硝酸，在塔底部获得 65%～67%的稀硝酸。由于吸收塔底部收集的硝酸中溶有许多 NO_x 气体，需送至漂白塔用二次空气将 NO_x 气体从硝酸中吹出，漂白后的成品酸浓度为 60%，冷却至约 50 ℃后送入成品储罐。吸收塔顶部出来的尾气中 NO_x 含量不大于 180 cm^3/m^3，经预热后温度可达 360 ℃，经过尾气透平回收动力后可直接放空。

2. 浓硝酸生产

浓硝酸是一种重要的无机酸，广泛用于化学工业和军事工业。特别是随着近代有机合成、化学纤维、矿山建设、高效化肥、火箭及导弹等工业的发展，浓硝酸的需求量不断增加。目前我国浓硝酸生产企业约 40 家，其中安徽淮化集团有限公司总产能为 40 万吨/年，是我国最大的浓硝酸生产企业。浓硝酸的工业生产方法有 3 种：硝酸镁法(简称硝镁法)、直硝法和超共沸精馏法。直硝法是我国“一五”期间引进苏联的技术，单套年生产能力为 6 万～10 万吨；硝酸镁法是我国 20 世纪 60 年代自行开发的技术，单套年生产能力为 1 万～2.5 万吨；超共沸精馏法是 20 世纪 70 年代末，德国巴马格公司开发的方法。由于硝酸镁法的生产成本低，因此目前硝酸镁法制取浓硝酸的产能占我国浓硝酸总产能的 92%左右，是主要的生产方法。

(1)硝酸镁法制浓硝酸

间接法浓硝酸生产工艺是在一定浓度的稀硝酸基础上，在脱水剂的作用下使稀硝酸浓缩为浓度为 98%以上的浓硝酸。根据脱水剂的不同，可分为：硫酸法和硝酸镁法。硫酸法由于投资高，污染严重，目前已基本不采用。硝酸镁法技术成熟可靠，设备结构简单，没有硫酸浓缩的强腐蚀和污染，产品质量和操作环境较好，因此是目前工业上广泛使用的方法。

①工艺原理

浓硝酸不能由稀硝酸直接蒸馏制取，因为稀硝酸是硝酸和水的具有最高共沸点的二元混合物。在 0.1 MPa 压力下，最高恒沸点为 121.9 ℃，对应的硝酸浓度为 68.4%，形成共沸点，蒸馏时无论液相和气相中的 HNO_3 含量均为 68.4%，因此通过稀硝酸简单蒸馏得不到浓硝酸。图 6-8 是 HNO_3-H_2O 系统的沸点、组成与压力的关系图。由图可知，虽然稀硝酸水溶液共沸点随压力的变化而变化，但与共沸点对应的硝酸浓度几乎不变。因此，改变压力也无法通过蒸馏稀硝酸得到浓硝酸。

图 6-9 为硝酸水溶液平衡时气、液相组成关系图。由图可知：当液相中硝酸浓度低于

共沸点对应的浓度 68.4%时，平衡时气相中 HNO_3 的含量小于液相中的 HNO_3 含量；当液相中硝酸浓度高于共沸点对应的浓度 68.4%时，与其平衡的气相中 HNO_3 的含量比液相中的高。因此，想通过蒸馏方式制得浓硝酸必须先获得浓度大于共沸点所对应浓度的硝酸。

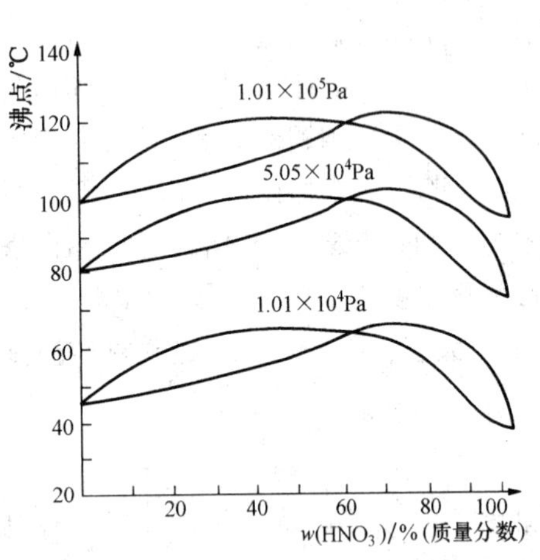

图 6-8 HNO_3-H_2O 系统的沸点、组成与压力的关系图

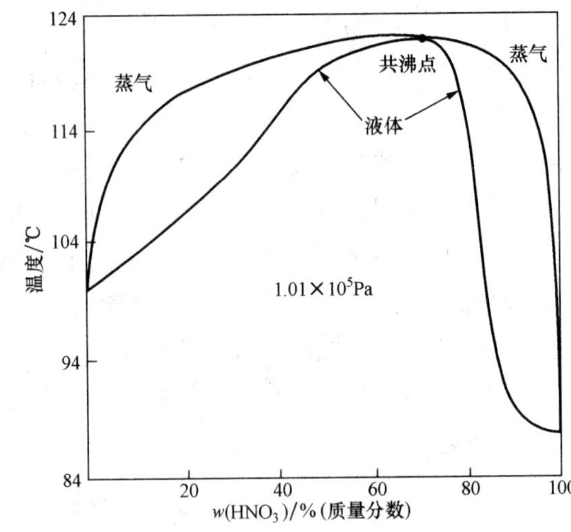

图 6-9 硝酸水溶液平衡时气、液相组成关系图

为达到上述目的，可以采用特殊蒸馏，即萃取蒸馏的方法。所谓萃取蒸馏即在硝酸和水的二元体系中加入第三种组分硝酸镁作为脱水剂，水与硝酸镁的结合力远大于其与硝酸的结合力，从而使硝酸和水之间的沸点差距加大，大大降低其液面水蒸气分压，增大硝酸蒸气分压。在硝酸和水的二元体系中加入第三种组分硝酸镁的结果是：在加热汽化的过程中，气相中大部分为硝酸蒸气，其浓度高于该操作压力下的共沸点所对应的硝酸浓度 68.4%，冷凝气相就可获得浓度高于 68.4%的硝酸，再将此浓度的硝酸进行多次部分冷凝，最后气相中的硝酸蒸气含量就接近 100%，将此高浓度的硝酸蒸气冷凝，一部分作为产品输出系统，另一部分作为蒸馏过程的回流液，即充当上升的含硝酸蒸气多次部分冷凝所需要的冷量的载体，生产中这一过程在硝酸浓缩塔中完成。

②工艺流程

硝酸镁法制浓硝酸，浓缩塔单塔产能一般为 2.0 万吨/年、2.5 万吨/年。例如，中石化南化公司硝酸部 270 万吨/年双压法稀硝酸装置，配套的硝酸镁法制浓硝酸装置产能为 160 万吨/年，共设 8 台硝酸镁浓缩塔，单塔设计能力为 60 t/d，年运行 8 000 h，相当于单塔产能为 2.0 万吨/年。该塔直径 1 000 mm，塔高 14 900 mm。图 6-10 是泸天化股份有限公司 2008 年新建的一套产能为 4 万吨/年的硝酸镁法间接生产浓硝酸的工艺流程。

60%的稀硝酸和 72%～76%的浓硝酸镁分别由各自高位槽计量后，按 1∶3.5 的比例流至混合分配器，在混合器内稀硝酸中的水被浓硝酸镁吸收，使硝酸蒸气浓度提高到 68.4%以上，该混合物进入浓缩塔，硝酸在提馏段内汽化得到大于 80%的硝酸蒸气进入精馏段，和精馏段顶部下来的回流酸逆向传热传质，进一步提浓得到含量 98%以上的硝酸蒸气，由顶部引出进入漂白塔，热的硝酸蒸气与冷的硝酸液体在漂白塔内逆向传热传质，NO_x 被解吸出来的液体硝酸进入成冷器中，被循环水冷却至常温后送入浓硝酸储槽。

从漂白塔顶部出来的硝酸蒸气被抽吸进入淋洒式冷凝器进行冷凝得到浓硝酸，液体硝酸再流至分配酸封，然后按 2∶1 的回流比回流，2/3 的浓硝酸以回流酸形式回流到硝酸浓缩塔塔精馏段，1/3 的浓硝酸经漂白塔热漂后再次冷却得到成品酸进入浓硝酸储槽。

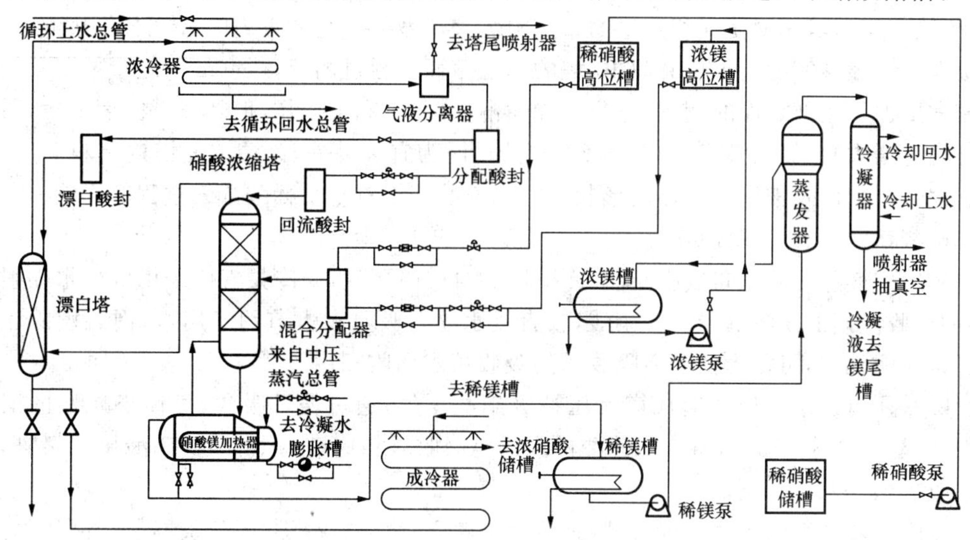

图 6-10　硝酸镁法间接生产浓硝酸工艺流程

浓硝酸镁吸水后，由提馏段底部流入硝酸镁加热器，在加热器内经蒸汽间接换热后沸腾，稀硝酸镁至含硝低于 0.3%后进入稀镁槽，同时一部分含硝酸蒸气从加热器上升进入硝酸浓缩塔，为硝酸浓缩塔的萃取过程提供热量。

稀镁槽内的稀硝酸镁被稀镁泵打入蒸发器，在真空度大于 70 kPa 下经间接加热蒸浓至 72%～76%，再溢流至浓镁槽，通过浓镁泵将浓硝酸镁打到浓镁高位槽，同时稀硝酸泵将稀硝酸由稀硝酸储槽打至稀硝酸高位槽。

硝酸镁法生产浓硝酸工艺中，主要包括蒸馏和蒸发两个过程。在蒸馏过程中，主要影响因素和工艺条件有：稀硝酸的浓度、硝酸镁的浓度、硝酸镁和稀硝酸的质量配比、回流比、温度、压力、空塔速度及喷淋密度。

在硝酸镁和稀硝酸的质量配比和硝酸镁浓度不变的条件下，加入的稀硝酸浓度越高，蒸出气中硝酸的浓度也越高，为了操作稳定，要求稀硝酸浓度保持稳定，一般控制在 50%～60%。在稀硝酸浓度、硝酸镁和稀硝酸的质量配比不变的条件下，脱水剂硝酸镁浓度越低，越不利于稀硝酸的脱水；脱水剂浓度越高，则蒸出气中硝酸的浓度也越高，但同时硝酸镁液中硝酸含量也增加，系统腐蚀加大。另外，硝酸镁浓度越高，黏度越大，越容易结晶；因此，适宜的硝酸镁浓度应控制在 72%～76%。硝酸镁量增大虽有利于得到高浓度产品硝酸，但随配比增大稀硝酸镁浓度亦增大，溶液沸点升高，不利于稀硝酸镁脱硝，一般控制浓硝酸镁与稀硝酸配比为(3.5～6)∶1。适宜回流比为 2∶1，增大回流比产量减少，同时蒸汽消耗增加；减少回流比(精馏段温度高)，则成品酸浓度降低。加热器液相温度为 170～185 ℃，精馏段温度为 75～85 ℃，由塔底到塔顶温度逐渐降低，酸浓度逐渐升高，塔内同一截面各点温度相同。蒸馏过程的热量由硝酸镁加热器供给，提高加热器温度有利于稀硝酸镁脱硝，但随温度升高，塔底温度也升高，水蒸气上升而会降低产品的浓度。入塔硝酸镁量、浓度、温度变化，能较大影响回流变化，故应恒定。提高负压有利于降低溶液沸点，减少成品中 NO_x 含量，降低稀硝酸镁含硝量，提高生产能力。但是负压过大，酸损失增加，并易吹起填料。空塔速度指气体在空塔中的流动速度(m/s)。气速大，有利于传质、传热。当空塔速度使气相产生的摩擦阻力大于液体本身的重力时，传质、传热大减，操作被破坏。喷淋密度指单位时间内，塔的单位截面上通过的液体量($m^3 \cdot m^{-2} \cdot h^{-1}$)。喷淋密度要保持全部表面的润湿，适当增加喷淋密度，有利于操作，但随喷淋密度增大，塔内阻力相应增大，一般喷淋密度在 2～20 m^3/m^2 时为宜。另外，硝酸浓缩塔内填料高度、材质、形状、尺寸以及液体分散器的形状、结构、安装等都对整个稀酸浓缩过程有影响。

硝酸镁法具有许多优点：

a. 硝酸镁蒸发后设间接冷凝器，冷凝回收含硝酸蒸气，未冷凝气体采用低位水喷射器回收，回收了硝酸镁溶液中所含硝酸，较直接水喷射吸收大大节约了用水，而且消除了污染。镁尾酸性水，可作为稀硝酸吸收塔的吸收用水回收利用。

b. 采用低位水喷射器形成塔负压抽吸硝酸尾气，通过循环吸收，可使塔尾水的酸浓度循环提至 10%～15%，将这部分酸性水送至吸收塔相应塔盘上，减少硝酸尾气污染，并可回收硝酸。

c. 成品酸采用硝酸蒸气进行漂白(热漂)，较空气漂白(冷漂)不仅提高了产品质量，而且减少了硝酸尾气污染，并可回收硝酸。

d. 脱水剂硝酸镁便于浓缩及循环使用。

硝酸镁法制浓硝酸，浓缩塔材质一直采用高硅铸铁，但高硅铸铁受加工工艺所限，仅能生产直径为 1.0 m、1.2 m 的塔，单塔产能为 2.0 万吨/年、2.5 万吨/年。这种设备材质的限制，严重制约了我国浓硝酸生产水平的提高。另外，我国稀硝酸生产装置已实现大型化，产能为 10 万吨/年、15 万吨/年、27 万吨/年、36 万吨/年等，而与稀硝酸配套的浓硝酸单塔产能仅为 2.0 万吨/年、2.5 万吨/年，两者生产能力极不相称，因此浓硝酸装置的大型化势在必行。

在这种背景下，唐文骞等人提出了硝酸镁法生产浓硝酸装置大型化的工艺流程(图 6-11)，其流程设置大致与原 2.0 万吨/年(或 2.5 万吨/年)硝酸镁法生产浓硝酸工艺流程相似，只是在设备选型、材质等方面要进行改变。

影响我国硝酸镁法生产浓硝酸装置大型化的主要因素是设备材质的选用。由于浓硝酸生产所用的浓缩塔操作温度在 100～120 ℃，介质为稀硝酸和浓硝酸，不能采用不锈钢。曾有企业采用 KY704(00Cr16Ni14Si4)不锈钢，但仅两年就发生了腐蚀现象，现已停用。国外在工业生产中，有使用新型的耐稀、浓硝酸的搪玻璃塔，该材质可在 120 ℃下使用，直径可达 2.0 m，国内已有外资企业生产。

鉴于国内企业能加工最大直径为 2.0 m 的搪玻璃塔，唐文骞等人认为浓硝酸装置大型化的实施可分三个阶段。第一阶段，将产能扩至 5 万吨/年，可选用塔径 1.2 m、塔高 26 m 的搪玻璃塔，或者用搪玻璃和高硅铸铁混合塔；第二阶段，在 5 万吨/年成功的基础上，将产能扩至 10 万吨/年，可用选塔径 1.6 m、塔高 26 m 的全搪玻璃塔；第三阶段，产能扩至 15 万吨/年，选用塔径 2.0 m、塔高 26 m 的全搪玻璃塔，此时单套 15 万吨/年双压法硝酸装置，配单套 15 万吨/年浓硝酸装置，可实现浓硝酸装置的大型化。

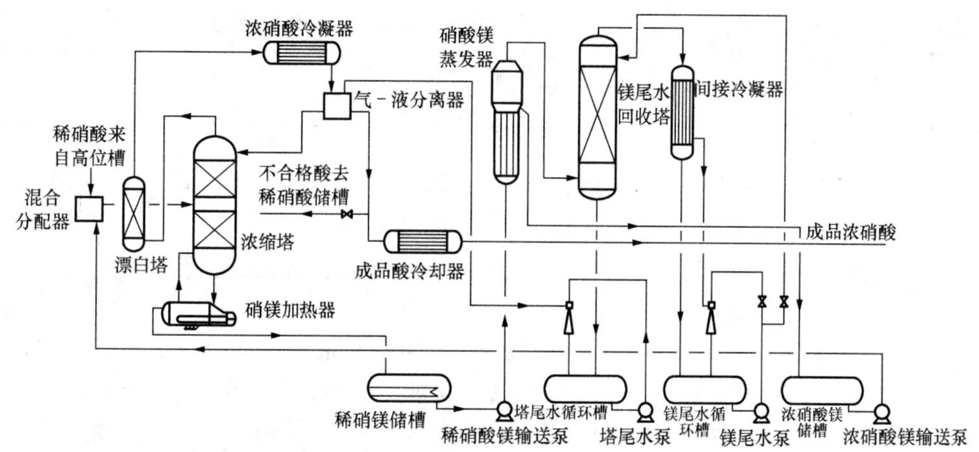

图 6-11　硝酸镁法生产浓硝酸装置大型化工艺流程

(2)直硝法合成浓硝酸

直硝法生产浓硝酸是以氨和空气为原料，在铂催化剂催化下生成 NO；NO 再氧化得到 NO_2；NO_2 经吸收得发烟硝酸，蒸馏发烟硝酸经冷凝得到液态 N_2O_4；液态 N_2O_4 与水按一定比例混合，在高压下通入高纯度 O_2 直接氧化合成浓硝酸。其反应方程式为

$$2N_2O_4(l)+2H_2O(l)+O_2(l)═══4HNO_3(aq)+78.9\ kJ$$

过去由于直硝法生产浓硝酸适合大型工业生产，且产品质量较好，曾在我国浓硝酸工业生产中占半壁江山，如兰州化学工业公司、吉林化学工业公司、大化集团公司、安徽淮化集团公司、泸天化股份有限公司等均采用该法生产浓硝酸，但近年来由于直硝法生产成本较高，逐渐被硝镁法取代。

①工艺原理

直硝法工艺可分四步：氨的催化氧化；NO 的氧化和深度氧化；NO_2 的分离及液态 N_2O_4 的制造；N_2O_4 合成硝酸。其主要的过程如下：

a. 氨的催化氧化

与稀硝酸生产中的原理相同，不再赘述，可参见稀硝酸工艺原理部分。

b. NO 的氧化和深度氧化

在工业生产中，NO 的氧化可分两步进行。首先，利用空气中的氧将 90%～93%的 NO 氧化为 NO_2；然后，再用浓度为 95%～98%的浓硝酸将余下的 NO 进行深度氧化，其反应式如下：

$$2NO+2O_2═══2NO_2$$

$$NO+2HNO_3═══3NO_2+H_2O$$

由于浓硝酸具有极强的氧化性，可将 NO 氧化得很完全，NO 氧化度可达到 99%，因此在浓硝酸的液面上 NO 的平衡分压很小。表 6-3 是 25 ℃时在浓度为 68%～98%的 HNO_3 液面上的气体平衡组成。由表 6-3 可知，在 0.1 MPa 下 NO 的氧化度可达到 99.1%。但随着压力增高，NO 的氧化度反而下降，原因是用浓硝酸氧化时压力增大有利于氮氧化物吸收，而不利于 NO 的氧化。

表 6-3　25 ℃时在浓度为 68%～98%的 HNO_3 液面上的气体平衡组成

压力/MPa	气体组成体积分数/%			NO 的氧化度/%	压力/MPa	气体组成体积分数/%			NO 的氧化度/%
	NO_2	N_2O_4	NO			NO_2	N_2O_4	NO	
0.1	3.58	0.908	0.046	99.1	0.5	2.03	1.46	0.209	96.1
0.2	2.90	1.195	0.097	98.3	0.6	1.88	1.50	0.237	95.5
0.3	2.49	1.31	0.140	97.4	0.7	1.75	1.52	0.253	94.8
0.4	2.22	1.40	0.176	96.6	0.8	1.64	1.54	0.284	94.3

c. NO_2 的分离及液态 N_2O_4 的制造

NO 的氧化和深度氧化后，需将混合气体中的 NO_2 从混合气中分离出来。通常采用浓硝酸吸收的方法将混合气中的 NO_2 吸收制成发烟冷硝酸：

$$NO_2(g)+HNO_3(aq)\!=\!=\!=HNO_3\cdot NO_2(aq)$$

然后再将发烟硝酸在漂白塔内进行漂白分解，获得浓硝酸和 NO_2 气体：

$$HNO_3\cdot NO_2(aq)\!=\!=\!=HNO_3(aq)+NO_2(g)$$

分离出的 NO_2 进行聚合反应生成 N_2O_4，N_2O_4 可利用低温冷却的方法冷凝为液态 N_2O_4，表 6-4 为不同温度下液态 N_2O_4 的蒸气压。

$$NO_2(g)+NO_2(g)\!=\!=\!=N_2O_4(g)$$

$$N_2O_4(g)\!=\!=\!=N_2O_4(l)$$

表 6-4　液态 N_2O_4 的蒸气压

温度/℃	蒸气压/kPa(mmHg)	温度/℃	蒸气压/kPa(mmHg)
−10	20.21(151.6)	10	58.20(436.5)
−5	26.37(197.8)	17	81.79(613.5)
0	34.30(257.3)	21.5	101.33(760)
5.5	46.74(350.6)	39	222.91(1 672)

液态 N_2O_4 的蒸气压与温度有一定关系，在−20～20 ℃，可用如下经验式表示：

$$\lg p=14.61\lg T-33.157\ 26 \tag{6-34}$$

由表 6-4 中的数据可知，随着温度的降低，液态 N_2O_4 液面上的蒸气压也降低，说明温度低冷凝得完全。在实际工业生产中，气态 N_2O_4 的冷凝过程分两步完成：首先在以水冷却的第一冷凝器中进行，然后再在盐水冷却的第二冷凝器中进行；当盐水温度为−15 ℃时，第二冷凝器的冷凝温度可达到−10 ℃。因为 N_2O_4 在低于−10 ℃时会成为固体，堵塞设备和管道，因此第二冷凝器的冷凝温度不能低于−10 ℃。

在氨催化氧化过程中，氮氧化物的最高含量只能达到 11%，其分压相当于 11.1 kPa。表 6-4 中，在−10 ℃时 N_2O_4 液面上的蒸气压为 20.21 kPa。这说明如果不将气体加压，根本无法制取液态 N_2O_4。在−10 ℃下，N_2O_4 的分解率为 9%，它们的含量(以 NO_2 计)为 11%，则氮氧化物的压力应为

$$p_{NO_2}+p_{N_2O_4}=760\times(0.11\times0.09+0.11\times0.91/2)=45.6\ \text{mmHg}\approx6\ \text{kPa}$$

为了提高氮氧化物的分压，使其达到与液相成平衡的饱和蒸气压(20.21 kPa)，必须将气体加压，即将总压提高到

$$20.21\times100/6=0.337\ \text{MPa}$$

当将总压继续提高，高于 0.337 MPa 时，氮氧化物将会发生冷凝。氮氧化物的冷凝

度与温度和压力的关系见表 6-5。

表 6-5　氮氧化物的冷凝度与温度和压力的关系(NO_2 含量为 10%)

气体压力/MPa	冷凝度/%				
	5 ℃	−3 ℃	−10 ℃	−15.5 ℃	−20 ℃
1.0	33.12	56.10	72.90	78.85	84.49
0.8	16.61	44.74	66.18	73.40	80.54
0.5	—	9.75	45.10	56.96	68.59

当氮氧化物气体中有少量水蒸气时，会使 N_2O_4 液体的凝固点下降，可改善 N_2O_4 的液化条件。气体中水蒸气含量对 N_2O_4 液体的凝固点的影响见表 6-6。

表 6-6　气体中水蒸气含量对 N_2O_4 液体的凝固点的影响

气体中水蒸气含量/%	凝固点/℃	气体中水蒸气含量/%	凝固点/℃
2	−13.4	10	−19.0
3	−14.2	15	−22.0
5.5	−16.0	19.6	−25.4

如前所述：在氨催化氧化过程，氮氧化物的最高含量只能达到 11%。因此，要制取纯的氮氧化物气体，必须分离掉混合气中的惰性气体。采用什么方法使氮氧化物与惰性气体分离呢？可利用浓硝酸吸收混合气中氮氧化物生成发烟硝酸，然后将发烟硝酸加热分解，从而达到将氮氧化物与惰性气体分离的目的。

低温时氮氧化物在浓硝酸中有很好的溶解度，如在 −10 ℃和 0.1 MPa 下，含 98% HNO_3 的硝酸吸收混合气体中氮氧化物可生成发烟硝酸，溶液中氮氧化物的含量达到 30%～32%；而在 0 ℃时，只可达到 26%～28%；但加压后，在 0 ℃和 0.7 MPa 下溶液中的氮氧化物含量又达到 32%～36%，说明加压有利于氮氧化物的吸收。经过吸收后，气相中氮氧化物的含量不会超过 0.1%～0.2%，但硝酸蒸气是饱和的。因此，为避免吸收后的尾气中硝酸蒸气的损失，需将此废气通至吸收塔中用水或稀硝酸洗涤吸收回收。这样通过浓硝酸吸收氮氧化物，便将氮氧化物与惰性气体分离。

吸收氮氧化物的发烟硝酸的热分解在板式塔或填料塔中进行。冷却至 0 ℃的发烟硝酸溶液由塔的顶部加入，溶液与自下而上的蒸气相遇，进行换热放出氮氧化物，并提高了 HNO_3 的含量。气体由塔顶排出，含有 97%～98%的氮氧化物和 2%～3%的 HNO_3；气相中夹带的 HNO_3 和部分氮氧化物气体在初冷器中被冷凝下来作为回流液回流到塔上部，氮氧化物经冷凝便可得到液态 N_2O_4。

d. N_2O_4 合成硝酸

直硝法合成硝酸反应是一个复杂的过程，其反应过程可用以下的反应步骤表示：

$$2N_2O_4(l)+2H_2O(l)+O_2(l) = 4HNO_3(aq)+78.9\ kJ/mol \tag{6-35}$$

$$N_2O_4 = 2NO_2$$

$$2NO_2+H_2O = HNO_3+HNO_2$$

$$3HNO_2 = HNO_3+H_2O+2NO$$

$$2HNO_2+O_2 = 2HNO_3$$

$$2NO+O_2 = 2NO_2 = N_2O_4$$

在上述反应步骤中，一般认为 NO_2 和水反应这一步是整个反应的控制步骤，其反应

速度方程式为

$$-\mathrm{d}c_{NO_2}/\mathrm{d}\tau_0 = k \cdot c_{NO_2}^2 \cdot c_{H_2O} \tag{6-36}$$

或

$$-\mathrm{d}x/\mathrm{d}\tau_0 = k(a-x)^2(b-x) \tag{6-37}$$

式中 c_{NO_2}、c_{H_2O}——分别为 NO_2 和 H_2O 的含量，mol/L；

a——溶液中 NO_2 的初始含量，mol/L；

b——溶液中 H_2O 的初始含量，mol/L；

k——反应速度常数。

不同条件下的计算结果表明：增加压力、提高温度、提高 NO_2 含量均能使反应速度加快。下面分别从压力、温度、氧吸收和原料配比等因素考虑，探讨它们对反应速度的影响。

首先探讨压力对反应速度的影响。研究表明：将 0.5 MPa 下的反应速度作为 1 时，在 1 MPa 下反应速度增至 2，在 2 MPa 下增至 3.8，在 5 MPa 下则增至 5.3。再继续增加压力，速度增加不明显，且会导致动力消耗增大，设备腐蚀加重，对设备的强度和严密性要求也较高。所以工业上一般选择 5 MPa 作为直硝法合成硝酸的操作压力。

随着温度的升高，反应速度也增大。高温时，液相中的亚硝酸分解速度较大；而低温时其分解速度往往决定了操作所需时间。

在高压反应器中，氧的吸收度与温度、压力有关。图 6-12 是氮氧化物的硝酸溶液对氧的吸收度与温度、压力的关系曲线。由图可知，操作开始时反应速度增加较快，其后反应速度趋缓。温度对反应速度的影响也十分明显，在相同反应压力下，60 ℃的反应速度是 20 ℃的反应速度的数倍。但温度并不是越高越好，工业生产中高压反应器的温度应控制在 80～90 ℃，以防止高压反应器中铝制圆筒受到严重腐蚀。

此外，氧穿过溶液的分散度及氧的纯度对反应速度也有影响。氧的用量越多，反应速度越快。氧的分散度对于增加反应速度有着重要的意义，图 6-13 是浓硝酸生产的速度与穿过液体的氧量及混合物中 N_2O_4 含量的关系曲线。由图 6-13 可知，氧的用量(实线)、气泡的表面积(虚线)均与反应速度呈线性关系。特别是对于含 N_2O_4 过剩量较少的混合物影响更大。氧的纯度是一个重要因素，氧气中惰性气体越少，加压下的反应速度就越快。

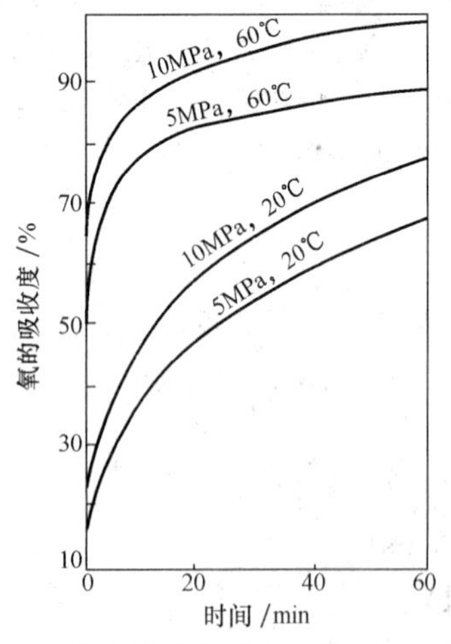

图 6-12　氮氧化物的硝酸溶液对氧的吸收度与温度、压力的关系曲线

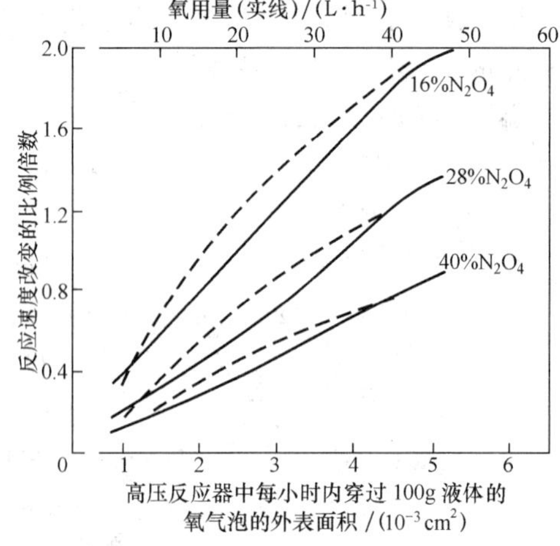

图 6-13　浓硝酸生产的速度与穿过液体的氧量及混合物中 N_2O_4 含量的关系曲线

原料配比对反应速度的影响非常大。当按反应式(6-35)的化学计量配料时，N_2O_4 与 H_2O 的比例为 92：18＝5.11：1，按此比例在很高压力下反应也需很长时间。但是如果增大比例，则可以使反应时间大大缩短。在 5 MPa 和 60～80 ℃下合成 98%HNO_3 时，原料配比与合成时间的关系见表 6-7。

表 6-7　　N_2O_4/H_2O 与合成时间的关系

N_2O_4/H_2O	时间/min	N_2O_4/H_2O	时间/min
6.2	200	8.3	15
6.82	70	9.28	6
7.5	30		

由表 6-7 可知，随着配料比的增大，反应时间可大幅缩短。然而随着配料比的增加，N_2O_4 大量过剩，会增加漂白塔的能耗，而且在将蒸出过剩的 N_2O_4 冷凝时需增加冷量。在综合考虑生产成本后，实际生产中多选用 N_2O_4/H_2O＝7～8.5，合成反应生成的硝酸中 HNO_3 含量≥98.5%，过剩 $N_2O_4$18%～25%，相当于在高压反应器制成的酸中含有 25%～30%过剩量的 N_2O_4。

②工艺流程

图 6-14 是直硝法装置工艺流程示意图。直硝法从氨氧化开始，常压下在氧化炉内铂网上将氨气与空气进行催化氧化反应，生成氮氧化物混合气。氧化后的高温氮氧化物气体，先经废热锅炉、氨-空气预热器回收热量后，进入快速冷凝器使气体温度由 200 ℃骤然降至 34～40 ℃，将气相中的水蒸气冷凝下来，除去生成的绝大部分水，同时有少量氮氧化物溶于水中形成约 2%～3%的稀硝酸从系统中排出。除水后的氮氧化物混合气经气体洗涤器洗涤铵盐后，进入氧化氮压缩机，将工艺气体加压至 0.35 MPa，借助气体中的 O_2 将 NO 在容器和管道中氧化为 NO_2，送入发烟硝酸吸收塔重氧化段，与浓硝酸进行重氧化反应，进一步提高 NO 的氧化度，在－10～－15 ℃盐水冷却下用 98%的浓硝酸加以吸收生成冷发烟硝酸，将 NO_2 由气态中分离出来。

发烟硝酸吸收塔来的 0 ℃左右的冷发烟硝酸进入直硝系统后分为两路，一路直接进入冷酸高位槽，另一路进入初冷器用于冷凝漂白塔来的氮氧化物气体，温度上升后与来自冷酸高位槽的冷酸汇合，进入漂白塔上段中上部，与进入漂白塔上段中下部的来自热酸高位槽的热发烟硝酸(俗称热酸)混合，冷、热酸与塔内上升的氮氧化物气体在筛板上进行传热和传质，氮氧化物气体部分冷凝回流进入下一层筛板。冷、热酸从上至下流经漂白塔上段筛板后，进入漂白塔下段，在漂白塔下部与夹套内通入的压力≤0.2 MPa 的蒸汽进行热交换。漂白塔顶部气相夹带的 HNO_3 和部分氮氧化物气体在初冷器中被冷凝下来作为回流液回流到漂白塔上部，同时氮氧化物气体被冷却至 35 ℃进入分离器，其中夹带的 HNO_3 被冷却后进入 N_2O_4 冷凝器 A，在冷凝器内部分氮氧化物气体被冷凝下来，未被冷凝的 N_2O_4 气体以≤30 ℃的状态进入 N_2O_4 冷凝器 B/C，进一步冷凝到－8～10 ℃，在此氮氧化物气体的冷凝度达到 99%，少量未被冷凝的氮氧化物被抽吸，由负压系统进入氧化氮压缩机，送吸收工序回收利用。N_2O_4 冷凝器冷凝下来的 N_2O_4 汇集到 N_2O_4 高位槽用于配料。冷、热酸在漂白塔内脱除氮氧化物后得到浓度≥98.0%、HNO_3≤0.5%的合格成品浓硝酸，再经成品酸冷却器冷却到 50 ℃以下后进入成品储槽。成品储槽中的浓硝酸一部分经酸循环泵加压送入吸收塔作为吸收剂循环使用,另一部分送酸库作为成品供用户。

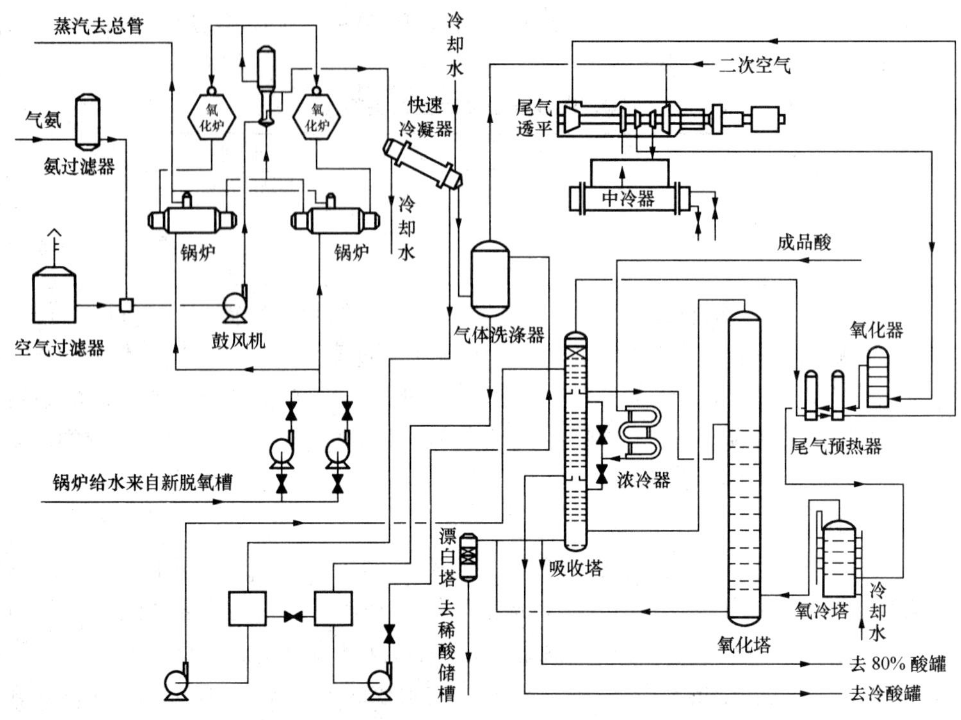

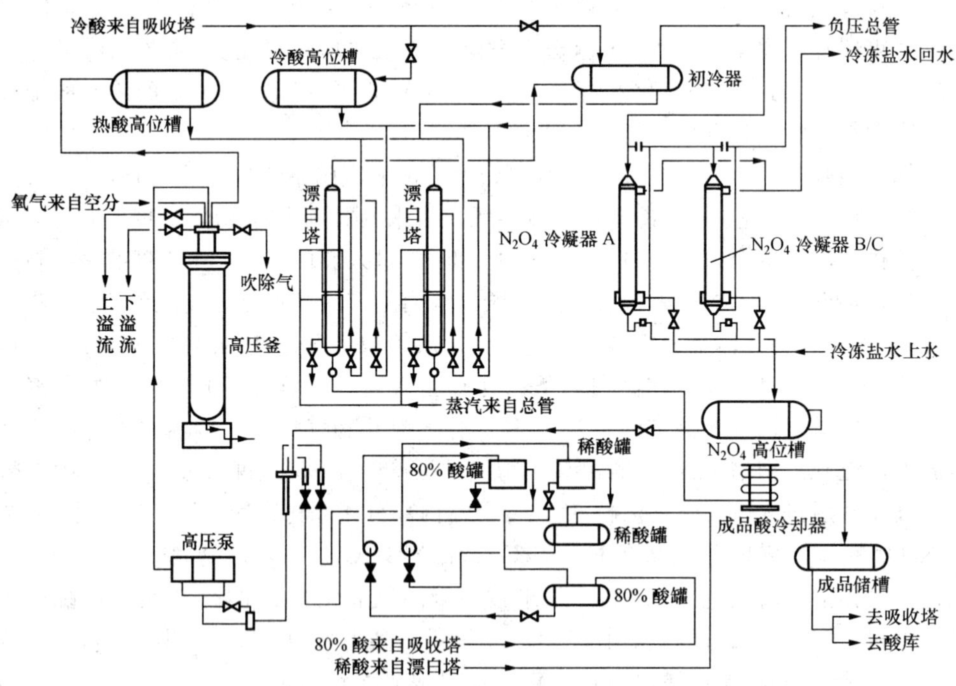

图 6-14　直硝法装置工艺流程示意图

6.2　纯碱与烧碱

纯碱与烧碱是两种重要的化工原料，广泛应用于许多工业部门和日常生活中，如玻璃、搪瓷、制皂、纺织、石油化工、造纸、合成纤维、染料、冶金、鞣革、化肥、医药、食品、石油精炼等，在国民经济中占有重要地位。

6.2.1　纯　碱

纯碱即碳酸钠，俗称苏打(soda)或碱灰(soda ash)，是一种白色细粒结晶粉末。工业产品纯度在99%左右，根据颗粒的大小和堆积密度的不同，可分为超轻质纯碱(堆密度为0.33～0.44 kg/L)、轻质纯碱(堆密度为0.45～0.69 kg/L)和重质纯碱(堆密度为0.8～1.1 kg/L)。早在几千年前，人们已开始使用碱来洗涤和制造玻璃，当时碱主要取自天然碱湖及草木灰。18世纪末，天然碱的产量满足不了玻璃、肥皂及皮革等行业的需求。1791年法国人路布兰(Lebelanc)经过四年多的研究提出了最早的人工制碱法。该法以硫酸、食盐、煤和石灰石为原料，先用硫酸和食盐制取硫酸钠，然后将硫酸钠、石灰石和煤在900～1 000 ℃下共熔制得碳酸钠，后人将这种方法称为路布兰法或硫酸钠法。1861年，比利时人索尔维(Solvay)发现用食盐水吸收氨和二氧化碳可制取碳酸氢钠，并申请了由海盐和石灰石为原料制纯碱的专利，这种方法便称为索尔维法。由于在索尔维法中，氨起媒介作用，故该法又称为氨碱法。路布兰法反应过程在高温下和固相中进行，硫酸消耗大，设备腐蚀严重，生产不连续，生产环境恶劣，纯碱纯度不高，因此在20世纪20年代后逐渐被索尔维法取代。虽然索尔维法成为最主要的人工制碱法，但也存在严重的缺点，即原料NaCl的利用率低，其中Na^+仅利用了75%左右，Cl^-则主要以氯化钙的形式排弃，污染环境，堵塞河道。为了改进此方法，20世纪初，德国人Schreib提出将氨碱法的碳化母液中的氯化铵直接制成固体产品的设想。其后又有多人对此过程进行研究，1938～1943年，我国化学家侯德榜博士经过多年研究终获成功，该法被命名为“侯氏制碱法(Hou's process)”。由于该法将氨厂与碱厂结合在一起，以氨和二氧化碳同时生产纯碱和氯化铵两种产品，所以也称联合制碱法。

1. 氨碱法

氨碱法是生产纯碱的最主要方法，其生产过程主要包括：石灰石煅烧与石灰乳制备，石灰石煅烧获得的二氧化碳作为制取纯碱的原料，氧化钙则与水反应生成石灰乳用于蒸氨；氨盐水的制备，先用食盐制备饱和盐水并除杂，然后将其吸氨制成氨盐水；氨盐水碳化吸收二氧化碳，生成碳酸氢钠(重碱)结晶，用过滤机将重碱从母液中分离来；重碱煅烧制得纯碱产品和二氧化碳；重碱母液中的氨蒸馏回收，采用向母液中加入石灰乳的方法将母液中的氯化铵转化为氢氧化铵，通过加热蒸馏回收氨。

(1)氨碱法的生产原理

氨碱法是以食盐和石灰石为原料，以氨为中间媒介，通过一系列化学反应制备纯碱的一种工艺方法。其主要反应有：

①石灰石煅烧

$$CaCO_3 \xlongequal{} CaO + CO_2 \uparrow$$

②氨盐水碳化

$$NaCl + NH_3 + CO_2 + H_2O = NaHCO_3 \downarrow + NH_4Cl$$

也可写为

$$NH_4HCO_3 + NaCl = NaHCO_3 \downarrow + NH_4Cl$$

③碳酸氢钠的煅烧

$$2NaHCO_3 = Na_2CO_3 + CO_2 \uparrow + H_2O$$

④蒸氨

$$2NH_4Cl + Ca(OH)_2 = 2NH_3 \uparrow + CaCl_2 + 2H_2O$$

氨盐水碳化反应是氨碱法生产的关键步骤，该过程的控制适当与否将直接影响消耗定额。在碳化过程中，我们将 NaCl 转化为 $NaHCO_3$ 的转化率称为钠利用率，并以 U_{Na} 表示；将 NH_4HCO_3 转化为 NH_4Cl 的转化率称为氨利用率，以 U_{NH_3} 表示。

在氨碱法的早期，人们认为只要选择合适的工艺条件，NaCl 就可 100% 转化为 $NaHCO_3$。在研究了氨碱法的相图以后，发现这是不可能的。最早研究氨碱法相图的是俄国人 Л. Л. Федотъев，根据他测定的数据绘制的相图如图 6-15 所示。

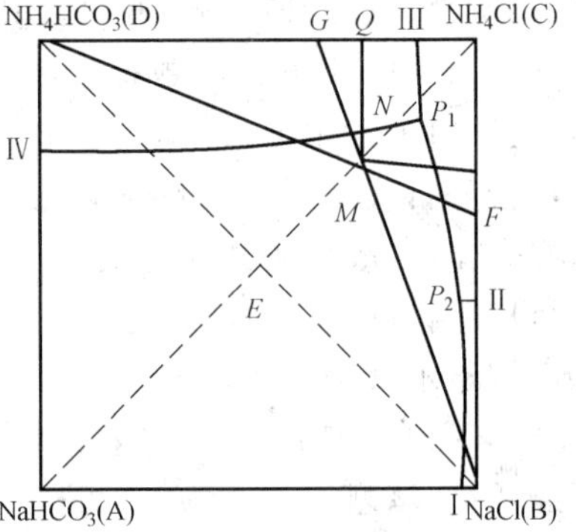

图 6-15　15 ℃下 $Na^+, NH_4^+ // HCO_3^-, Cl^-, H_2O$ 体系相图

由图 6-15 可以看出，NH_4HCO_3 和 NaCl 两种盐的结晶区彼此分离，它们的固相不能同时共存于溶液中，当这两种盐一起加入水中时会发生复分解反应生成另外两种盐，故称其为不稳定盐对。而 $NaHCO_3$ 和 NH_4Cl 的结晶区是相邻的，两种盐的固体在溶液中能共存而不会彼此相互作用，故称它们为稳定盐对。

制碱过程可在图 6-15 的干盐图上表示出来。根据氨盐水碳化反应方程可知，当等分子的 NaCl（B 点）和 NH_4HCO_3（D 点）在水溶液中混合后，体系点应位于 BD 连线的中点 E 处。由图可见，此时体系点 E 落在 $NaHCO_3$ 的结晶区内，因此当体系中的水量合适时会有固体 $NaHCO_3$（A）的结晶析出。当与 $NaHCO_3$ 平衡的饱和液相点位于 AE 延长线与ⅣP_1 线的交点 N 时，$NaHCO_3$ 的析出量最大，此刻 NH_4HCO_3 也将达到饱和析出。当 NaCl 和 NH_4HCO_3 在溶液中作用生成 $NaHCO_3$ 沉淀后，溶液中会产生与 $NaHCO_3$ 等摩尔的 NH_4Cl。这时可根据饱和液相的组成计算钠利用率 U_{Na} 和氨利用率 U_{NH_3}：

$$U_{Na} = \frac{\text{生成 } NaHCO_3 \text{ 固体的摩尔数}}{\text{原料 } NaCl \text{ 的摩尔数}} = \frac{\text{母液中 } NH_4Cl \text{ 的摩尔数}}{\text{母液中全氯的摩尔数}} = \frac{[Cl^-] - [Na^+]}{[Cl^-]}$$

$$U_{NH_3} = \frac{\text{生成 } NH_4Cl \text{ 的摩尔数}}{\text{原料 } NH_4HCO_3 \text{ 的摩尔数}} = \frac{\text{母液中 } NH_4Cl \text{ 的摩尔数}}{\text{母液中全氨的摩尔数}} = \frac{[NH_4^+] - [HCO_3^-]}{[NH_4^+]}$$

根据 Л. Л. Федотъев 测定的数据，按上面的式子可计算出不同母液组成时的 U_{Na} 和 U_{NH_3}。结果表明，U_{Na} 以母液组成落在 P_1 点时为最高；而 U_{NH_3} 以母液组成落在 P_2 点时为最高。因此，从钠利用率角度出发，碳化母液的组成落在 P_1 点最合适；而从氨利用率来看，则碳化母液的组成落在 P_2 点为宜。由于在氨碱法的生产中，钠利用率是影响生产消耗定额最为重要的工艺指标，因此，在氨碱法中为提高钠利用率，应尽可能地使碳化母液

的组成接近 P_1 点。

(2)氨碱法的主要工序和工艺流程

氨碱法的生产过程主要分以下几道工序:盐水的制备及精制、盐水吸氨制氨盐水、氨盐水碳化制重碱、重碱过滤和洗涤、重碱煅烧制纯碱、氨的蒸馏回收以及石灰石煅烧和石灰消化。

①盐水的制备及精制

盐水精制的目的是提高纯碱产品质量,减少吸氨过程中塔器和管道结疤,降低生产过程中氨、盐和二氧化碳损失。氨碱法生产用盐多为海盐或内陆井矿盐,首先将粗盐溶解制成粗盐水,其大致组成($kg \cdot m^{-3}$)为:NaCl 300.4,$CaSO_4$ 4.81,$CaCl_2$ 0.8,$MgCl_2$ 0.35。由于粗盐水中的钙盐、镁盐在后续吸氨和碳化过程中会生成碳酸钙和氢氧化镁沉淀,使设备管道结垢而堵塞,增加原盐和氨的损失,影响纯碱的质量,因此需将粗盐水进行精制,除去钙、镁杂质,去除率在 99%以上。

进入生产系统的精盐水纯度要求如下:固体悬浮物≤30 mg/L;钙离子≤50 mg/L,镁离子≤6 mg/L。如盐质较好,粗盐水纯度较高,钙、镁离子总含量低于 60 mg/L,其中镁离子含量低于 10 mg/L,这样的粗盐水只需沉去泥沙和悬浮物,不需精制除镁、钙即可进入生产系统。

通常采用石灰-碳酸铵法和石灰-纯碱法进行盐水精制,第一步是加入石灰乳,将盐水中的镁离子沉淀为氢氧化镁:

$$Mg^{2+} + Ca(OH)_2 = Mg(OH)_2 \downarrow + Ca^{2+}$$

经过石灰乳除镁后的盐水称为一次盐水。第二步是除钙,其中石灰-碳酸铵法是以碳化塔顶含 NH_3 和 CO_2 的尾气处理一次盐水,沉淀析出碳酸钙:

$$2NH_3 + CO_2 + H_2O + Ca^{2+} = CaCO_3 \downarrow + 2NH_4^+$$

石灰-纯碱法则采用在一次盐水中加入 Na_2CO_3 的方法,使钙离子以碳酸钙的形式沉淀析出:

$$Na_2CO_3 + Ca^{2+} = CaCO_3 \downarrow + 2Na^+$$

在精制过程中,为有利于沉淀物的凝聚与沉降,可在沉淀反应完成后向盐水中加入 $3\times10^{-6} \sim 5\times10^{-6}$ 的聚丙烯酰胺或聚丙烯酸钠絮凝剂,吸着沉淀微粒形成絮状沉降物,缩短沉降时间,提高设备生产能力。

近些年来,由于对纯碱品质要求提高,石灰-碳酸铵法由于盐水精制程度不高,已较少使用,目前盐水精制主要以石灰-纯碱法为主。其工艺流程如图 6-16 所示。

将纯碱用热水稀释的精盐水在化碱桶内溶解制成含 Na_2CO_3 66～80 g/L(25～30 tt,tt 为滴度,为当量浓度的 1/20)的纯碱溶液,石灰乳来自石灰工段,将纯碱溶液和石灰乳溶液同时导入苛化桶(4)内,在 30～40 ℃进行苛化。苛化桶上部溢出的苛化液与粗盐水储桶(3)来的粗盐水(或地下卤水)同时进入反应桶(5)的中心桶,液体在反应桶内停留 30 min 左右,自上而下进行除镁和除钙反应。反应桶上部溢流出来的悬浮液在加入适量絮凝剂后,自流入澄清桶(7)的中心桶进行澄清。澄清桶上部溢流出来的精制盐水进入精制盐水桶(8),然后用泵送至吸氨系统的碳化尾气洗涤塔,回收碳化尾气中的氨和二氧化碳气。苛化桶底部出来的苛化泥、反应桶底部出来的沉淀泥和澄清桶底部排出的沉淀泥(盐水泥),与洗泥桶中层出来的水在反应泥储桶(6)中混合后,用泵送至三层洗泥桶(10)顶部的中心桶内。重碱工段来的洗水进入三层洗泥桶顶部的分配槽,分三股分别进入三层洗泥桶底层。盐水泥与洗水在桶内进行逆流洗涤。苛化桶和澄清桶底部排出的泥，在三层洗泥桶内逆流洗涤回收 NaCl 和 Na_2CO_3。三层洗泥桶上部出来的清液作为化盐水送至化盐桶。三层洗泥桶底部的废泥排至废泥桶(9)。

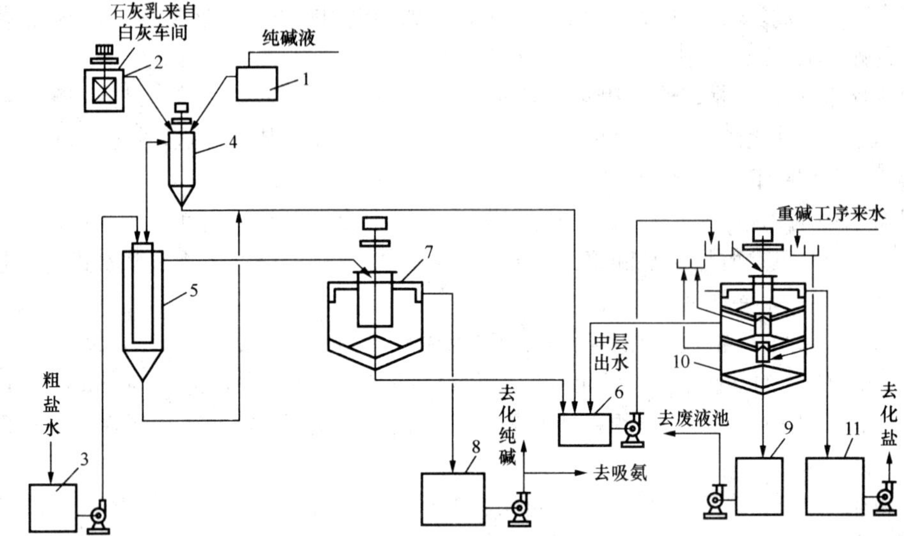

图 6-16　石灰纯碱法精制盐水流程

1—纯碱液高位桶；2—石灰乳高位桶；3—粗盐水储桶；4—苛化桶；5—反应桶；6—反应泥储桶；7—澄清桶；8—精制盐水桶；9—废泥桶；10—三层洗泥桶；11—淡液桶

②盐水吸氨制氨盐水

二氧化碳是酸性气体，在盐水中的溶解度很小，但易溶于 pH 大的溶液。氨在盐水中的溶解度很大，吸氨后的盐水 pH 迅速增大。因此，为给盐水吸收二氧化碳创造条件，在吸收二氧化碳以前必须先吸氨，制成氨盐水后再进行碳化。

盐水精制后，要进行吸氨制备氨盐水。氨气来自蒸氨回收工序，故其中还含有少量二氧化碳和水蒸气。精制盐水的吸氨反应为

$$NH_3(g)+H_2O(l)=\!=\!=NH_4OH(aq)+35.2\ kJ\cdot mol^{-1}$$

$$2NH_3(g)+CO_2(g)+H_2O(l)=\!=\!=(NH_4)_2CO_3(aq)+95.0\ kJ\cdot mol^{-1}$$

由上述反应可知：氨和二氧化碳在溶液中反应生成碳酸铵，所以盐水吸氨是一个伴随有化学反应的吸收过程，同时放出一定的热量。因此，盐水吸氨过程中的氨分压低于同一浓度氨水的氨平衡分压。

用精制盐水吸收从蒸氨系统来的氨气和二氧化碳制成合格的氨盐水，氨盐水中含 TCl^- 为 88～90 tt、FNH_3 为 100～103 tt(NH_3 ∶ NaCl＝1.14～1.165)、S^{2-} 为 0.015～0.03 tt，温度在 40 ℃以下，可供碳化工序使用。全部吸氨过程是在负压条件下逆流进行，因此吸氨塔尾气含氨达到最低限度。

国内吸氨流程主要有两类：外冷吸氨流程和内冷吸氨流程。石灰纯碱法精制盐水塔外冷吸氨流程如图 6-17 所示。

由盐水精制工序来的 20～30 ℃的不含氨的精制盐水，分成三部分：一小部分(0.2～0.3 m^3/t 碱)进入过滤净氨器；一小部分(0.2～0.3 m^3/t 碱)进入吸氨净氨器(10)；大部分(4.4～4.5 m^3/t 碱)进入碳化尾气洗涤塔(1)，以吸收碳化塔尾气中的氨和二氧化碳。

过滤净氨器和吸氨净氨器出来的含氨为 4～5 tt 的盐水和碳化尾气洗涤塔出来的含氨为 10～13 tt、含二氧化碳为 4～6 tt 的盐水，均进入吸氨塔(2)顶部，用来吸收自下而上的氨气。从蒸氨塔来的 58～63 ℃的氨气，进入吸氨塔底圈。氨和二氧化碳被盐水吸收后，尾气由吸氨塔顶排出，进入吸氨净氨器(10)底圈。吸氨塔排出的气体中残留的氨气在吸氨净氨器内被盐水吸收，最后尾气经真空泵(11)排空。

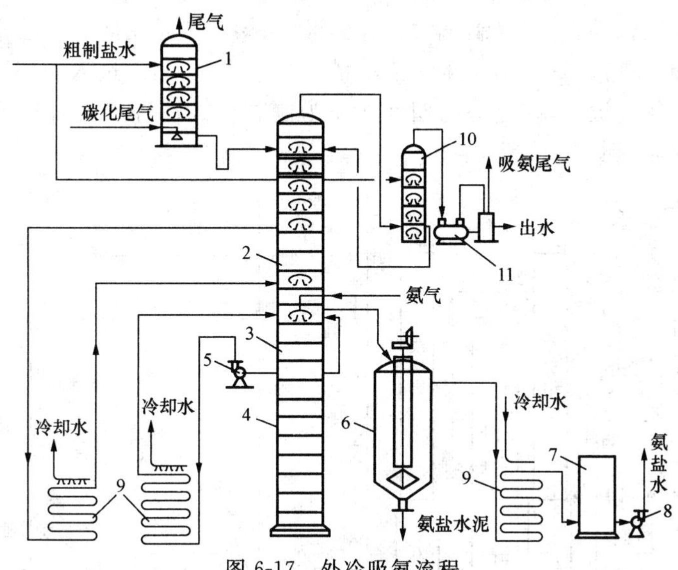

图 6-17　外冷吸氨流程

1—碳化尾气洗涤塔；2—吸氨塔；3—循环卤储桶；4—氨水储桶；5—循环泵；

6—氨盐水澄清桶；7—氨盐水储桶；8—氨盐水泵；9—冷却器；10—吸氨净氨器；11—真空泵

在吸氨塔中，经过 4～5 个菌帽圈吸收后出来的含氨为 33～40 tt、二氧化碳为 9.4～14 tt、温度为 63～68 ℃的盐水，引出塔外在外冷器中用水冷却至 45 ℃以下，自流回到吸氨塔的第 5～6 个菌帽圈以吸收氨气(第 5 和第 6 个菌帽圈之间有空圈，作为液体自流进出冷却器(9)的静压差之用)。从底圈排出的氨盐水含 FNH_3 为 100～103 tt，TCl^- 为 88～90 tt，S^{2-} 为 0.015～0.03 tt，温度为 63～68 ℃，分两部分：一部分作循环冷却用(6～7 m^3/t 碱)，自流进入循环圈，再用泵送至冷却器冷却到 45 ℃以下，回到吸氨塔底圈；另一部分(约 6 m^3/t 碱)进入氨盐水澄清桶(6)，桶上部溢流出来的氨盐水自流到冷却器冷却至 40 ℃以下，再自流到氨盐水储桶(7)，然后用泵送至碳化洗涤塔。

氨盐水澄清桶底部排放的氨盐水泥用泵送至蒸氨塔蒸馏以回收其中的氨，氨盐水澄清桶及各储桶的出气中含氨也较高，均需引入吸氨塔中部空圈内，用盐水回收其中的氨气。

③氨盐水碳化制重碱

氨盐水碳化的目的是使氨盐水吸收二氧化碳产生碳酸氢钠沉淀，氨盐水碳化工序要求有较快的吸收速度和完成液有较高的碳化度，更为重要的是制得粗大而又均匀的碳酸氢钠结晶，即优良的重碱结晶。一般要求重碱晶体的粒度不小于 100 μm，大小相等，形状相似。如生成针状细长晶体，会导致重碱过滤困难，晶间包裹大量母液，不易洗涤。如何控制碳酸氢钠(重碱)的结晶质量呢？要制得粗粒晶体，工业生产中一般通过严格控制过量晶核的形成来实现。

在氨盐水碳化时，降低过饱和度和减慢溶液的搅拌速度都是减慢晶核生成速度的有效方法。二氧化碳的吸收速度越高，过饱和度形成得就越快；因此，在碳酸氢钠开始结晶时需要避免快速冷却，以免大量晶核生成。工业生产中将碳化塔开始生成晶核时的温度控制在 65 ℃。氨盐水碳化过程是一个伴有化学反应、吸收、传热的结晶过程，应该按照结晶过程的最佳条件控制碳化的全过程。

氨盐水碳化分两步在碳化塔内进行。第一步是在清洗塔（也称中和塔或预碳化塔）中将氨盐水进行预碳化，同时清除制碱时积存的碱疤；第二步是用碳化氨盐水制取碳酸氢钠晶浆，该塔称为制碱塔。氨盐水先流入清洗塔进行预碳化，然后进入制碱塔进一步吸收二氧化碳生成碳酸氢钠沉淀，碳化塔周期性地作为制碱塔或清洗塔交替轮流作业。氨盐水碳化的工艺流程如图 6-18 所示。

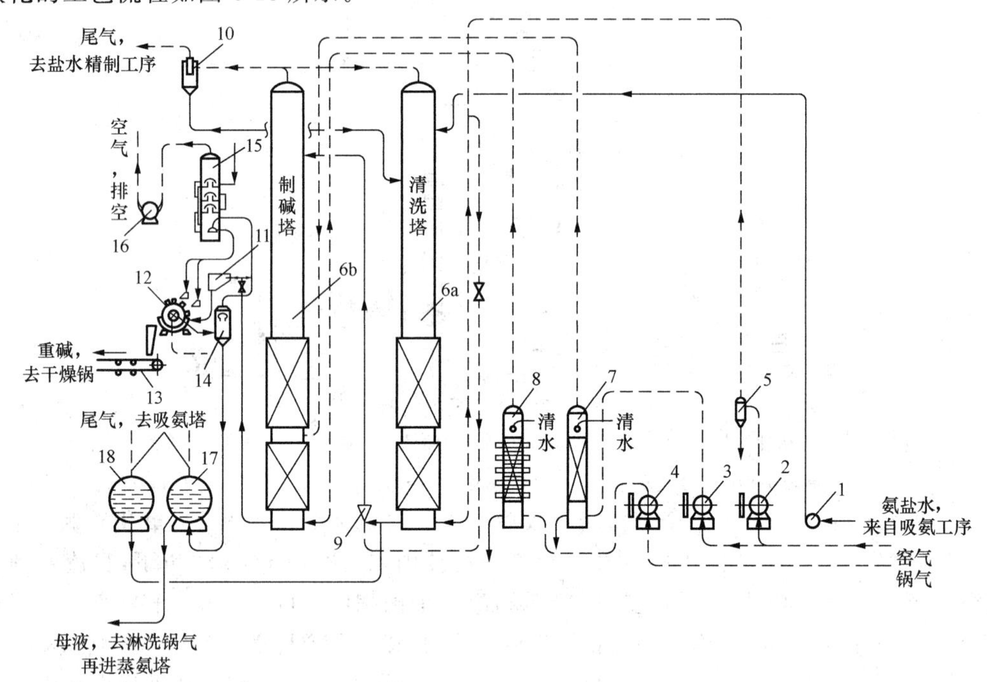

图 6-18　氨盐水碳化的工艺流程

1—氨盐水泵；2—清洗气压缩机；3—中段气压缩机；4—下段气压缩机；5—分离器；
6a，6b—碳化塔；7—中段气冷却塔；8—下段气冷却塔；9—气升器；10—尾气分离器；11—出碱集中槽；
12—真空转鼓过滤机；13—皮带运碱机；14—分离器；15—过滤气净氨塔；16—真空机；17—冷母液桶；18—倒塔桶

吸氨系统来的 38～42 ℃氨盐水进入清洗塔的顶部第二个菌帽圈内，自上而下流动。来自石灰窑含二氧化碳 40%左右的窑气经压缩机压缩到 0.28～0.34 MPa，冷却后在底圈进入清洗塔中。氨盐水在自上而下流动的过程中，一边吸收二氧化碳，一边将塔壁和冷却管上的疤垢溶解，氨盐水中的二氧化碳含量逐渐增加。从清洗塔底圈流出的溶液称为清洗液、中和水或碳化氨盐水，用碳化氨盐水泵送往制碱塔顶部，碳化氨盐水的温度为 40 ℃左右，二氧化碳含量为 55～65 tt。

来自重碱煅烧炉的二氧化碳含量在 90%以上的炉气，先经下段气压缩机压缩至0.28～0.34 MPa，再经下段气冷却塔冷却至 30～40 ℃后进入制碱塔底圈，将清洗液继续碳化。另一部分窑气经中段气压缩机压缩到 0.26～0.30 MPa，进入中段气冷却塔冷却至 45 ℃左右后，进入制碱塔中部进行碳化反应。由清洗塔底部来的碳化氨盐水由制碱塔顶部进入，自上而下与气体逆流接触吸收二氧化碳。在制碱塔中部，液相温度升高到 60～70 ℃，液相中的二氧化碳浓度达到 75～88 tt，碳酸氢钠开始结晶，这一二氧化碳浓度称为临界点。为了有利于二氧化碳吸收和碳酸氢钠的继续生成，在临界点以下 2～2.5 m 处，溶液开始进行人工冷却，在碳化塔下部设置列管式冷却水箱；管内通冷却水，碳化液在冷却水箱的管间流过，在冷却吸收二氧化碳同时析出碳酸氢钠结晶。当悬浮液到达塔底时，被冷却到 27～30 ℃，此时液相中含结合氨 75～77 tt，悬浮液的碳化度达到 185%～190%。

清洗塔和制碱塔顶部排出的碳化尾气经气液分离器分离后，气体进入盐水精制系统的除钙塔中或吸氨系统的碳化尾气洗涤塔中回收尾气中的 NH_3 和 CO_2，分离器底部出来的液体用碳化氨盐水泵送到制碱塔中。

由制碱塔底圈出来的 $NaHCO_3$ 悬浮液，依靠塔内的液位自流进入标高为 12～14 m 的出碱液集中槽中，然后自出碱液集中槽自流进入标高为 10 m 的真空转鼓过滤机中。由过滤机过滤得到 $NaHCO_3$ 滤饼，滤饼含有 4%～5%的 NH_4HCO_3、18%左右的水分，称为重碱；重碱经皮带运碱机输送至煅烧工序制得纯碱产品。

④重碱过滤和洗涤

重碱过滤是索尔维制碱及联合制碱的重要工序，对降低制碱的原材料消耗有很大的作用，同时也是决定成品品质(氯化钠含量高低)的决定性因素。在纯碱工业中，将碳化取出液中的悬浮粗碳酸氢钠(重碱)与母液分离，均采用连续的转鼓真空过滤机，其作用有三：滤出悬浮的重碱；洗掉滤饼中的母液；使滤饼尽量脱水。重碱过滤流程如图 6-19 所示。

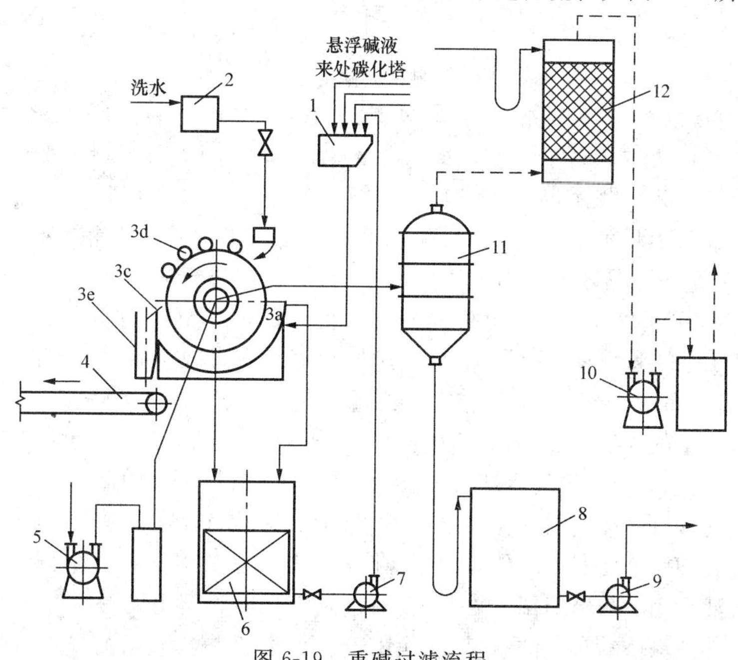

图 6-19　重碱过滤流程

1—出碱槽；2—洗水槽；3—过滤机；4—重碱皮带；5—吹风机；6—碱液槽；7—碱液泵；8—母液桶；9—母液泵；10—真空机；11—分离器；12—净氨塔

从碳化塔底出来的重碱悬浮液先进入出碱槽(1)，然后分配至真空过滤机的碱液槽(6)内，碱液槽设有溢流管，多余的悬浮液从溢流管流入带搅拌机的碱液桶内，碱液桶内的悬浮液可由碱液泵(7)重新送入出碱槽中再分配到过滤机(3)的碱液槽。当碳化塔的出碱量超过过滤机能力时,多余的悬浮液也从出碱槽送至碱液槽。

过滤机所需的真空度由真空机系统产生。真空过滤机过滤时,母液和空气一起被送到分离器(11),母液自流到母液桶(8),空气在分离器内与母液分开,先被抽吸入净氨塔(12)回收空气中的氨和二氧化碳,然后排空。吸附在滤鼓表面上的重碱滤饼,用洗水槽(2)的软水洗涤,除去盐分,压辊(3d)压榨出多余水分,最后用刮刀(3c)将滤饼从滤鼓上刮下。

⑤重碱煅烧制纯碱

重碱煅烧的任务是在回转煅烧炉或立式流化床煅烧炉中,把真空过滤机分离的湿重碱加热分解制成无水碳酸钠。典型的重碱煅烧工艺流程如图 6-20 所示。

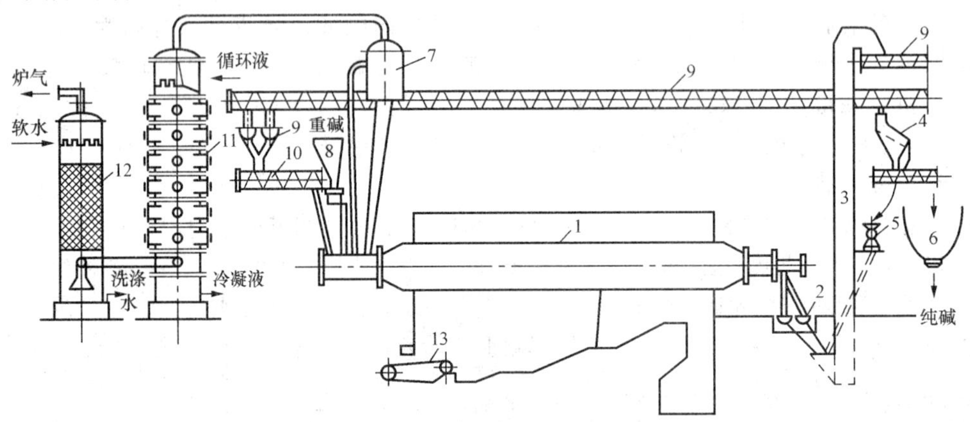

图 6-20　典型的重碱煅烧工艺流程

1—外热式回转煅烧炉;2—地下螺旋输送机;3—斗式提升机;4—振动筛;5—粉碎机;6—碱仓;7—集灰罐;8—粗重碱加料器;9—成品螺旋输送机;10—返碱螺旋输送机;11—炉气冷却塔;12—炉气洗涤塔;13—加煤机

由真空过滤机来的粗重碱经皮带输送机送至加料器,通过控制投入量在炉头返碱螺旋输送机内与循环返碱混合,调整混合碱水分之后送入煅烧炉内。粗重碱在回转煅烧炉内受热分解、干燥并随炉体转动向炉体尾部运动,最后重碱分解后制成的纯碱从煅烧炉尾部排出,温度为 160～200 ℃。产品纯碱经斗式提升机提升至螺旋输送机后,分两部分输送:一部分作为返碱返回炉头;另一部分经过振动筛分离出碱块后,再冷却进入碱仓,然后计量、包装。筛出的碱块经粉碎机粉碎后,再重新过筛,循环返回处理。

重碱分解产生的二氧化碳、氨和水蒸气,从炉头的排气管引出,经旋风分离器分离夹带的碱灰后,由炉气总管导入炉气冷却塔降温,然后再在炉气洗涤塔内用精盐水或软水洗净炉气中的余氨。处理后的炉气二氧化碳含量可达 90%以上,直接由二氧化碳压缩机压缩供氨盐水碳化使用。旋风分离器回收的碱粉用螺旋输送机输送或直接用下料阀控制返回进碱系统。炉气冷凝液采用淡液蒸馏回收氨后,再通过副产品回收其中的碱或经适当降温后用于过滤洗水。炉气洗涤塔的含氨洗水,一般除用于过滤补充水外,多余的作化盐用水。

⑥氨的蒸馏回收

在氨碱法生产纯碱的过程中,氨作为一种可循环利用的中间介质,需要回收和循环。氨的回收通常是借助蒸馏过程实现的。由于从溶液中将氨驱出是一个复杂的物理化学过程,直接关系到氨碱法工艺的高效、节能和安全,因此人们十分重视蒸氨工艺过程,并将其视为一道重要工序。

氨碱法母液中的 NH_3 和 CO_2 主要以两种形式存在：其一为游离氨，即以碳酸铵和氢氧化铵形式存在，可以直接加热蒸煮驱出；其二为固定氨，如以氯化铵和硫酸铵形式存在，须加入石灰乳用化学方法分解后加热蒸馏才可驱出。氨碱厂的含氨母液有四种：重碱滤过母液、氨冷却塔凝缩液、炉气冷凝液、尾气净化及其他回收含氨洗涤水。一般重碱滤过母液与其他含氨溶液分开蒸馏进行氨的回收，前者使用蒸氨塔，后者使用淡液蒸馏塔。

目前的蒸氨工艺主要有四类：正压蒸馏工艺、真空蒸馏工艺、干石灰蒸馏工艺以及固体氯化铵蒸馏工艺。目前，正压蒸馏工艺是世界各国氨碱厂广泛采用的工艺，其特点是整个蒸氨系统处于正压操作，其工艺流程如图 6-21 所示。

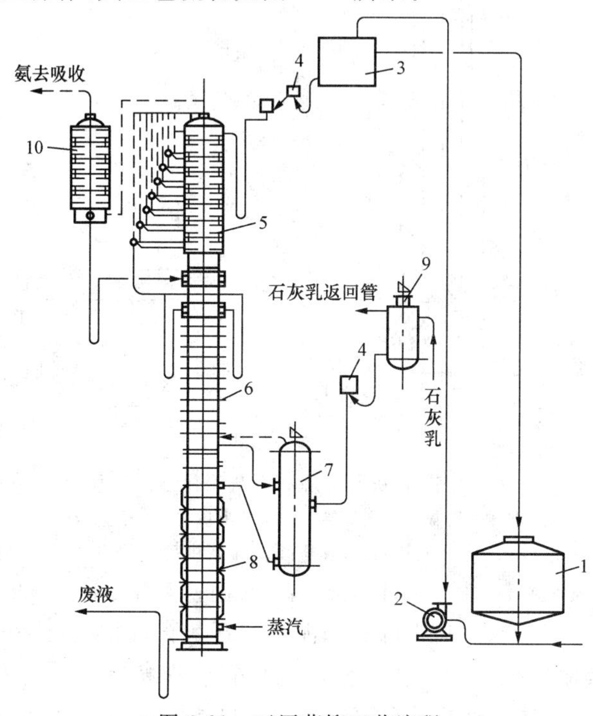

图 6-21　正压蒸馏工艺流程

1—母液桶；2—母液泵；3—高位槽；4—衡量调节器；5—蒸氨塔冷凝器；6—预热段；7—预灰桶；8—蒸馏段；9—石灰乳桶；10—氨冷却塔

利用母液泵(2)将母液由母液桶(1)送至高位槽(3)，高位槽配有液位返回管或浮漂调节器以保持液面恒定。高位槽中的母液通过衡量调节器(4)或定量自动调节阀被送入蒸氨塔冷凝器(5)，与塔内的氨气进行间接换热，初步升温的母液温度可达 60～70 ℃，然后进入蒸氨塔的预热段(6)，与蒸馏段(8)和预灰桶(7)来的气体继续逆流直接换热，离开预热段的母液温度接近 100 ℃；此时溶液中的碳酸盐因温度升高而分解，使母液中的 CO_2 被基本驱尽，残留 CO_2 只有 0.3～0.5 tt。预热母液离开预热段后，自流压入预灰桶。石灰乳由石灰乳桶(9)加入到预灰桶，在此与预热段来的母液搅拌混合，利用位差溢流入蒸氨塔的蒸馏段。新鲜蒸汽通入蒸馏段的底圈，气、液在塔内逆流接触，液相中的氨因复分解和升温提馏蒸出。在预灰桶顶部反应生成的含氨气体与蒸馏段蒸出的氨气分别进入蒸氨塔的预热段；预灰桶底部积砂可间断地放入蒸馏段一并处理。蒸馏段的塔下液面借助于 U 形管和废液调节阀进行控制，其中 U 形管可起到液封作用，防止新鲜蒸气逸出；蒸馏段塔下的废液则排入废液、废渣处理场。

⑦石灰石煅烧和石灰消化

在氨碱法工艺中，盐水精制及蒸氨工序都需要大量的石灰乳，氨盐水碳化过程又需要大量的二氧化碳，因此煅烧石灰石制取二氧化碳和石灰，再由石灰消化制取石灰乳，也是氨碱法生产中的一道重要工序。石灰石煅烧和石灰消化工艺流程如图 6-22 所示。

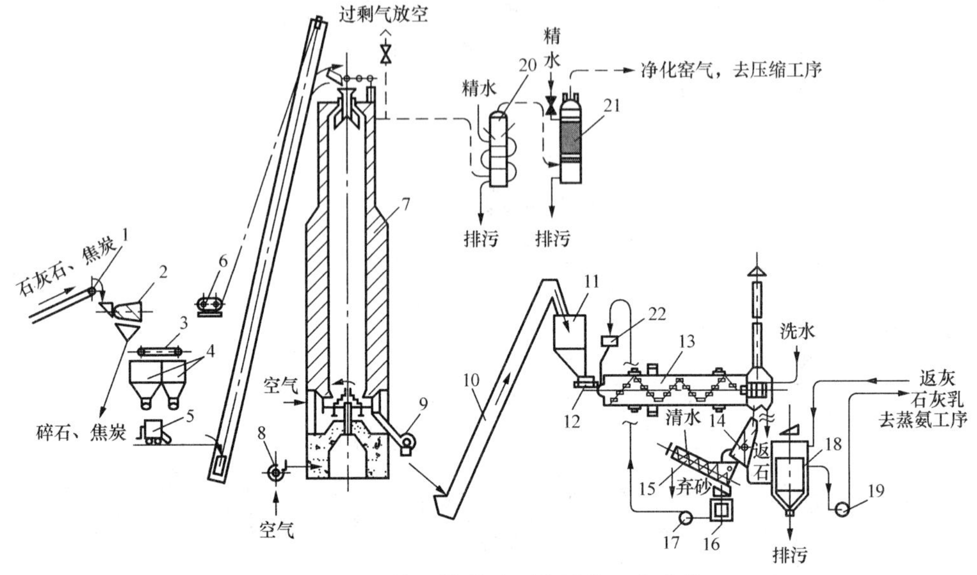

图 6-22　石灰石煅烧和石灰消化工艺流程

1—运焦炭和石灰石的皮带；2—石灰石及焦炭筛子；3—分配皮带；4—石焦仓；5—称量车；6—卷扬机；7—石灰窑；8—鼓风机；9—出灰机；10—吊灰机；11—灰仓；12—加灰机；13—化灰机；14—灰乳振荡筛；15—洗砂机；16—杂水桶；17—杂水泵；18—灰乳桶；19—灰乳泵；20—泡沫洗涤塔；21—电除尘器；22—杂水流量堰

将粒径为 50～120 mm、不夹带碎石和泥沙的石灰石及粒径为 20～50 mm 的焦炭或无烟煤，分别用皮带输送机送到石灰窑前的。从石仓和煤（焦炭）仓来的石灰石和煤（焦炭）分别经称量后，送入卷扬机的吊石罐内。卷扬机将石灰石和煤（焦炭）混合料均匀平整的分布在石灰窑内，窑内石层顶部应距窑顶 2.5～3.5 m。

空气由窑底中央风道和周围风道送入窑内，风压一般为 5 000 Pa 以上，风量依生产能力而定。石灰石经 18～24 h 煅烧后，通过窑底的转盘转动经刮板及星形出灰机将烧好的石灰卸出，然后由吊灰机送入灰仓中。出灰温度应保持在 80 ℃以下。从窑顶出来的窑气 CO_2 含量为 40%～43%，温度为 80～140 ℃，压力为 150～300 Pa。首先，窑气经洗涤塔用水喷淋冷却和除尘，使温度降至 40 ℃以下，洗去大部分粉尘；然后进入电除尘器，将窑气含尘量降至 20 mg/m^3 送往压缩工序，洗水排入污水系统。

从灰仓下部排出的石灰经链板式加灰机送入圆筒形旋转式化灰机内消化成石灰乳。温度为 60～65 ℃的化灰用热水来自蒸氨冷凝器，与石灰同时由化灰机前端加入。消化好的石灰乳送入带搅拌机的灰乳桶中，再用灰乳泵送往蒸氨和盐水精制工序。石灰乳中含 CaO 浓度应保持在 150 tt 以上，温度在 90 ℃以上。化灰机内石块（返石）及砂子（返砂）借化灰机内壁的推料板与桶体的旋转送至化灰机末端，用水洗返石、返砂中所带的灰乳，再经化灰机尾部筛子筛分后，使返石和返砂自动分开排出。返石送回堆石场再用，返砂运至场外废弃。

将上述诸工序组合起来便形成了完整的氨碱法工艺流程。图 6-23 是氨碱法生产纯碱的完整工艺流程。

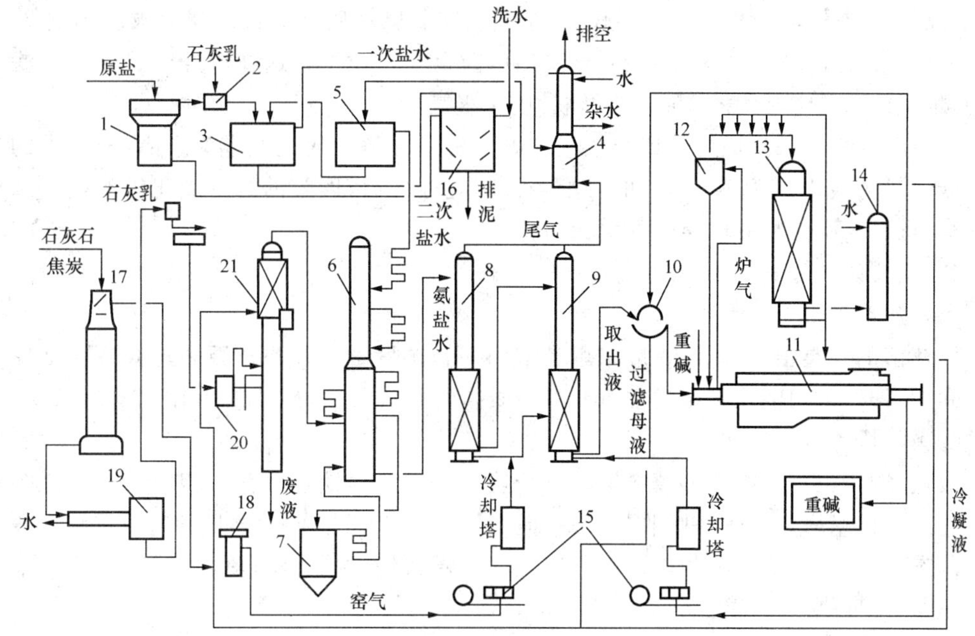

图 6-23 氨碱法生产纯碱的完整工艺流程

1—化盐桶；2—调和槽；3—一次澄清桶；4—除钙塔；5—二次澄清桶；6—吸氨塔；7—氨盐水澄清桶；8—碳化塔(清洗)；9—碳化塔(制碱)；10—过滤机；11—重碱煅烧炉；12—旋风分离器；13—炉气冷凝塔；14—炉气洗涤塔；15—二氧化碳压缩机；16—三层洗泥桶；17—石灰窑；18—洗涤塔；19—化灰桶；20—预灰桶；21—蒸氨塔

原盐经过化盐桶制成饱和盐水后，由于盐水中的钙、镁杂质能与后续工序中的氨和二氧化碳反应生成沉淀或复盐，不仅会造成设备结垢和堵塞，还会混入纯碱中影响产品质量。因此，首先通过添加石灰乳除去盐水中的镁。除镁的盐水由一次澄清桶澄清后送往除钙塔，在除钙塔中吸收碳化塔尾气中的二氧化碳，除掉盐水中的钙。

由除钙塔底部出来的盐水经过二次澄清桶澄清后，精制的盐水送往吸氨塔吸收氨气，氨气主要来自蒸氨塔。由于吸氨是放热过程，因此在塔的上段、中段和下段分别将吸氨的盐水引出，通过淋水的冷却排管降温后再送回塔内继续吸收。吸氨后的盐水送至氨盐水澄清桶，使少量固体沉淀物(主要是碳酸镁的复盐)沉淀下来，澄清后固体杂质含量小于 0.1 kg/m^3 的氨盐水送往碳化工序。

碳化塔由上部的吸收段和下部的冷却段两部分构成。按氨盐水的行进方向区分，碳化塔又分为清洗塔和制碱塔。30～38 ℃的氨盐水首先进入清洗塔顶部，自上而下流动；来自石灰窑的窑气(二氧化碳含量约为 40%)经压缩机压缩到 0.28～0.30 MPa 后，在底圈进入清洗塔。氨盐水在自上而下的流动过程中，一边吸收二氧化碳，一边溶解塔壁和冷却管上的疤垢，氨盐水中二氧化碳的含量也逐渐增加。由清洗塔底部出来的清洗液温度在 40 ℃左右。清洗液由制碱塔顶部进入，二氧化碳气分别由塔底和冷却段的中部引入，其中下部二氧化碳气为来自重碱煅烧炉出来的炉气(二氧化碳含量在 92%以上)，中部二氧化碳气为窑气。氨盐水吸收二氧化碳生成 NH_4HCO_3 和$(NH_4)_2CO_3$，并放出大量热使塔温逐步升高，至制碱塔中部升高到 60～68 ℃，液相中的二氧化碳浓度达到 37～40 tt，此时 $NaHCO_3$ 开始结晶，二氧化碳浓度称为临界点，在临界点以下开始进入冷却段，边冷却，边吸收二氧化碳，同时析出 $NaHCO_3$ 结晶。在制碱塔底部碳化悬浮液被冷却到 28～30 ℃，取出后送往真空过滤机过滤，分离出的重碱（$NaHCO_3$）送往煅烧炉。真空过滤得到的含 NH_4Cl 和未利用的 NaCl 的母液，送往蒸氨塔。

重碱在外热式回转煅烧炉或蒸气煅烧炉内受热分解生成纯碱作为产品，分解出的二氧化碳气送去碳化。送往蒸氨塔的母液经石灰乳处理后，回收的含二氧化碳的氨气送至吸氨塔，含 $CaCl_2$ 的废液排弃或再生利用。

(3)主要设备

①石灰窑

石灰窑的种类很多，碱厂一般采用竖窑和回转窑两种。以石灰石和焦炭或无烟煤为原料和燃料时，采用混烧竖窑通常可获得品质高的石灰产品，窑气二氧化碳浓度也高。

②吸氨塔

吸氨塔有两类：菌帽塔和填料塔。由于填料塔有许多缺点，所以逐步被淘汰，大多数碱厂均采用菌帽塔。菌帽塔吸收强度高，但气体通过的阻力降稍大，因此吸氨系统一般在真空状态下运行，以克服阻力降。吸氨塔一般采用铸铁材料，尾气洗涤塔、净氨器均采用钢制设备，外壁刷漆仿腐蚀。

吸氨塔内经一般为 2.5～3.05 m，高度则因各段组合方式和冷却方式的不同差别较大。有的碱厂将蒸氨冷凝器、碳化尾气洗涤塔、过滤净氨器、吸氨净氨器、吸氨塔和储卤桶合并在一起，成为综合性吸收塔，此时塔高可达 50 m。有的碱厂则仅将吸氨塔本体及储卤桶组成吸氨塔，此时塔高约为 22 m，其中储卤桶高约 8 m，吸氨塔高约 14 m；有的碱厂采用内冷吸氨塔，净氨段以下有 8 个冷却水箱及 2 个空圈，底部是氨盐水储桶，塔高约为 35 m，工艺流程大为简化(图 6-24)。

③碳化塔

碳化塔是纯碱生产的主要设备之一，在氨盐水碳化过程中塔内存在气、液、固三相，传质、结晶和传热三种过程同时进行。对碳化塔结构的要求是：在满足氯化钠及二氧化碳高利用率、良好 $NaHCO_3$ 结晶质量(晶粒大而均匀)及易自控操作的前提下，有较大的生产能力。索尔维碳化塔是一种菌帽型铸铁塔(图 6-25)，对碳化液的抗腐蚀性较好，一般可使用 20 年左右，目前国内外仍以索尔维标准塔为通用塔型。

索尔维碳化塔上段各空圈高度为 380～400 mm，下段的各冷却水箱用许多根冷却管装在长方形铸铁管板间而成。含 CO_2 的气体自碳化塔底部和中部通入，气泡沿每层倒锥形开口的下盘锯齿边缘上升至菌帽下，再经菌帽的锯齿边缘穿过冷却水箱升至上层的下盘之下，呈 Z 形流动。碳化液体则自上而下逆向流动，碳酸氢钠浆液的取出口在碳化塔底部下段气体入口的对面。每个碳化塔有冷却水箱 8～12 个。冷却水由底部第一个冷却水箱进入，根据塔内碳化液的温度情况由下层、中层或上层排出一部分冷却水。

碳化塔自下而上可以分为四个不同区段。第一区段自下段气入口至中段气入口，在中段气入口处，塔内气相中 CO_2 含量应稍高于或等于中段气的 CO_2 含量(40%～42%)，目的在于避免在该处形成剧烈的碳化反应区，生成大量的细晶，这一区段高度约为 7 m。

第二区段由中段气入口处至冷却水箱顶部，高度约为 5 m。第一和第二区段均为冷却段，两段的高度之和约为塔高的 45%。第三区段为冷却段顶部至 $NaHCO_3$ 呈晶体析出处（称为临界点），这一区段高度为 6.5 m 以上，是碳化塔的高温段；碳化液在高温段保持较长时间可减少晶核的形成而获得良好的晶体，一般在此段的停留时间在 33 min 以上。第四区段为临界点至塔顶液面，其高度与中段气中 CO_2 含量和碳化氨盐水中 CO_2 含量有关；中段气 CO_2 含量越低，该段的高度就越高，例如当 CO_2 含量由 40%～43% 降至 36%～38% 时，该段高度由 5 m 增加至 7 m。因此，加上塔顶 1.5 m 左右高度的气液分离用空间，碳化塔的总高度应该为 25～27 m。

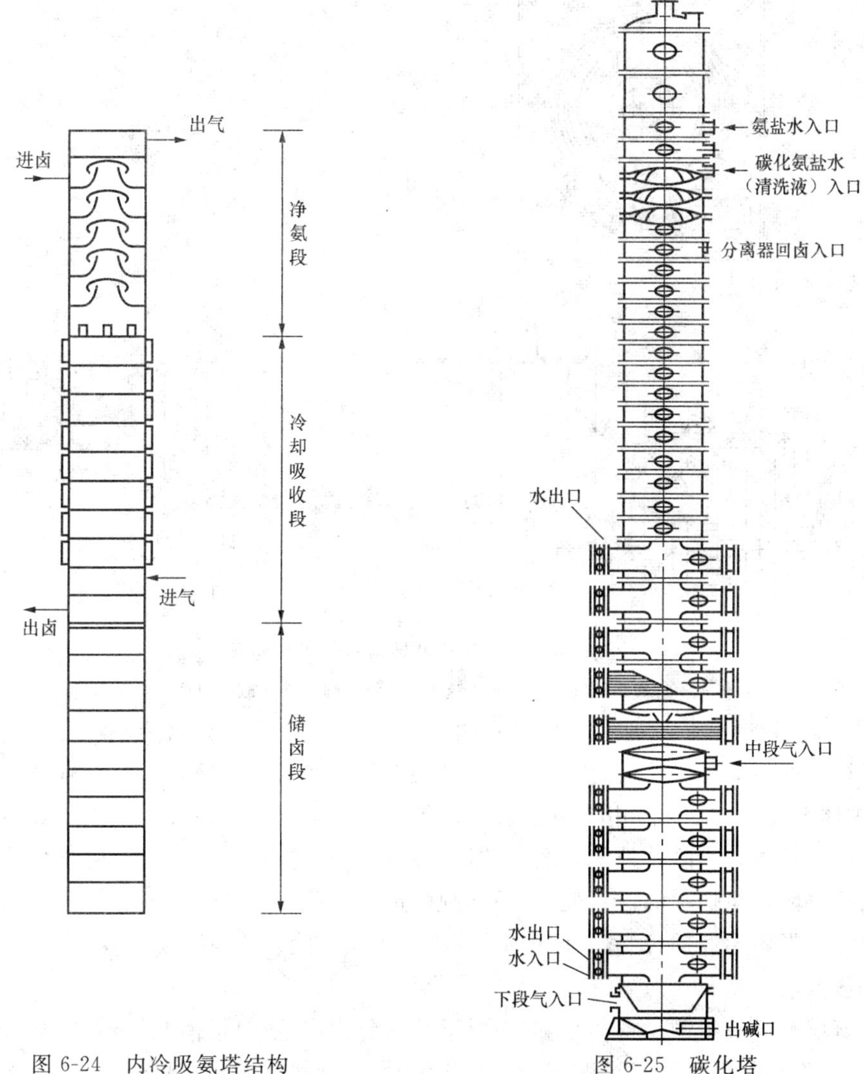

图 6-24　内冷吸氨塔结构　　　　图 6-25　碳化塔

④煅烧设备

自 1890 年开始，重碱的煅烧就已经开始采用间接加热的回转式煅烧炉，并使用返碱。目前，回转式煅烧炉已发展得十分完善，还相继进行了一些改进和革新，如出现了无返碱煅烧炉、内热式蒸汽煅烧炉、自身返碱蒸汽煅烧炉等。这些设备自动化程度高、生产效率高、动力消耗低、炉气 CO_2 浓度高，在氨碱厂获得广泛使用。

外热式回转煅烧炉的结构如图 6-26 所示。煅烧炉炉体由数节圆筒形钢板焊接而成，钢板厚度为 20～30 mm。煅烧炉的直径一般为 1.50～3.60 m，长度为 10.0～30.0 m，长度与直径比值(L/D)以 7～10 较为适宜。整个炉体通过炉尾的铸钢大圈支撑在置于两端的两对成 60°角的托轮上，而托轮则通过轴承坐落在钢筋混凝土的基础上。煅烧炉的炉体水平安装，炉内碱粉依靠重力和分散力，借助旋转所产生的一种自然倾斜角，不断向前进方向推动。

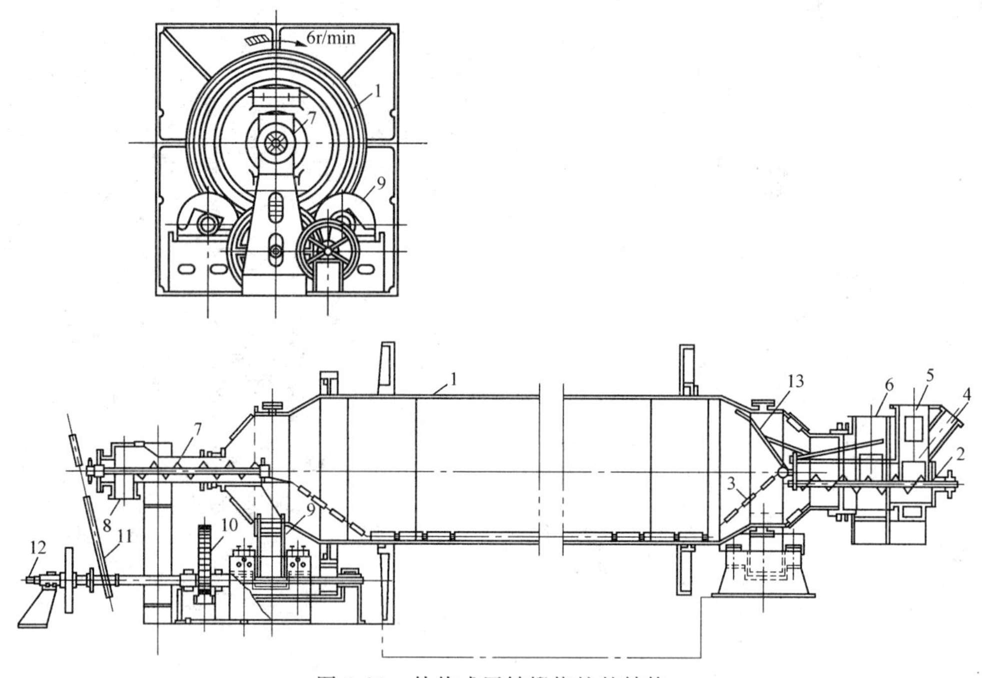

图 6-26　外热式回转煅烧炉的结构

1—炉体；2—进碱螺旋输送机；3—大链子；4—返碱口；5—重碱入口；6—炉气出口；
7—出碱螺旋输送机；8—出碱口；9—托轮；10—传动齿轮；11—联合器；12—手动盘炉装置；13—炉头刮刀

煅烧炉的传动系统是通过一系列减速装置(如减速机和齿轮)带动炉尾墙外的大齿轮实现，炉体转速 5～6.5 r/min。外热式煅烧炉一般还配置双电源和手动盘车机构，以防突然停电烧坏炉体。为防止外热式煅烧炉炉壁结疤，炉体内部还装有大型的铁板链子，链子一端用螺钉固定在炉头的进料处，另一端则固定在炉尾出料处。随着炉体的转动，大链子像钟摆一样做扇形运动，刮着炉的内壁，使炉壁不结碱疤。

⑤蒸氨塔

蒸氨塔是母液蒸馏设备的总称，由以下几部分构成：蒸氨塔冷凝器——一个箱式热交换器，主要作用是降低出气温度和水蒸气含量，同时预热母液；预热段——用来预热母液，驱除液相中的大部分二氧化碳、硫化物和一部分氨，可以采用泡罩塔、筛板塔和填料塔；预灰桶——一个预热母液和石灰乳的反应桶，用来分解预热母液中的固定氮；蒸馏段——用于蒸馏调和液中的全部氨，一般采用泡罩塔或筛板塔。

图 6-27 是氨碱厂一种典型的综合蒸氨塔，它由蒸馏段、预热段和冷凝器三部分组合而成，整个塔由铸铁塔圈连接叠成。该塔直径 3 m，全高 45.7 m。蒸馏段是一种外溢流的泡罩塔，预热段系泡罩结构，冷凝器由 8 个箱型换热器组成。

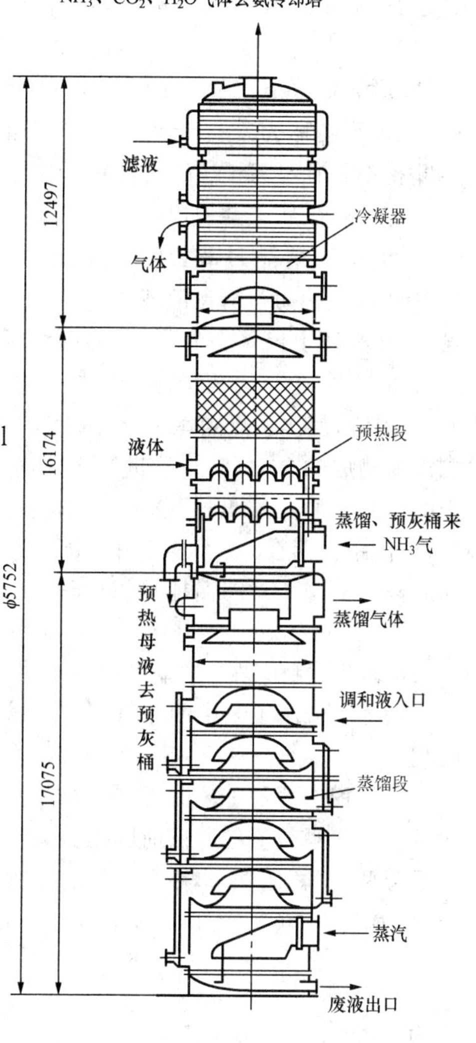

图 6-27 氨碱厂典型综合蒸馏塔

2. 联合制碱法

(1)联合制碱法的原理

联合制碱法工艺分为两个过程。

一过程为制碱过程，即氨盐水碳化生成 $NaHCO_3$ 沉淀：

$$NaCl+NH_3+CO_2+H_2O \xlongequal{} NaHCO_3\downarrow+NH_4Cl$$

该过程中的吸氨和碳化原理与氨碱法基本相同，可用氨碱法相图进行讨论。分离出 $NaHCO_3$ 的母液称为母液Ⅰ，其中主要含 NH_4Cl、NH_4HCO_3 和未利用的 NaCl。

二过程是用冷析和加 NaCl 盐析的方法从母液Ⅰ中将 NH_4Cl 分离出来。由于母液Ⅰ中 $NaHCO_3$ 是饱和的，直接采用盐析和冷析的方法无法使 NH_4Cl 单独分离出来。但如果将母液Ⅰ氨化，会发生如下反应：

$$NH_3+HCO_3^- \xlongequal{} NH_4^++CO_3^{2-}$$

$$NH_3+HCO_3^- \xlongequal{} NH_2COO^-+H_2O$$

这样溶液中的 HCO_3^- 浓度降低，$NaHCO_3$ 便不饱和。氨化后采用降温和盐析的方法可使 NH_4Cl 单独析出。析出 NH_4Cl 固体后的母液称为母液Ⅱ，再经吸氨、吸二氧化碳制取重碱，如此两个过程可循环进行。

联碱相图实际上是 Na^+，NH_4^+//HCO_3^-，Cl^-，NH_3，H_2O 五元体系，但如果将 NH_3 组分从五元体系中抽出，另用参数 p(mol NH_3/mol 干盐)表示液相中的 NH_3 含量，则相图可简化为用 Na^+，NH_4^+//HCO_3^-，Cl^-，H_2O 四元体系相图表示。用 Na^+，NH_4^+//HCO_3^-，Cl^-，H_2O 四元体系相图表示的联碱生产循环如图 6-28 所示。

在图 6-28 中绘出了 35 ℃无 NH_3 和 10 ℃含 NH_3 时的 Na^+，NH_4^+//HCO_3^-，Cl^-，H_2O 四元体系相图。如碳化的最终温度为 35 ℃，母液Ⅰ为图中的Ⅰ点，它落在 35 ℃相图中 $NaHCO_3$ 结晶区内。母液Ⅰ吸氨后成为氨母液Ⅰ时，体系点在相图中的位置未发生变化。但降温至 10 ℃时，Ⅰ点便位于 10 ℃的 NH_4Cl 结晶区内，此时会有 NH_4Cl 结晶析出。此外，还可用 NaCl 和 NH_4HCO_3 盐析来增加 NH_4Cl 结晶析出量。当氨母液Ⅰ进行碳化时，即相当于向体系中加入 NH_4HCO_3，此时体系点将沿着 ID 连线移动至 E 点，它

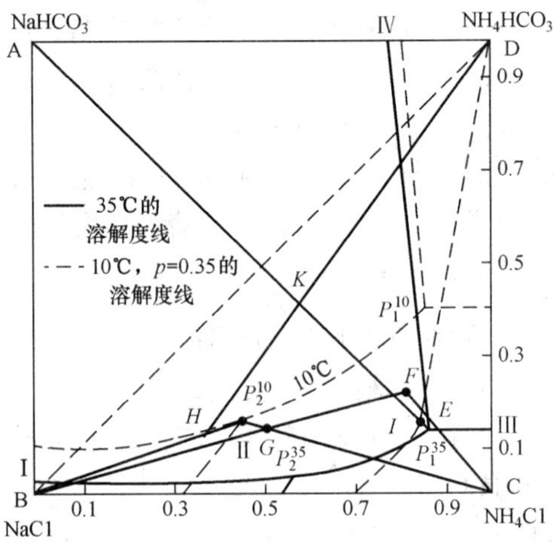

图 6-28 联合制碱法相图分析

仍处于 10 ℃的 NH_4Cl 结晶区内。析出 NH_4Cl 固体后，液相点移动到 F 点。经冷冻析出 NH_4Cl 结晶，析出 NH_4Cl 的过程称为冷析过程，母液 F 则称为冷析母液或半母液Ⅱ。当向半母液Ⅱ中加入 NaCl(B 点)时，调节加盐量使体系点达到 G 后又会析出一部分 NH_4Cl 固体。这一 NH_4Cl 结晶过程，称为盐析过程，所得 NH_4Cl 母液称为盐析母液或母液Ⅱ。母液Ⅱ吸氨时，在相图上停留在Ⅱ点不动，吸氨后的溶液称为氨母液Ⅱ。向氨母液Ⅱ中再加入少量 NaCl 固体，使体系点到达 H 点，称为二次加盐。二次加盐后的含 NH_3 体系进行碳化时，又相当于向体系中加入 NH_4HCO_3，于是体系点沿着 HD 线移动到 K 点。如碳化最终温度为 35 ℃，K 体系又落在 35 ℃相图中 $NaHCO_3$ 结晶区内，析出 $NaHCO_3$ 后便又得到母液Ⅰ。如此构成了一个封闭循环，通过交替加入 NH_3、CO_2 和 NaCl 生产出重碱和 NH_4Cl 两种产品。

(2)联合制碱法工艺流程

联合制碱法工艺中的一过程与氨碱法相似，二过程制 NH_4Cl 又分为热法流程和冷法流程。

一过程有两种工艺流程：一次碳化二次吸氨流程和一次吸氨二次碳化流程。其中一次碳化二次吸氨流程是目前国内纯碱厂广泛使用的流程，其特点是将整个循环中需要的氨量分两次添加，第一次是在一过程的终结之后，即向母液Ⅰ(即重碱滤液)中先加一部分，使氨母液Ⅰ(AⅠ)中 $\alpha \geqslant 2$。

$$\alpha = \frac{FNH_3}{CO_2} \geqslant 2 \tag{6-38}$$

式中 FNH_3——游离氨，tt；

CO_2——溶液中的 CO_2 总量，tt。

指标 $\alpha \geqslant 2$ 可以这样理解，即经过一次吸氨后母液Ⅰ中的 HCO_3^- 全部被 NH_4OH 中和为 CO_3^{2-}，溶液中不再存在 $NaHCO_3$、NH_4HCO_3，只允许有过量的 NH_4OH 存在。一次吸氨反应方程式如下：

$$NH_4HCO_3(aq) + NH_4OH(aq) = (NH_4)_2CO_3(aq) + H_2O(l)$$

$$2NaHCO_3(aq) + 2NH_4OH(aq) = Na_2CO_3(aq) + (NH_4)_2CO_3(aq) + 2H_2O(l)$$

由于 $NaHCO_3$、NH_4HCO_3 的溶解度较低，加之母液Ⅰ中 $NaHCO_3$、NH_4HCO_3 是饱和的，通过母液Ⅰ一次吸氨可增加铵盐和钠盐的溶解度，防止后续冷却过程中呈固体析出。

第二次吸氨是在二过程终结的母液Ⅱ中进行的，此时将所需的剩余氨全部在此加入，获得氨母液Ⅱ，吸氨后使氨母液Ⅱ(AⅡ)中的 $\beta \geqslant 1.0$。

$$\beta = \frac{FNH_3}{Na} = \frac{FNH_3}{TCl^- - CNH_3} \geqslant 1.0 \tag{6-39}$$

式中　FNH_3——游离氨，tt；

TCl^-——总氯离子，tt；

CNH_3——固定氨，tt。

众所周知，索尔维法的主反应中，NH_3 与 NaCl 是等摩尔比反应：

$$NaCl(aq)+NH_3(aq)+CO_2(aq)+H_2O(l)=\!=\!=NaHCO_3(s)+NH_4Cl(aq)$$

在实际生产中，碳化塔顶部出气带出一部分氨，吸收塔、真空滤过机尾气、净氨塔也要带出一小部分氨，蒸馏废液中也会带出少量氨，工艺流股通过每一设备和每一段管路等输送过程都会有氨的挥发损失。因此，β 应略大于 1，以补偿上述所述的诸项损失。

由于母液Ⅱ是一种富 NaCl、贫 NH_4Cl 的溶液，因此可以将它视作类似氨碱法中的精制盐水，其区别是联碱法中母液Ⅱ的 CNH_3、TCl^- 和 FNH_3 远远高于精制盐水。氨碱法中精制盐水吸氨后获得氨盐水，要求氨盐水中的 β 也大于 1。需注意的是：联碱法中是以有效 NaCl，即 $TCl^- - CNH_3 = Na$ 来计算，在氨碱法中则是以 FNH_3/TCl^- 来近似计算 β。

采用两次加氨的其他优点是：两次通氨后的 AⅠ 和 AⅡ FNH_3 浓度均衡，氨的分压都不致太高，这一点对于造成曝空引起氨的挥发损失和改善操作条件有利。

在联碱法中以 AⅡ 代替氨碱法中的氨盐水进入清洗塔(也称为预碳化塔)，预碳化的 AⅡ(CAⅡ)再进入制碱塔，这些与氨碱法是相同的，操作机理也一样。制碱塔工作一个周期后，底部和塔下部的冷却水管外壁大部分结了较厚的 $NaHCO_3$ 疤垢，必须停下来改作清洗塔。前期主要靠新鲜的 AⅡ 来清洗，气液通入的流程和制碱塔一样，只是清洗塔取出口排出的是 CAⅡ，供制碱用原料液。清洗效率很高，几个小时 $NaHCO_3$ 就可清洗干净。清洗 $NaHCO_3$ 时可用 CO_2 浓度较低的气体，如烟道气、制碱塔尾气等。清洗完毕后，预碳化过程开始，此时可以加大含 CO_2 的清洗气来补充。

联碱法一过程的综合工艺流程如图 6-29 所示。

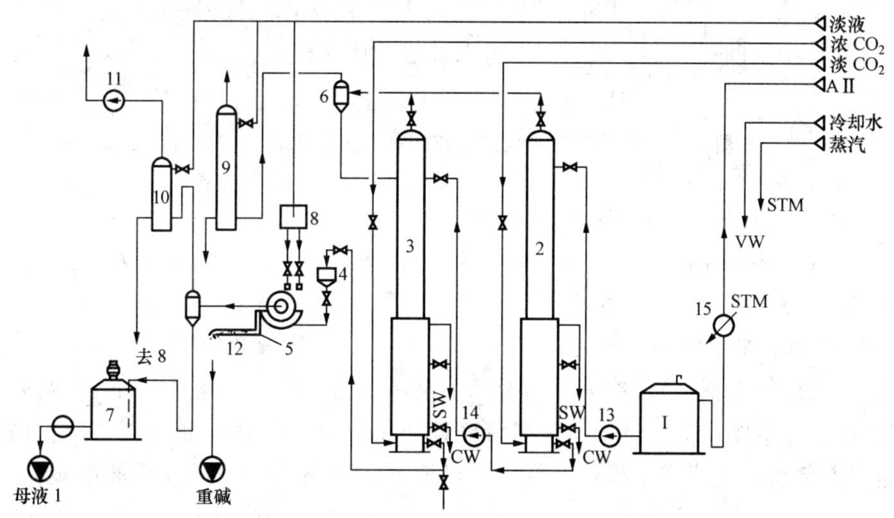

图 6-29　联碱法一过程的综合工艺流程

1—氨母液Ⅱ桶；2—清洗塔；3—制碱塔；4—出碱槽；5—真空过滤机；6—气液分离器；7—母液Ⅰ桶；8—洗水桶；9—尾气洗涤塔；10—过滤净氨塔；11—真空泵；12—重碱皮带运输机；13—氨母液Ⅱ泵；14—倒塔泵；15、17—氨母液Ⅱ预热器；STM—蒸汽；CW—冷却水；SW—排水来自二过程的氨母液Ⅱ送入氨母液Ⅱ桶(1),然后用氨母液Ⅱ泵(13)压入清洗塔(2)上部,浓度较低的CO_2气体(烟道气、制碱塔尾气等)由清洗塔下部鼓入,与氨母液Ⅱ逆流接触,清洗碳化塔,预碳化后的氨母液Ⅱ(CAⅡ)由清洗塔下部引出,经倒塔泵(14)压入制碱塔(3)的上部。浓CO_2气由制碱塔下部压入,与CAⅡ在制碱塔内逆流接触进行碳化反应。制碱塔下部反应液经冷却后,大量$NaHCO_3$结晶析出,利用塔内自身的压力将$NaHCO_3$晶浆压入出碱槽(4)。出碱槽的碱液送入真空过滤机(5)过滤得到重碱,过滤母液送入母液Ⅰ桶(7),然后进入一次吸氨工序。重碱用淡液和软水洗涤后,送往煅烧工序。清洗塔和制碱塔顶部的尾气汇合在一起,经气液分离器分离夹带母液后,送往尾气洗涤塔(9),经淡液洗涤后排空。

二过程是从接受重碱滤液(即母液Ⅰ)开始,经过吸氨、换热、冷析和盐析结晶直到将富NaCl的母液Ⅱ再次循环至一过程。在这种无限循环系统中,要保证母液组分不变,母液总量不减不增,不仅需要严格控制加氨、加盐量,还需要保持全循环的反应中进出的水量平衡。控制水平衡的进水点在重碱过滤机处的洗水量,在保证重碱中NaCl指标不超标的情况下,控制系统水量不增不减。图6-30是两次吸氨一次碳化流程的二过程综合工艺流程图。

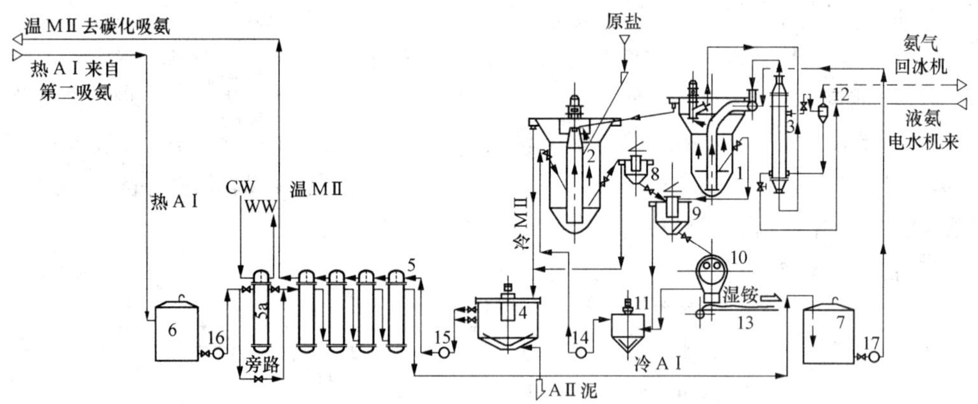

图6-30　两次吸氨一次碳化流程的二过程综合工艺流程

1—冷析结晶器;2—盐析结晶器;3—外冷器;4—母液Ⅱ桶;5—母液换热器;6—热氨Ⅱ桶;7—冷氨Ⅰ桶;8—第一稠厚器;9—第二稠厚器;10—离心机;11—滤液桶;12—气液分离器;13—运铵皮带;14—滤液泵;15—母液泵;16—热AⅡ泵;17—冷AⅠ泵;5a—水冷器

将一过程的母液Ⅰ经第一次吸氨后得到的热氨母液Ⅰ(AⅠ)送入热氨Ⅱ桶(6),热氨Ⅱ(AⅡ)经热AⅡ泵(16)送入水冷器(5a)冷却,继而和冷母液Ⅱ(MⅡ)在母液换热器(5)中换热后进入冷氨Ⅰ桶(7)。冷AⅠ用冷AⅠ泵(17)送入冷析结晶器(1),经外冷器(3)进行冷却结晶。冷析结晶器上部的清液溢流到盐析结晶器(2),在此加入NaCl进行盐析结晶,结晶器上部清液溢流进入母液Ⅱ桶(4),母液Ⅱ经母液泵(15)送入母液换热器换热后去吸氨和碳化。冷析结晶器下部的晶浆取出后进入第二稠厚器(9),盐析结晶器下部取出的晶浆进入第一稠厚器(8)后再送入第二稠厚器。经稠厚器稠厚的晶浆送入离心机(10)中分离,获得湿氯化铵经运铵皮带(13)送入干燥和包装工序。第二稠厚器溢流的母液和离心机分离的母液均进入滤液桶(11),经滤液泵(14)打入盐析结晶器。第一稠厚器溢流的母液直接送入母液Ⅱ桶。

将上述一过程和二过程有机地结合起来，就可获得联合制碱的综合工艺流程。图6-31为两次吸氨一次碳化的冷法联合制碱工艺流程。

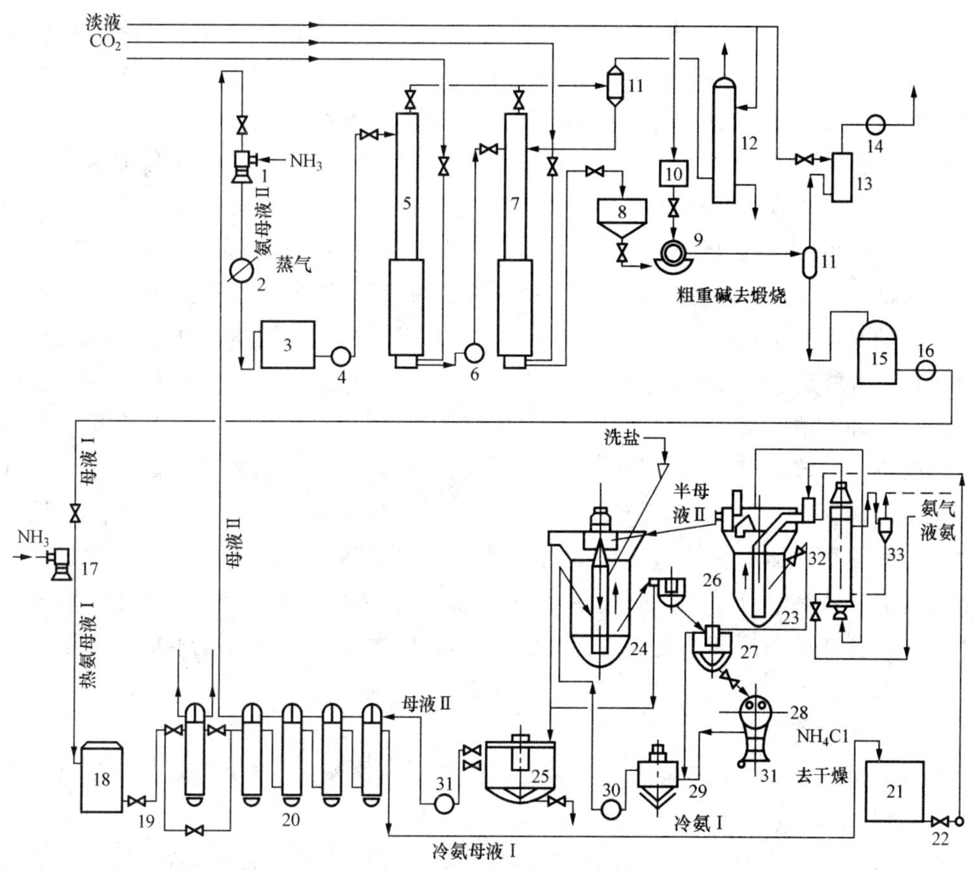

图6-31 两次吸氨一次碳化的冷法联合制碱法工艺流程

1—喷射吸氨器；2—预热器；3—氨母液Ⅱ桶；4—氨母液Ⅱ泵；5—清洗塔；6—倒塔泵；7—制碱塔；8—出碱槽；9—真空过滤机；10—洗水桶；11—气液分离器；12—尾气洗涤塔；13—过滤净氨塔；14—真空泵；15—母液Ⅰ桶；16—母液Ⅰ泵；17—喷射吸氨器；18—热氨母液Ⅰ桶；19—热氨母液Ⅰ泵；20—母液换热器；21—冷氨母液Ⅰ桶；22—冷氨母液Ⅰ泵；23—冷析结晶器；24—盐析结晶器；25—母液Ⅱ桶；26—第一稠厚器；27—第二稠厚器；28—离心分离机；29—滤液桶；30—滤液泵；31—母液Ⅱ泵；32—外冷器；33—气液分离器

由二过程来的母液Ⅱ经过喷射吸氨器(1)吸收氨后，进入氨母液Ⅱ桶(3)，然后氨母液Ⅱ由氨母液Ⅱ泵(4)打入清洗塔(5)进行清洗和预碳化，清洗塔底部出来的清洗母液由倒塔泵(6)送入制碱塔(7)碳化制重碱。预碳化塔和制碱塔顶部出来的碳化尾气经气液分离器(11)将夹带的氨盐水回收，返回制碱塔。气液分离后的尾气进入尾气洗涤塔(12)，用淡液吸收尾气中的微量氨，氨增浓后的淡液用作真空过滤机的洗水。制碱塔出来的重碱悬浆通过自身的压力压入出碱槽(8)，然后进入真空过滤机(9)。过滤出的重碱经洗涤后送往煅烧工序，重碱母液与真空气体一起进入气液分离器(11)，母液经U形管自流入母液Ⅰ桶(15)，真空气体由过滤净氨塔(13)洗涤后，由真空泵(14)放空。

氨母液Ⅰ由母液Ⅰ泵(16)送往喷射吸氨器(17)吸氨后，母液温度由30～35 ℃升高到

40～45 ℃，称为热氨母液Ⅰ，热氨母液Ⅰ进入热氨母液Ⅰ桶(18)，然后经热氨母液Ⅰ泵(19)送入母液换热器(20)。母液换热器有五台，第一台为水冷却器，其他四台串联与冷母液Ⅱ进行换热。冷却后的氨母液Ⅰ送入冷氨母液Ⅰ桶(21)。冷氨母液Ⅰ由冷氨母液Ⅰ泵(22)送入冷析结晶器(23)，析出全部 NH_4Cl 的 1/3 后，再送入盐析结晶器(24)，加入 NaCl 盐析时温度升高到 15 ℃，余下的 NH_4Cl 在此结晶析出。图 6-31 中的冷析-盐析流程为并料取出流程，也可采用逆料取出流程。在并料取出流程中，冷氨母液Ⅰ由冷氨母液Ⅰ泵送入冷析结晶器中，与外冷器(32)(采用液氨蒸发制冷)中回来进入分配箱中的循环母液合流后一起流入冷析结晶的中央循环管内，下行至器底再折流向上穿过悬浆层，使晶体生长，同时也使溶液中的 NH_4Cl 过饱和度消失。长大的晶体由晶浆取出管取出，送至第二稠厚器(27)中增稠。在冷析结晶器中冷析后的母液(称为半母液Ⅱ)依靠液位差自动流入盐析结晶器的中央循环管顶部，依靠轴流泵的驱动在中央循环管内自上而下流动，洗盐及 NH_4Cl 滤液在中央循环管的中部加入，晶浆在中央循环管的底部流出后向上折流，经过晶浆段和澄清段又进入中央循环管的顶部入口，周而复始循环进行。生长后的晶体经取出管取出后流入第一稠厚器(26)，盐析结晶器和第一稠厚器溢流出的清液即为母液Ⅱ。母液Ⅱ储存于母液Ⅱ桶(25)中，经母液Ⅱ泵(31)送入母液换热器(20)换热后返回一过程。经第一稠厚器增稠的 NH_4Cl 晶浆流入第二稠厚器中，与冷析结晶器中取出的晶浆一起增稠后流入离心分离机(28)过滤，NH_4Cl 滤饼用皮带送往干燥器。第二稠厚器的溢流液与离心分离机滤液合并后流入滤液桶(29)，并用滤液泵(30)送回盐析结晶器。

(3)主要设备

①一过程主要设备

联合制碱一过程的流程和设备与氨碱厂的设备大多相同，相关设备已在氨碱法中叙述，下面只针对联碱法中有区别的设备做简要介绍。

在联合制碱工艺中母液Ⅰ和母液Ⅱ的喷射吸氨器的主要构造是相同的，根据流程的不同类型及吸氨的负荷来确定各部位的几何尺寸，喷射吸氨器的结构如图 6-32 所示。这是一个“三通气液混合器”，实际是一个兼有“冲量传递”作用的“顺流式质量传递器”。

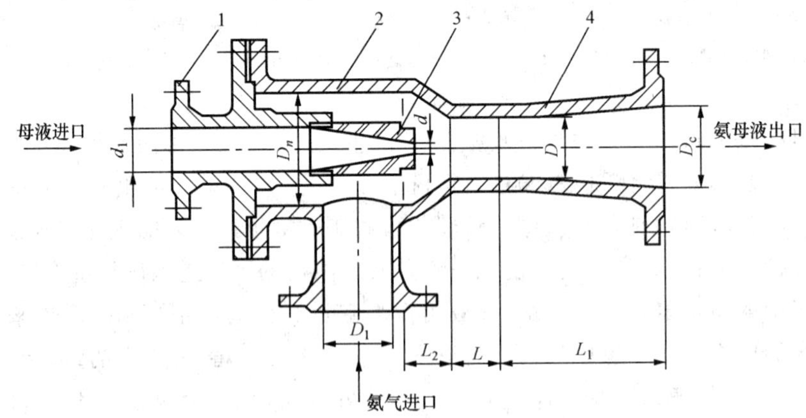

图 6-32　母液喷射吸氨器轴向剖面图

1—母液进口盖；2—氨气进入室；3—母液喷嘴；4—混合室及扩压器

在联合制碱工艺中，采用的碳化塔有三类：索尔维式碳化塔、筛板式碳化塔和外冷式碳化塔。虽然在联合制碱法生产中也沿用索尔维式碳化塔，但随着工业技术的发展其局限性也显露出来。首先，索尔维式碳化塔内部表面（特别是冷却管）结疤较重，作业几十个小时后就需换下清洗，经常性的倒换使工艺生产波动，也增加实现自动化的难度。其次，这种碳化塔结构复杂，防腐困难，因此一般都用铸铁制造，导致设备质量大、制作周期长，难于大型化。于是各国开始开发新型碳化塔，如德国开发出筛板式碳化塔，日本旭硝子公司 1975 年开发出外冷式碳化塔（NA 塔）。

在国内，经过 10 余年的探索与开发，自贡鸿化公司于 2003 年 7 月首次将 ϕ3 000/ϕ3 400的筛板式碳化塔在联碱法生产中投入工业运行。运行数据表明：与传统索尔维式碳化塔相比，筛板式碳化塔具有能力大、吸收好，中部温度高，高温区长，尾气损失低，结晶好、操作稳定等优点。尾气 CO_2 损失比索尔维式碳化塔低一半，出碱量比其他碳化塔高 20%以上，碳化塔能力提高了 20%。

图 6-33 是筛板式碳化塔的结构示意图。

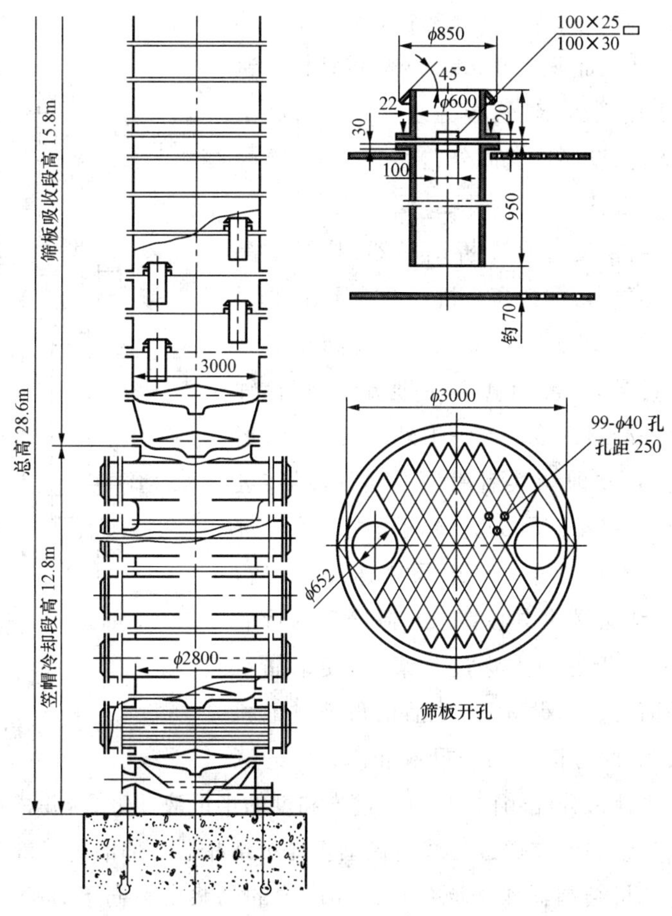

图 6-33　ϕ3 000/ϕ3 400×28 600 筛板式碳化塔

1987年化工部第八设计院与自贡鸿鹤化工总厂联合开发成功一种“自然循环外冷式碳化塔”。该塔采用自然循环进行外部冷却，避免了旭硝子NA塔用泵强制循环对晶体造成的破坏。经过不断的研究改进，目前新型的大型自然循环外冷式碳化塔已在联合制碱厂获得广泛使用，效果良好。开发外冷塔的主要目的是减少索尔维式碳化塔频繁倒换清洗、不能连续稳定生产的缺点；此外，也是使碳化塔大型化以适应联合制碱装置大型化的需求。

图6-34是外冷式碳化塔的示意图。该塔上部和下部塔体直径2.8 m，中部塔体直径3.8 m，塔高30 m，容积约220 m^3，材质为碳素钢。该塔上部为吸收段，装有8块带溢流管的低开孔率筛板；塔中部为吸收、结晶段，相当于四级串联的吸收式结晶器，每级之间设有低开孔率的筛板分隔，中间设置中心循环管；塔下部为冷却、吸收、结晶段，设置有4块环形筛板和一个内置式气液分离器。该塔外部配置3台直径1.5 m的外冷器，每台换热面积470 m^2。冷却器管材为钛或不锈钢，壳体采用碳素钢，管板为复合板。塔底采用球、锥形组合体，内设环形气体分布器。

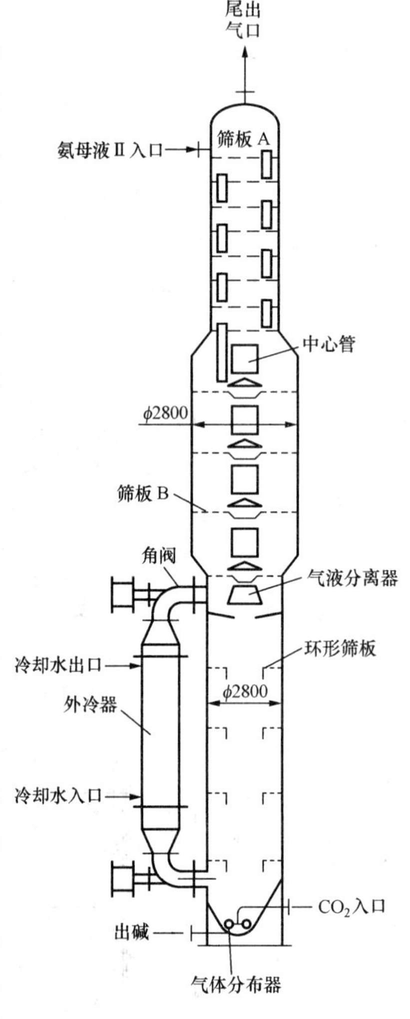

图6-34　外冷式碳化塔

②二过程主要设备

二过程中的主要设备是冷析结晶器、盐析结晶器、外冷器、母液换热器、推料离心机和沸腾干燥机。

冷析结晶器的构造如图6-35所示。冷析结晶器一般附有4台外冷器，并配有4台主轴流泵，每台轴流泵直接与一台外冷器连接。当一组外冷器(2台)运行一段时间结垢后，立即切换启用另一组外冷器，进行倒换清洗。启动主轴流泵(5)将母液送往外冷器进行冷却，然后再循环回来进入多组泵相连的分配箱(6)内自流入冷析结晶器的中心管(4)，制冷后的母液向下流动至器底，再折返向上穿过晶浆层，使结晶生长。通过这样周而复始的循环，制冷后的母液过饱和度在晶浆层消失，此时母液称为半母液Ⅱ。新鲜的氨母液Ⅰ经过计量也流入分配箱内，与消失过饱和度的半母液Ⅱ汇合，并稀释氨母液Ⅰ进冷析结晶器瞬间的过饱和度。通过晶浆层流动至冷析结晶器上部的半母液Ⅱ自动地由顶部溢流槽流出送往盐析结晶器作为原料液。晶床内的晶浆由斜向下方插入的晶浆取出管(9)抽取，这样布置可以避免不取出时晶浆堵塞；停止取出时，虹吸去稠厚器的晶浆在阀门关闭后靠重力返回晶浆床。

盐析结晶器的构造如图 6-36 所示。在联合制碱工艺中，盐析结晶器的产量约为冷析结晶器的一倍，因此盐析结晶器的容积较冷析结晶器大；停留时间不变，体积也要比冷析结晶器大。进入盐析结晶器的半母液Ⅱ不再冷却，加盐和析出氯化铵后温度还略有升高。由于过饱和度比冷析结晶器的高，因此需要装备一台流量较大的轴流泵供循环使用。在合理使用和维护的情况下，不需要备用泵。盐析结晶器增加了一个倾斜 60°的加盐漏斗，盐浆落入液面后进入中心管，然后急速下行，再缓缓经管下部环隙升入晶床。

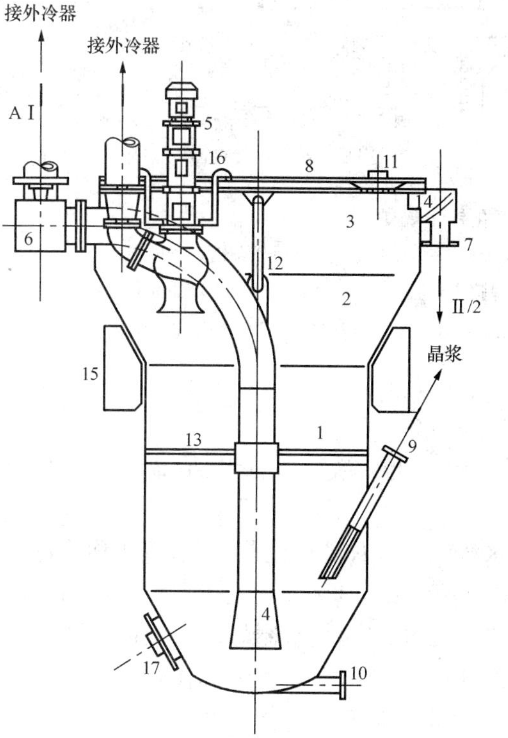

图 6-35　冷析结晶器构造

1—直筒段；2—过渡段；3—储液澄清段；4—中心管；5—主轴流泵；6—分配箱；7—溢流管；8—器盖；9—晶浆取出管；10—排放管；11—观察孔；12—吊环；13—支撑架；14—过滤网；15—承座；16—轴流泵吊装座；17—人孔

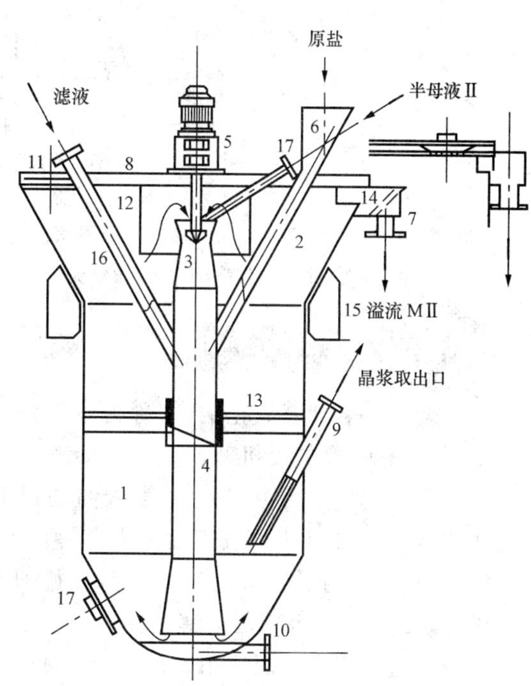

图 6-36　盐析结晶器构造

1—直筒段；2—澄清段；3—中心管入口及螺旋桨；4—中心管及放大管；5—轴流泵驱动；6—加盐漏斗及管；7—溢流箱；8—盖；9—晶浆取出管；10—排放管；11—观察孔；12—遮罩；13—支撑架；14—过滤网；15—承座；16—滤液管；17—半母液Ⅱ取入管

由冷析和盐析取出的氯化铵晶浆经稠厚器稠厚后，采用卧式推料连续离心机进行分离。分离后的氯化铵水分在 5%左右，需要干燥。目前，国内外普遍采用流化床干燥炉干燥湿铵。国外普遍使用气态烃或液态烃作干燥热源，国内则采用低压蒸汽间接加热空气作为热源。流化床干燥炉结构分两类：圆形床和长方形床。大型碱厂大多采用长方形箱式流化床干燥炉(图 6-37)。

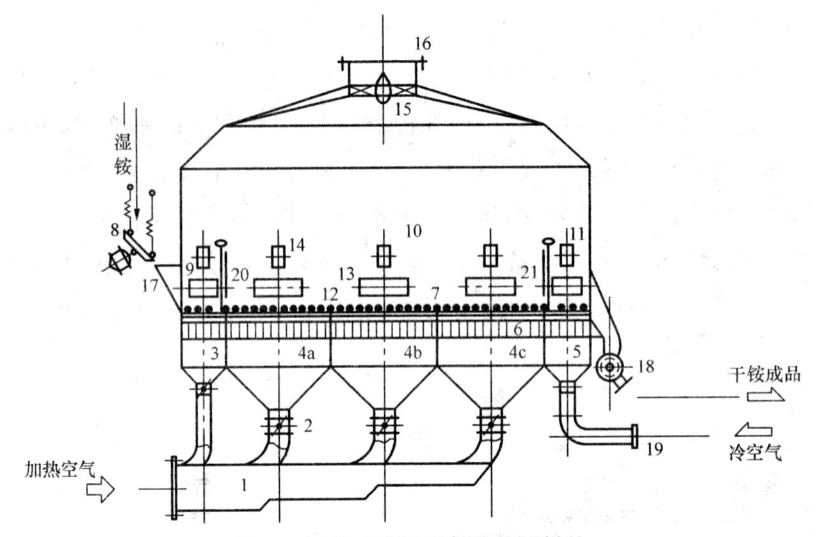

图 6-37　箱式沸腾层氯化铵干燥炉

1—热风总管；2—热风支管及蝶阀；3—前室；4—主沸腾干燥床；5—冷却室；6—预分布栅；7—风帽；8—振动给料器；9—预热室；10—箱室；11—观察孔；12—冷却沸腾床；13—清扫孔；14—观察孔；15—旋翼除尘器；16—出气口；17—进料溜槽；18—出料机；19—冷风入口；20—预热室进口挡板；21—出料溢流口挡板

6.2.2 烧　碱

烧碱学名为氢氧化钠，俗称为苛性钠。广泛应用于化工、轻工、纺织、冶金及石油化工，是一种重要的无机碱。

烧碱的生产历史悠久，早期人们是利用纯碱水溶液与石灰乳反应制烧碱，该法称为苛化法。19 世纪初人们发现食盐水电解可生成氢氧化钠碱液，1833 年确立了电解过程的基本定律——法拉第定律。1890 年，在德国实现了隔膜法电解食盐水制烧碱和氯的工业化生产。1892 年，水银法电解槽在美国申请了专利。1970 年后，用金属阳极代替石墨阴极的隔膜法获得了广泛应用。1975 年，离子膜法电解槽投入工业运转。在 20 世纪 80 年代以前，隔膜法和水银法是烧碱的主要生产方法。由于隔膜法中的石棉及水银法中的水银对环境的污染，目前新建的氯碱厂普遍采用离子膜法制碱工艺。

1. 电解制碱原理

电解是电能转化为化学能的过程。食盐水溶液电解时，阴离子 Cl^- 和 OH^- 向阳极迁移，而阳离子 Na^+ 和 H^+ 向阴极迁移。阴、阳离子分别在阳极、阴极上放电，进行氧化还原反应。食盐水溶液的电解过程如图 6-38 所示。至于在阴、阳极上析出物质的种类，则与各种离子的放电电位和电解时的其他因素有关。

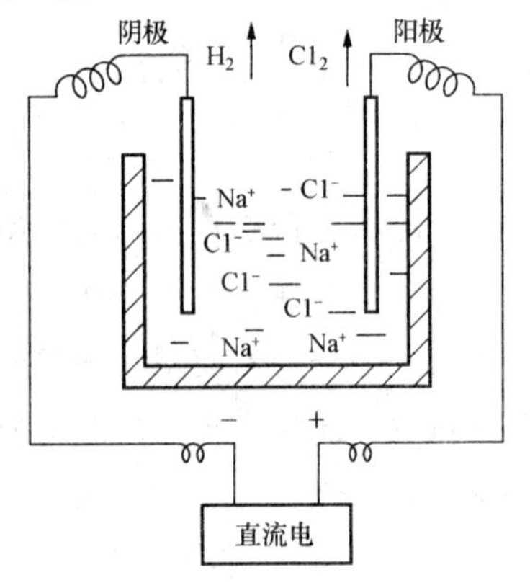

图 6-38　食盐水溶液电解过程

(1)法拉第定律

法拉第第一定律——电解时，电极上析出的物质的质量与通过电解质溶液的电量成正比，即与通电电流强度和通电时间成正比。

$$M = kQ = kIt \tag{6-40}$$

式中　M——电极上析出物质的质量,g或kg;

k——电化当量;

Q——电量,A·s或A·h;

I——电流强度,A;

t——时间,s或h。

因此,若已知某物质的电化当量,则只要知道通过电解槽的电流强度和时间,就可计算出该物质在电极上析出的理论量。

法拉第第二定律——电解时,电极上每析出或溶解1摩尔质量的任何物质,所需电量是恒定的,约为96 500 C(库仑),该电量称为法拉第常数,以F表示。F=96 500 C=96 500 A·s=26.8 A·h。根据法拉第第二定律可以计算出物质的电化当量,例如:

$$K_{Cl_2}=35.46/26.8=1.323\ g/(A \cdot h)$$

$$K_{H_2}=1.008/26.8=0.037\ 61\ g/(A \cdot h)$$

$$K_{NaOH}=40.0/26.8=1.492\ g/(A \cdot h)$$

电解时,根据电解质的电化当量、电流强度和通电时间便可计算出理论产量。由于有副反应发生等原因,实际产量要低于理论产量。实际产量与理论产量之比称为电流效率η,实际生产中电流效率为95%~97%。

(2)电极反应

NaCl水溶液中主要存在四种离子:Na^+、Cl^-、H^+及OH^-。阳极通常使用石墨或金属涂层电极,阴极一般为铁阴极,水银法中阴极材料为水银。电解时,发生电极反应:

石墨或金属阳极:

$$2Cl^- - 2e^- = Cl_2\uparrow$$

阴极:

$$Na^+ + OH^- = NaOH$$

用铁阴极时,由于H^+的放电电位比Na^+的放电电位低,故在阴极析出氢气:

$$2H^+ + 2e^- = H_2\uparrow$$

用汞阴极时,阴极形成钠汞齐($NaHg_n$),而不析出氢气。

电解食盐水溶液的总反应式为

$$2NaCl + 2H_2O = Cl_2\uparrow + H_2\uparrow + 2NaOH$$

(3)槽电压

电解时,电解槽的实际操作电压称为槽电压$V_{槽}$。槽电压的大小取决于诸多因素,如操作温度、压力、电解液浓度和电流密度等。此外还与电解槽结构、隔膜材质及位置、两极间距、电极结构及电解液的内部循环等有关。一般来说,槽电压由以下几部分构成:理论分解电压$V_{理}$、过电位$V_{过}$、电解液的电压降$\Delta V_{液}$和电极、导线、接点等的电位降$\Delta V_{降}$,即

$$V_{槽} = V_{理} + V_{过} + \Delta V_{液} + \Delta V_{降} \tag{6-41}$$

理论分解电压是电解质开始分解时所需的最低电压。对食盐水溶液来说,它等于阳极析氯电位与阴极析氢电位之差,可用能斯特方程或吉布斯-亥姆霍兹方程计算。

过电位是离子在电极上的实际放电电位与理论放电电位之差，又称过电压、超电位或超电压。

(4)电能效率

电解过程中，电能的消耗可用下式计算：

$$W = QV/1\ 000 = IVt/1\ 000 \tag{6-42}$$

式中 W——电能，kW·h；

Q——电量，A·h；

I——电流强度，A；

t——时间，h；

V——电压，V。

电解过程中，理论所需电能 $W_{理}$ 与实际消耗电能 $W_{实}$ 之比称为电能效率：

$$\begin{aligned}电能效率 &= (W_{理}/W_{实}) \times 100\% \\ &= [(I_{理} \times V_{理})/(I_{实} \times V_{实})] \times 100\% \\ &= 电流效率 \times 电压效率 \times 100\%\end{aligned} \tag{6-43}$$

因此工业生产中，应设法提高电流效率和电压效率，以降低电能消耗。

2. 离子膜电解基本原理及工艺流程

(1)基本原理

离子膜是对溶液中离子有选择性透过的高分子材料膜，氯碱电解槽使用的是阳离子膜。离子膜法电解制烧碱的原理如图 6-39 所示。电解槽的阴极室和阳极室用离子膜隔开，饱和精盐水进入阳极室，去离子纯水进入阴极室。阳离子膜只允许阳极室中的阳离子 Na^+ 透过膜进入阴极室，而阴离子 Cl^- 却无法进入阴极室。因此，电解时 H_2O 在阴极表面放电生成氢气，Na^+ 透过膜由阳极室向阴极室迁移，与由 H_2O 放电生成的 OH^- 生成 NaOH。Cl^- 则在阳极表面放电生成 Cl_2 逸出。阳极室中由于 NaCl 的消耗，食盐水浓度降低成为淡盐水排出；阴极室中生成不含 NaCl 的高纯度烧碱溶液。

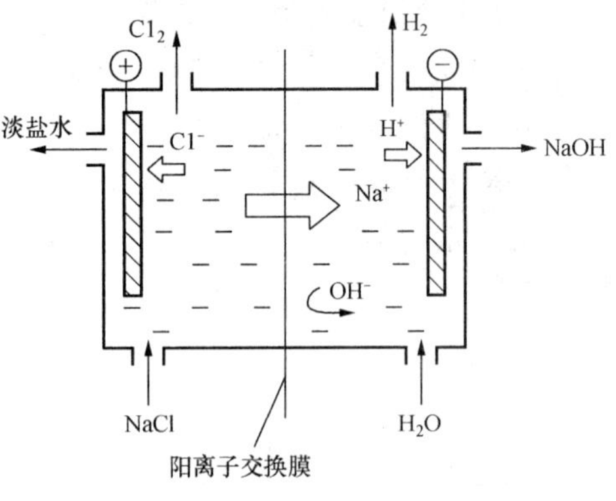

图 6-39 离子膜法电解制烧碱的原理图

工业生产中使用的离子膜电解槽有多种形式，按供电方式可分为单极式和复极式两种，单极槽与复极槽如图 6-40 所示。单极槽是将阳极和阴极各自组成可拆卸的单元，各单元槽并联，以大电流低电压供电。复极槽是将各单元槽串联，以小电流高电压供电。至于采用单极槽还是采用复极槽，应根据各氯碱厂的具体情况综合比较来决定，一般生产规模较大的氯碱厂采用复极槽较有利。

由于 Ca^{2+} 和 Mg^{2+} 等金属离子会在膜内生成氢氧化物沉淀，使离子交换机能丧失，电阻增大，电流效率下降，游离氯腐蚀设备和管道并污染环境；因此，离子膜法对盐水的质量要求比隔膜法高，盐水一次精制后还需要经过滤和螯合树脂吸附进行二次精制，控制

Ca^{2+} 和 Mg^{2+} 等金属离子含量在 5×10^{-8} 以下，悬浮物含量小于 10^{-6}，SO_4^{2-} 含量小于 5 g/L，游离氯含量小于 10^{-7}。

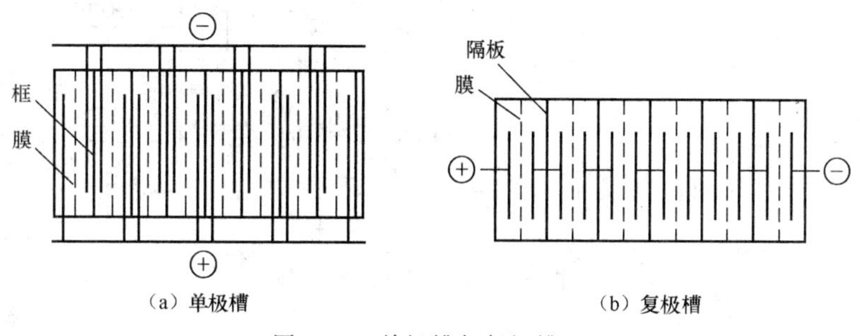

图 6-40 单极槽与复极槽

(2)工艺流程

离子膜法电解工艺流程主要由下述几个工序构成：一次盐水精制、二次盐水精制、电解及碱液蒸发等。一次盐水精制与隔膜法相同，即将食盐溶解制成近饱和盐水，加入沉淀剂和絮凝剂，经澄清槽澄清，清液过滤后送往二次盐水精制工序。二次盐水精制采用多台串联的螯合树脂塔进行，经树脂吸附精制的盐水送入电解槽阳极室，阴极室应加入所需的纯水。二次精盐水电解时，在阳极室生成氯气，阳极室中的 Na^+ 透过离子膜进入阴极室与 OH^- 生成氢氧化钠，H^+ 直接在阴极上放电生成氢气。电解过程中向阳极室加入适量的高纯度盐酸以中和返迁的 OH^-，阴极室生成的浓度为 35% 的烧碱液可直接作为液碱产品，也可进行多效蒸发浓缩制成浓度为 50% 的烧碱产品，或进一步熬浓制固体烧碱。

根据采用电解槽的不同，离子膜法电解工艺流程可分为两类：单极槽离子膜电解工艺流程和复极槽离子膜电解工艺流程。

各种单极槽离子膜电解工艺流程虽然有一些差别，但总的过程基本相同，所用的设备及操作条件也大同小异。图 6-41 是日本旭硝子单极槽离子膜电解工艺流程简图。从离子膜电解槽(6)流出的淡盐水经过脱氯塔(7)脱去氯气后，进入盐水饱和槽(1)；将原料原盐加入盐水饱和槽中，制成饱和盐水送入反应器(2)中。在反应器内，加入 NaOH、Na_2CO_3、$BaCl_2$ 等化学品，反应除杂后进入澄清槽(3)澄清。从澄清槽出来的一次盐水中尚有一些悬浮物，这些悬浮物会对二次盐水精制的螯合树脂塔(5)产生不良影响，故在进入螯合树脂塔之前需要除去这些悬浮物，一般要求盐水中的悬浮物含量小于 1 mg/L。因此一次盐水要经过盐水过滤器(4)过滤。过滤后的一次盐水经过螯合树脂塔处理，除去其中的 Ca^{2+}、Mg^{2+} 等金属离子获得二次盐水。二次盐水加入到离子膜电解槽的阳极室，与此同时纯水和碱液一同进入阴极室。通入直流电后，在阳极室产生的氯气和流出的淡盐水经过分离器分离，氯气输送至氯气总管，淡盐水中 NaCl 含量一般为 200～220 g/L，经脱氯塔去盐水饱和槽。在电解槽的阴极室产生氢气和浓度为 30%～35% 的液碱，同样也经过分离器，氢气输送至氢气总管，液碱可作为商品直接出售，也可送至氢氧化钠蒸发装置蒸浓到 50%。

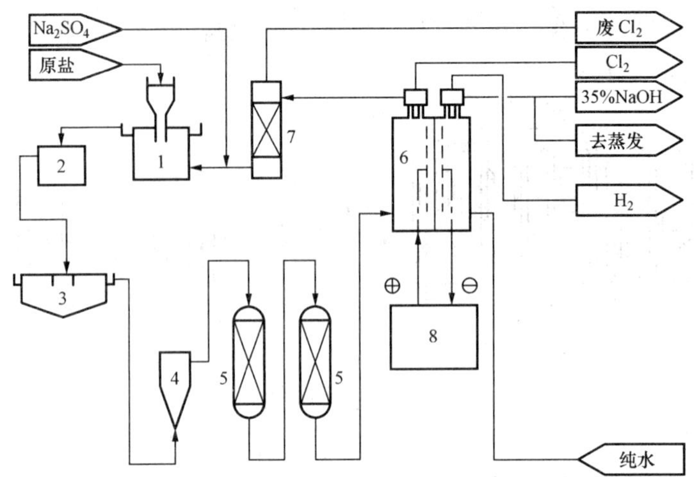

图 6-41　日本旭硝子单极槽离子膜电解工艺流程

各种复极槽离子膜电解工艺流程虽然有一些差别，但总的过程基本相同，所用的设备及操作条件也大同小异。图 6-42 是日本旭化成复极槽离子膜电解工艺流程。

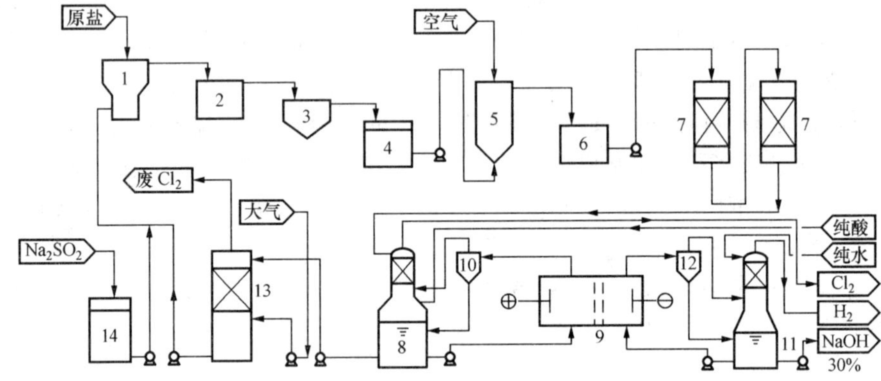

图 6-42　日本旭化成复极槽离子膜电解工艺流程

从离子膜电解槽(9)流出的淡盐水，经过阳极液气液分离器(10)、阳极液循环槽(8)、脱氯塔(13)脱去氯气(空气吹除法)，从亚硫酸钠槽(14)加入适量的亚硫酸钠，使淡盐水中的氯脱除干净，进入盐水饱和器(1)，与原盐调和制成饱和食盐水。然后向饱和食盐水中加入 NaOH、Na_2CO_3、$BaCl_2$ 等化学药剂，在反应器(2)中进行沉淀等反应。反应后的溶液进入沉降器(3)，使盐水中的杂质絮凝、沉降和澄清，澄清净化后的一次盐水进入到盐水槽(4)。此时一次盐水中仍然含有一些悬浮物，需经过盐水过滤器(5)进行过滤，使悬浮物含量降至 1 mg/L 以下。脱除悬浮物的一次盐水送入过滤后盐水槽(6)，然后送入螯合树脂塔(7)，除去其中的钙、镁等金属离子获得二次盐水。精制的二次盐水送入阳极液循环槽，然后加入到离子膜电解槽的阳极室中。向阴极液循环槽(11)中加入纯水，然后与碱液一起进入离子膜电解槽的阴极室中，通过控制纯水加入量来调节氢氧化钠浓度。阴极室中出来的氢氧化钠溶液经气液分离器(12)分离进入到阴极液循环槽，一部分用泵引出直接作为产品出售，也可进入浓缩装置进一步浓缩，再作为产品出售；另一部分则经循环泵回到电解槽。电解槽阳极室产生的氯气经阳极液气液分离器分离并与二次盐水进行换热后送往氯气总管，电解槽阴极室产生的氢气经阴极液气液分离器分离并与纯水进行换热后送入氢气总管。淡盐水中 NaCl 含量为 190～210 g/L,送到脱氯塔,脱除的废气再送入处理塔进行处理。

3. 主要设备

离子膜电解槽是离子膜烧碱生产过程中的主要设备之一,由阳极、阴极、离子膜和槽框等组成。单极槽的电极面积为 0.2～3 m^2,复极槽的电极面积为 1～5.4 m^2;电极面积越大,离子膜的利用率越高。电解槽的槽框可为金属、橡胶或增强塑料。工业电解槽的设计和制造要考虑如下五项指标:

①能耗低。在电解过程中,为了降低能耗需要有较高的电流效率和较低的槽电压,以便在较大的电流密度下运行,仍能保持较低的电耗。

②易操作和维修。电解槽的开、停车及改变供电电流的操作简单,离子膜更换操作简单,电极重涂工艺简单。

③成本低寿命长。从使用寿命考虑,阳极室的最好材料是钛,阴极室的最好材料是镍。

④膜的使用寿命长。

⑤运转安全。

下面分别介绍旭化成、伍德复极离子膜电解槽和旭硝子单极式离子膜电解槽的结构和特点。

(1)旭化成复极离子膜电解槽

旭化成复极离子膜电解槽如图 6-43 所示,由单元槽、总管、挤压机和油压装置四个部分组成。

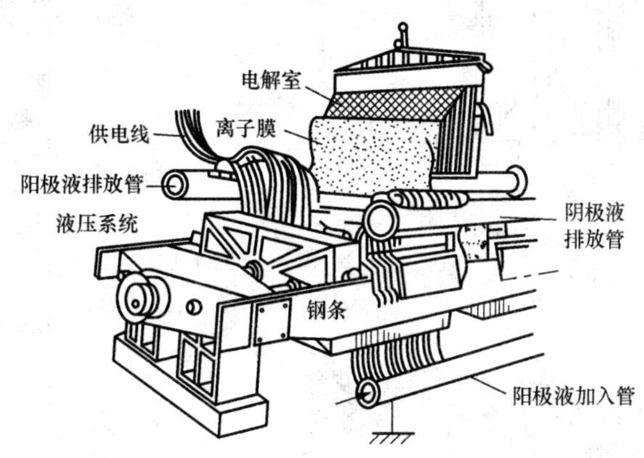

图 6-43 旭化成复极离子膜电解槽

旭化成标准型复极式单元槽的结构如图 6-44 所示。单元槽的外形尺寸为 2 400 mm×1 200 mm,厚度 60 mm,密封面的宽度 21～23 mm,单元槽的有效面积 2.7 m^2,阴、阳极电解液的进口均在单元槽的下面,排放口则在上部。为减小气泡效应和防止膜上部出现干区,在单元槽的上部装有阴极堰板和阳极堰板。旭化成电解槽加工精细,在 2.7 m^2 的极板上电极不平度只有 0.5～0.7 mm。除旭化成标准型复极式单元槽外,还有一种旭化成改进型单元槽。这种改进型单元槽在外形尺寸和内部结构上与标准型复极式单元槽基本一样,主要改进是将三层复合板型的中间隔板改为钛镍复合板,外框条的材质由不锈钢改为碳钢,降低了成本。

由于阳极液的电阻比阴极液的电阻大,因此离子膜尽可能的贴向阳极面上,以减小液体电阻。为避免离子膜移动摩擦损坏，一般阴极室的压力大于阳极室的压力，以便把离子膜压紧在阳极上。阳极是小孔均匀密布的多孔板，这种形式的阳极板比大拉网形的阳极对膜的损伤要小。活性阴极是在抗腐蚀的导体基体上喷涂 NiO 电催化剂（活性剂）和稳定剂制成，具有氢过电位低、成本低和寿命长等特点。

(2)伍德(Uhde)BM2.7-120 型复极离子膜电解槽

德国伍德公司的 BM2.7-120 型复极离子膜电解槽如图6-45所示。单元槽全部支撑在一个大型钢支架上，每个阴极和阳极组成一个单元，四周用螺栓密封。这样设计的优点是：当某个单元槽出现事故需要维修时，可以单独取出而不影响其他单元槽。伍德复极离子膜电解槽的特点是采用自然循环，阴、阳极液的进、出口总管全部在电解槽的下部，总体结构简单，维修方便。

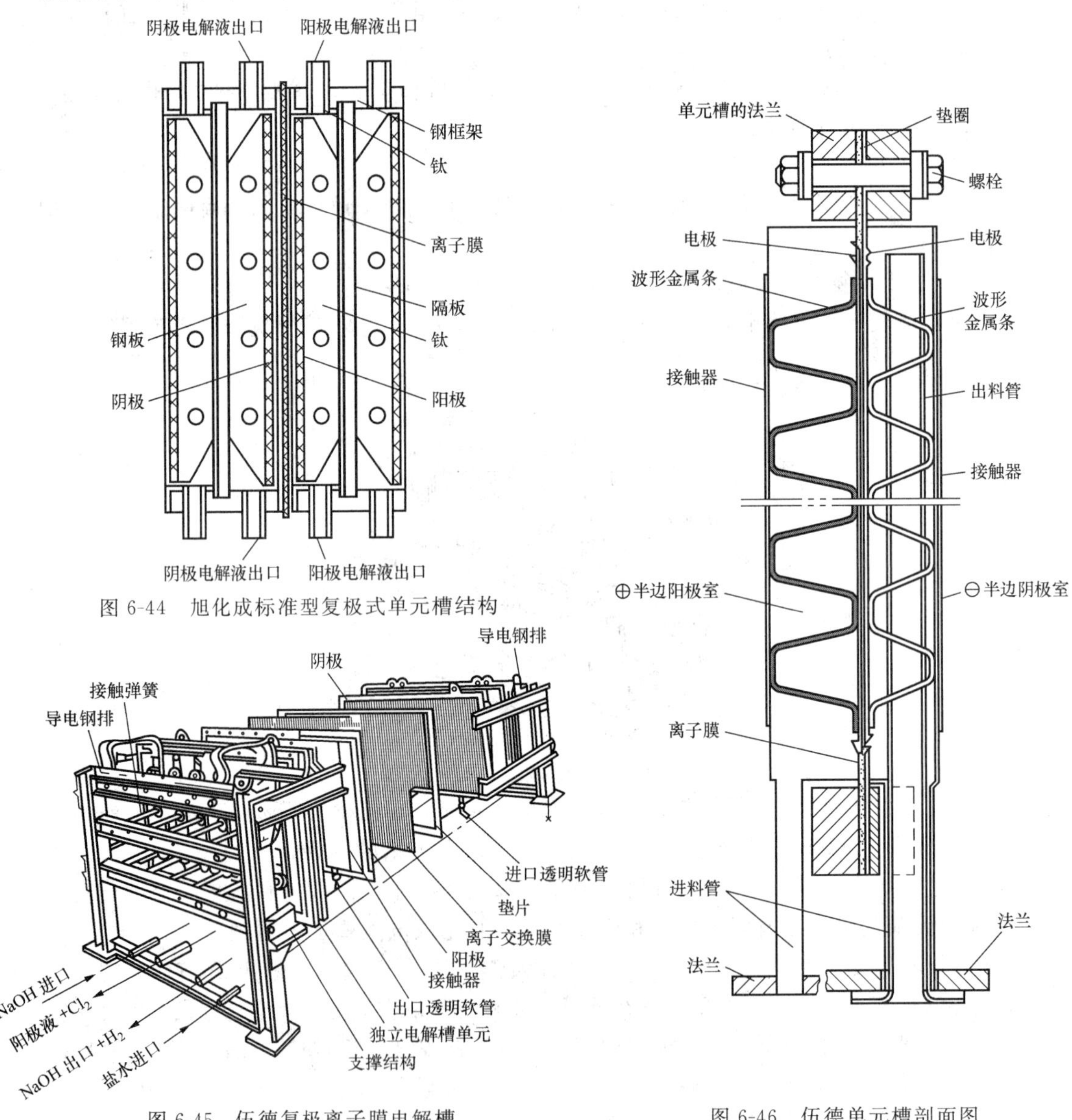

图 6-44　旭化成标准型复极式单元槽结构

图 6-45　伍德复极离子膜电解槽

图 6-46　伍德单元槽剖面图

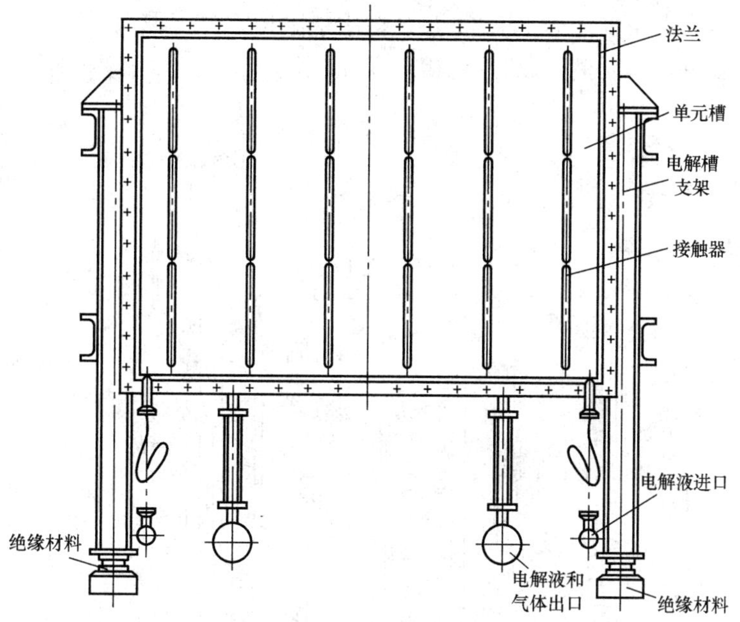

图 6-47　伍德单元槽

伍德单元槽结构如图 6-46、图 6-47 所示。该单元槽是用 1 mm 板（阳极材料是钛，阴极材料是不锈钢或镍）压制成盘，阳极盘的尺寸为 2 456 mm×1 310 mm×43 mm，阴极盘的尺寸为 2 456 mm×1 310 mm×32 mm。

伍德单元槽的结构特点为：

①复极式的阴极和阳极两种电极面对面组装，膜装在阴、阳极之间，单元槽的外沿用法兰紧固密封自成一体，垫片为聚四氟乙烯。

②阴、阳极的支撑筋采用 2 mm×8 mm 的板条压制成波纹带，结构简单，加工方便，节省材料。阴、阳极采用 1 mm 厚的板材冲压成百叶窗结构，电极的表面十分光滑有利于保护离子膜。

③阴、阳极的进、出口均在单元槽的下部，出口管内有一根插入单元槽上部的 PTEF 管将气液导出。2 mm×10 mm 的钛-镍复合导电条装在阳极盘的底面，导电条的安装位置与波纹支撑筋的位置相对应。

④电流由电极盘接触器导入槽内，通过紧固机构将各个单元槽压紧。鉴于各单元槽是独立密封的，因此单元槽之间的紧固力较小，紧固程度以接触器接触良好为准。

⑤由于在阴极面板上按一定间距设置了 ECTFE 隔条，在安装过程中可使膜平整地贴向阳极侧，增加了膜的刚度和强度。

⑥阳极室的容积较大，配置隔板和溢流堰，保持内部自然循环；阴极室则采用强制循环，全部电解液及生成的气体在单元槽的底部溢出，并进行气液分离。

(3)旭硝子 AZEC-F_2 单极式离子膜电解槽

旭硝子 AZEC-F_2 单极式离子膜电解槽的外形结构如图 6-48 所示。该电解槽的主要构件有:紧固拉杆,阴、阳极气体分离器,阴、阳极循环管,阴、阳极室框,导电铜排,离子膜等。每个电解槽由三个独立的小电解槽组成,小电解槽之间串联,用绝缘中间板隔开;每个小电解槽又由六个单元槽组成,单元槽之间并联。

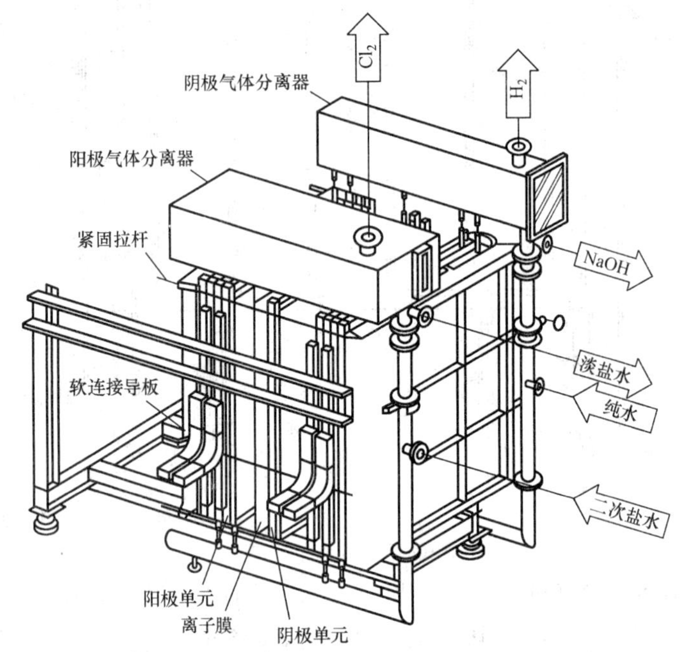

图 6-48　旭硝子 AZEC-F_2 单极式离子膜电解槽的外形结构

旭硝子 AZEC-F_2 电解槽单元槽的结构如图 6-49 所示。

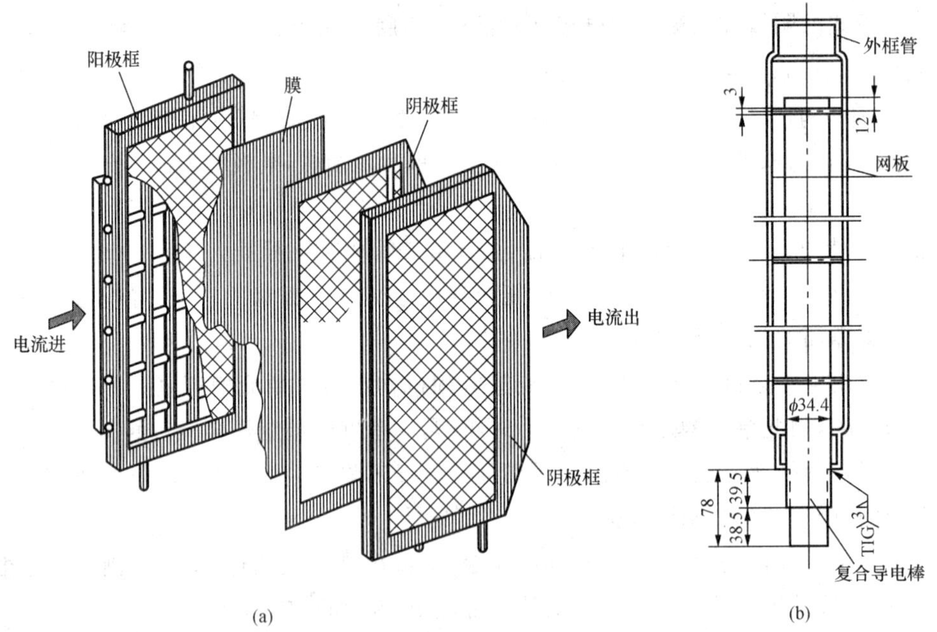

图 6-49　旭硝子 AZEC-F_2 电解槽单元槽的结构

阳极是由阳极框及焊接在其两侧的一对阳极网构成。在阳极框上焊接有导杆,导杆的作用是使电流从杆上均衡流向阳极网；阳极框的材料为钛-钯合金，阳极网为 2 mm 厚的钛扩张网，并涂有钙钛铱等四元活性涂层。阴极片采用螺钉与阴极框相连。阴极框为 SUS310S 不锈钢材质，阴极网是1 mm厚的镀镍铜板扩张网，也有活性涂层。阴、阳极的活性涂层使用寿命均为 6 年。

旭硝子 AZEC-F_2 电解槽的主要特点是：阴、阳极液采用自然循环；电解槽顶部设置有气液分离器，防止膜顶部积存气体；阴极板作自身导电体直接与槽间铜排相连，活性阴极寿命长；采用 Flemion-DX 经水化处理的离子膜，使生成的气泡易脱离，降低槽电压；阴极框筋板上设有弹簧，使阴极片安装后有弹性，并趋向于阳极侧；导电铜排配置复杂，相对铜耗较高。

参考文献

[1] 徐绍平，殷德宏，仲剑初. 化工工艺学 [M]. 2 版. 大连：大连理工大学出版社，2012.

[2] 黄仲九，房鼎业. 化学工艺学 [M]. 北京：高等教育出版社，2001.

[3] 陈五平. 无机化工工艺学：上册 [M]. 3 版. 北京：化学工业出版社，2002.

[4] 陈五平. 无机化工工艺学：下册 [M]. 3 版. 北京：化学工业出版社，2001.

[5] 梁仁杰. 化工工艺学 [M]. 重庆：重庆大学出版社，1996.

[6] 陈五平. 无机化工工艺学：中册 [M]. 3 版. 北京：化学工业出版社，2001.

[7] 苏裕光. 无机化工生产相图分析(二) [M]. 北京：化学工业出版社，1992.

[8] 吕秉玲. 纯碱生产相图分析 [M]. 北京：化学工业出版社，1991.

[9] 蒋家俊. 化学工艺学：无机部分 [M]. 北京：高等教育出版社，1988.

[10] 崔英德. 实用化工工艺学：上册 [M]. 北京：化学工业出版社，2002.

[11] 中国纯碱工业协会. 纯碱工学 [M]. 2 版. 北京：化学工业出版社，2002.

[12] 程殿彬. 离子膜法制碱生产技术 [M]. 北京：化学工业出版社，1999.

[13] 金志伟. 硫黄制酸技术经济评价 [J]. 硫酸工业，1997(3)：1-6.

[14] 李建华. 某大型硫黄制酸装置设计 [J]. 硫磷设计与粉体工程，2004，(5)：18-21.

[15] 王颖. 大型硫酸装置国产化工艺和设备 [J]. 硫酸工业，2005，(6)：4-12.

[16] 张一麟. 大型硫黄制酸国产化装置的技术特点 [J]. 硫磷设计与粉体工程，2004，(5)：3-6.

[17] 陈子令，袁亚飞. 3 000 t/d 硫黄制酸装置工艺简介 [J]. 硫磷设计与粉体工程，2006，(3)：16-19.

[18] 纪罗军. “十一五”我国硫酸工业回顾及“十二五”展望(一)——有色金属冶炼与烟气制酸 [J]. 硫酸工业，2011，(2)：1-11.

[19] 肖万平. 1 600 kt/a 铜冶炼烟气制酸装置介绍 [J]. 硫酸工业，2014，(3)：5-8.

[20] 董四禄. “十五”有色金属冶炼、烟气制酸回顾及“十一五”发展趋势 [J]. 硫酸工业，2007，(1)：1-7.

[21] 夏小勇. HRS 技术在冶炼烟气制酸装置中的应用与实施 [J]. 硫酸工业，2013，(4)：23-26.

[22] 唐文骞，段煜洲. 我国浓硝酸工业生产现状及装置大型化的发展思路 [J]. 化肥设计，2014，52(1)：6-7.

[23] 刘健. 4 万吨/年硝镁法间接生产浓硝酸装置工艺介绍 [J]. 泸天化科技，2009，(1)：20-24.

[24] 蔡瑞刚，贺天华，欧晓明. 硝镁法“间硝”工艺介绍 [J]. 泸天化科技，2004，(2)：10-12.

[25] 唐文骞，王裴. 硝酸镁法浓硝酸工艺技术及装置大型化探讨. 2014，(3)：46-49.

[26] 佘克权，唐川，刘健. 直硝装置浓硝酸漂白塔结垢原因及防范措施 [J]. 中氮肥，2012，(6)：44-46.

[27] 吕咏梅. 国内浓硝酸产业现状与市场分析 [J]. 2013，(3)：62-65.

第7章

无机化学肥料

无机化学肥料也称为矿物肥料，主要有硝酸铵、尿素、硫酸铵、氯化铵、碳酸氢铵、普通过磷酸钙、磷矿粉、硫酸钾、氯化钾等。无机化学肥料主要由以下几类组成：大量元素肥料，包括氮肥、磷肥和钾肥；中量元素肥料，主要指硫肥、钙肥和镁肥；微量元素肥料，如含硼、锌、铁、锰、铜、钼等元素的肥料。

无机化学肥料的发展历史并不长。1854 年，英国建立了世界上第一个生产过磷酸钙的工厂。1861 年，德国在 Stassfurt 开采光卤石，才开始发展钾肥工业。氮肥则比磷肥、钾肥晚了半个多世纪，早期只有智利的天然硝石和煤焦工业的副产品硫酸铵；氮肥中最重要的尿素，是在 20 世纪初出现工业规模的合成氨生产之后，于 1922 年在德国 Oppau 建立了第一座以氨和二氧化碳为原料的工业化装置才开始生产的。

7.1 尿　素

尿素学名碳酰二胺，分子式为 $CO(NH_2)_2$，是由氨和二氧化碳合成的白色针状或柱状结晶，含氮量 46.6%，易溶于水，熔点 132.6 ℃，常压下温度超过熔点即分解。尿素是氮肥中含氮量最高的品种，是中性速溶肥料，不会影响土质。尿素除作为化学肥料外，工业上还可作为高聚物合成材料；此外，还应用于医药、纤维素、石油脱硝等方面。

7.1.1 尿素合成的基本原理

目前，工业上采用由氨和二氧化碳直接合成尿素，总反应式为

$$2NH_3(l)+CO_2(g) \rightleftharpoons CO(NH_2)_2(l)+H_2O(l)$$

这是一个可逆放热反应，受化学平衡的限制，NH_3 和 CO_2 通过合成塔一次反应只有部分转化为尿素。因此，未反应物需循环。

有关尿素合成的反应机理众说纷纭，但一般认为反应是在液相中分两步进行的，即首先 NH_3 和 CO_2 生成中间产物氨基甲酸铵（甲铵）NH_4COONH_2，然后甲铵脱水生成尿素：

$$2NH_3(l)+CO_2(g) \rightleftharpoons NH_4COONH_2(l)+119.2\ \text{kJ/mol}$$

$$NH_4COONH_2(l) \rightleftharpoons CO(NH_2)_2(l)+H_2O(l)-28.49\ \text{kJ/mol}$$

第一步反应是一个快速、强放热的可逆反应，如果具有良好的冷却条件能不断地移走反应热，并能保证在反应进行过程中的温度低到足以使甲铵冷凝为液体，则该反应很容易

达到化学平衡，而且平衡条件下甲铵的产率很高。压力对该反应的速率有很大影响，常压下反应速率很慢，而加压下则很快。

第二步反应是一个吸热的可逆反应，固相状态下甲铵脱水速率较慢，只有在熔融的液相中才有较快的反应速率。因此，甲铵脱水反应应在液相中进行。脱水反应达到化学平衡时，甲铵的转化率为50%～70%，所以有相当数量的甲铵未能转化为尿素。这一步反应是尿素合成过程的控制步骤。

尿素合成过程是一个复杂的气液两相过程，既有气液相间的传质过程，又有液相中的化学反应过程。传质过程包括：气相中的氨和二氧化碳转入液相，液相中的水转入气相。液相中的化学反应有：氨与二氧化碳反应生成甲铵，甲铵转化为尿素和水。因此，在气液相间存在相平衡，液相中存在化学平衡。上述五个平衡过程可直观地用图7-1表示。

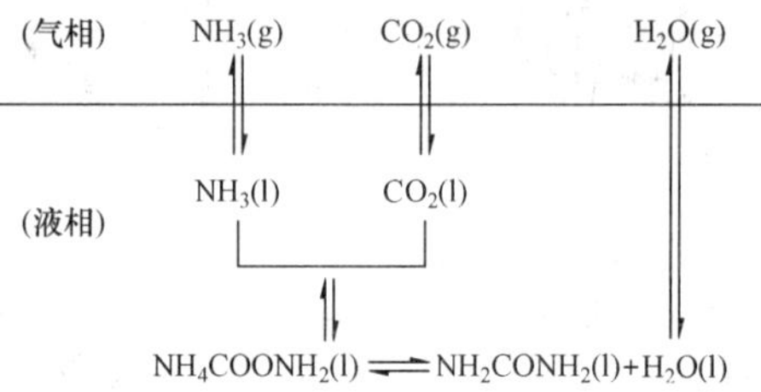

图 7-1　合成尿素的过程示意图

综上所述，尿素合成的总速率受传质速率与化学反应速率两方面的影响。鉴于液相中生成甲铵的速率远快于甲铵脱水的速率，故液相化学反应速率由甲铵脱水反应速率决定；而传质过程关键在于氨和二氧化碳由气相传递到液相的速率。可以认为影响尿素合成总速率的因素有两个，即氨和二氧化碳由气相传递到液相的速率及液相中甲铵脱水反应的速率。

7.1.2 尿素合成的工艺条件

选择尿素合成的工艺条件，需从两个方面考虑：其一应满足液相反应和自热平衡；其二要求在尽可能短的反应时间内达到较高的转化率。根据尿素的性质及尿素合成过程中相关传质及反应的平衡速率可知，影响尿素合成的主要因素有：温度、原料配比、压力及反应时间等。

1. 温度

当氨碳比和水碳比一定时，二氧化碳的平衡转化率将只取决于温度。液相甲铵脱水生成尿素是一个可逆、吸热、反应速率较慢的控制反应，因此提高反应温度，甲铵脱水速率加快，平衡转化率提高。二氧化碳平衡转化率与温度的关系如图7-2所示。

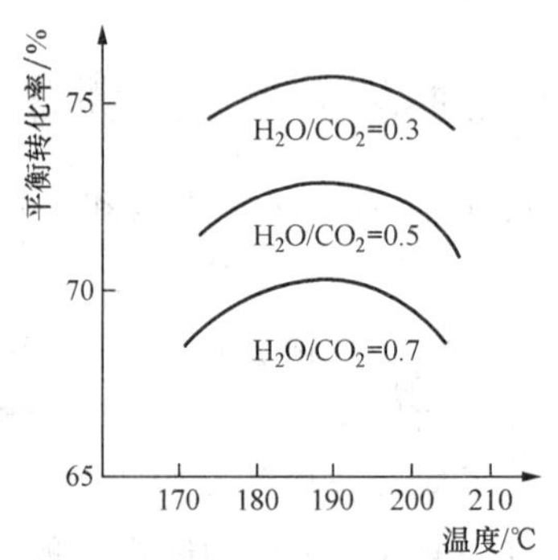

图 7-2　二氧化碳平衡转化率与温度的关系($NH_3/CO_2=4$)

由于甲铵的脱水反应需在液相中进行，尿素合成的温度应高于甲铵的熔融温度(152 ℃)。从图中可知，开始时，平衡转化率随温度升高而增大，但达到某一温度后，转化率反而下降。造成这一现象的原因，是由于液相中存在两个串联反应。第一步反应是甲铵生成的强放热反应，第二步反应是弱吸热的甲铵脱水反应。第一个反应进行较快也较完全，液相中的二氧化碳几乎全部都变为甲铵。接着进行的第二个反应是尿素的生成反应，该反应进行不完全，且因是吸热反应，反应平衡随温度升高而向右移动。因此，随温度升高二氧化碳转化率也提高。但达到某一温度后，前一反应的逆反应便不能忽略，温度再升高，前一反应平衡向左移动，平衡时将存在越来越多的游离二氧化碳。由于前一反应是强放热反应，而后一反应是弱吸热反应，此时前一反应的温度效应大于后一反应，导致转化率下降。此外，温度过高会加剧尿素水解缩合，不仅使平衡转化率降低，还会影响尿素产品质量。

对合成操作温度的选择不仅应从最大反应速率、最高转化率及最低生产成本等角度考虑，而且还应对系统进行全面的综合分析来确定最佳的温度条件。目前合成操作温度主要考虑的是合成塔内衬材料的耐腐蚀能力。水溶液全循环法中，温度一般控制在180～190 ℃；二氧化碳气提法中，温度应低于 190 ℃。

2. 氨碳比

氨碳比是指原始反应物料中氨和二氧化碳的物质的量之比。当其他条件相同时，提高进料的氨碳比，二氧化碳的平衡转化率增大。从化学平衡角度看，增加反应物氨必然会提高另一反应物二氧化碳的转化率。此外，过量氨与反应的另一产物水结合生成 NH_4OH，降低了水的活度，抑制了尿素的水解，也有利于尿素的生成。过剩氨还可以抑制生成缩二脲的副反应，中和异构化产物氰酸铵水解生成的氰酸，减轻对设备的腐蚀。不同氨碳比对二氧化碳转化率的影响如图 7-3 所示。

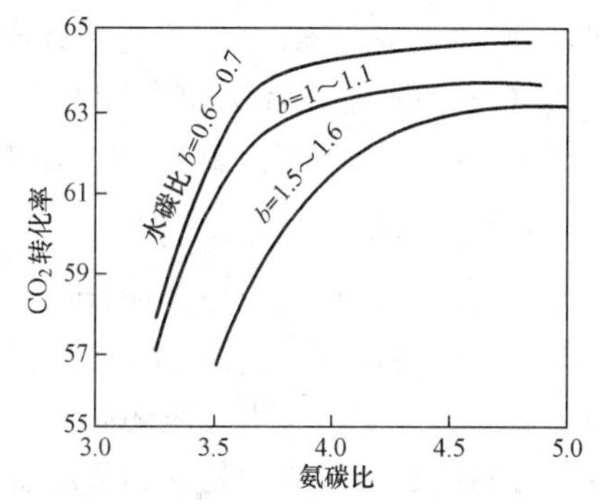

图 7-3　不同氨碳比对二氧化碳转化率的影响

提高氨碳比还可控制合成塔内的自热平衡。尿素合成的总反应是放热的，因此在一个绝热反应器内，为控制反应温度，除控制进料温度外，还需借助加入过量氨带走反应热。

虽然高氨碳比有诸多优点，但过高的氨碳比是不经济的。首先，氨碳比过高，氨的转化率降低，大量氨在系统中循环，势必增加回收过程设备的负荷，能耗加大；未反应的氨通过反应器时占用了反应空间，导致设备处理能力下降。其次，过高的氨碳比也会使合成系统的平衡压力提高，而保证系统处于液态则需要提高合成操作压力，这必然加重机、泵的负荷。因此，应选择适宜的氨碳比。对水溶液全循环法，氨碳比一般为 3.5～4.5；对二氧化碳气提法，氨碳比为 2.8～2.9。

3. 水碳比

水碳比是指进入合成系统中的水和二氧化碳的物质的量之比。水是尿素合成反应的产物之一，因此水的加入不利于尿素的生成。在尿素生产中，合成系统中的水来自两方面：其一是甲铵脱水生成尿素时产生的，是生产中不可避免的；其二是未生成尿素的氨和二氧化碳以甲铵溶液的形式返回合成塔时带入的水，这部分水可通过控制操作条件来调节。一般来说，水碳比每增加 0.1，转化率要下降 1.5％～2％。当氨碳比增加时，有过量氨的存在可在一定程度上抑制水对平衡转化率的不利影响。对水溶液全循环法，当氨碳比为 4 时，水碳比应控制在 0.6～0.7；对二氧化碳气提法，水碳比应控制在 0.35 左右。

4. 压力

在由氨和二氧化碳合成尿素的相平衡体系中，当原料配比和温度一定时，平衡压力为定值，所以压力不是独立变量。生产中需保持系统处于液态，这就要求压力不得低于平衡压力。实际生产体系中，由于有惰性气体存在，实际压力还要更高一些。从尿素合成的总反应考虑，它是一个体积减小的反应，因而提高压力有利于尿素的生成及二氧化碳转化率的提高，压力对二氧化碳转化率的影响如图 7-4 所示。由于合成压力的高低直接影响压缩动力的消耗和相关设备的结构及造价，需综合考虑。压力过高，二氧化碳转化率的提高趋缓，压缩动力消耗增大，设备造价升高，生产成本提高。工业生产中，水溶液全循环法操作压力控制在 18～20 MPa，二氧化碳气提法操作压力控制在 13～14 MPa。

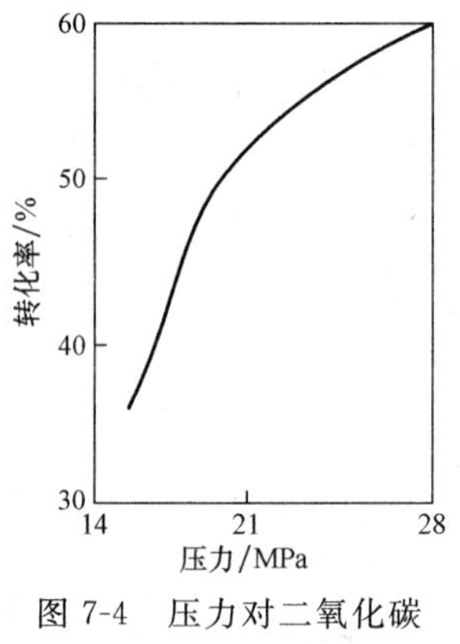

图 7-4　压力对二氧化碳转化率的影响

5. 反应时间

反应时间是指反应物料在合成塔内的停留时间。尿素合成的两步反应中，甲铵生成反应速率极快，反应也较完全；而甲铵脱水反应较慢且转化不完全，所以尿素合成反应时间主要取决于甲铵脱水反应的时间。虽然延长反应时间有利于第二步反应趋于平衡，但单位时间通过合成塔的物料相应减少，设备生产能力降低。适当缩短反应时间，虽然转化率有所下降，但生产能力可以提高。因此，确定反应时间应综合考虑这两方面的因素。反应时间过短，出口转化率明显降低；而反应时间过长，转化率提高有限。一般在工业生产中，大体保持出口转化率达到平衡转化率的 90%～95%，此时反应物料在合成塔内的名义停留时间为 40～50 min。对水溶液全循环法，当其他条件一定时，反应时间为 50～60 min，二氧化碳转化率为 62%～64%；对二氧化碳气提法，反应时间为 40～50 min。

7.1.3 尿素合成的工艺流程

由氨和二氧化碳直接合成尿素的生产工艺流程有多种，早期工业生产中多采用不循环法和部分循环法，后来被水溶液全循环法取代，其后又对水溶液全循环法进行了改进，出现了各种气提法流程。尽管流程不同，但它们的基本生产原理是相同的。

不循环法和部分循环法的特征是将未反应的氨和二氧化碳不返回合成塔或部分返回合成塔。未返回的氨和二氧化碳加工成其他产品，如硫酸铵、硝酸铵等。这两种工艺方法现已被淘汰。

目前，尿素的生产主要采用全循环法。根据循环方式的不同，又可分为两大类：水溶液全循环法和气提法。水溶液全循环法根据添加水量的不同，可分为碳酸铵盐水溶液全循环法（水量多）和甲铵水溶液全循环法（水量少）。气提法根据气提介质的不同，可分为二氧化碳气提法、氨气提法和变换气气提法。下面以甲铵水溶液全循环法和二氧化碳气提法为例，介绍尿素的生产工艺过程。

1. 甲铵水溶液全循环法

甲铵水溶液全循环法是采用减压加热的方法，将未转化为尿素的甲铵分解和汽化，并使过量氨汽化，从而达到将未反应物与尿素分离的目的，其工艺流程如图 7-5 所示。

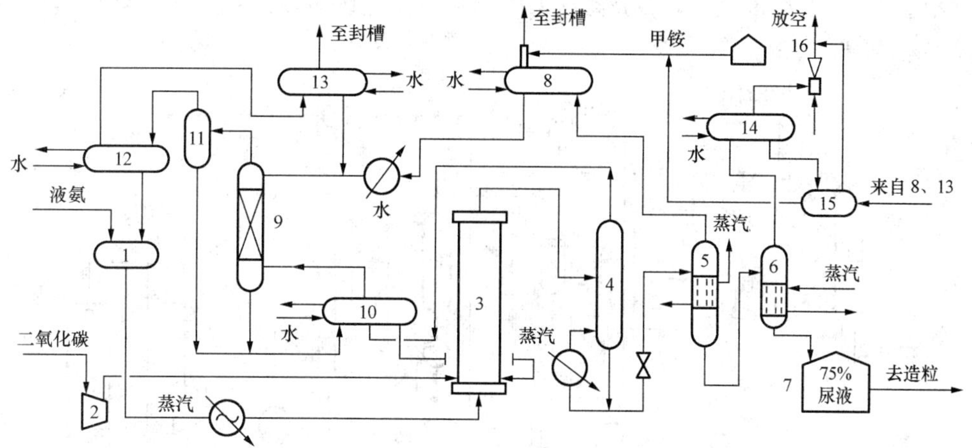

图 7-5 甲铵水溶液循环法尿素生产工艺流程

1—氨储器；2—压缩机；3—尿素合成塔；4—中压分解塔；5—低压分解塔；6—浓缩器；7—储槽；8—冷却吸收器；9—中压吸收塔；10—冷却器；11—分离器；12—氨冷凝器；13—冷却器；14—冷凝器；15—封槽；16—喷射泵

合成氨车间来的液氨由液氨泵加压至 20 MPa 后，经液氨预热器预热至 45～55 ℃进入尿素合成塔底部。二氧化碳经压缩机压至 20 MPa，温度约为 125 ℃，也送入尿素合成塔底部。循环系统回收的甲铵-氨水溶液由甲铵泵加压，温度约为 100 ℃，也同时由尿素合成塔底部加入。三股物料混合，自下而上通过合成塔，在塔内停留约 1 h，出料的二氧化碳转化率为 62％～64％，塔内反应温度为 185～190 ℃。从合成塔出来的反应熔融物，经减压阀将压力减至 1.7 MPa，进入中压分解塔，温度保持在 160 ℃左右，使过量氨及大部分甲铵分解为氨和二氧化碳分离出来。中压分解塔出来的溶液，经再一次减压，将压力减至 0.2～0.3 MPa，使残余的氨和甲铵进一步分解和逸出。低压分解塔出来的溶液，含尿素约为 75％，经二次蒸发浓缩，浓度达到 99.7％，进入造粒塔造粒。

从低压分解塔出来的氨和二氧化碳在低压吸收塔用冷凝液吸收，吸收后的甲铵-氨水溶液送至中压吸收塔塔顶。从中压分解塔来的氨和二氧化碳在中压吸收塔中被液氨吸收，塔底吸收液经甲铵泵返回尿素合成塔。低压吸收塔及中压吸收塔塔顶出来的尾气中仍含有氨，经冷凝、蒸发冷凝液吸收来回收。

2. 二氧化碳气提法

气提法也是水溶液全循环流程，采用气提技术可在与合成同等压力下使反应液中大部分未转化的氨和二氧化碳分离出来，并重新返回合成塔。与传统的水溶液全循环法相比，能耗及生产费用明显降低，而且流程简化。因此，当代的各种尿素生产工艺几乎均采用气提法。

二氧化碳气提法工艺流程如图 7-6 所示。从尿素合成塔出来的反应液借助重力流入气提塔。气提塔的结构为降膜列管式，温度维持在 180～190 ℃，溶液在列管内壁以膜状自塔顶流下，二氧化碳原料气从塔底流入，向上流动。从气提塔出来的氨和二氧化碳流入高压甲铵冷凝器的顶部，同时在顶部还送入液氨和稀甲铵循环液。在高压甲铵冷凝器中，大部分反应物生成甲铵，反应热用以副产低压蒸汽。从高压甲铵冷凝器底部流出的溶液返回尿素合成塔。从气提塔底部流出的溶液，经减压后进入低压分解系统，低压分解系统包括精馏塔、加热器和闪蒸罐。分离出来的氨和二氧化碳再凝缩成稀甲铵溶液返回高压系统。

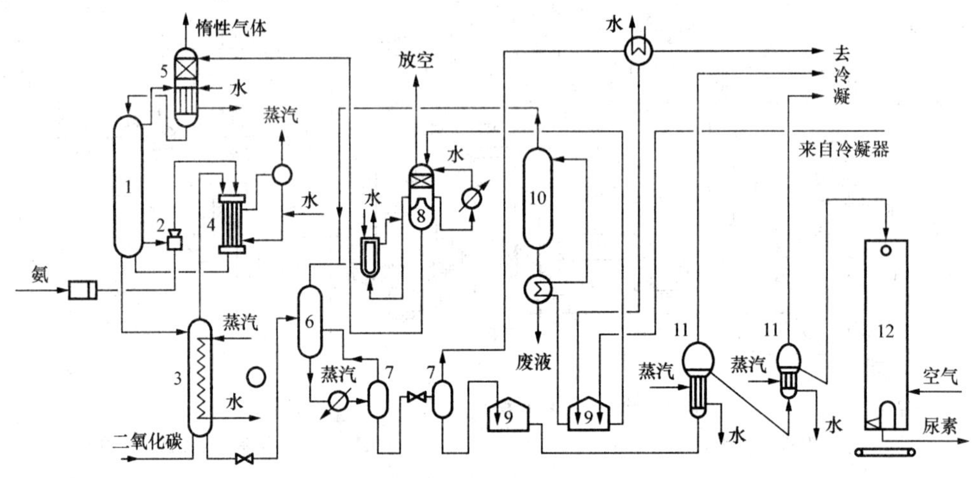

图 7-6　二氧化碳气提法工艺流程

1—尿素合成塔；2—喷射泵；3—气提塔；4—高压甲铵冷凝器；5—洗涤器；6—精馏塔；7—闪蒸罐；8—吸收器；9—储罐；10—解吸塔；11—蒸发器；12—造粒塔

从储罐出来的尿素水溶液，经两段蒸发，浓缩至 99.7%后送入造粒塔。

7.2 硝酸铵

硝酸铵简称硝铵，分子式为 NH_4NO_3，相对分子质量为 80.04，是一种白色晶体。目前，硝酸铵是产量仅次于尿素的氮肥。硝酸铵除作为氮肥外，还可与燃料油结合制成炸药，用于军事、采矿、建筑施工、铁路和公路修建等方面。硝酸铵中的氮以铵态（NH_4^+）和硝酸态（NO_3^-）两种形式存在，总含氮量为 35%，低于液氨和尿素。硝酸铵的生产方法主要有中和法和转化法。

7.2.1 中和法制硝酸铵

中和法是通过氨气与硝酸进行中和反应制取硝酸铵，反应方程式如下：

$$NH_3 + HNO_3 \longrightarrow NH_4NO_3 + 149.1\ \mathrm{kJ/mol}$$

中和反应是放热反应，反应的热效应与硝酸浓度和反应温度有关。如何充分利用中和反应热制取高浓度硝酸铵或硝酸铵熔融液，并减少氮元素的损失，是生产过程中的关键问题。生产中可采用加压（大于 0.15 MPa）、常压（小于 0.15 MPa）或真空的方式进行中和反应。

由于加压中和工艺设备体积小，生产能力大，且消耗定额低，目前世界各国新建的工厂大都采用加压中和工艺。图 7-7 为加压中和工艺流程。加压中和工艺的操作压力为

0.6～0.8 MPa，采用 55%～60%的硝酸与氨气反应，从中和器出来的浓度为 78%的硝酸铵溶液经两次蒸发可浓缩到 95%～99%，然后采用塔式喷淋法造粒。

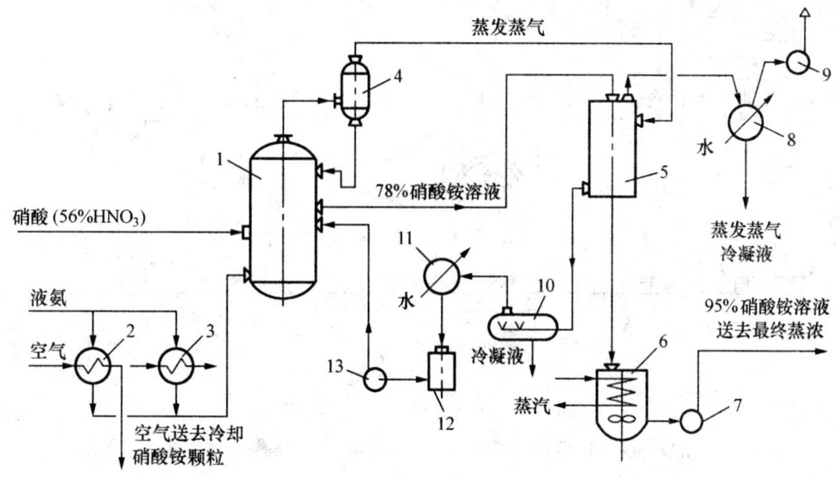

图 7-7　加压中和工艺流程

1—中和器；2，3—氨蒸发器；4—分离器；5—蒸发器；6—受槽；7—泵；8—冷凝器；9—真空泵；10—受槽；11—二次蒸气冷凝器；12—受槽；13—泵

7.2.2　转化法制硝酸铵

在硝酸磷肥生产中，采用稀硝酸分解磷矿制取磷酸和硝酸钙水溶液，其反应方程式为

$$Ca_5F(PO_4)_3+10HNO_3 \longrightarrow 3H_3PO_4+5Ca(NO_3)_2+HF\uparrow$$

为从溶液中制取二元氮磷复合肥料，需预先除去大部分硝酸钙。通常采用冷却结晶的方法，使硝酸钙以 $Ca(NO_3)_2\cdot 4H_2O$ 的形式析出，因此副产大量硝酸钙。由于硝酸钙含氮量不高，运输上不经济，工业上多将其用转化法加工成硝酸铵。可用氨气和二氧化碳将其转化，称为气态转化；也可用碳酸铵溶液转化，称为液态转化。

气态转化反应为

$$Ca(NO_3)_2+CO_2+2NH_3+H_2O \longrightarrow 2NH_4NO_3+CaCO_3\downarrow$$

液态转化反应为

$$Ca(NO_3)_2+(NH_4)_2CO_3 \longrightarrow 2NH_4NO_3+CaCO_3\downarrow$$

析出的碳酸钙沉淀经过滤分离可作为生产水泥的原料，滤液中主要为硝酸铵，可用通常加工方法制成商品硝酸铵或返回硝酸磷肥生产系统。

液态转化法的典型工艺流程如图 7-8 所示。该流程采用两段转化，碳酸铵溶液和硝酸盐溶液连续进入第一阶段转化反应器，第二阶段添加碳酸铵溶液对反应过程进行调节。转化温度为 45～55 ℃，转化后悬浮液中过剩碳酸铵含量保持在 8～12 g/L。出转化反应器的溶液经真空过滤机过滤后，再经中和与蒸发，最后进行造粒。

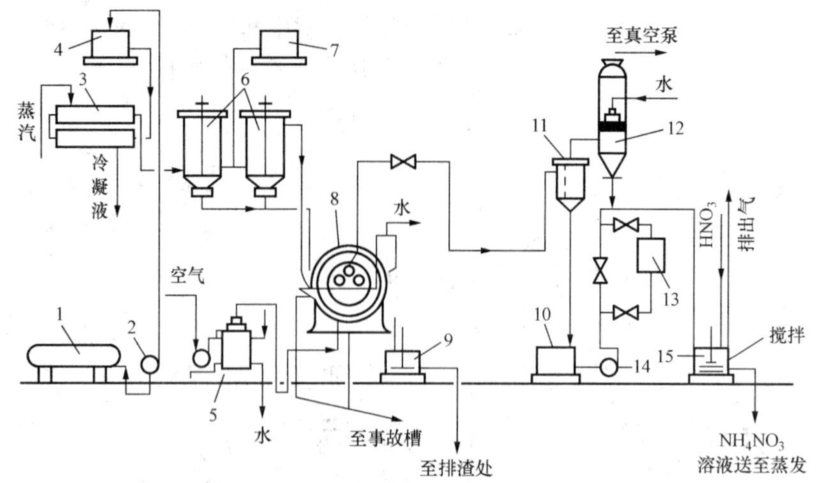

图 7-8 液态转化法工艺流程

1—硝酸钙溶液储槽；2—离心泵；3—预热器；4—硝酸钙溶液高位槽；5—鼓风机；6—转化反应器；7—碳酸铵溶液高位槽；8—真空过滤机；9—再浆槽；10—硝酸铵溶液受槽；11—分离器；12—洗涤器；13—压滤机；14—离心泵；15—中和器

7.3 磷 肥

磷元素是植物生长所需的营养元素之一，磷肥是氮、磷、钾三大元素肥料之一，在农业生产中占有重要地位。磷肥主要分为两大类：酸法磷肥和热法磷肥。

所谓的酸法磷肥是指用硫酸、磷酸、盐酸等无机酸分解磷矿制得的肥料的总称，主要品种包括：普通过磷酸钙、重过磷酸钙、富过磷酸钙、磷酸氢钙和氨化过磷酸钙等。热法磷肥是指在高温(≥1 000 ℃)下加入或不加入某些配料分解磷矿制得的肥料的总称，主要品种有：钙镁磷肥、脱氟磷肥、烧结钙钠磷肥、偏磷酸钙和钢渣磷肥等。热法磷肥是一类非水溶性的缓效磷肥，不易流失、肥效持续时间长。热法磷肥的加工分为熔融法和烧结法两大类。

7.3.1 酸法磷肥

1. 普通过磷酸钙

普通过磷酸钙(简称普钙)早在19世纪中期就开始生产，是世界上最早工业化的化肥品种。在20世纪50年代前，普通过磷酸钙一直是主要的磷肥。其产品成分为 $Ca(H_2PO_4)_2 \cdot H_2O$ 和 $CaSO_4$ 的混合物，有效 P_2O_5 含量为12%～20%。由于其含磷量较低，目前在磷肥中所占的比例在逐步下降；但由于其生产工艺简单，成本低，含有农作物所必需的磷、硫元素，所以仍有一定的市场需求。目前，普通过磷酸钙占我国磷肥总产量的20%～30%。

(1)普通过磷酸钙生产的基本原理

普通过磷酸钙生产是通过硫酸直接分解磷矿粉制得的，其主要反应如下：

$$2Ca_5F(PO_4)_3+7H_2SO_4+3H_2O = 3Ca(H_2PO_4)_2 \cdot H_2O+7CaSO_4+2HF\uparrow$$

上述反应是分两个阶段完成的：第一阶段为硫酸分解磷矿粉生成磷酸和半水硫酸钙，是在化成室中化成时完成的，其反应方程式为

$$Ca_5F(PO_4)_3+5H_2SO_4+2.5H_2O═══3H_3PO_4+5CaSO_4\cdot 0.5H_2O+HF\uparrow$$

该反应较为剧烈，反应温度可达110 ℃以上，半个小时之内即可完成。在反应过程中，由于磷矿粉不断被分解，硫酸逐渐减少，CO_2、SiF_4 和水蒸气等不断逸出，固体硫酸钙大量生成，反应料浆几分钟内就会变得稠厚。因此，离开混合器进入化成室后很快固化。

所谓的"化成"作用是指将浆状物转化成一种表面干燥、疏松多孔的固体物料(又称为鲜钙)。在生产过程中，通过控制生产条件使料浆中首先析出细长的针状或棒状半水硫酸钙($CaSO_4\cdot 0.5H_2O$)结晶；这种半水硫酸钙棒状结晶交叉生长，堆积成骨架，将大量液相(约占料浆的40%以上)包裹在其中，形成固体物料。在反应条件下，$CaSO_4\cdot 0.5H_2O$ 是热力学上的介稳态，会向稳定的无水硫酸钙结晶转变：

$$2CaSO_4\cdot 0.5H_2O═══2CaSO_4+H_2O$$

由于无水硫酸钙本身是一种细小的结晶，不能形成普通过磷酸钙固化的骨架，脱出的水还会使料浆变稀，因此上述脱水转变不利于固化。要解决上述问题，需要选择合适的反应条件，促使 $CaSO_4\cdot 0.5H_2O$ 在体系中保持较长的稳定时间，以保证反应物料形成完好的固体结构。此外，磷矿中的硅酸盐，在酸解过程中会生成硅酸，反应完成后可析出网状结构的硅凝胶，有利于形成骨架。

硫酸分解磷矿的第二个反应阶段是生成的磷酸进一步分解剩余的磷矿，只有硫酸耗尽之后才能发生这一反应，生成普通过磷酸钙中的有效成分磷酸二氢钙[$Ca(H_2PO_4)_2\cdot H_2O$]。第二阶段的反应是在化成的后期开始，一直延续到在仓库中堆放的一段时间。这段缓慢的反应过程又称为熟化过程，最初生成的磷酸二氢钙溶解在骨架的液相中，溶液过饱和时才不断析出磷酸二氢钙结晶。

(2)普通过磷酸钙生产的工艺条件

普通过磷酸钙生产的工艺条件主要包括：硫酸浓度、硫酸温度、硫酸用量、磷矿粉细度、搅拌强度、混合及化成时间、熟化时间和中和剂等。

工艺要求硫酸浓度尽可能高，其优点是：可加快第一阶段反应进行；减少水分，有利于磷酸二氢钙的生成与结晶，加快第二阶段反应，缩短熟化时间，水分减少1%，有效 P_2O_5 含量增加0.15%～0.25%；产品中水分少，产品物性好。但硫酸浓度也非越高越好，过高会导致 $CaSO_4\cdot 0.5H_2O$ 迅速脱水生成细小的无水 $CaSO_4$，不能形成固化骨架，包裹未分解的磷矿粉，降低磷矿的分解率，产品黏结，物性变坏。工业生产中，硫酸浓度采用60%～70%较为适宜。对易分解、细度高的磷矿粉，可采用上限浓度。

提高硫酸温度可加速反应进行，在提高磷矿分解率的同时，促进水分蒸发和氟逸出，改善产品性能。温度过高也会造成类似浓度过高的不良后果，但影响稍小。生产过程中，硫酸温度和硫酸浓度需协同配合：硫酸浓度较高时，温度可控制低一些。一般是调节硫酸温度来适应最高的硫酸浓度。对铁、铝含量高的磷矿，温度通常控制在50～60 ℃；对镁含量高的磷矿，温度可提高到70～80 ℃。

硫酸用量为理论用量的100%～110%。硫酸理论用量是指磷矿中 P_2O_5、CO_2、Fe_2O_3、Al_2O_3 等所消耗的硫酸量的总和。提高硫酸用量，可加速磷矿前期反应，提高转化

率，抑制铁、铝的退化，缩短熟化时间，但游离酸会增加，产品需中和处理。硫酸用量过高，料浆不易固化，所以酸量选择需适当。生产中是通过分析产品中所含 SO_4^{2-} 的量来计算真实的硫酸用量。

硫酸分解磷矿粉是液固相反应，矿粉越细，反应越快、越完全，料浆迅速变稠，缩短混合、化成和熟化时间，提高转化率。粒径小于 30 μm 时，矿粉将不再受硫酸钙包裹作用的影响。在综合考虑生产强度、电耗和成本等因素后，矿粉细度以 90%以上通过 100 目筛较为适宜。

良好的搅拌可促进液固相反应，减少外扩散阻力，降低矿粉表面溶液的过饱和度，使颗粒表面形成易渗透的薄膜。搅拌强度过高，会破坏 $CaSO_4 \cdot 0.5H_2O$ 形成的骨架，导致料浆不易固化，增加桨叶机械磨损。立式混合器桨叶末端线速度以 5～12 m/s 为宜，卧式混合器桨叶末端线速度为 10～20 m/s 即可。

所谓混合时间是指物料在混合器内的停留时间，可以通过混合器的有效容积除以单位时间内通过的料浆体积计算出来。混合时间是依据磷矿分解难易程度确定的，易分解磷矿混合时间为 1～2 min，难分解磷矿混合时间为 5～8 min。混合时间影响料浆的分解率和固化。时间不够，料浆分解率低，不易固化；时间过长，料浆太稠，流动性差，操作困难，甚至会在混合器内固化。

化成时间是指料浆进入化成室至变成鲜钙卸出时的停留时间，化成室内温度为 110～130 ℃。降低温度有利于磷酸二氢钙的结晶，因此化成时间不宜过长。回转化成室化成时间一般为 45～60 min，皮带化成室化成时间为 15～20 min，以保证料浆能正常固化。

由化成室卸出的鲜钙中含有 15%～20%尚未分解的磷矿粉，因此必须在仓库中堆置一定的时间，利用半成品中的游离酸使磷矿粉继续进行分解，使第二阶段的反应在此接近完成，该过程就是所谓的熟化。鲜钙的熟化时间由磷矿粉的分解难易程度而定，易分解磷矿粉熟化时间为 7～10 天，难分解磷矿粉需要 10～15 天或更多。经过第二阶段反应后，磷矿分解率提高了 15%左右；在熟化后期，磷矿分解率可达到 95%左右，游离酸降至 5%以下，这时磷矿的分解和熟化过程就基本结束。

从化成室出来的物料温度为 80～90 ℃，熟化温度控制需结合矿种确定。通常熟化可分为高温熟化和低温熟化两种。高温熟化的温度控制在 70～80 ℃，适用于镁含量高、易分解的磷矿或酸用量较高的场合，高温可提高熟化反应速度。低温熟化的温度控制在 30～50 ℃，适用于铁、铝含量较高的磷矿，以避免或减少产品中水溶性 P_2O_5 生成枸溶性的磷酸铁、磷酸铝使产品退化。工业上高温熟化主要通过不翻堆、少翻堆或大堆实现，低温熟化通过小堆或勤翻堆实现。

在熟化后期，如因混合、化成等工艺条件控制不好，产品中游离酸含量超过 5%，会导致产品吸湿性强，腐蚀包装和运输材料，损害农作物。因此需进行中和处理，即加入一些中和剂，如石灰石、白云石、氨、钙镁磷肥、磷矿粉等，以中和产品中过量的游离酸。

(3)普通过磷酸钙生产的工艺流程和主要设备

在工业生产中，普通过磷酸钙的生产工艺分两类：稀酸矿粉法和浓酸矿浆法，其中浓酸矿浆法是我国自主开发的新工艺。浓酸矿浆法工艺不直接使用磷矿粉，而是使用磷矿浆。该工艺将浓硫酸和磷矿浆(含水约 30%)直接加入到混合器中,因此省去了对材质要求较高的浓硫酸稀释冷却器。由于在节能降耗和改善环境方面的优越性,采用磷矿湿磨和直接使用浓硫酸的浓酸矿浆法工艺已成为我国普通过磷酸钙生产的主要工艺。浓酸矿浆法的工艺流程如图 7-9 所示。

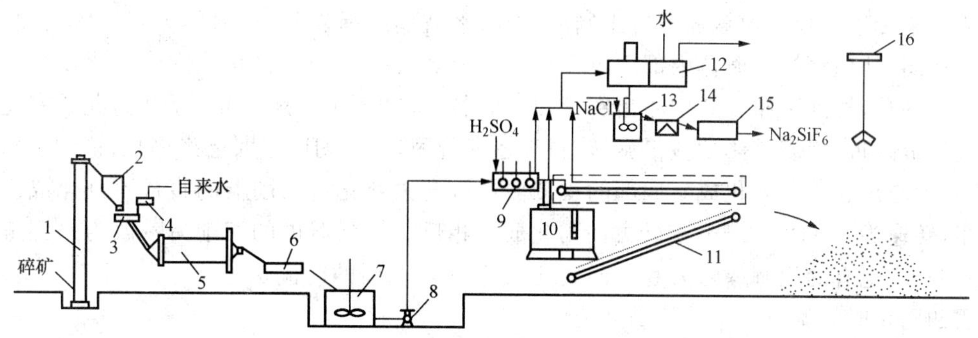

图 7-9 浓酸矿浆法的工艺流程

1—斗式提升机;2—碎矿储料斗;3—圆盘加料机;4—自来水流量计;5—球磨机;
6—振动筛;7—矿浆池;8—矿浆泵;9—混合器;10—回转化成室;11—胶带输送机;
12—氟吸收室;13—氟盐反应器;14—离心机;15—干燥机;16—桥式吊车

经过粗碎的磷矿,由斗式提升机(1)提升至碎矿储料斗(2)中,再通过圆盘加料机(3)与由自来水流量计(4)计量后的自来水一起加入到球磨机(5)中进行湿磨。湿磨好的矿浆经振动筛(6)过滤后,料浆流入带搅拌的矿浆池(7),再经矿浆泵(8)与水一起加入到混合器(9)中。由混合器出来的料浆进入回转化成室(10)(或皮带化成室),由胶带输送机(11)送到具有桥式吊车(16)的熟化仓库。由混合器、回转化成室等排出的含氟废气经氟吸收室(12)吸收后放空。吸收制得的溶液在氟盐反应器(13)中与 NaCl 反应生成 Na_2SiF_6 结晶,经离心机(14)分离和干燥机(15)干燥后得到副产品 Na_2SiF_6。

上述流程中的关键设备是回转化成室,通常根据采用的化成设备对普通过磷酸钙的生产流程进行分类。采用回转化成室的流程称为"回转化成流程",采用皮带化成室的流程称为"皮带化成流程"。与皮带化成流程相比,回转化成流程的磷矿种类适用性较强、检修工作量大、氟逸出率低、化成时间较长。

普通过磷酸钙生产的主要设备为混合器和化成室。混合器是硫酸与磷矿混合并反应的主要设备,目前国内外普遍采用的是椭圆形的立式多桨混合器,其结构如图 7-10 所示。混合器的外壁和底部采用钢板焊制,内壁衬耐酸混凝土或以耐酸瓷砖作为防腐层。混合器内布置有 3~5 个钢衬橡胶形式的搅拌桨,每桨有桨叶 2~3 层,每层桨叶呈 180°,相邻桨叶层呈 90°。除立式多桨混合器

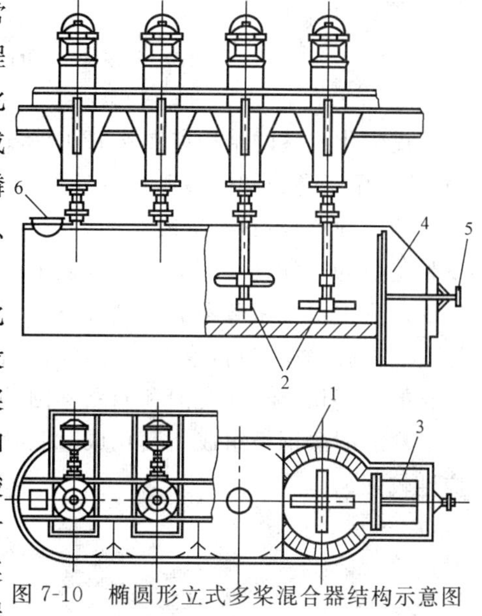

图 7-10 椭圆形立式多桨混合器结构示意图

1—混合槽;2—搅拌器;3—出料口;
4—出料口挡板;5—挡板压紧螺旋;6—加料口

外，普通过磷酸钙生产还采用卧式混合器、锥形混合器、透平混合器、节能型管式混合器等。

普通过磷酸钙生产的化成室分为两类：回转化成室和皮带化成室。回转化成室对磷矿的适应性较强，其结构如图 7-11 所示。回转化成室结构包括顶盖、筒体、切削器、传动和支撑装置等。顶盖由钢筋混凝土制成，内涂水玻璃辉绿岩胶泥；筒体为圆柱体，材料与顶盖相同，外包钢板。筒体内部固定在顶盖上的竖直弧形护板将化成室分为化成区和切削区两部分，切削区布置有中心出料管和切削器。在生产时，料浆由顶盖进入化成室化成区的护板附近；随着筒体的缓慢旋转，料浆逐渐凝固，转至切削区时已经固化，被切削器切碎，经中心出料筒落入化成室底部的皮带输送机送去熟化。切削器的直径不到化成室的一半，转速为 6～12 r/min，旋转方向与化成室相反。切削器内的切削刀一般为铬钢玉刀或铸铁刀，也有的用辉绿岩刀片。回转化成室旋转一周的时间为 0.8～2.5 h，根据料浆所需的固化时间调节。

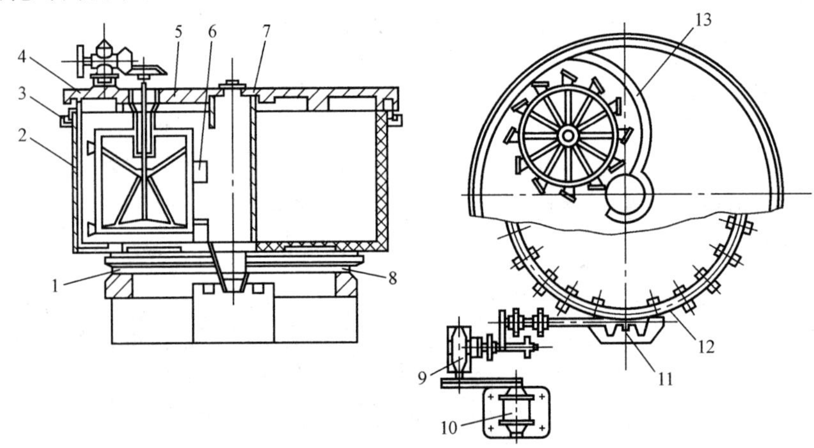

图 7-11　回转化成室结构

1—挡轮；2—筒体；3—水封；4—顶盖；5—切削器；6—刀架；7—中心筒；8—托轮；9—减速机；10—电动机；11—蜗杆；12—涡轮；13—护板

皮带化成室的结构如图 7-12 所示。皮带化成的时间为 15～20 min，由于化成时间较短，故适用于易分解的磷矿。在外形和结构上，皮带化成室与一般的皮带输送机相似。其主要的不同点是：料浆未凝结的一段皮带的带面为凹形，以避免料浆外溢，其长度相当于皮带全长的三分之一。皮带用以氯丁橡胶为主的配方制成，具有优良的耐酸、耐碱和耐磨性能。皮带罩采用薄钢板焊制，内衬一层防腐的软聚氯乙烯塑料板，罩子与皮带接触的边缘安装橡胶挡皮密封，罩上开有进料孔和排气孔，皮带出料端装有滚轮式的切削器，将已固化的鲜钙切碎。在美国和西欧等国，通常采用一种与皮带化成室相似的链板化成室，是由运动的耐酸钢板组成。其化成时间比皮带化成时间长，可达 0.5～1 h，故对磷矿的适应性较强。

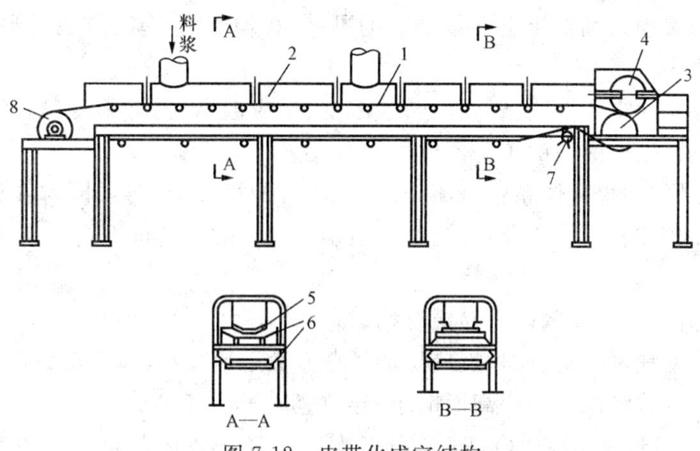

图 7-12　皮带化成室结构

1—皮带；2—皮带罩；3—主动轮；4—切削器；5—挡板；6—托轮；7—梅花滚筒；8—从动轮

2. 重过磷酸钙

重过磷酸钙简称重钙，有效 P_2O_5 含量为40%～50%。其主要成分为 $Ca(H_2PO_4)_2 \cdot H_2O$，并含有少量游离酸。由于重钙的有效 P_2O_5 含量是普通过磷酸钙的三倍，又称其为三倍过磷酸钙。国外将有效 P_2O_5 含量为30%～50%的富钙与重钙统称为浓缩过磷酸钙(concentrated super phosphate)。

早在1872年，重钙就在德国实现了工业化。由于受当时磷酸和磷酸浓缩技术的制约，重钙的生产规模较小。随着湿法磷酸浓缩的工业化，在20世纪50～60年代重钙才得以迅速发展。20世纪50年代末，我国开始进行重钙的开发研究，并建成了一些几十万吨级的大型重钙生产装置。重钙的生产方法主要有化成室法(也称浓酸熟化法)和无化成室法(也称稀酸返料法)。

近些年来，由于高效复合肥料磷铵的发展，一些大型重钙厂改产了磷铵，重钙产量逐渐下降。目前重钙产量只占全国磷肥总产量的4%左右。

(1)重钙生产基本原理和工艺条件

重钙生产是用磷酸分解磷矿，因此其生产过程的反应机理与普通过磷酸钙生产的第二阶段相同，反应过程可用下式表示：

$$Ca_5F(PO_4)_3+7H_3PO_4+5H_2O=\!=\!=5Ca(H_2PO_4)_2 \cdot H_2O+HF$$

此外，磷矿中的其他杂质也同时被磷酸分解：

$$(Ca,Mg)CO_3+2H_3PO_4=\!=\!=(Ca,Mg)(H_2PO_4)_2 \cdot H_2O+CO_2$$

$$(Fe,Al)_2O_3+2H_3PO_4+H_2O=\!=\!=2(Fe,Al)PO_4 \cdot 2H_2O$$

磷矿中的硅酸盐则被酸分解生成硅酸，其与 HF 作用生成 H_2SiF_6 和气态的 SiF_4。H_2SiF_6 可进一步加工为氟硅酸盐副产品。

重钙生产要求磷矿的 P_2O_5 含量尽可能高，P_2O_5/CaO 尽可能大，Fe_2O_3、Al_2O_3、MgO 等杂质的含量尽可能低，以提高产品中水溶性 P_2O_5 的含量，减少有效 P_2O_5 的退化和改善产品的物理性质。在重钙生产过程中，由于体系中的 MgO 会中和磷酸的第一个氢离子，从而降低磷矿分解率，因此需注意控制磷矿和磷酸中 MgO 的含量。此外，由于磷酸镁盐的吸湿性和缓慢结晶析出会导致产品的黏结，物理性质变坏，故也对限制 MgO 的含量提出了严格要求。

磷酸分解磷矿的主要工艺条件有：磷酸浓度、反应温度、混合强度、磷矿粉细度等，其中磷酸浓度是重钙生产的关键工艺条件。

提高磷酸浓度，即提高体系中氢离子的浓度，可加快反应速度；同时又可降低产品水分，缩短熟化时间，减轻干燥负荷，提高产品质量。但磷酸浓度也不是越高越好，其不利影响是：

①液固比降低，磷酸和磷矿不易混合均匀；

②磷酸黏度增加，使磷酸通过反应层的扩散系数迅速减小，降低反应速率；

③离解度随着磷酸浓度的提高而减小，导致氢离子活度减小。

磷酸浓度为 26%～46% P_2O_5，磷矿分解率随着磷酸浓度与氢离子浓度的提高而增加。当磷酸浓度达到某一临界浓度时，其黏度急剧增加，导致磷矿分解率迅速下降。在化成室法中，磷酸浓度过低，料浆的液固比太大；磷酸浓度过高，又易导致局部反应；这两种情况均会导致料浆不能固化。磷酸浓度的选择还与磷矿性质相关。使用易分解的磷块岩为原料时，磷酸浓度以 40%～50% P_2O_5 为宜；如用难分解的磷灰石为原料时，磷酸浓度为 50%～55% P_2O_5 较合适。

反应温度主要影响初始的磷矿分解率。磷酸浓度较低时，采用较高的反应温度有利于磷矿的分解。磷酸浓度较高时，可以采用较低的反应温度。提高磷酸温度虽可降低其黏度，增加磷酸二氢钙的过饱和度，但结晶速度也相应加快，析出过多的细小磷酸二氢钙结晶，反而不利于磷矿的继续分解。

混合强度与时间对磷矿分解也有重要影响。磷酸与磷矿粉混合时，物料形态经历了如下一些阶段：流动期、塑性期、固态期。在流动期内，反应体系为均匀的料浆，混合效果好。塑性期体系渐趋黏稠，混合困难。固态期反应物已固化，较干燥，易粉碎。虽然流动期和塑性期的长短与矿种、磷矿品位、磷酸用量、反应温度、矿粉细度等均有关，但由于料浆的触变性，流动期的长短和混合强度的关系更为密切，强烈的搅拌可以延长流动期。流动期的延长可使酸、矿充分反应，有利于加速磷矿分解；同时还可改善产品物理性质、提高生产能力。

生产重钙所用的矿粉细度比生产普通过磷酸钙所用的矿粉细度高，一般通过 200 目的粒度要占 50%以上。矿粉也不能过细，否则不仅增加动力消耗，还会缩短混合的流动期，导致磷矿的前期分解率虽高，但后期的分解率反而缓慢。

(2)重钙生产的工艺流程

图 7-13 是化成室法重钙生产工艺流程。在锥形混合器中将含 45%～55% P_2O_5 的浓磷酸与磷矿粉混合。浓磷酸经计量分四路通过喷嘴，按切线方向流入混合器；磷矿粉经螺旋输送机通过锥形混合器上部的中心管流下与旋流的磷酸相遇，经过 2～3 s 的剧烈混合后，料浆流入皮带化成室。在皮带化成室内，重钙很快固化，将刚固化的重钙用切条刀切成窄条，然后通过鼠笼式切碎机将其切碎，送往仓库堆置熟化。

在无化成室法工艺中，采用浓度较低的磷酸(含 30%～32%或 38%～40% P_2O_5 的磷酸)分解磷矿。制得的料浆与成品细粉混合，再经过加热促进磷矿进一步分解而得到重钙。该工艺流程没有明显的化成和熟化阶段，故称为无化成室法。

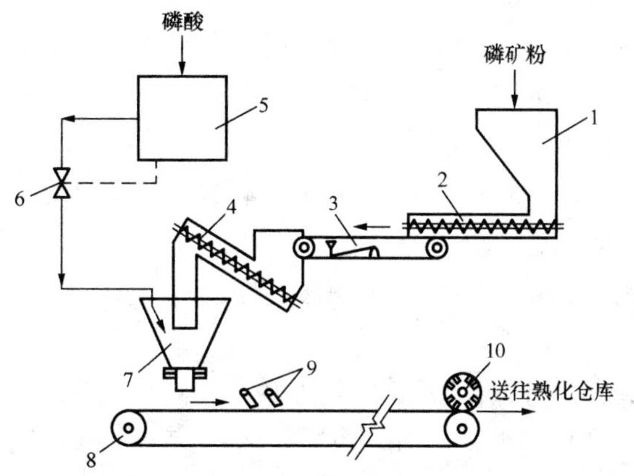

图 7-13　化成室法重钙生产工艺流程

1—磷矿粉储斗；2，4—螺旋输送机；3—加料器；5—磷酸计量槽；6—自动调节阀；
7—锥形混合器；8—皮带化成室；9—切条刀；10—鼠笼式切碎机

无化成室法制造重钙的工艺流程如图 7-14 所示。磷矿粉与稀磷酸在搅拌反应器内混合，并通入蒸汽加热控制温度在 80～100 ℃。从反应器流出的料浆与返回的干燥产品细粉在双轴卧式造粒机内进行混合和造粒，制得的湿颗粒状物料进入回转干燥炉，用从燃烧室来的与物料并流的热气加热，在干燥炉内尚未分解的磷矿粉进一步反应。通过控制干燥炉的温度，使出炉物料的温度为 95～100 ℃，干燥后成品含水量为 2%～3%。

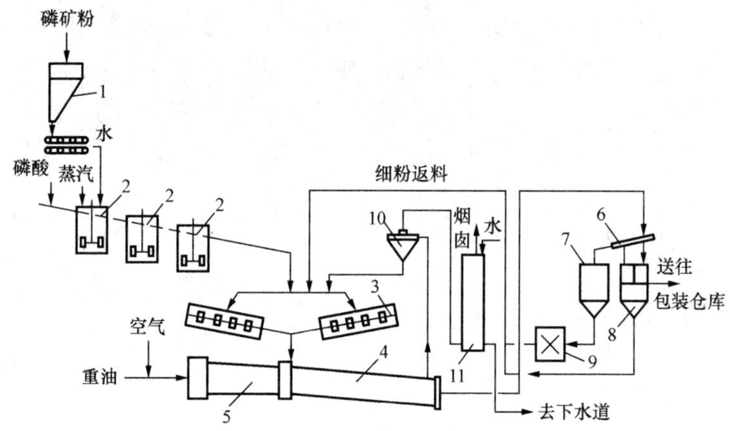

图 7-14　无化成室法制造重钙的工艺流程

1—矿粉储斗；2—搅拌反应器；3—双轴卧式造粒机；4—回转干燥炉；5—燃烧室；
6—振动筛；7—储斗；8—产品储斗；9—破碎机；10—旋风除尘器；11—洗涤塔

7.3.2　热法磷肥

热法磷肥是指采用热化学法在高温下加入（或不加入）某些配料分解磷矿制得的磷肥，其加工方法有熔融法和烧结法两种，品种包括钙镁磷肥、钙钠磷肥、脱氟磷肥、钢渣磷肥和偏磷酸钙等。热法磷肥均为非水溶性的缓效磷肥，其特点是肥效持续时间长、不易流失、利用率较高。

1. 钙镁磷肥

钙镁磷肥是一种含有含磷酸根的硅铝酸盐玻璃体的微碱性肥料，没有准确的化学式，主要成分为 $Ca_3(PO_4)_2$ 和 $CaSiO_4$，又称熔融钙镁磷肥。钙镁磷肥是一种低浓度的单一磷肥，有效 P_2O_5 的含量为 12%～20%、SiO_2 含量为 20%～28%、CaO 含量为 25%～30%、MgO 含量为 10%～18%，与普通过磷酸钙相似。钙镁磷肥对磷矿的适应性强，产品中除磷、镁和钙外还含有多种营养元素，如随矿石配料带入的钾、硼、锰、锌、铜、钼、钴、铁等元素，适用于我国大部分的酸性土壤、砂质土壤和缺镁的贫瘠土壤。钙镁磷肥约占我国磷肥总产量的 4%左右。

1939 年德国首先报道了钙镁磷肥的制备方法专利，1946 年美国开始了电炉法钙镁磷肥的工业化生产，1948 年日本开始采用电炉和平炉生产钙镁磷肥。之后南非、巴西、韩国、波兰、印度、俄罗斯等国先后开始了研究和生产。我国的钙镁磷肥研发与生产始于 1953 年，当时采用电炉法；1958 年后，开始尝试用高炉法生产；20 世纪 70 年代后，高炉法完全取代了电炉法。

(1)钙镁磷肥的生产原料及生产原理

钙镁磷肥的主要原料为：磷矿、助熔剂（如蛇纹石、白云石、橄榄石等矿物）以及燃料（如焦炭、煤和重油）。

在钙镁磷肥的工业生产中，可直接使用中低品位磷矿，如不适合酸法加工的高镁磷矿等。磷矿中的杂质分为两类：有益类的 MgO 和 SiO_2；无益类的 Fe_2O_3 和 Al_2O_3。有益类的杂质可以高一些，无益类的杂质越少越好。磷矿的粒度控制在 10～120 mm。

助熔剂的作用是降低配料熔点，改善熔融料的流动性，同时增加其他营养元素。每生产 1 t 钙镁磷肥需配入 0.4～0.5 t 助熔剂，常用的助熔剂为蛇纹石和白云石。

燃料焦炭的固定碳含量应大于 80%，灰分少于 15%，粒度为 8～60 mm。无烟煤（白煤）的固定碳含量应在 80%左右，挥发分小于 10%，灰分为 10%～16%，粒径为 20～120 mm，粉煤可制球使用。生产 1 t 钙镁磷肥需要焦炭 0.2～0.3 t。

钙镁磷肥的生产包括三个过程：炉料熔融，熔体水淬骤冷，水淬渣的干燥和研磨。其中，炉料熔融和熔体水淬骤冷是生产的关键过程。

炉料熔融过程是在高炉中进行的，各种原、辅料进炉后经历加热和熔融两个阶段。在加热的过程中，首先在较低温度脱除游离水；加热至 550～650 ℃时，辅料蛇纹石等矿物脱除结晶水和分子水：

$$Mg_3Si_4O_{11}\cdot 3Mg(OH)_2\cdot H_2O = Mg_3Si_4O_{11}+3MgO+4H_2O$$

加热到 750～1 000 ℃，碳酸盐矿物开始分解：

$$(Ca,Mg)CO_3 = (Ca,Mg)O+CO_2$$

上述矿物分解出的 MgO 会与脱水的蛇纹石反应生成硅酸镁：

$$Mg_3Si_4O_{11}+3MgO = 2Mg_2SiO_4+2MgSiO_3$$

继续加热至 1 000～1 350 ℃时，高炉内的炉料逐渐开始软化、熔融，发生脱氟化学反应；再继续升温至 1 500 ℃时，高炉内的炉料成为具有良好流动性的熔体。在有足够的水蒸气和 SiO_2 存在的条件下，炉料磷矿中的氟磷酸钙发生脱氟反应，生成磷酸三钙和正硅酸钙：

$$2Ca_5F(PO_4)_3+SiO_2+H_2O = 3Ca_3(PO_4)_2+CaSiO_3+2HF$$

在水蒸气不足的情况下，则发生如下的脱氟反应：

$$2Ca_5F(PO_4)_3+SiO_2 = 3Ca_3(PO_4)_2+0.5Ca_2SiO_3+0.5SiF_4$$

这两种脱氟反应中生成的高温型磷酸三钙又称为α-磷酸三钙，可溶解于柠檬酸溶液中，是一种枸溶性磷酸盐，可被植物吸收。但是当熔体缓慢冷却至1 180 ℃以下时，高温型的α-磷酸三钙将转变为低温型的β-磷酸三钙，低温型的β-磷酸三钙很难被植物吸收。因此，为使高温型的α-磷酸三钙稳定存在，需要改变熔体的冷却方式，即采用将熔体水淬骤冷的方法，使之形成稳定的玻璃体结构。

熔体水淬骤冷过程进行的好坏直接关系到产品质量。如果熔体不能骤冷，就会析出结晶，出现"反玻璃化"，使产品中有效 P_2O_5 的含量大幅降低。因此，工业上通常采用高压水流喷射，使熔体快速冷却并迅速分散成细粒，以保证高温型的α-磷酸三钙和玻璃体结构固定下来，使钙镁磷肥产品保持有很高的枸溶率。

在炉料熔融过程中还有一些副反应发生，如部分氧化铁能被焦炭还原成金属铁，生成的金属铁再与熔料中的 P_2O_5 反应，炉料和燃烧中的炭反应：

$$Fe_2O_3+3C = 2Fe+3CO$$

$$5Fe+P_2O_5 = 5FeO+3P_2\uparrow$$

$$Ca_3(PO_4)_2+5C+3SiO_2 = 3CaSiO_3+P_2\uparrow+5CO\uparrow$$

被还原的铁和磷结合生成磷铁，沉入炉底。磷蒸气由炉顶排出与新鲜炉料相遇，大部分被炉料吸收下来，少量磷则随炉气一起排出而损失。

当使用蛇纹石或橄榄石为助熔剂时，一氧化碳可还原炉料中的氧化镍：

$$NiO+CO = Ni+CO_2$$

生成的镍与铁、磷形成镍磷铁沉入炉底，可定期排出作为炼镍的原料回收利用。生产1 t钙镁磷肥，约可得到80 kg镍铁(含镍15%～16%)。

(2)钙镁磷肥的生产工艺流程

钙镁磷肥的生产工艺主要有三种：高炉法、电炉法和平炉法。国外多采用电炉法和平炉法，我国则基本采用高炉法。我国高炉法制钙镁磷肥的工艺流程如图7-15所示。

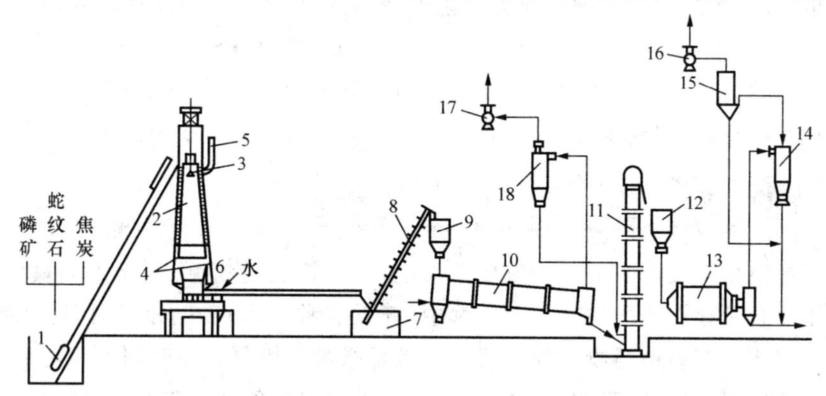

图7-15　高炉法制钙镁磷肥的工艺流程

1—卷扬机；2—高炉；3—加料罩；4—风嘴；5—炉气出口管；6—出料口；7—水淬池；8—沥水式提升机；9，12—储斗；10—回转干燥机；11—斗式提升机；13—球磨机；14—旋风分离器；15—袋滤器；16，17—抽风机；18—料尘捕集器

将磷矿、蛇纹石(或白云石)和焦炭破碎至一定粒度后，按一定比例装入料车用卷扬机(1)送入高炉(2)。热风炉来的热空气经风嘴(4)喷入高炉。在高炉内，焦炭迅速燃烧产生高温，温度可达到1 500 ℃以上。物料在高炉内充分熔融后，由出料口(6)排出，用表压大于0.2 MPa的水喷射冷却排出的熔融体，使其急冷而凝固，再破碎成细小的粒子流入水淬池(7)中。水淬用水量约为20 m^3/t(物料)。水淬后的湿料由沥水式提升机(8)送入回转干燥机(10)干燥。干燥后的半成品含水量约为0.5%，经斗式提升机(11)送至储斗(12)，再进入球磨机(13)磨细。细度要求为80%以上颗粒能够通过80目筛。

2. 钙钠磷肥

钙钠磷肥是利用烧结法制备的一类热法磷肥，故又称为烧结钙钠磷肥。工业生产中，主要以磷矿、纯碱和硅砂为原料，在1 150～1 250 ℃下经高温烧结而成。钙钠磷肥一般含20%～30% P_2O_5，其中约有95%可溶于2%的柠檬酸中，在pH=9的柠檬酸铵溶液中也有90%～96%的可溶率。

1917年，德国钾盐化学公司研制开发了钙钠磷肥的生产工艺，后由德国的雷诺尼亚公司生产，其主要反应为

$$Ca_5F(PO_4)_3+2Na_2CO_3+SiO_2 = 3CaNaPO_4 \cdot Ca_2SiO_4+NaF+2CO_2$$

由上式可知：在钙钠磷肥中，磷酸盐是以 $CaNaPO_4$ 和 Ca_2SiO_4 的固溶体形式存在的。

钙钠磷肥的生产过程主要包括：生料制备、生料煅烧、熟料冷却和熟料洗磨等四个工序。生料制备是首先将磷矿和硅砂分别进行干燥，然后一起加入球磨机中进行磨碎和混合，再与纯碱一起送入混料机、造粒机中，制得含水量为10%、粒度为2～5 mm的生料。磷矿∶纯碱∶硅砂约为10∶3∶1。将生料加入到含铝耐火砖的回转窑中，以煤粉作燃料在1 200 ℃下进行煅烧，在窑的出口设置喷水装置对肥料熟料进行骤冷和部分脱氟反应。出窑熟料在冷却筒内冷却至400～600 ℃后，送入储仓中进行自然冷却，再经磨碎即为产品。该工艺生产1 t产品消耗纯碱250～310 kg，消耗煤粉约150 kg。

美、德等国为降低成本，曾试图采用芒硝部分或全部代替碳酸钠制备钙钠磷肥，但由于工艺过程控制要求严格、设备生产强度低等原因而未能工业化。芒硝法工艺的反应过程分为两步：首先用炭将硫酸钠还原为硫化钠，然后再与磷矿反应生成磷酸钠钙：

$$Ca_5F(PO_4)_3+2Na_2S = 3CaNaPO_4+2CaSF+NaF$$

上述工艺的炉料质量配比为磷矿∶硫酸钠∶煤=10∶6∶3。煅烧后出窑熟料的处理过程与碳酸钠法相似，均要求快速冷却至400 ℃以下，避免或减少有效磷的退化。

7.4 钾 肥

钾元素是植物生长所需的三种重要元素之一，但钾肥与氮肥、磷肥不同，钾元素不是构成植物体内有机化合物的成分。在土壤中，钾以三种形态存在：水溶性钾、代换性钾和不溶性钾。水溶性钾易被植物吸收。代换性钾是指被土壤复合体吸附而又能被其他阳离子所交换的钾，也易被植物吸收。不溶性钾是指土壤中的各种硅铝酸钾，如长石、云母、黏土等。土壤中的水溶性钾和代换性钾所占比例较少，当植物收获时钾随之被带走。过去带走的大部分钾由动物的排泄物和草木灰等形式又返回土壤，但也有损失。近30年来，

这种自然返回的形式越来越少，因此土壤中钾的缺失也逐渐增加。

最早的钾肥可以追溯至人们使用的草木灰，但直到1861年在德国的Stassfurt开采光卤石矿后，才开始建立起钾肥工业。在20世纪初，世界其他地方也相继发现钾矿并开始生产钾肥。目前，钾肥的主要品种为氯化钾和硫酸钾，其他的钾肥产量较小，如硫酸钾镁、磷酸氢钾和硝酸钾。

在自然界中，水溶性钾盐主要以氯化钾的形式存在。因此，氯化钾是世界上用量最大的钾肥，约占钾肥总量的90%以上。肥料级氯化钾中K_2O含量为58%～60%，肥料级硫酸钾中K_2O含量为50%左右。硫酸钾主要用在忌氯作物上，如果树和烟草等经济作物。

7.4.1 氯化钾

1. 利用钾石盐矿制取氯化钾

钾石盐矿是自然界中最主要的可溶性钾矿，主要由氯化钾和氯化钠组成。利用钾石盐矿制取氯化钾的方式有两种：浮选法和溶解结晶法。浮选法可参考第5章。

钾石盐矿的溶解结晶法制氯化钾是根据NaCl和KCl在水中的溶解度随温度变化规律的不同，在不同温度下将NaCl和KCl进行分离。

图7-16为25 ℃和100 ℃下KCl-NaCl-H_2O体系的多温相图。图中K点为钾石盐的组成点（将钾石盐视为KCl和NaCl的混合物，其他杂质忽略不计）。有关根据相图分析拟定钾石盐的分离方案的内容可参见本书3.3节。

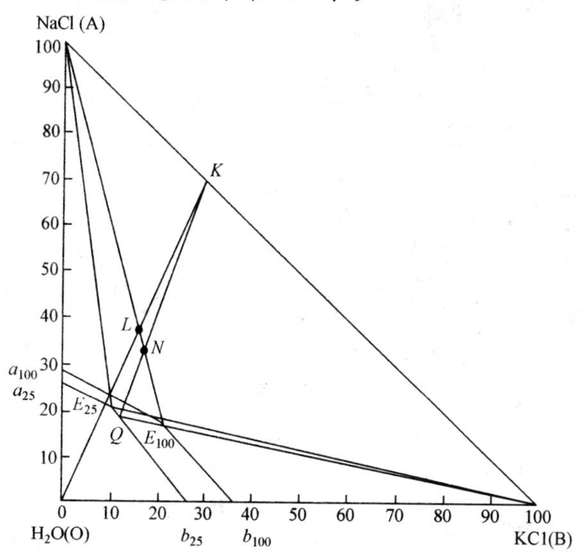

图7-16 25 ℃和100 ℃下KCl-NaCl-H_2O体系的多温相图

根据相图分析拟定的分离方案是：

(1)用常温下结晶分离出KCl的母液Q在高温下溶解经过粉碎的钾石盐矿，制得高温的KCl-NaCl共饱液E_{100}和固体NaCl及泥沙残渣；

(2)将高温的共饱液E_{100}和盐泥残渣分离并加以澄清，除去溶液中夹带的固体颗粒；

(3)将澄清并除去盐泥残渣的高温共饱液E_{100}冷却至常温，KCl结晶析出，将KCl与母液 Q 分离，湿 KCl 固体送去干燥；

(4)将 KCl 母液 Q 加热去溶解新的钾石盐矿，再获得高温共饱液 E_{100}，实现封闭循环。

由于钾石盐矿中含有少量其他盐类杂质，在上述循环过程中会累积，使 KCl-NaCl-H_2O 体系的溶解度发生变化，影响 KCl 溶浸和结晶的工艺条件。因此，当盐类杂质累积到一定程度时，产品 KCl 的纯度会下降；此时，除了增加对 KCl 的洗涤外，必要时还需对 KCl 产品进行重结晶。出现这种状况时，应从系统中排出一部分 KCl 母液进行处理。

图 7-17 是钾石盐矿溶解结晶法制 KCl 的工艺流程。钾石盐矿经破碎机(1)破碎后，送入振动筛(2)进行筛分，筛下物料送入三个串联的螺旋溶浸槽(3、4、5)中，用 KCl 母液进行浸取。由结晶来的冷母液经过换热和加热后送入第二螺旋溶浸槽(4)，与来自第一螺旋溶浸槽(3)的钾石盐逆流溶浸，第二螺旋溶浸槽排出的固体进入第三螺旋溶浸槽(5)用洗水洗涤后，获得 NaCl 残渣，经 NaCl 残渣离心机(6)脱水后排弃。钾石盐从第一螺旋溶浸槽流经第二螺旋溶浸槽，再流入第三螺旋溶浸槽；洗水先进入第三螺旋溶浸槽，出来的洗水与 KCl 母液汇合后一起进入第二螺旋溶浸槽，溶浸钾石盐后再进入第一螺旋溶浸槽继续溶浸钾石盐，这种方法称为外部逆流，可提高 KCl 的溶解速度和溶浸率。

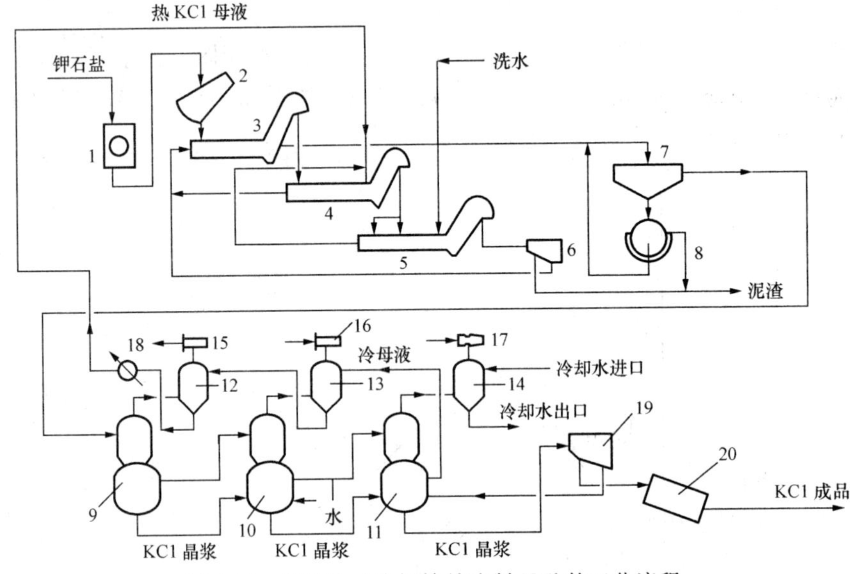

图 7-17　钾石盐矿溶解结晶法制 KCl 的工艺流程

1—破碎机；2—振动筛；3，4，5—第一，第二，第三螺旋溶浸槽；6—NaCl 残渣离心机；7—澄清槽；8—真空转鼓过滤机；9，10，11—结晶器；12，13，14—冷凝器；15，16，17—蒸汽喷射器；18—加热器；19—KCl 晶浆离心机；20—干燥机

在第一螺旋溶浸槽中，原料钾石盐和溶液是并流接触溶浸的。采用这种操作方式可使钾石盐中 KCl 晶浆含有的细盐与溶液长时间接触，促使其充分溶解，减少细盐的损失，这种操作模式称为内部并流。而第二和第三螺旋溶浸槽则采用固液内部逆流接触模式。从第一螺旋溶浸槽出来的溶液中含有细盐和黏土等不溶物，加入絮凝剂后送入澄清槽(7)，底流经真空转鼓过滤机(8)过滤，将泥沙排弃，滤液由泵送回澄清槽。由澄清槽溢流出的溶液为 NaCl 和 KCl 的热共饱和溶液，送往结晶器(9、10、11)结晶。通常将多个结晶

器串联，每组结晶器由结晶罐、蒸发室、冷凝器(12、13、14)和蒸汽喷射器(15、16、17)组成。溶液逐个流过各结晶器，喷射器通过蒸汽喷射使蒸发罐处于真空状态。真空度按流程顺序逐级增加，结晶罐内的温度也就逐级下降。至最后一级结晶罐，溶液的温度已接近常温。KCl 晶浆也逐个通过各结晶器，在最后一个结晶器底部取出 KCl 晶浆送至 KCl 晶浆离心机(19)脱水，湿 KCl 经干燥机(20)干燥后即为产品。滤液返回最后一个结晶器，从其中出来的冷母液自后往前通过各级冷凝器(13、12)升温，并充作二次蒸汽的冷凝介质。从冷凝器(12)出来的 KCl 母液，再经过加热器(18)的蒸汽加热，回到第二螺旋溶浸槽浸取新的钾石盐原料。只有最后一级冷凝器(14)采用冷水作冷凝介质，以获得更低的温度。

KCl 真空结晶使用的结晶器有两种：清液循环型真空结晶器[又称为奥斯陆(Oslo)结晶器]和浆液循环型真空结晶器。图 7-18 是清液循环型真空结晶器。其结晶过程为：将清液和料浆混合后送至蒸发室进行蒸发，以产生一定的过饱和度，然后利用重力作用将蒸发室内的过饱和溶液通过大气腿返回结晶罐的悬浆层底部和晶体接触，使晶体长大。过量的细晶从细晶层移出，经加热溶解后返回到循环溶液中去。奥斯陆结晶器缺点是：因受结晶罐流体上升速度的限制，循环量不能太大，生产强度低；与过饱和液接触的器壁易结盐垢，须经常清洗。

具有导流筒和折流板的浆液循环型真空结晶器(draft tube and baffle crystallizer，DTB 结晶器)如图 7-19 所示。浆液循环型真空结晶器由结晶室(3)、蒸发室(7)、沉降区(4)和分级腿(1)组成。在结晶室的中央有导流筒(6)，折流板(5)和壳体之间的环隙为沉降区，结晶室的下面则为分级腿。料液从导流筒底部螺旋桨(8)下送入与悬浆混合。利用螺旋桨的作用使溶液自下而上流动，当悬浆上升至蒸发表面时，进行绝热蒸发，由于浓缩和降温的双重作用产生过饱和度，使晶体生长。螺旋桨采用低转速、大扬量，低转速的目的是防止晶体被打碎和过于剧烈的机械震动产生大量细晶，大扬量可以将足够量的悬浆送至蒸发表面，使蒸发时的温度仅降低 0.2～0.5 ℃，不至于形成大量晶核。在结晶器内长大的晶体自结晶器的锥底流至分级腿，从结晶器沉降区上部取出的母液经循环泵(10)送至分级腿底部，母液在分级腿内自下而上流动进行淘洗，使细晶重新进入结晶器的结晶区，粗晶向下沉降至分级腿底部取出。

DTB 结晶器的优点是：由于结晶器内有大量的晶体与过饱和溶液接触，导致其过饱和度迅速消失，使器壁盐垢大为减轻；悬浆含量可提高到 30%～40%，增加了晶体在结晶器内的停留时间，单位体积的生产能力为奥斯陆结晶器的 4～8 倍。目前最大的 DTB 结晶器直径大于 6 m，高大于 23 m，每台结晶器的日产能力达到 100～400 t，生产自动化程度高。用 DTB 结晶器生产的氯化钾结晶粒度 99.6%大于 48 目。

氯化钾干燥可采用转筒干燥机和沸腾干燥炉。利用转筒干燥机干燥时，湿氯化钾与炉气采用并流流动方式；可降低干燥机出口温度，防止氯化钾熔化；成品氯化钾水含量可降至 0.5%～1.0%。沸腾干燥炉由燃烧室和干燥室组成。燃烧室是钢板卷制的圆筒，内衬耐火砖，在燃烧室的一端装有重油或天然气喷雾器。干燥室为立式圆筒，下部呈锥形，筛板开孔率为 10%，筛板下有气体分布器。温度为 700～750 ℃的烟道气由燃烧室进入干燥室中，沸腾层中的物料温度约为 130 ℃，排出的气体温度为 100～115 ℃。被气体带走的氯化钾用粉尘沉降室和旋风除尘器来回收。沸腾干燥炉干燥氯化钾工艺流程如图

7-20 所示。

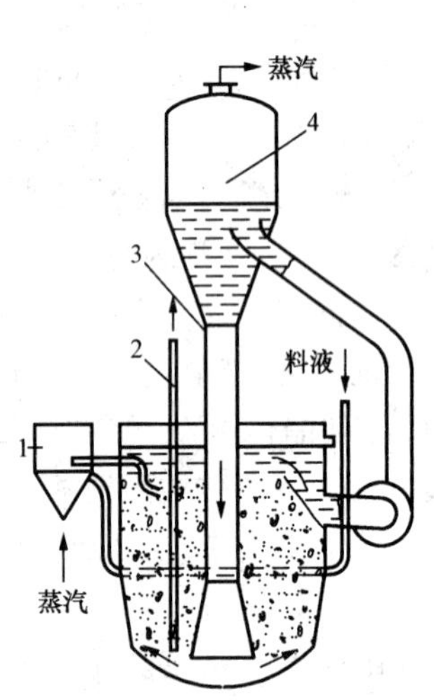

图 7-18　清液循环型真空结晶器

1—细晶分离器；2—晶体取出管；3—大气腿；4—蒸发室

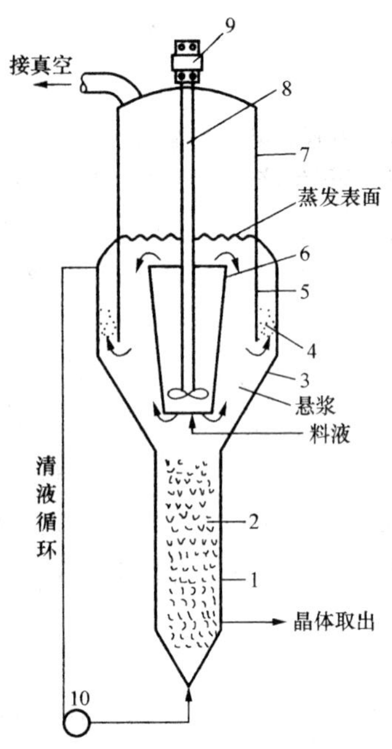

图 7-19　浆液循环型真空结晶器

1—分级腿；2—部分分级区；3—结晶室；4—沉降区；5—折流板；6—导流筒；7—蒸发室；8—螺旋桨；9—螺旋桨驱动器；10—循环泵

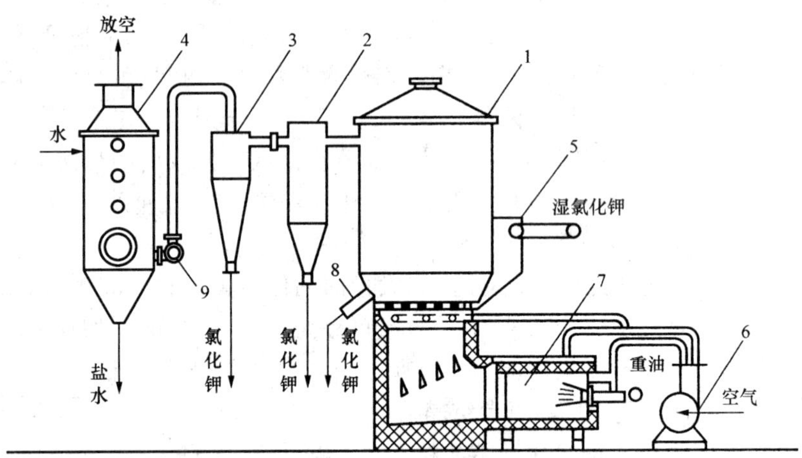

图 7-20　沸腾干燥炉干燥氯化钾工艺流程

1—沸腾干燥炉；2—粉尘沉降室；3—旋风除尘器；4—泡沫洗涤器；5—进料装置；6—鼓风机；7—燃烧室；8—出料装置；9—送风机

2. 利用光卤石矿生产氯化钾

天然光卤石矿一般位于钾石盐矿层的上部，这源于光卤石矿是由沉积钾石盐后的母液经进一步自然蒸发浓缩生成的。光卤石经常与钾石盐共生，有时还含有硫酸镁、氯化钙和硫酸钙等盐类。在一定温度范围内（－24～167.5 ℃）光卤石是一种十分稳定的复盐，工业上可利用其不相称溶解性，通过加入适量水使其中的 $MgCl_2$ 全部溶解，而大部分 KCl 保留在固相中。

由于天然光卤石与钾石盐伴生，因此光卤石中都含有固体氯化钠。由于同离子效应，氯化钠在饱和氯化镁溶液中的溶解度不大。因此，在加工光卤石时可以认为液相为 NaCl 所饱和，讨论光卤石生产氯化钾的生产工艺条件应该用 KCl-Mg_2Cl-NaCl-H_2O 四元体系相图。

加工光卤石的方法有两种：完全溶解法和冷分解法。下面分别介绍这两种工艺流程。

(1)完全溶解法

图 7-21 是 NaCl 饱和时的 KCl-Mg_2Cl-H_2O 相图，也就是 KCl-Mg_2Cl-NaCl-H_2O 四元体系相图的各 NaCl 饱和面从 NaCl 顶点所作的放射投影图。在图中绘出了 25 ℃和 100 ℃的两组溶解度曲线。图中 A 为 KCl 和 NaCl 的共饱点，B 为 $MgCl_2 \cdot 6H_2O$ 和 NaCl 的共饱点，P 为 KCl、$KCl \cdot MgCl_2 \cdot 6H_2O$ 和 NaCl 的三盐共饱点，E 为 $KCl \cdot MgCl_2 \cdot 6H_2O$、$MgCl_2 \cdot 6H_2O$ 和 NaCl 的三盐共饱点。A、B、P、E 下标的数字表示体系的温度，Car(carnallite)为光卤石组成点。

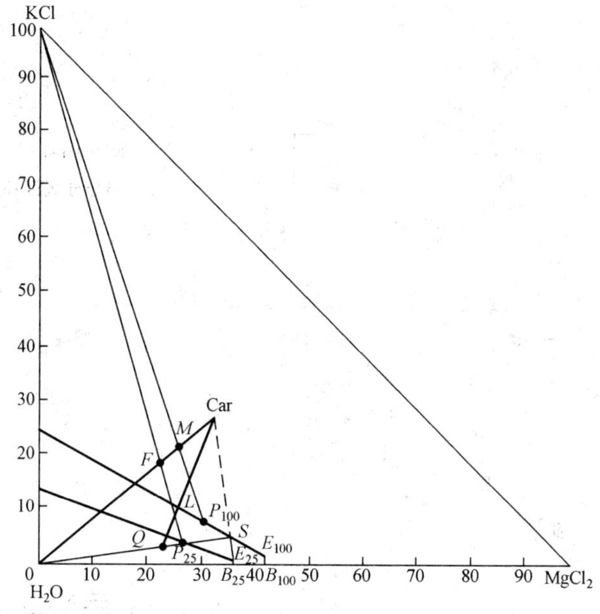

图 7-21 NaCl 饱和时的 KCl-Mg_2Cl-H_2O 相图

将部分 25 ℃下的共饱液 P_{25} 加水配制成溶液 Q(图 7-21)，其浓度为 $MgCl_2$ 280 g/L、KCl 40 g/L、NaCl 40 g/L，然后将其加热至 100 ℃用于溶解光卤石，得到饱和溶液 L。将饱和溶液 L 过滤除去泥沙后，冷却至 25 ℃，大部分 KCl 结晶析出，其中夹杂 NaCl，溶液又落在 25 ℃的 KCl-NaCl-光卤石的三盐共饱点 P_{25}。将分离 KCl 后的母液 P_{25} 大部分返回循环，即加水至 Q，在 100 ℃下溶解新的光卤石；小部分母液 P_{25} 在 25 ℃下等温蒸发至 S 点(S 点落在光卤石组成点 Car 与 E_{25} 的连线上)，这时会析出光卤石，而母液为 E_{25}(组成 $MgCl_2$ 35.34%、KCl 0.11%、NaCl 0.33%)，E_{25} 母液主要含 $MgCl_2$，可脱水作为制造金属镁的原料。

完全溶解法制氯化钾的工艺流程如图 7-22 所示。经过粉碎的光卤石加入到立式螺旋溶解槽(1)中,来自增稠器(4)和离心机(5)的大部分 KCl 母液 P_{25} 经热交换器(7)预热后,从倾斜式螺旋输送机加入到溶解槽中将光卤石溶解。未溶解的氯化钠由溶解槽底部经倾斜式螺旋输送机排出。排出时与进口的 KCl 母液逆流接触洗涤,回收 KCl。用离心机(8)将排出的氯化钠分离、洗涤后弃去。洗液返回倾斜式螺旋输送机顶部入口,与 KCl 母液汇合用于溶解光卤石。由溶解槽溢流出来的浓热溶液,送入增稠器(2)中保温沉降,除去细盐和泥渣,泥盐渣经过滤、洗涤后弃去,清液送入真空结晶器(3)中结晶析出 KCl。KCl 晶浆经增稠器(4)增稠后,由离心机(5)分离、洗涤,再经转筒干燥机(6)干燥得到 KCl 产品。由增稠器(4)和离心机(5)排出的 KCl 母液和洗液大部分返回至溶解槽溶解光卤石,少部分送往真空蒸发器(9)中蒸发浓缩后,在真空结晶器(10)中冷却结晶析出人造光卤石。人造光卤石晶浆经稠厚器(11)增稠后,用离心机(12)分离得到光卤石并返回溶解槽作为原料。由增稠器(11)和离心机(12)排出的光卤石母液,经浸没燃烧蒸发器(13)蒸发后回收其中的氯化镁。

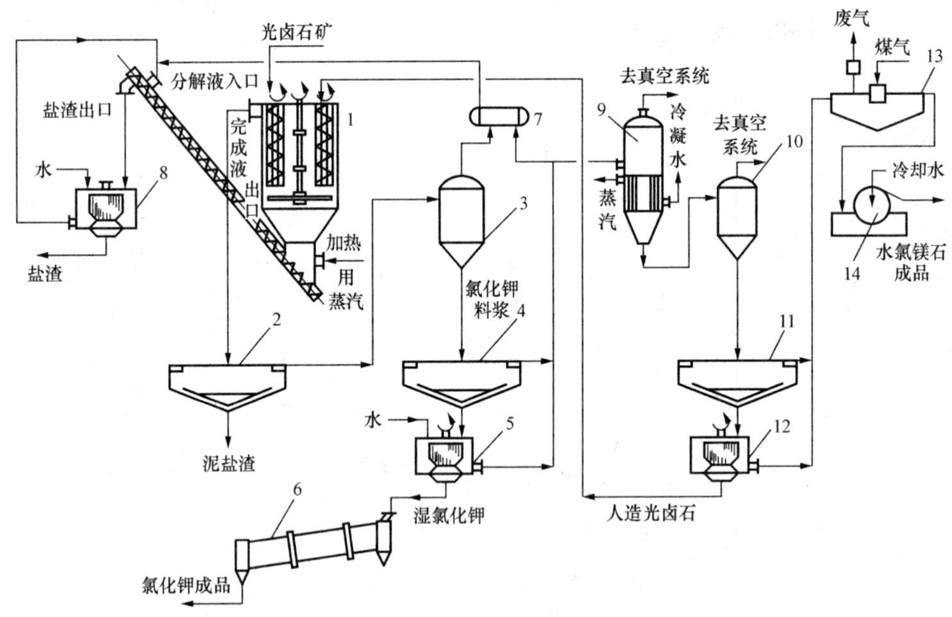

图 7-22　完全溶解法制氯化钾的工艺流程

1—立式螺旋溶解槽;2,4,11—增稠器;3,10—真空结晶器;5,8,12—离心机;
6—转筒干燥机;7—热交换器;9—真空蒸发器;13—浸没燃烧蒸发器;14—冷辊机

完全溶解法的优点是:不溶物经沉淀除净,成品 KCl 质量高,适用于低品位光卤石矿的加工。缺点是:消耗热能,腐蚀严重。

(2)冷分解法

冷分解法是在常温下加水溶解光卤石,即将 Car 点加水至 F 点(图 7-21)。F 点落在 25 ℃下 KCl 的结晶区内,因此光卤石中的 $MgCl_2$ 全部溶解进入溶液中,分解出来的 KCl 固体成为细渣悬浮在母液中。此时,光卤石中的 NaCl 固体也很少溶解,因而 NaCl 固体与 KCl 掺杂在一起。由于光卤石矿中伴生的 NaCl 晶体与冷分解析出的 KCl 晶体相比要粗大的多,因此可将晶浆经过短时间的沉降,分离出去一部分 NaCl,提高晶浆中固体 KCl 与固体 NaCl 的比例。沉降分离出去大部分 NaCl 固体后,将晶浆进行固液分离,可得到含 KCl 较高的粗钾(含 KCl 58%～62%)，获得母液 P_{25}，其后的操作与完全溶解法相同。

粗钾可以直接作为肥料使用，也可以加入一定量的水，将其中较细的 NaCl 全部溶入溶液中，而大部分 KCl 仍以固体形式存在，经过滤分离和干燥后得到高品位成品精钾。通过上述工艺原理的介绍可知：冷分解法仅适用于 NaCl 含量较低的光卤石。如果 NaCl 含量较高，在用水洗去较细 NaCl 以制取精钾时，会导致较多、甚至全部的 KCl 溶解。

光卤石冷分解法制氯化钾的工艺流程如图 7-23 所示。将粉碎至 10 mm 以下的光卤石矿送入储斗(1)中，再经给料器(2)送入两个串联的螺旋溶解器(3)和(4)。在溶解器中，用水和从增稠器(9)、离心机(10)返回的精钾母液以及从离心机(6)返回的洗水等冷分解光卤石矿。将分解后的料浆在弧形筛上分级，未通过的粗粒氯化钠进入离心机(6)过滤洗涤后弃去，洗液返回螺旋溶解器(3 和 4)。通过弧形筛的料浆，由泵送至回转真空过滤器(7)过滤。过滤所得粗钾送往螺旋溶解器(8)，用定量水溶解粗钾中的全部细粒氯化钠，得到的氯化钾料浆经增稠器增稠后，底流在离心机(10)过滤并洗涤，再经回转干燥机(11)干燥后得到成品氯化钾。增稠器和离心机(10)排出的精钾母液返回螺旋溶解器(3 和 4)继续分解光卤石矿。由回转真空过滤机排出的粗钾母液分为两股，部分粗钾母液返回至螺旋溶解器(3 和 4)中用来调节分解料浆的液固比，以适合于分离氯化钠的操作条件。其他部分则送往真空蒸发器(14)浓缩，浓缩后的料浆送入真空结晶器(13)结晶析出光卤石。人造光卤石晶浆经增稠器(15)增稠后，底流送入离心机(16)分离出光卤石，光卤石返回螺旋溶解器(3 和 4)作为原料。增稠器的溢流液和离心机(16)的滤液送往浸没燃烧蒸发器(17)蒸发浓缩，将溶液中的氯化镁的浓度提高到 46%，经冷却后即得水氯镁石固体。

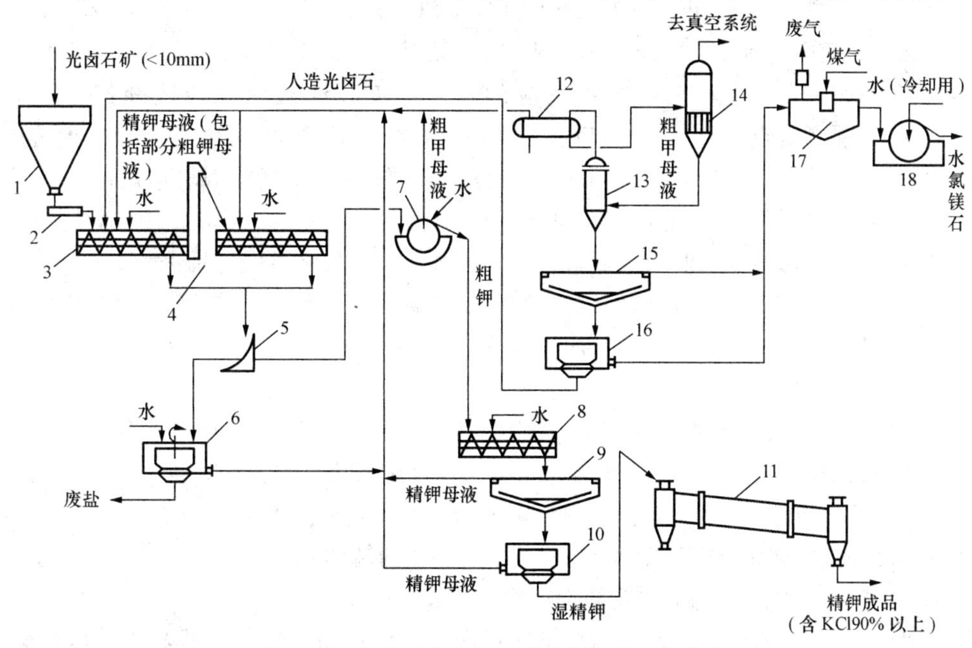

图 7-23　光卤石冷分解法制氯化钾的工艺流程

1—储斗；2—给料器；3，4，8—螺旋溶解器；5—弧形筛；6，10，16—离心机；7—回转真空过滤器；9—增稠器；11—回转干燥机；12—冷凝器；13—真空结晶器；14—真空蒸发器；15—增稠器；17—浸没燃烧蒸发器；18—冷辊机

冷分解法的优点是：常温操作，节省热量，腐蚀较轻，过程简单，操作容易，成本低。其

缺点是：产品呈细泥状，吸附母液多，易结块，水不溶物多，产品纯度低。从经济角度考虑，该工艺适合于利用高品位光卤石矿制肥料用的氯化钾产品。

利用光卤石矿制氯化钾的工艺，如果其中的氯化镁未能综合利用，其生产成本要比从钾石盐矿制氯化钾高。因此，应将光卤石矿制氯化钾工艺中副产的氯化镁制成金属镁和其他高附加值的镁盐产品。

7.4.2 硫酸钾

硫酸钾是无氯钾肥，可用于烟草、茶叶、马铃薯、甘蔗、葡萄、柑橘、西瓜、菠萝等经济作物。施用硫酸钾可改善作物的质量，如改善烟草的可燃性、提高水果的甜度、增加马铃薯的淀粉含量等。全世界硫酸钾的年产量约为 350 万吨，其中 50%来自天然开采的硫酸钾及其复盐，37%由氯化钾通过人工转化合成，其余 13%则由天然盐湖和其他含钾资源加工而得。我国尚未发现硫酸钾矿，目前国内除少量硫酸钾是由明矾石加工（见第 2 章）得到外，其余均由氯化钾加工获得。

1. 曼海姆法生产硫酸钾

曼海姆法是利用氯化钾和浓硫酸在高温下反应放出 HCl 气体而生成硫酸钾。该法的反应过程可分为两步。第一步是在较低温度下反应生成硫酸氢钾：

$$KCl + H_2SO_4 = KHSO_4 + HCl\uparrow$$

第二步是 $KHSO_4$ 与 KCl 进一步反应生成 K_2SO_4，该反应是一个强放热反应：

$$KCl + KHSO_4 = K_2SO_4 + HCl\uparrow$$

在第一步反应过程中，由于 H_2SO_4 是在 KCl 固体表面上反应，生成的 $KHSO_4$ 包覆在 KCl 的表面，因此会阻止第二步反应的进行。硫酸钾有两种酸式盐：$KHSO_4$ 和 $K_3H(SO_4)_2$，前者熔点为 218.6 ℃，后者熔点为 286 ℃；KCl 熔点为 760 ℃，硫酸钾熔点为 1 076 ℃。因此，要使反应在液固相之间进行，必须使包覆层的 $KHSO_4$ 熔融。虽然在 300 ℃以上时就可使反应转化完全，但时间较长。温度超过 800 ℃，硫酸又会分解。为避免上述不利因素的影响，工业上一般选择 600～700 ℃。在此温度范围内，既有较快的反应速度，又有较高的转化率，可以保证获得理想的硫酸钾产品。

在工业生产时，如将上述两步反应合并在一个炉子中进行，称为一炉法；如将这两步反应分别在两个炉子中进行，则称为两炉法。在工业生产中，这两种方法均有应用。由于高温时硫酸钾有强烈的腐蚀性，在两炉法中将第一炉的温度降低，使硫酸和氯化钾在低温下反应，以减轻对设备的腐蚀。经过第一炉的反应后，反应已经进行一半，因此可以适当降低第二炉的反应温度，延长第二炉的使用寿命。采用这种降温方式的工艺，必须在第二炉之后再设一个回转炉，将第二炉出来的含 6%KCl 的硫酸钾进一步煅烧，使 Cl^- 含量降至 1.5%以下。两炉法生产 1 吨硫酸钾耗电 165 kW·h。

采用一炉法时，两步反应都在高温下进行。一般可选用优质耐火砖和黑硅砖（含 SiC 的耐火砖）砌筑炉子，炉龄可延至 10 年。图 7-24 是一炉曼海姆法工艺流程示意图。

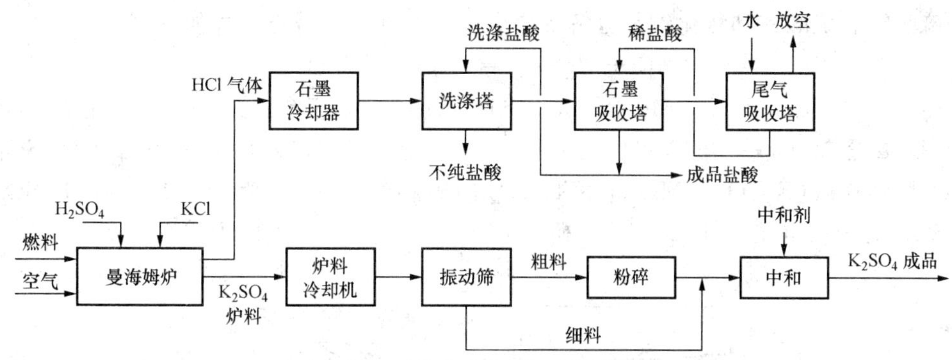

图 7-24　一炉曼海姆法工艺流程示意图

将氯化钾粉碎后与浓硫酸一起移入曼海姆炉中，利用 900～1 000 ℃的烟道气将炉料加热至 520～540 ℃，反应过程中逸出的 HCl 气体先经洗涤塔用少量成品盐酸洗涤以除去从炉中带出的 SO_3 气体和 K_2SO_4、KCl 粉尘，然后进入石墨吸收塔用水吸收以制取盐酸。排出的盐酸大部分作为成品酸出售，少量盐酸送入洗涤塔作洗涤之用。排出的空气送入尾气吸收塔进一步除去 HCl，以保护环境。

曼海姆炉的结构如图 7-25 所示。曼海姆炉的炉床和炉顶均采用异形高级耐火砖砌成，炉床下面和炉顶上面都设有烟道。氯化钾由螺旋加热器经加料斗连续加入炉中央，硫酸也沿管道通过硫酸加热分布器加到同一位置，炉料内安装在铸铁轴上的四个耙臂从炉中心向外围移动，最后由出料孔排出炉外，落入冷却粉碎筒或带有水夹套的管磨机中，经冷却、粉碎和中和后即为硫酸钾成品。反应所需的热量通过在燃烧室中燃烧重油或煤气供给，产生的烟道气从燃烧室送来，进入炉顶上面的烟道，然后经炉床下面的烟道排出。整个过程靠辐射传热将炉料加热。

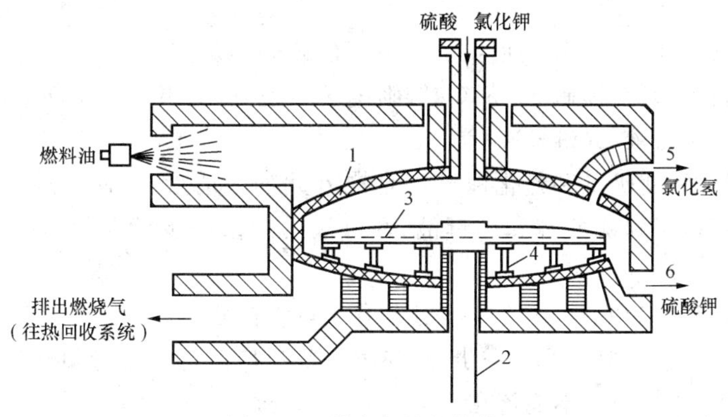

图 7-25　曼海姆炉的结构

1—炉膛；2—搅拌轴；3—悬臂；4—耙；5—氯化氢出料口；6—硫酸钾出料口

每生产 1 t 硫酸钾，消耗氯化钾 0.85 t、98%硫酸 0.57 t、中和剂 CaO 0.02 t、重油 0.075 t、水 45 t、电 60 kW·h，副产 31%的盐酸 1.2 t。

2. 硫酸镁和氯化钾复分解生产硫酸钾

硫酸镁有多种水合物，具有工业价值的镁盐主要有一水硫酸镁（硫镁矾，$MgSO_4 \cdot H_2O$）、六水泻利盐（$MgSO_4 \cdot 6H_2O$）和七水泻利盐（$MgSO_4 \cdot 7H_2O$）三种。可利用这三种镁盐生产硫酸钾。硫酸镁和氯化钾复分解反应生产硫酸钾的反应方程式如下：

$$2KCl + MgSO_4 = K_2SO_4 + MgCl_2$$

图 7-26 是 25 ℃下 K^+，Mg^{2+}//Cl^-，SO_4^{2-}，H_2O 体系相图。其 35 ℃时的相图与此相似，只是靠近 $MgCl_2$ 一角的相区有点变化。图中 *S* 为软钾镁矾（$K_2SO_4 \cdot MgSO_4 \cdot 6H_2O$）和钾镁矾（$K_2SO_4 \cdot MgSO_4 \cdot 4H_2O$）的固相组成点，*L* 为无水钾镁矾（$K_2SO_4 \cdot 2MgSO_4$）的固相组成点，*K* 为钾盐镁矾（$KCl \cdot MgSO_4 \cdot 3H_2O$）的固相组成点。

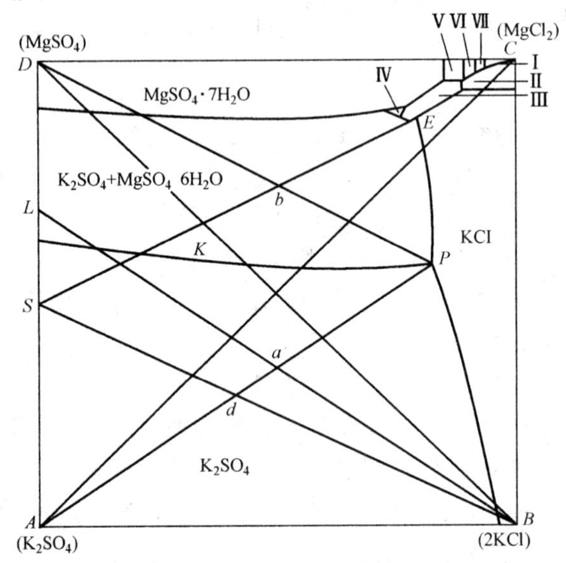

图 7-26 25 ℃下 K^+，Mg^{2+}//Cl^-，SO_4^{2-}，H_2O 体系相图

在上述复分解反应过程中，为了提高钾的转化率，制取硫酸钾的反应过程要分两步进行：

第一步在 20～30 ℃下，用后面第二步返回的硫酸钾母液 P（钾母液）和固体 $MgSO_4 \cdot H_2O$ 混合成 b，析出软钾镁矾 S（35 ℃时，则生成钾镁矾，但组成点仍在 *S*）；固液分离后，得到软钾镁矾 S 和母液 E（矾母液）。

第二步，将软钾镁矾 S 和氯化钾 B 混合成 d 并加入适量水，使之进一步转化析出硫酸钾，固液分离后，得到硫酸钾和钾母液，钾母液返回第一步继续与新的 $MgSO_4 \cdot H_2O$ 原料反应。

如果利用泻利盐为原料，由于其本身含有大量结晶水，在进行第一步转化时，如要将第二步生产的钾母液全部返回第一步，应在第一步反应时加一部分氯化钾。但由于含水量太多，即使如此矾母液也不能落在 *E* 点。

由泻利盐和氯化钾制硫酸钾的工艺流程如图 7-27 所示。将原料氯化钾、泻利盐（包括回收的钾盐镁矾）、钾母液和适量水按一定比例加入第一转化槽（1）中，在 25 ℃下进行反应，生成软钾镁矾，晶浆用回转真空过滤机（2）进行过滤，并用钾母液洗涤，将得到的湿软钾镁矾与原料氯化钾及适量水一起加入第二转化槽（3）。在相同温度下，于第二转化槽中反应转化生成硫酸钾晶体，晶浆经增稠器（4）稠厚之后，用回转真空过滤机（5）进行过滤，滤饼送往转筒干燥器（6）干燥得到产品硫酸钾，过滤得到的钾母液返回第一转化槽循环。该工艺钾的回收率可达 85%，产品硫酸钾纯度可达 90%以上，生产 1 t 产品消耗蒸汽

0.25 t。

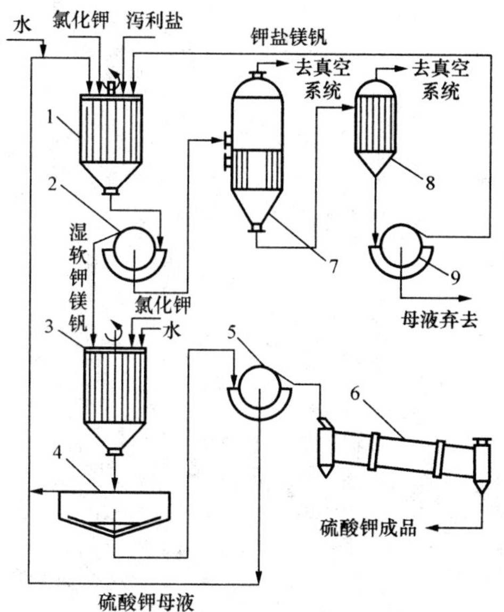

图 7-27　由泻利盐和氯化钾制硫酸钾的工艺流程

1,3—第一、第二转化槽;2,5,9—回转真空过滤机;4—增稠器;6—转筒干燥器;7—真空蒸发器;8—真空结晶器

除上述两种生产硫酸钾的方法外,还有其他生产硫酸钾的方法。如,利用芒硝和氯化钾生产硫酸钾;利用硫酸铵和氯化钾生产硫酸钾;利用石膏和氯化钾生产硫酸钾以及从明矾石生产硫酸钾等工艺。

参考文献

[1]　徐绍平,殷德宏,仲剑初. 化工工艺学 [M]. 2 版. 大连:大连理工大学出版社,2012.
[2]　黄仲九,房鼎业. 化学工艺学 [M]. 北京:高等教育出版社,2001.
[3]　苏裕光. 无机化工生产相图分析(二) [M]. 北京:化学工业出版社,1992.
[4]　王向荣. 化肥生产的相图分析 [M]. 北京:石油化学工业出版社,1977.
[5]　蒋家俊. 化学工艺学:无机部分 [M]. 北京:高等教育出版社,1988.
[6]　崔英德. 实用化工工艺学:上册 [M]. 北京:化学工业出版社,2002.
[7]　陈五平. 无机化工工艺学:上册 [M]. 3 版. 北京:化学工业出版社,2002.
[8]　梁仁杰. 化工工艺学 [M]. 重庆:重庆大学出版社,1996.
[9]　陈五平. 无机化工工艺学:中册 [M]. 3 版. 北京:化学工业出版社,2001.
[10]　张允湘. 磷肥及复合肥料 [M]. 北京:化学工业出版社,2008.